U0172942

高层钢-混凝土混合结构体系
抗震性能与设计方法

周绪红　刘界鹏　林旭川　单文臣　著

中国建筑工业出版社

图书在版编目（CIP）数据

高层钢-混凝土混合结构体系抗震性能与设计方法/
周绪红等著. —北京：中国建筑工业出版社，2021.6
ISBN 978-7-112-25986-1

Ⅰ. ①高… Ⅱ. ①周… Ⅲ. ①高层建筑-钢结构-抗
震性能②高层建筑-钢结构-防震设计 Ⅳ. ①TU973

中国版本图书馆 CIP 数据核字（2021）第 044368 号

钢-混凝土混合结构是指由钢构件、混凝土构件、组合构件中的两种及以上类型构件
组成的整体结构，随着我国城市化进程的加快，高层混合结构在我国得到了快速发展。本
书分为 7 章，主要内容包括高层结构的弹塑性抗震分析方法介绍、有限元建模方法介绍、
钢管混凝土框架-剪力墙/筒体结构体系的抗震分析与设计方法、钢管混凝土异形柱结构体
系的抗震分析与设计方法、支撑巨型框架-核心筒结构体系的抗震性能与设计方法等。

本书内容可供土木工程专业的高年级本科生、研究生、教师、科研人员和工程设计人
员参考。

责任编辑：李天虹
责任校对：芦欣甜

高层钢-混凝土混合结构体系抗震性能与设计方法
周绪红　刘界鹏　林旭川　单文臣　著

*

中国建筑工业出版社出版、发行（北京海淀三里河路 9 号）
各地新华书店、建筑书店经销
北京鸿文瀚海文化传媒有限公司制版
北京京华铭诚工贸有限公司印刷

*

开本：787 毫米×1092 毫米　1/16　印张：23½　字数：583 千字
2021 年 7 月第一版　2021 年 7 月第一次印刷
定价：**198.00** 元
ISBN 978-7-112-25986-1
（37232）

版权所有　翻印必究
如有印装质量问题，可寄本社图书出版中心退换
（邮政编码 100037）

前　言

钢-混凝土混合结构（简称混合结构）是指由钢构件、混凝土构件、组合构件中的两种及以上类型构件组成的整体结构，这种结构可充分发挥钢和混凝土各自的材料优势，性能优越，施工方便，成本可控，综合效益好。20 世纪 90 年代以来，随着我国城市化进程的加快，高层混合结构在我国得到了快速发展。据统计，我国已建成的超过 100m 的高层建筑中，一半以上采用了混合结构，且结构高度越高，采用混合结构的比例越大；我国已建成的 500m 以上超高层结构，包括上海中心大厦和深圳平安金融中心等，均为混合结构。混合结构在国外的高层及超高层建筑中也得到日益广泛的应用，包括当前世界最高建筑迪拜哈利法塔、马来西亚的双子塔、美国世界贸易中心一号楼等。

虽然高层混合结构在国内外的应用已极为广泛，但相关抗震设计方法并不完善，设计中一般借鉴高层混凝土结构的抗震设计方法。尤其是高层混合结构中最为常用的组合框架-混凝土剪力墙和组合框架-混凝土筒体结构体系，抗震设计规范中一般按高层混合结构的双重抗侧力体系进行设计，要求组合框架部分至少承担 20%的结构底层总剪力。但与钢筋混凝土框架相比，组合结构尤其是钢管混凝土框架在相同竖向承载力条件下，其梁、柱截面尺寸明显减小，抗弯刚度显著降低；如果按混凝土结构的双重抗侧力体系进行设计，则需在满足抗震和竖向承载力要求的条件下，强行将组合框架的构件截面尺寸进行大幅增大，不仅导致用钢量和结构成本显著增加，而且截面尺寸增大也影响建筑的使用功能。因此，高层组合框架-混凝土剪力墙/筒体结构采用单重抗侧力体系更适合；但目前国内外对单重抗侧力体系的高层混合结构研究很少，对罕遇地震作用下的地震易损性和倒塌安全性研究更少，导致单重抗侧力体系在设计中过于保守，适用性和经济性均不足。针对高层混合结构单重抗侧力体系的抗震设计方法需求，作者开展了系统的有限元计算和抗震分析，包括静力弹塑性分析、动力弹塑性分析、地震易损性分析、倒塌风险分析等；根据分析结果，提出了高层混合结构基于倒塌一致风险的抗震设计方法：抗震设计中不强行限制结构中框架、剪力墙或筒体承担的层间剪力比率，而以罕遇地震下的倒塌安全性指标满足要求为抗震设计目标。

本书是作者多年来在钢管混凝土结构、高层混合结构及结构抗震分析等方面创新性研究成果的总结。全书分为 7 章，主要内容包括高层结构的弹塑性抗震分析方法介绍、有限元建模方法介绍、钢管混凝土框架-剪力墙/筒体结构体系的抗震分析与设计方法、钢管混凝土异形柱结构体系的抗震分析与设计方法、支撑巨型框架-核心筒结构体系的抗震性能与设计方法等。本书内容可供土木工程专业的高年级本科生、研究生、教师、科研人员和工程设计人员参考。

在本书的研究工作中，深圳大学的傅学怡设计大师、华东建筑设计研究院的包联进副总工程师、奥雅纳工程顾问有限公司的朱立刚副总工程师等专家对本书的研究工作提出了宝贵的建议。我们的研究生杨俊杰、唐新、相瀛昌、郑琦、周祥、黎翔、呼辉峰、周操、王禄锋等均承担了大量的有限元分析工作。没有他们的辛勤付出，本书不可能最终成稿。本书的研究工作还得到了"十三五"国家重点研发计划（2016YFC0701201）、国家自然科学基金重大项目（51890902）及国家自然科学基金地震联合基金重点项目（U1939210）的资助。在此，作者谨向对本书研究工作提供无私帮助的各位专家、研究生、科技部和国家自然科学基金委员会表示诚挚的感谢！

　　需要指出的是，作为一种新的设计方法，基于一致倒塌风险的高层混合结构体系抗震设计方法还需要进一步完善。作者期待本书的出版对推动我国高层混合结构抗震设计技术的发展起到一定作用。由于作者水平有限，书中难免有不足之处，恳请读者批评指正。

周绪红　刘界鹏　林旭川　单文臣

2021 年 2 月 1 日

目 录

1 绪 论

1.1 研究背景

钢-混凝土混合结构（简称混合结构）是指由钢构件、混凝土构件、组合构件中的两种及以上类型构件组成的整体结构，这种结构可充分发挥钢和混凝土各自的材料优势，性能优越，施工方便，综合效益好。与单一混凝土结构相比，混合结构受力性能优越、自重轻、施工速度快；与纯钢结构相比，混合结构抗侧刚度大、防火性能优、舒适度好、用钢量小。

自 20 世纪 90 年代以来，混合结构以其优越的力学性能和良好的经济效益而发展迅速，在我国的建筑结构和桥梁工程中得到广泛应用，尤其是在高层及超高层结构中的应用最多。据统计，我国已经建成的超过 100m 的高层建筑中，一半以上采用了混合结构，且结构高度越高，工程师就越倾向于采用混合结构[1-3]。混合结构在国外的高层及超高层建筑中也得到日益广泛的应用，包括当前世界最高建筑迪拜哈利法塔、马来西亚的双子塔、美国世界贸易中心一号楼等。根据高层建筑与都市人居学会的统计报告[4]，全球范围内，在 2019 年建成的 126 栋 200m 以上的建筑结构中采用混合结构的有 48 栋，占比达 38.1%，仅次于传统的混凝土结构。由国内外 100m 以上的超高层结构类型可见，虽然混合结构出现较晚，但已成为全球范围内超高层建筑的主要结构形式之一；尤其是 300m 以上的超高层建筑，混合结构是首选结构类型。

高层混合结构最早是 20 世纪 70 年代在美国开始得到应用，但应用极少；20 世纪 90 年代开始，高层混合结构在我国得到快速发展。虽然欧美发达国家建设超高层结构较早，但当时以纯钢结构为主，这是因为欧美发达国家在开始建设超高层建筑时，这些国家的经济实力已经很强，而且钢铁工业也已经非常发达，钢材并不昂贵，因此超高层建筑都直接采用了纯钢结构，其中最典型的代表就是美国纽约的帝国大厦和世贸大厦。而我国 20 世纪 90 年代刚开始建设超高层建筑时，钢材昂贵，因此就多采用纯钢结构的改进形式——混合结构，即结构的外框架采用钢结构，而核心筒为混凝土结构，从而显著降低用钢量和建设成本。随着钢管混凝土和型钢混凝土技术的进一步发展，混合结构逐渐由钢框架-混凝土核心筒发展成为组合框架-混凝土核心筒的形式，包括钢管混凝土框架-核心筒和型钢混凝土框架-核心筒两种混合结构形式。

高层混合结构的两种主要结构体系就是框架-核心筒和框架-剪力墙，其中框架为钢框架或组合框架，核心筒和剪力墙均采用钢筋混凝土。我国在 20 世纪 90 年代开始建设高层混合结构时，国内外均无相关设计规范，因此一般借鉴钢筋混凝土框架-核心筒及框架-剪力墙结构体系的设计方法，即结构体系应为双重抗侧力体系，框架部分是防止结构倒塌的第二道防线，这要求框架部分具有足够的水平承载力与刚度。我国当前的《建筑抗震设计规范》GB 50011—2010[5] 对混凝土框架-核心筒和框架-剪力墙结构体系的双重抗侧要求作出了明确的设计规定：小震作用下，任一层框架部分承担的水平地震剪力值，不应小于结构底部总地震剪力的 20% 和结构分析得到最大层剪力 1.5 倍中的较小值；即弹性计算后，当某层框架承担的层间剪力值小于结构底部总地震剪力的 20% 时，需将其强行调增，从而导致框架梁柱截面增大，材料用量也随之增加。我国《建筑抗震设计规范》GB 50011—2010 对这两种双重抗侧力体系设计要求的核心思想就是，为保证第二道抗震防线有效，框架部分的层间抗剪刚度最好能达到相当的值，以使框架在小震作用下分配得到的层间剪力达到结构底部总地震剪力的 20% 以上；如果不能达到，则退而求其次，强行提高框架的层间抗剪承载力；对于框架-剪力墙结构，这个设计要求相对容易满足，而对应于框架-核心筒结构，由于核心筒层间抗剪刚度过大，框架在弹性分析中的层间剪力往往连 10% 的底部总剪力都可能达不到。美国的 International Building Code（IBC）[6] 和 Uniform Building Code（UBC）[7] 建议，框架-核心筒结构中，框架承担的层剪力设计值不小于该层总剪力设计值的 25% 时才能被认定为双重抗侧力体系，具有较好的变形能力，可以在设计过程中适当折减结构受到的地震作用；框架承担的层剪力小于 25% 时则认定为单重抗侧力体系，由核心筒部分承担所有地震剪力，设计中不考虑框架抗剪作用或增加结构整体受到的地震作用以保证结构的安全性。美国对双重抗侧力体系和单重抗侧力体系分别作出规定，其最终目标是保证结构的抗震安全性，而非强行要求所有结构均为双重抗侧力体系；这种结构抗震设计理念，使得高层建筑的结构成本更容易控制。我国长期从事高层结构设计的汪大绥[8-9] 和方小丹等也认为，我国规范对双重抗侧力的强制要求导致结构材料和梁柱截面增加，提高了结构成本，也影响了建筑功能。

　　与钢筋混凝土构件相比，相同受力条件下，组合构件的截面尺寸将更小，尤其是钢管混凝土柱。对于钢管混凝土框架-混凝土剪力墙/筒体这两种高层混合结构体系，由于钢管混凝土框架柱和钢框架梁的截面尺寸及抗弯刚度均显著小于钢筋混凝土框架柱和框架梁，框架的层间抗剪刚度相对更小，因此弹性分析中分配得到的层间剪力远不足结构底部地震总剪力的 20%；而强行调整框架部分剪力则将导致显著的结构成本提升。因此，高层混合框架-剪力墙/筒体结构体系更适于单重抗侧力体系。2008 年我国《高层建筑钢-混凝土混合结构设计规程》CECS 230：2008[8] 中首次对高层混合结构的单重抗侧力体系作出了设计规定；但由于当时相关研究成果很少，规程的设计建议仍较为保守：单重抗侧力体系只能用于设防烈度为 7 度（0.1g）及以下地区，适用高度不超过 120m（6 度）和 100m（7 度 0.10g），框架部分承担的层间剪力不应小于本层总剪力的 10%。这些规定，限制了高层混合结构单重抗侧力体系的应用，不利于高层混合结构的进一步广泛应用。针对高层混合结构单重抗侧力体系研究不足的问题，本书作者结合前期的研究基础，对钢管混凝土框架-剪力墙及钢管混凝土框架-核心筒结构体系进行了系统的抗震性能研究，并对钢管混凝土异形柱框架结构体系进行了抗震性能研究，提出了相关设计建议，可为工程实践提供参考。

　　混合结构在超高层建筑中亦有广泛应用[9]。当结构高度较高时，可通过在钢管混凝土框架-RC 核心筒结构设置伸臂桁架或框架巨型化满足结构抗侧刚度的需求，而当结构高度到达 500m 左右及以上时，就会随之产生诸多问题[10]。目前国内外 500m 左右及以上的超高层结构常采用带伸臂桁架的巨型框架-核心筒结构体系[11]，或者采用带伸臂桁架和腰桁架的框架-核心筒结构体系。但随着结构高度的增加，结构对提高抗侧刚度的需求快速增大，仅采用伸臂桁架很难满足结构的抗侧要求，因此近年来工程师们开始在超高层结构的外围巨型框架之间设置巨型支撑，以增加结构的抗侧刚度，包括深圳平安金融中心和天津117 大厦，以及沈阳宝能中心等。现阶段国内外的工程师在进行超高层结构设计时，仅把设置巨型支撑作为提高结构侧向刚度的一种辅助手段，即当结构侧向刚度不足时，增设巨型支撑以提高结构整体抗侧刚度，而尚未从结构体系层面进行系统的研究，也未提出支撑巨型框架-核心筒结构体系的概念。这种结构具有多重抗侧力体系，剪力分配关系复杂，仍然采用现行规范中双重抗侧力体系的内力调整策略可能会导致材料的浪费。针对该新型结构体系设计依据缺失的问题，本书作者基于现有工程，提出支撑巨型框架-核心筒结构体系的概念，并针对不同设计条件下支撑巨型框架-核心筒结构体系开展抗震性能研究，提出了相关设计建议，可为超高层建筑工程实践提供参考。

1.2 高层钢-混凝土混合结构的研究现状

1.2.1 高层混合结构抗震试验研究

由于高层混合结构是在我国开始得到广泛发展和应用，因此相关试验研究集中于国内，包括框架-剪力墙结构和框架-核心筒结构，其中对框架-剪力墙结构的试验研究较少，而对框架-核心筒结构的研究较多。

国内外对框架-剪力墙混合结构的抗震试验研究，仅见于少量文献。2002 年，徐忠根等[12] 对某 33 层的钢管混凝土框架-剪力墙结构进行了振动台试验，试验结果表明，结构在设防烈度对应的小震、中震和大震作用下均未出现明显开裂，且自振频率变化较小，具有良好的抗震性能。郑建忠等[13] 对一榀两跨两层的钢管混凝土框架-组合剪力墙结构进行了低周往复荷载试验，分析了钢管混凝土框架和剪力墙之间的共同工作性能、破坏形式；研究结果表明，框架和剪力墙采用 U 形钢筋连接共同工作性能良好；一层剪力墙破坏较严重，钢管混凝土框架、节点以及二层剪力墙破坏较轻。

国内外对高层混合结构的抗震性能试验研究，大量集中于框架-核心筒结构。1994 年，龚炳年等[14-15] 对一个 23 层，缩尺比例为 1/20 的钢框架-混凝土核心筒混合结构模型进行了试验研究，包括多点单调加载试验、一点和两点往复加载试验、振动试验、锤击试验等。试验对混合结构的动力特性进行了探究，提出了对框架-核心筒混合结构的频率、阻尼等参数的取值建议。试验结果表明，这种钢框架-混凝土核心筒混合结构具有良好的抗震性能，可以在高烈度区的高层建筑中进行推广，保证其抗震性能的核心是钢与混凝土连接的可靠性。

2001 年，李国强等[16] 对一个 25 层的混合结构缩尺模型进行了振动台试验，分析了结构的动力特性、地震响应和破坏模式。试验结果表明，结构在多遇地震下的顶点位移均不超过 1/600，而在罕遇地震作用下的顶点位移可以超过 1/50，体现了结构良好的变形能力；结构的破坏主要出现在核心筒底部，框架部分基本上处于弹性状态，结构整体呈现弯曲型破坏模式；通过合理设计，混合结构可以满足规范的抗震要求。

2003 年，闫兴华等[17] 以一高层建筑为背景，对其底部四层的缩尺模型进行了低周往复加载试验研究，并分析了钢框架梁与混凝土剪力墙之间连接节点的受力性能。试验结表明，结构具有良好的刚度和承载力，极限层间位移角可以达到 1/30，并且应考虑楼板变形对结构响应的影响；弹塑性阶段框架部分承担的水平剪力会由弹性阶段的 3% 大幅提升至 24%，内力重分布作用非常显著。

2004 年，吕西林等[18] 对上海环球金融中心（SWFC）缩尺比例为 1/50 的结构模型开展了振动台试验。SWFC 总高 492m，结构形式为巨型框架、核心筒和伸臂桁架组成的三重抗侧力体系。研究结果表明，该结构具有良好的抗侧刚度，在中震作用下基本处于弹性状态，在大震作用下最大层间位移角也能满足规范要求；同时也发现结构在地震作用下的动力响应受地震动特性影响显著。

2005 年，褚德文、梁博等[19-20] 通过一高烈度混合结构的振动台试验，对框架-核心筒混合结构中框架和筒体两个部分的地震剪力分担比进行了研究，试验结果表明，地震剪力与结构破坏都集中在核心筒部分，框架中的结构损伤较小；建议通过在核心筒内部设置钢构件的方式增加筒体的变形能力。

2006 年，李检保等[21] 对设防烈度为 8 度的北京 LG 大厦进行了缩尺模型振动台试验，分析了结构的动力响应。试验结果表明，结构可以满足规范的抗震要求；结构的第一自振频率随着地震强度的增加由 4.319Hz 下降到 2.817Hz，同时阻尼比由 4.3% 提高至 8.5%；结构顶部存在一定程度的鞭梢效应，应对顶部楼层的刚度进行适当加强。

由国内外对高层框架-剪力墙及框架-核心筒混合结构的抗震性能试验研究可见，相关研究集中于结构自振频率、阻尼比、破坏模式、延性、内力重分布等方面，未涉及单重抗侧力体系方面的内容，也很少涉及罕遇地震下的易损性和倒塌安全性。

1.2.2 高层混合结构数值模拟研究

目前，国内外对高层混合结构体系的数值模拟相关研究集中于框架-核心筒结构方面。1995 年，Kwan 等[22] 采用平面应力单元对框架-核心筒结构体系中核心筒部分进行模拟，提出了通过减缩积分法去除剪力墙剪切刚化问题的解决方案，并通过有限元分析进行了验证。

1998 年，程绍革[23] 采用简化模型对框架-核心筒结构进行了模拟，通过非线性时程分析方法对北京国贸大厦的抗震响应进行了评估。该简化模型中框架与核心筒均采用杆系模型，其中核心筒剪力墙的杆系模型是通过抗侧刚度等效转化所得。

1999 年，李国强等[24] 分别针对高层框架-核心筒混合结构提出了可用于结构非线性分析的简化分析模型，该模型采用垂直于地面，具有箱形截面的悬臂杆模拟核心筒，采用半刚架模拟外框架，二者通过竖向受力杆连接。2002 年，李国强等[25] 又采用梁单元和墙单元对框架-核心筒混合结构的中的不同构件进行模拟，采用立体分区耦合方法求解。采用该方法可以更加精确快速地对混合结构进行非线性分析。

2002 年，周向明等[26] 将框架-核心筒混合结构分为框架和核心筒两个部分，框架模型在半刚架的基础上增加了等效弯曲杆，通过二者的串联可以考虑框架柱轴向变形对结构在地震作用下的动力响应的影响；核心筒模型通过弯剪两种弹簧共同模拟，框架模型与核心筒模型通过水平刚性连杆组合。该模型在保证了分析精度的同时大幅减少了结构的自由度，使计算机的计算分析工作量有效降低。

2006 年，钱稼茹等[27] 通过静力弹塑性分析方法对大量框架-核心筒混合结构进行了充分研究，总结了混合结构非线性响应全过程，探究了框架与核心筒之间的相互作用机理，并从框架剪力变化规律的角度对框架与核心筒之间在水平力作用下的内力重分布进行了阐述。

2007 年，白国良和楚留声等[28-29] 对型钢混凝土框架-混凝土核心筒结构进行了大量的有限元研究，总结了提高框架刚度以及框架与核心筒变形能力的设计方法，并比较分析了不同方法的优劣；考虑到结构刚度退化，针对混合结构提出了反应谱设计方法；对框架部分剪力的调整方法提出了相关建议；对型钢混凝土框架-混凝土核心筒在地震作用下的各项指标以及框架-筒体连接形式与楼板厚度对结构响应的影响进行了深入研究。

2007 年，杜修力等[30] 基于框架-核心筒混合结构二维分析模型，通过考虑梁-墙节点的竖向约束作用，建立了结构的空间分析模型；该模型通过简捷、有效的方法考虑框架与核心筒之间复杂的空间相互作用。

2009 年，缪志伟[31] 提出了用于框架-核心筒结构中剪力墙模拟的空间分层壳模型。该模型通过分层的方式使每一层可以具有独立的材料属性，以此来模拟核心筒剪力墙中的钢筋和混凝土。使剪力墙复杂的非线性响应通过分层的方式得以简化，并且除了可以对剪力墙面内的动力响应进行模拟外，还能考虑面外变形的影响，是具有较高计算精度的空间剪力墙分析模型，与传统宏观剪力墙计算模型相比具有明显优势。林旭川等[32] 在 2009 年以分层壳单元为基础，通过数值分析方法模拟了一个混凝土核心筒的抗震性能试验；通过合理的建模，对核心筒的空间非线性行为模拟效果良好，揭示了混凝土筒底部墙肢中混凝土和钢筋的复杂受力行为。

2010—2011 年，Kabeyasawa 等[33-36] 针对混凝土剪力墙提出了垂直杆简化模型，通过由弯曲弹簧组成的垂直杆对剪力墙的非线性响应进行模拟，但繁琐的弹簧刚度的标定方法使其难以得到广泛应用。Kim 等人[36-37] 在该方法的基础上对弹簧单元进行了简化，在保证精度的同时移除竖向弹簧，使这种方法的简便性得到了极大提升。林旭川等[38] 在 2010 年基于多尺度建模方法与复杂混合结构节点的精细模型，给出了钢-混凝土混合框架结构的多尺度弹塑性时程分析的应用实例，通过合理的建模分析发现，多尺度有限元模型可以很好地模拟复杂受力构件的边界和复杂受力构件在结构整体中的响应。

2015 年，Molinari 等[39] 在框架-核心筒结构三弹簧简化模型的基础上，通过弹簧的扩展考虑了梁-墙节点处刚域的影响，得到四弹簧简化模型，并通过试验数据进行了验证。Surace 等[40] 也在 2015 年采用多垂直杆模型对框架-核心筒结构中的核心筒剪力墙进行模拟，有效避免了三垂直杆模型中繁复的弹簧刚度标定，使分析模型得到了极大简化。

2008 年，邹勇强等[41] 采用静力弹塑性分析和动力时程分析方法对两种框架-核心筒混合结构的受力性能、变形能力、破坏机理、框架与筒体之间的层间剪力重分配机理进行了研究。研究表明，在结构高度、抗侧刚度和经济性等因素的共同影响下，设置巨型支撑是增加框架部分剪力占比的有效方法，而设置巨型梁和伸臂桁架对框架剪力占比影响较小。

2009 年，缪志伟等[42] 以实际工程为基础，对框架-多子筒混合结构的抗震性能开展了一系列研究，提出了可以使结构具有预期破坏模式的设计方法，并基于分析结果探讨了使框架-核心筒结构在地震作用下具有三道防线的设计方法。

2011 年，刘阳冰等[43-44] 针对钢框架-混凝土核心筒和钢管混凝土框架-混凝土核心筒混合结构完成了一系列抗震性能参数分析，明确了构件刚度和楼层数等参数对结构变形能力和框架承担剪力的影响规律；研究了组合框架-混凝土核心筒在地震作用下的多项动力响应指标随地震强度增加的变化趋势。

2015 年，陆新征等[45] 基于 ABAQUS、MSC. Marc、SAP2000、Perform-3D、OpenSees 等有限元软件对结构的地震弹塑性分析理论进行了介绍，并系统地梳理了性能化抗震设计的基本概念、静力弹塑性分析方法、动力弹塑性分析方法和常用结构构件/体系的弹塑性建模方法。

由国内外对高层混合结构数值模拟方面的相关研究可见，目前数值模拟基本方法已比较完备，对混合结构的基本抗震性能的研究也较为完善，但对混合框架-剪力墙及框架-筒体单重抗侧力体系方面的探索很少，对罕遇地震作用下的易损性和倒塌安全性研究也需进一步深入。

1.2.3　框架-核心筒混合体结构体系应用

从 20 世纪 70 年代开始，框架-核心筒混合结构就开始出现[46-48]。能查到的公开资料中，最早的高层混合结构是 1972 年在美国芝加哥建成的 Fifth Third Center（图 1.2-1），其结构形式为密柱框架外筒-混凝土内筒混合结构，共 36 层，高度为 137m，主要用于商务办公，是一栋具有现代主义建筑风格的白色建筑。随后高层混合结构开始逐渐得到应用，但一直到 20 世纪 90 年代之前，这种建筑结构的应用都比较少，公开资料显示，只有少量的几栋高层建筑采用了这种结构形式[47]。

图 1.2-1　美国芝加哥 Fifth Third Center

1973 年，法国巴黎的 Maine-Montparnasse Tower[46]（图 1.2-2）竣工，结构形式为钢框架-混凝土核心筒混合结构。该建筑是一幢 210m 的办公摩天大楼，共 64 层，从顶层的观景台可以欣赏到半径 40km 的城市风景。

图 1.2-2　法国巴黎 Maine-Montparnasse Tower

　　1980 年于英国伦敦建成的 Tower 42（原名 National Westminster Tower）（图 1.2-3）采用钢框架-混凝土核心筒结构体系[47]，地上 43 层，地下 3 层，总高度 183m，是当时英国最高的建筑。建筑建成初期是 NatWest 的国际总部，因此也被称作 NatWest Tower。

图 1.2-3　英国伦敦 Tower 42

  1988 年建成的新加坡的 Overseas Union Bank Centre（图 1.2-4）是当地最高的摩天大楼之一。建筑地上 63 层，地下 4 层，总高度 280m。采用钢框架-混凝土剪力墙混合结构体系[47]，同时设置了支撑桁架和环带桁架，其高耸截面看似两个分开的三角形塔楼，是一栋具有现代主义风格的浅灰色建筑。

图 1.2-4 新加坡 Overseas Union Bank Centre

  进入 21 世纪以来，高层混合结构开始在国外得到较为广泛的应用[48]。2010 年 1 月落成的迪拜哈利法塔[49]（图 1.2-5）是目前世界最高建筑，建筑总高度为 828m。哈利法塔采用了下部混凝土结构、上部钢结构的混合结构形式，其中地下室到 601m 部分的结构，采用高强混凝土筒体；601～828m 部分的结构为纯钢结构，其中 607～760m 采用带支撑的钢框架，最终高度由钢结构顶部的中心钢桅杆达到。

  2013 年建成的世界贸易中心一号楼[50]，又称为自由塔（图 1.2-6），是美国纽约新世界贸易中心的摩天大楼，坐落于"9·11"恐怖袭击事件中倒塌的原世界贸易中心的旧址附近；建筑高度 541.3m，1776ft，寓意独立宣言发布年份；该结构采用钢框架-混凝土核心筒混合结构体系。

  我国从 20 世纪 80 年代开始探索将混合结构应用于高层建筑。1986 年建成的北京香格里拉饭店[51]（图 1.2-7）是我国高层混合结构的早期代表，采用了型钢混凝土外框架和混凝土筒体，高度 82.75m；这栋建筑至今仍是北京西部地区的标志性建筑之一。

  1987 年完工的深圳发展中心大厦[51]（图 1.2-8）是我国第一栋超 100m 的混合结构建筑，结构总高度达到 165m，共 41 层，结构体系形式为钢框架-混凝土剪力墙，是一幢集酒店、办公、商业和娱乐多功能为一体的超高层大厦。

图 1.2-5　迪拜哈利法塔

图 1.2-6　美国纽约世界贸易中心一号楼

图 1.2-7　北京香格里拉饭店

　　进入 20 世纪 90 年代以来，高层混合结构在我国逐渐开始得到较为广泛的应用。1990 年在北京建成的京广中心大厦[52]（图 1.2-9），其结构高度达 208m；建筑地上 52 层，地下 3 层，是当时北京最高的超高层建筑，结构形式为钢框架-混凝土剪力墙，位于北京商务中心区，可俯瞰北京城市景观。

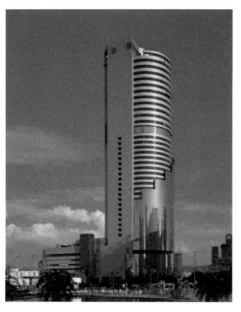

图 1.2-8　深圳发展中心大厦

图 1.2-9　北京京广中心大厦

1996 年建成的深圳地王大厦[52]（图 1.2-10）为钢框架-混凝土核心筒混合结构，主楼高度 325m，副楼高度 120m，是当时中国最高的高层建筑，是当地的标志性建筑之一。

1998 年建成的上海金茂大厦[52]（图 1.2-11）是一幢以办公、宾馆为主的多功能高层建筑，地上 88 层，地下 3 层，结构主体高度达到了 372.1m，总高度 421m。采用巨型柱框架-核心筒-伸臂桁架结构体系。结构周边设有 8 个混凝土巨型柱，结构角部有 8 个小钢柱，核心筒和巨柱之间设置了伸臂桁架。

图 1.2-10　深圳地王大厦

图 1.2-11　上海金茂大厦

进入 21 世纪后，随着我国经济快速发展和城市化进程的加快，高层建筑在城市中的建设速度日益加快，高层混合结构也在我国得到快速发展。

2000 年，深圳赛格广场[52]（图 1.2-12）建成，塔楼采用 43.2m×43.2m 的正方形切角八边形平面，共 72 层，总高度 355.8m，是我国首例采用钢管混凝土柱的超高层建筑。

2003 年台北 101 大厦[48]（图 1.2-13）于台北市信义区竣工，上部结构 101 层，结构总高度达到 508m，是当时世界上最高的建筑物，占地约 45.9m×49.5m，总建筑面积达 18 万 m²。大厦采用钢管混凝土巨型框架结构体系，大楼的四角设置钢管混凝土巨柱，巨柱截面尺寸 3m×2.4m，从下至上贯通整个结构。

图 1.2-12　深圳赛格广场　　　　　　图 1.2-13　台北 101 大厦

2004 年上海世茂国际广场[53]（图 1.2-14）竣工，其建筑面积约 17 万 m²，结构高度 246m，共 60 层。主楼平面形状为等腰直角三角形，中部为核心筒，周边三面为巨型框架。

2008 年在上海陆家嘴金融贸易区建成的上海环球金融中心[53]（图 1.2-15）是一幢以办公为主，集商贸、宾馆和其他公共设施于一体的大型高层建筑。建筑总高度 492m，地下 3 层，地上 101 层。外框架由巨型柱、巨型支撑和环带桁架构成，内筒混凝土核心筒，外框架与内筒之间通过伸臂桁架连接。上海环球金融中心曾被世界高层建筑与都市人居学会（CTBUH）评为"年度最佳高层建筑"。

2008 年建成的南京紫峰大厦[53]（图 1.2-16）位于南京市鼓楼区，是一栋以办公和酒店为主的大型高层建筑；其结构体系为钢框架-混凝土核心筒，并设置了伸臂桁架和腰桁架。结构屋顶高度为 381m，建筑总高度达 450m，主楼地上 89 层，地下 4 层；这是全球第一栋完全由中国投资建设的超级摩天大楼。

图 1.2-14　上海世茂国际广场

图 1.2-15　上海环球金融中心

图 1.2-16　南京紫峰大厦

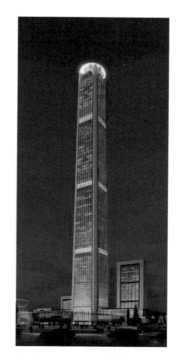

图 1.2-17　天津高银金融 117 大厦

2015 年封顶的天津 117 大厦[54]（图 1.2-17）位于天津市高新区，建筑总面积约 37 万 m²，结构总高度约 597m，上部结构共 117 层，目前是全世界结构第二高、中国结构第一高的高层建筑。该建筑采用支撑巨型框架-核心筒混合结构体系，水平抗侧力体系由巨型框架、巨型支撑及带有钢板剪力墙的混凝土核心筒组成。

2016 年竣工的深圳平安金融中心[55]（图 1.2-18）位于深圳福田中心区，是一幢以甲级写字楼为主的超高层建筑，其中塔楼地上 118 层，标准层层高 4.5m，结构高度为 549.1m，建筑高度为 599.1m。该建筑采用支撑巨型框架-核心筒结构体系，水平抗侧力体系包括巨型框架、巨型支撑、伸臂/腰桁架和带有钢板剪力墙的混凝土核心筒组成。

2016 年竣工的上海中心大厦[56]（图 1.2-19）是目前的中国最高建筑，建筑高度为 632m，结构高度为 580m。该结构采用巨型框架-核心筒-伸臂桁架结构体系，四根角柱、八根巨柱及八道两层高的环带桁架组成巨型框架，核心筒与巨柱通过伸臂桁架连接。

图 1.2-18　深圳平安金融中心　　　　　图 1.2-19　上海中心大厦

由国内外的应用现状分析可见，高层混合结构在全球范围内已经被大量应用于工程实践，尤其是在我国得到了广泛的应用。随着国内外学者研究的不断深入，高层混合结构的设计方法也在持续得到优化，在高层及超高层建筑中也将得到更加广泛的应用。

1.3　本书主要内容

高层混合结构在国内外的高层及超高层结构得到了广泛应用，但高层混合结构在体系设计中多借鉴钢筋混凝土结构，设计方法不完整，经济性尚需进一步优化。针对该问题，本书总结了国内外相关抗震分析方法，以结构倒塌风险控制作为唯一的罕遇地震设计要求，开展不同类型混合结构体系的抗震性能分析和倒塌风险评估，提出了基于一致倒塌风险的高层混合结构体系抗震设计方法。所谓基于一致倒塌风险的高层混合结构抗震设计方法，就是在结构设计中不再强行规定结构中的框架、剪力墙、筒体、伸臂桁架、支撑等抗侧力体系在小震下需承担的层间剪力比例，也不强行大幅提高结构中某种抗侧力体系的层间抗剪承载力，而仅规定地震作用下结构的倒塌概率不得超过一定限值；这个倒塌概率限值就是结构的一致倒塌风险值。

（1）高层结构弹塑性有限元建模方法和抗震分析方法

介绍本书所采用的高层混合结构有限元建模方法，并介绍本书所采用的高层混合结构弹塑性抗震分析方法，包括静力弹塑性分析、动力弹塑性时程分析、逐步增量动力分析（IDA）和地震倒塌易损性分析等。

（2）钢管混凝土框架-混凝土剪力墙结构体系抗震分析

对高层钢管混凝土（CFT）框架-混凝土（RC）剪力墙结构体系进行静力和动力弹塑性分析、增量动力分析及地震易损性分析，开展单重和双重抗侧力体系的抗震性能和抗地震倒塌性能研究，提出了这种结构体系基于一致倒塌风险的抗震设计方法。

（3）钢管混凝土框架-钢筋混凝土核心筒结构体系抗震分析

对高层钢管混凝土（CFT）框架-混凝土（RC）核心筒结构体系进行静力和动力弹塑性分析、增量动力分析及地震易损性分析，开展单重和双重抗侧力体系的抗震性能和抗倒塌性能研究，提出了这种结构体系基于一致倒塌风险的抗震设计方法。

（4）钢管混凝土异形柱结构体系抗震分析

采用动力弹塑性分析、增量动力分析及地震易损性分析方法，通过抗震性能和抗地震倒塌性能的研究，对比钢管混凝土（CFT）异形柱框架结构与 CFT 矩形柱框架结构的抗震性能及抗倒塌能力差异；研究肢厚比对 CFT 异形柱框架结构体系抗震性能及抗倒塌能力的影响；明确现有规范最大适用高度限值对 CFT 异形柱框架结构体系的适用性；分析不同结构布置的 CFT 异形柱框架-RC 剪力墙结构体系的抗震性能及抗倒塌能力，并提出了基于一致倒塌风险的结构体系抗震设计建议。

（5）支撑巨型框架-核心筒结构体系抗震性能分析

通过动力弹塑性时程分析、增量动力分析及地震易损性分析方法，明确了支撑巨型框架-核心筒结构体系中，不同内外筒刚度比例、支撑刚度占比和设置伸臂桁架对抗震性能和抗地震倒塌性能的影响，并提出了这种结构体系基于一致倒塌风险的抗震设计建议。

参考文献

［1］徐培福，王翠坤，肖从真. 中国高层建筑结构发展与展望［J］. 建筑结构，2009（9）：28-32.

［2］汪大绥，周建龙. 我国高层建筑钢-混凝土混合结构发展与展望［J］. 建筑结构学报，2010，31（6）：62-70.

［3］丁洁民，吴宏磊，赵昕. 我国高度 250m 以上超高层建筑结构现状与分析进展［J］. 建筑结构学报，2014，35（3）：1-7.

［4］高层建筑与都市人居学会. 2019 Year in Review-The Skyscraper Center［EB/OL］.［2020-06-24］. https：//www. skyscrapercenter. com/year-in-review/2019.

[5] 中华人民共和国住房和城乡建设部. 建筑抗震设计规范：GB 50011—2010 [S]. 北京：中国建筑工业出版社，2016.

[6] International Building Code 2009 [S]. International Code Council，Inc，2009. Uniform Building Code 1997：23-27.

[7] Uniform Building Code 1997 [S]. International Conference of Building Officials，1997.

[8] 中国建筑标准设计研究院. 高层建筑钢-混凝土混合结构设计规程：CECS 230：2008 [S]. 北京：中国计划出版社，2008.

[9] 汪大绥，周建龙，包联进. 超高层建筑结构经济性探讨 [J]. 建筑结构，2012（05）：1-7.

[10] 汪大绥，周建龙. 我国高层建筑钢-混凝土混合结构发展与展望 [J]. 建筑结构学报，2010（06）：62-70.

[11] 方小丹，魏琏. 关于建筑结构抗震设计若干问题的讨论 [J]. 建筑结构学报，2011（12）：46-51.

[12] 徐忠根，王翠坤，刘臣，等. 高耸钢结构模型模拟地震振动台试验研究 [J]. 空间结构，2002（04）：36-45.

[13] 郑建忠. 钢管混凝土框架-组合剪力墙结构抗震性能试验研究 [D]. 福州：福州大学，2011.

[14] 龚炳年，郝锐坤，赵宁. 钢-混凝土混合结构模型试验研究 [J]. 建筑科学，1994（01）：10-14.

[15] 龚炳年，郝锐坤，赵宁. 钢-混凝土混合结构模型动力特性的试验研究 [J]. 建筑结构学报，1995（03）：37-338.

[16] 李国强，周向明，丁翔. 高层建筑钢-混凝土混合结构模型模拟地震振动台试验研究 [J]. 建筑结构学报，2001（02）：2-7.

[17] 阎兴华，黄海. 高层钢-混凝土混合结构抗震性能试验研究 [C] //第十二届全国结构工程学术会议论文集第Ⅱ册，2003.

[18] 吕西林，邹昀，卢文胜，等. 上海环球金融中心大厦结构模型振动台抗震试验 [J]. 地震工程与工程振动，2004（03）：57-63.

[19] 储德文，梁博，王明贵. 钢框架-混凝土筒体混合结构抗震性能振动台试验研究 [J]. 建筑结构，2005（08）：69-72.

[20] 梁博. 钢框架-混凝土筒体混合结构抗震性能振动台试验研究 [D]. 西安：西安建筑科技大学，2005.

[21] 李检保，吕西林，卢文胜，等. 北京 LG 大厦单塔结构整体模型模拟地震振动台试验研究 [J]. 建筑结构学报，2006（02）：10-14.

[22] KWAN A. Equivalence of Finite-elements and Analogous Frame Modules for Shear Core Wall Analysis [J]. Computers & Structures，1995，57（2）：193-203.

[23] 程绍革. 钢-混凝土筒混合结构弹塑性反应分析及探讨 [J]. 建筑结构，1998（06）：33-35.

[24] 李国强，姜丽人，张晓光. 高层建筑钢-混凝土混合结构简化分析模型 [J]. 建筑结构，1999（06）：12-13.

[25] 李国强，丁翔，郑敬有，等. 高层建筑钢-混凝土混合结构分区耦合分析模型及开裂层位移参数分析 [J]. 建筑结构，2002（02）：21-25.

[26] 周向明，李国强，丁翔. 高层钢-混凝土混合结构弹塑性地震反应简化分析模型 [J]. 建筑结构，2002（05）：26-30.

[27] 钱稼茹，魏勇，蔡益燕，等. 外钢框架-混凝土核心筒结构协同受力性能研究 [J]. 建筑结构，2006，36（增刊）：9-1-7.

[28] 白国良，楚留声，李晓文. 高层框架-核心筒结构抗震防线问题研究 [J]. 西安建筑科技大学学报（自然科学版），2007，39（4）：445-450.

[29] 楚留声，白国良，白晓红. 框架-核心筒混合结构基于刚度退化的反应谱设计方法研究 [J]. 工业建筑，2007，37（12）：61-66.

[30] 杜修力，杨淑玲，张令心，等. 钢框架-混凝土核心筒混合结构弹塑性地震反应分析方法 [J]. 北京工业大学学报，2007（11）：1158-1163.

[31] 缪志伟. 钢筋混凝土框架剪力墙结构基于能量抗震设计方法研究 [D]. 北京：清华大学，2009.

[32] 林旭川，陆新征，缪志伟，等. 基于分层壳单元的 RC 核心筒结构有限元分析和工程应用 [J]. 土木工程学报，2009（3）：49-54.

[33] MOSTAFAEI H，VECCHIO F J，KABEYASAWA T，et al. Deformation Capacity of Reinforced Concrete Columns [J]. ACI Structural Journal，2010，107（1）：126-127.

[34] KABEYASAWA T. New Concept on Fail-Safe Design of Foundation Structure Systems Insensitive to Extreme Motions [J]. Geotechnical Geological and Earthquake Engineering. 2010：113-124.

[35] SOBHANINEJAD G，HORI M，KABEYASAWA T. Enhancing Integrated Earthquake Simulation with High Performance Computing [J]. Advances in Engineering Software，2011，42（5SI）：286-292.

[36] KIM Y，KABEYASAWA T，MATSUMORI T，et al. Numerical Study of a Full-scale Six-story Reinforced Concrete Wall-Frame Structure Tested at E-Defense [J]. Earthquake Engineering & Structural Dynamics，2012，41（8）：1217-1239.

[37] KIM Y，KABEYASAWA T，IGARASHI S. Dynamic Collapse Test on Eccentric Reinforced Concrete Structures with and without Seismic Retrofit [J]. Engineering Structures，2012，34：95-110.

[38] 林旭川，陆新征，叶列平. 钢-混凝土混合框架结构多尺度分析及其建模方法 [J]. 计算力学学报，2010，27（03）：469-475+495.

[39] MOLINARI C，CLAUSER P，GIROMETTI R，et al. MR Mammography using Diffusion-weighted Imaging in Evaluating Breast Cancer：a Correlation with Proliferation Index [J]. Radiologia Medica，2015，120（10）：911-918.

[40] SURACE M F，MONESTIER L，VULCANO E，et al. Conventional Versus Cross-Linked Polyethylene for Total Hip Arthroplasty [J]. Orthopedics，2015，38（9）：556-561.

[41] 邹勇强，陈麟，周云. 钢框架-钢筋混凝土核心筒结构的协同工作性能分析 [J]. 钢结构，2008，23（9）：12-15.

[42] 缪志伟，叶列平，吴耀辉，等. 框架-核心筒高层混合结构抗震性能评价及破坏模式分析 [J]. 建筑结构，2009（04）：6-11.

[43] 刘阳冰，刘晶波，韩强. 组合框架-核心筒结构地震反应初步规律研究 [J]. 河海大学学报：自然科学版，2011，39（2）：148-153.

[44] 刘阳冰，文国治，刘晶波. 钢-混凝土组合框架-RC 核心筒结构弹塑性地震反应分析 [J]. 四川大学学报（工程科学版），2011，43（2）：51-57.

[45] 陆新征，蒋庆，缪志伟，等. 建筑抗震弹塑性分析 [M]. 2 版. 北京：中国建筑工业出版社，2015.

[46] 李国强. 当代建筑工程的新结构体系 [J]. 建筑学报，2002，7：22-26.

[47] 张令心，郭丰雨. 钢-混凝土混合结构抗震研究述评 [J]. 地震工程与工程振动，2004（03）：51-56.

[48] 刘庆梅. 高层框架-核心筒混合结构抗震性能研究 [D]. 西安：西安建筑科技大学，2011.

[49] 赵西安. 世界最高建筑迪拜哈利法塔结构设计和施工 [J]. 建筑技术，2010，41（07）：625-629.

[50] ARCHDAILY [EB/OL]. [2020-06-24]. https：//www. archdaily. com/795277/one-world-trade-center-som.

[51] 王国周. 中国钢结构五十年 [J]. 建筑结构，1999（10）：4-21.

[52] 中国建筑学会建筑结构分会高层建筑结构委员会. 我国大陆 2004 年底已建成 150m 以上高层建筑统计 [J]. 土木工程学报，2008，41（003）：103-109.

[53] 中国土木工程学报. 我国大陆 2009 年底已建成 180m 以上高层建筑统计 [J]. 土木工程学报（3

期）：149-153.

[54] 包联进，汪大绥，周建龙，等. 天津高银 117 大厦巨型支撑设计与思考 [J]. 建筑钢结构进展，2014（2）：43-48.

[55] 傅学怡，吴国勤，黄用军，等. 平安金融中心结构设计研究综述 [J]. 建筑结构，2012，42（04）：21-27.

[56] 丁洁民，巢斯，吴宏磊，等. 上海中心大厦绿色结构设计关键技术 [J]. 建筑结构学报，2017，38（03）：134-140.

2　高层结构弹塑性抗震分析方法

准确预测结构在地震作用下的弹塑性响应是验证结构性能和实现性能化设计的关键，从常规设计的线弹性分析到弹塑性分析，也是结构抗震计算的重要进步[1-2]。随着计算机性能的提升和数值模拟方法的不断进步，结构弹塑性分析方法也随之不断更新换代并日趋成熟。目前工程结构弹塑性抗震分析中常用的方法包括静力弹塑性分析和动力弹塑性分析。随着科研和工程人员对结构抗倒塌性能的关注，增量动力分析（IDA）和结构地震倒塌易损性分析也被用作大型或复杂结构抗倒塌性能的评价手段，并逐渐开始成为结构设计的重要依据。

本章主要从静力弹塑性分析、动力弹塑性时程分析、增量动力分析（IDA）和地震抗倒塌分析等方面来对结构弹塑性抗震分析方法进行介绍。

2.1　静力弹塑性分析方法

2.1.1　静力弹塑性分析概述

静力弹塑性分析方法是一种常见的抗震分析方法，最早于 1975 年由 Freeman 等人提出，并在 20 世纪 90 年底基于性能抗震设计方法的提出而受到广泛关注，并被美国 FEMA 273[3] 和 ATC 40[4] 等规范和日本规范所采纳。该方法是一种通过对结构施加逐渐增加的单向水平荷载，用静力推覆分析方式模拟结构在地震作用下的非线性响应（包括内力、变形等），并借助地震需求谱或直接估算的目标性能需求点，近似得到结构在预期地震作用下的结构抗震性能状态，由此来实现对结构抗震性能的评估，该方法也被称为 Pushover 静力弹塑性分析、Pushover 分析和静力推覆分析等。

静力弹塑性分析方法的优势在于，不需要对地震波进行筛选，一般单向水平加载的计算成本更低，力学概念比较直观，操作方法相对简单易行，可以得到结构在水平荷载作用下连续的非线性响应。目前，静力弹塑性分析方法已在我国工程抗震分析实践中得到较为广泛的应用。

2.1.2　结构侧力模式

静力弹塑性分析的侧力模式与结构的侧移模式相关。不同的侧力模式对分析结果有直接影响，选用合理的侧力模式，对结构静力弹塑性分析结果的准确性与合理性至关重要。对于周期较短（如小于 1s）的中低层规则结构，静力弹塑性分析中一般假定结构的侧移模式与结构一阶振型形状相同或接近[5]。考虑楼层高度影响的振型相关的侧力模式是目前采用较多的加载模式之一，如式（2.1-1）所示。

$$\Delta F_i = \frac{w_i h_i^k}{\sum\limits_{j=1}^{n} w_j h_j^k} \Delta V_b \tag{2.1-1}$$

式中：ΔF_i——结构第 i 层的水平荷载增量；

$\quad\quad \Delta V_b$——结构基底剪力增量；

$\quad w_i$、w_j——第 i 层和第 j 层的重量，即楼层质量与重力加速度乘积（$w_i = m_i \times g$、$w_j = m_j \times g$）；

$\quad h_i$、h_j——第 i 层和第 j 层顶部距离基底的高度；

$\quad\quad n$——结构总层数；

$\quad\quad k$——楼层高度修正指数。

当结构第一振型周期 $T \leqslant 0.5s$ 时，$k=1.0$；$T \geqslant 2.0s$ 时，$k=2.0$；当 T 介于 $0.5\sim 2.0s$ 时，k 采用线性插值计算得到。

当 $k=1.0$ 时即为倒三角水平加载模式，其具有较高的精度[6]，同时我国《建筑抗震设计规范》GB 50011—2010[7] 规定的底部剪力法就是基于倒三角分布加载模式，引入依赖于结构周期和场地类别的顶点附加集中地震作用予以调整，减小结构在周期较长时结构顶部地震作用的误差。为了拓展 Pushover 方法的适用范围，各国学者针对高阶阵型影响明显的高层结构、扭转效应明显的不规则结构的静力弹塑性分析方法进行探索，提出了各种模态 Pushover 方法（MPA）、三维 Pushover 方法等，不仅考虑了不同振型变形模式推覆结果的组合，而且侧力模式可以随着结构刚度分布与变形模式的变化而变化。综合国内外研究和相关技术规定，并保持 Pushover 方法的简洁性，本书在静力弹塑性分析中一般选用倒三角加载模式对结构进行侧向加载。

2.1.3 结构推覆分析模型

在结构推覆过程中，材料的非线性行为、重力和侧移功能作用下的结构二阶效应均会导致结构抗侧能力减小。为了得到较完整的静力推覆曲线，需要获得水平荷载作用下结构 Pushover 曲线的下降段，此时需要确保分析中水平荷载降低的同时结构变形继续增大。弧长法等求解方法往往被用于获得下降段曲线，但仍可能难以获得下降段曲线，而采用位移加载控制所需侧力模式的方法则比较容易实现[8]。在框架-核心筒结构的静力推覆过程中，结构的水平位移沿楼层高度的变化规律很难掌握，普通的位移控制方法并不适用，因此本书采用黄羽立等[9] 提出的可以控制荷载加载比例的位移推覆方法。该方法需要在静力弹塑性分析模型中添加作动器，将作动器与加载之间建立约束关系，使加载点之间的荷载满足一定的比例关系，再通过对作动器的位移推覆实现通过位移控制且加载点之间符合比例关系的推覆计算。该方法的分析理论如下：

假设需要将荷载（F_1，F_2，F_3，$\cdots F_N$）作用在结构中的 N 个加载点上，比例关系为（$p_1 : p_2 : p_3 : \cdots p_N$）。通过位移约束方程（2.1-2）将作动器的位移与各加载点的荷载和位移进行关联，使荷载满足预期的比例关系；这样就可以保证荷载始终满足比例关系 $F_1 : F_2 : F_3 : \cdots F_N = p_1 : p_2 : p_3 : \cdots p_N$。

$$\sum (p_i d_i) - (\sum p_i) d_0 = 0 \tag{2.1-2}$$

式中：p_i——第 i 个自由度上荷载的比例系数；

d_i——第 i 个自由度的位移；

d_0——作动器的位移。

将上式进行变换可得：

$$d_0 = \frac{\sum (p_i d_i)}{\sum p_i} \qquad (2.1\text{-}3)$$

可以看出，加载点位移 d_i 对应的权重 p_i 就是预期的加载比例，只需要对作动器位移 d_0 进行控制便可以实现按一定比例进行的位移推覆加载。

证明过程如下[9-10]：

对 N 个加载点的位移 d_1，d_2，$\cdots d_N$ 和作动器的位移 d_0 分别引入虚位移 δd_0 和 δd_i，由虚功原理得：

$$F_0 \delta d_0 + \sum (-F_i \delta d_i) = 0 \qquad (2.1\text{-}4)$$

式中：F_i——约束施加在结构上的荷载；

F_0—— d_0 上约束所受的外力；

$-F_i$—— d_i 上约束所受的外力。

由于位移约束是刚性的，因此式（2.1-4）中内力虚功为零。虚位移 δd_0 和 δd_i 满足约束方程（2.1-2），所以有：

$$\sum (p_i \delta d_i) - (\sum p_i) \delta d_0 = 0 \qquad (2.1\text{-}5)$$

由式（2.1-2）和式（2.1-5）消去 δd_0 可得：

$$\sum \{ [p_i F_0 - (\sum p_i) F_i] \delta d_i \} = 0 \qquad (2.1\text{-}6)$$

要使式（2.1-6）对任意大小的虚位移 δd_i 成立，则 δd_i 的对应系数必须都为零，即：

$$p_i F_0 - (\sum p_i) F_i = 0 \quad \forall i \qquad (2.1\text{-}7)$$

如果 $\sum p_i \neq 0$，则可以推出约束荷载 F_i 的比例关系满足：

$$F_1 : \cdots F_N = p_1 : \cdots p_N \qquad (2.1\text{-}8)$$

因此，若式（2.1-2）成立，则荷载在整个加载过程中满足恒定的比例关系，可以通过控制作动器位移对整个结构进行一定水平加载模式的侧力加载。

在有限元分析软件 MSC. Marc 中该方法的具体实施细节为，通过用户子程序 UFORMS 功能定义约束矩阵 $[\boldsymbol{S}]$，以此实现作动器节点位移与加载点位移之间的约束关系[11]：

$$\{u^C\} = [\boldsymbol{S}] \{u^R\} \qquad (2.1\text{-}9)$$

式中：$\{u^C\} = \{u_1^C, \cdots u_M^C\}^T$；

$\{u^R\} = \{u_1^{R1}, \cdots u_M^{R1}, \cdots u_1^{RN}, \cdots u_M^{RN}\}^T$；

u_j^C——被约束节点的第 j 个自由度的位移；

u_j^{Ri}——第 i 个约束节点的第 j 个自由度的位移。

在 UFORMS 子程序中，只需要给出约束矩阵 $[\boldsymbol{S}]$ 相应元素赋值为各个推覆分析加在节点的归一化荷载比例 $p_i / (\sum p_i)$，即可在 MSC. Marc 中实现上述约束关系；然后在计算分析中对被约束节点施加适当的位移荷载，就能实现基于位移控制的推覆分析，直至结构整体发生破坏，从而获得整体结构从开始加载到完全破坏的全过程，从而为研究整体结构在各个受力阶段的性能，特别是倒塌阶段的性能提供可靠依据。

以本书第 5 章框架-核心筒部分的静力弹塑性分析模型为例，该模型需要对 30 层的共 90 个加载点进行约束，即对结构施加位移约束，约束矩阵 $[\boldsymbol{S}]$ 如下：

$$\{u_1{}^a\} = \frac{\sum(p_i u_1^i)}{\sum p_i} \Leftrightarrow [\boldsymbol{S}] = \frac{1}{\sum p_i}[p_1, \cdots p_{90}] \tag{2.1-10}$$

随后在矩阵 $[\boldsymbol{S}]$ 中相应元素赋值为倒三角加载模式比例，即可在 MSC. Marc 中实现基于多点位移控制的推覆分析方法的应用。具体的程序编写方法在文献 [12] 中有详细介绍。

在结构有限元模型中建立作动器单元（弹性桁架单元），与结构模型各层对应节点通过 Link 中编写好的用户子程序建立约束关系，为防止一侧框架梁受力过大导致局部破坏，约束节点选择比较靠近中间的梁-墙节点和梁柱节点，纵向加载比例为倒三角分布，水平方向的加载比例由加载点对应该层轴线的受荷面积中的总质量确定。

2.1.4 性能评价量化标准

结构静力弹塑性分析方法提出以来，各国学者便致力于具体实施方法的研究，其中 ATC 40[4] 所建议的静力弹塑性分析方法就是能力谱法（Capacity Spectrum Mehod），采用了等效阻尼折减的线弹性需求谱（Demand Spectrum）。本节也从能力谱和需求谱两方面来介绍静力弹塑性分析方法的性能量化标准，其中需求谱包含线弹性需求谱和弹塑性需求谱。

能力谱（曲线），即结构 Pushover 推覆分析可以得到结构基底剪力-顶点位移（V_b-U_n）关系曲线，再按照公式（2.1-11）~（2.1-14）进行计算，转换为等效单自由度体系的加速度-位移（S_a-S_d）曲线。

$$S_a = \frac{V_b / \sum_{i=1}^n w_i}{\alpha_1} \tag{2.1-11}$$

$$S_d = \frac{\Delta_{\text{roof}}}{\gamma_1 \phi_{1,\text{roof}}} \tag{2.1-12}$$

$$\alpha_1 = \frac{(\sum_{i=1}^n w_i \phi_{i1})^2}{\sum_{i=1}^n (w_i \phi_{i1}^2) \times \sum_{i=1}^n w_i} \tag{2.1-13}$$

$$\gamma_1 = \frac{\sum_{i=1}^n (w_i \phi_{i1})}{\sum_{i=1}^n (w_i \phi_{i1}^2)} \tag{2.1-14}$$

式中：V_b——结构基底剪力；

α_1——第一阶振型的质量参与系数；

Δ_{roof}——结构顶点位移，即 U_n；

γ_1 ——第一阶振型的振型参与系数；

$\phi_{1,\text{roof}}$ ——第一阶振型顶点位移；

w_i ——楼层 i 的重量，即楼层质量 m_i 与重力加速度 g 的乘积（$w_i = m_i \times g$）；

n ——楼层数；

ϕ_{i1} ——第一阶振型在楼层 i 的位移。

线弹性需求谱，在弹性系统中，弹性谱加速度需求 S_a 可采用常用的地震反应谱或设计用弹性反应谱得到。我国《建筑抗震设计规范》GB 50011—2010[7] 采用水平地震影响系数 α 与体系自振周期 T 之间的关系作为反应谱，其表达式如下：

$$\alpha = (10\eta_2 - 4.5)\alpha_{\max}T + 0.45\alpha_{\max} \qquad 0 < T \leqslant 0.1\text{s} \qquad (2.1\text{-}15)$$

$$\alpha = \eta_2\alpha_{\max} \qquad 0.1\text{s} < T \leqslant T_g \qquad (2.1\text{-}16)$$

$$\alpha = \left(\frac{T_g}{T}\right)^{\gamma}\eta_2\alpha_{\max} \qquad T_g < T \leqslant 5T_g \qquad (2.1\text{-}17)$$

$$\alpha = [\eta_2 0.2^{\gamma} - \eta_1(T - 5T_g)]\alpha_{\max} \qquad 5T_g < T \leqslant 6\text{s} \qquad (2.1\text{-}18)$$

$$\gamma = 0.9 + \frac{0.05 - \zeta}{0.3 + 6\zeta} \qquad (2.1\text{-}19)$$

$$\eta_1 = 0.02 + \frac{0.05 - \zeta}{4 + 32\zeta} \qquad (2.1\text{-}20)$$

$$\eta_2 = 1 + \frac{0.05 - \zeta}{0.08 + 1.6\zeta} \qquad (2.1\text{-}21)$$

式中：α ——水平地震影响系数；

$\alpha_{\max}$ ——水平地震影响系数最大值；

ζ ——结构的阻尼比；

T ——结构自振周期；

T_g ——特征周期；

γ ——曲线下降段的衰减指数；

η_1 ——直线下降段的下降斜率调整系数；

η_2 ——阻尼调整系数。

弹性需求谱可以从上述标准反应谱求得，按式（2.1-22）和（2.1-23）转换为谱加速度-谱位移关系曲线，即 S_a-S_d 格式［简称 ADRS（Acceleration-Displacement Response Spectra）格式或 AD 格式］。

$$S_{ae} = \alpha \times g \qquad (2.1\text{-}22)$$

$$S_{de} = \frac{T^2}{4\pi^2}S_{ae} \qquad (2.1\text{-}23)$$

式中：S_{ae} ——弹性需求谱的谱加速度；

S_{de} ——弹性需求谱的谱位移；

g ——重力加速度。

结构进入塑性状态后的抗震性能评价则需要采用能够反映结构弹塑性地震相应特征的弹塑性需求谱。通常情况下，现在的抗震设计通过将结构的弹塑性耗能等效为阻尼耗能后，采用等效阻尼折减线弹性反应谱的方式来确定结构弹塑性性能需求谱。通过等效阻尼比折减弹性反应谱的具体步骤如下：

（1）根据 FEMA 440[13] 中"等效线性化"方法，首先运用 ATC 40[4] 中的步骤采用双线型表示能力谱曲线，可以得到初始周期 T_0、屈服位移 d_y、屈服加速度 a_y、性能点加速度 a_{pi} 和性能点位移 d_{pi} 的假定值，如图 2.1-1 所示。

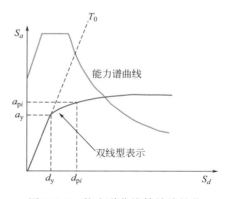

图 2.1-1　能力谱曲线等效线性化

（2）按照公式（2.1-24）和（2.1-25）计算屈服后刚度比 α_k 和最大延性比 μ：

$$\alpha_k = \left(\frac{a_{pi} - a_y}{d_{pi} - d_y} \right) \bigg/ \left(\frac{a_y}{d_y} \right) \qquad (2.1\text{-}24)$$

$$\mu = \frac{d_{pi}}{d_y} \qquad (2.1\text{-}25)$$

式中：α_k——屈服后刚度比；

$\qquad \mu$——最大延性比；

$\qquad d_y$——屈服位移；

$\qquad a_y$——屈服加速度；

$\qquad d_{pi}$——假定结构性能点位移；

$\qquad a_{pi}$——假定结构性能点加速度。

（3）优化后的等效阻尼比和等效周期的求解与最大延性比 μ 相关，并按照公式（2.1-26）～（2.1-32）计算：

$$\zeta_{eff} = 4.9(\mu-1)^2 - 1.1(\mu-1)^3 + \zeta_0 \quad 1.0 < \mu < 4.0 \qquad (2.1\text{-}26)$$

$$\zeta_{eff} = 14.0 + 0.32(\mu-1) + \zeta_0 \quad 4.0 \leqslant \mu \leqslant 6.5 \qquad (2.1\text{-}27)$$

$$\zeta_{eff} = 19 \left[\frac{0.64(\mu-1)-1}{[0.64(\mu-1)]^2} \right] \left(\frac{T_{eff}}{T_0} \right)^2 + \beta_0 \quad \mu > 6.5 \qquad (2.1\text{-}28)$$

$$\zeta_0 = \frac{2}{\pi} \cdot \frac{a_y d_{pi} - d_y a_{pi}}{a_{pi} d_{pi}} \qquad (2.1\text{-}29)$$

$$T_{eff} = [0.20(\mu-1)^2 - 0.038(\mu-1)^3 + 1] T_0 \quad 1.0 < \mu < 4.0 \qquad (2.1\text{-}30)$$

$$T_{eff} = [0.28 + 0.13(\mu-1) + 1] T_0 \quad 4.0 \leqslant \mu \leqslant 6.5 \qquad (2.1\text{-}31)$$

$$T_{eff} = \left\{ 0.89 \left[\sqrt{\frac{(\mu-1)}{1 + 0.05(\mu-2)}} - 1 \right] + 1 \right\} T_0 \quad \mu > 6.5 \qquad (2.1\text{-}32)$$

式中：ζ_{eff}——等效阻尼比；

$\qquad \zeta_0$——等效黏滞阻尼；

$\qquad T_{eff}$——等效周期；

$\qquad T_0$——初始周期，上述公式适用于 $T_0 = 0.2 \sim 2.0 \text{s}$。

（4）最后采用等效阻尼比计算需求谱曲线折减系数 B，按公式（2.1-33）和（2.1-34）对需求谱进行折减：

$$B = \frac{4}{5.6 - \ln \zeta_{eff}(\%)} \qquad (2.1\text{-}33)$$

$$S_a = \frac{S_{ae}}{B} \qquad (2.1\text{-}34)$$

（5）通过对应于 ζ_{eff} 的 ADRS 需求谱曲线与等效周期 T_{eff}（放射线）的交点即可确定最大位移 d_i，并与前一步假定的 d_{pi} 进行对比，两者差异小于 5%，即为求得的性能点（a_i，d_i）；否则，重新选择假定点（a_{pi}，d_{pi}），重复上述步骤进行计算，如图 2.1-2 所示。

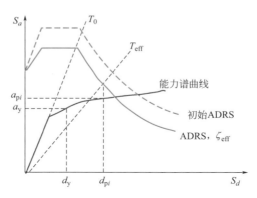

图 2.1-2　直接迭代法求取性能点

2.2　动力弹塑性时程分析方法

2.2.1　动力弹塑性时程分析方法概述

本书采用的动力弹塑性时程分析方法，即为非线性动力时程分析（Nolinear Dynamic Time-history Analysis）方法，是指将地震动的加速度时程曲线作为动力作用输入到结构的有限元数值模型中进行逐步积分计算，得到结构在地震作用下全过程的非线性响应[10]。非线性动力时程分析的整个过程涉及地震动的选取和调幅，并且分析计算的过程与静力弹塑性分析相比也更加复杂，但通过非线性动力时程分析可以得到结构在地震作用下更加准确的响应，更好地对结构抗震性能进行研究与分析。在现今结构分析方法更加成熟且计算机的性能更加强大的条件下，非线性动力时程分析方法在结构抗震性能研究和工程设计领域均得到了广泛应用。

2.2.2　地震动的输入标准

地震动是由地壳中的震源向周围释放能量而引起的地面振动，通过地面振动使结构受到惯性力的作用。地震动包含了强度幅值、频谱特性和持续时间三个主要的地震动参数，一般通过时程曲线表示，其中加速度时程曲线被普遍应用于非线性动力时程分析当中。

对于弹塑性时程分析而言，地震动的输入选择对计算结果影响很大。我国《建筑抗震设计规范》GB 50011—2010[7] 中对于地震加速度时程的选择进行了相关建议，地震加速度时程应采用实际地震记录和人工模拟的加速度记录。在最不利地震动备选数据的基础上，着重考虑强震记录的位移延性和耗能，并进一步考虑场地条件、结构周期和相关规范规定等因素的影响，最后得到给定场地和结构周期下的最不利设计地震动[10]。

2.2.3　地震动强度指标

目前结构抗震分析和设计中运用最广泛的地震动强度指标主要是地面峰值加速度（*PGA*），该指标简单直观，目前被大多数国家所采用。由于震级、震中距和场地特征等因素各不相同，不同地震动之间可能存在很大差异，有较强的随机性，因此需要对所选的地震动的加速度时程曲线进行调幅，使其满足《建筑抗震设计规范》GB 50011—2010[7]中所要求的幅值水平（表 2.2-1）。调幅方法见下式：

$$a'(t) = a(t) \times \frac{A'_{\max}}{A_{\max}} \tag{2.2-1}$$

式中：$a'(t)$、$A'_{\max}$——调整后地震动的加速度时程曲线及其幅值；

$a(t)$、$A_{\max}$——原记录地震动的加速度时程曲线及其幅值。

时程分析所用地震加速度时程曲线的最大值　　　　　　表 2.2-1

地震影响	6 度	7 度	8 度	9 度
多遇地震	18	35(55)	70(110)	140
设防地震	50	100(150)	200(300)	400
罕遇地震	125	220(310)	400(510)	620

注：单位为 cm/s²，括号内数值分别用于设计基本地震加速度为 $0.15g$ 和 $0.30g$ 的地区。

2.3　增量动力分析方法（IDA）

2.3.1　增量动力分析方法概述

增量动力分析（Incremental Dynamic Analysis，IDA）方法是动力时程分析方法的拓展。该方法需要选取一系列地震动，并对地震强度由小到大进行逐级调幅，将调幅后的地震动分别作为动力作用输入到结构上，进行大量的非线性动力时程分析，由此得到结构在多条地震动、多强度等级下全面的非线性响应。将大量计算结果通过选定的结构损伤指标（Damage Measure，*DM*）和地震强度指标（Intensity Measure，*IM*）表达为 IDA 曲线簇，体现出结构在一系列强度由小到大的地震动作用下非线性响应的变化趋势，在此基础上对结构的破坏模式和抗震性能进行分析。IDA 方法由 Bertero[14] 提出，后经 Vamvatsikos[15] 完善，是一种比较科学有效的分析方法，并随着计算机性能的提高而在抗震研究中得到了更为广泛的应用。

2.3.2　地震动的选取

结构自身的动力特性和地震动的特征参数两个因素决定了建筑结构在地震作用下的非线性响应，其中结构自身动力特性的随机性远小于地震动特征参数的随机性[16]。结构在峰值加速度相同的地震动作用下其动力响应也可能完全不同，并且结构在不同地震动作用下的 IDA 曲线也可能不同，甚至曲线斜率的变化趋势也会不同；这种随机性在理想弹性结构中也会出现[17]，因此需要选取一定数量的地震动来消除这种随机性的影响。

地震动的特征参数包括强度幅值、频谱特性和持续时间，它们不仅决定了地震动的特性，同时也影响着在地震动作用下的结构响应，因此在选取地震动时需要对其特征参数进行把控。

（1）强度幅值

强度幅值在一定程度上体现了地震动使结构中产生的内力幅值。一般情况下，强度幅值较大的地震动也会导致更为严重的地震灾害。地震动的强度幅值通常由 PGA 表示。

（2）频谱特性

频谱特性是对地震动中不同振动的幅值、频率、相位叠加结果的一种表达。由于地震动中不同频率的振动在不同的岩土类型中传播时能量的衰减速率不同，因此地震动的频谱特性与波的类型、场地特性、震中距等多方面因素有关。在抗震研究中通常选择加速度反应谱以反映地震动的频谱特性。

（3）持续时间

持续时间是指在整个地震过程中，地面波的强度幅值超过特定值的时间长短。通常持续时间越长的地震动释放的能量也越大，这可能导致结构中的塑性损伤发展也更加严重，使结构破坏的可能性增加。

地震动选取方法对地震动特征参数的把控十分重要，目前常用的地震动选取方法主要有两种：基于场地信息的选择方法和基于目标反应谱的选择方法。

（1）基于场地信息的选择方法

这种方法可以通过两种方式实现：一种是通过场地信息和地震发震类型对地震动进行选取；另一种是根据地震强度和震中距对场地信息匹配的地震动进行选取。第二种方式通常被称为解聚法。

（2）基于目标反应谱的选择方法

这种方法的控制参数为结构的目标反应谱，通过对比地震动反应谱和结构目标反应谱，得到频谱特性与结构相匹配的地震动。这种方法与地震动的震中距和发震类型以及场地信息都没有直接关系，只对地震动频谱特性进行把控。其中结构的目标反应谱一般包括规范设计反应谱、条件均值反应谱和一致风险反应谱。

因为基于震源和台站信息的选波法需要大量震源信息支持，在通常的研究分析中难以实现，所以本书采用研究中常采用的基于目标反应谱的选择方法选取地震动用于增量动力分析（IDA）。目标反应谱采用我国《建筑抗震设计规范》GB 50011—2010[7] 中相应的设计反应谱。选波方法采用双频段选波法，该方法由杨溥等[18] 提出，通过控制地震动的加速度反应谱在 $0.1s \sim T_g$ 区段和结构基本周期 T_1 的谱加速度的均值与目标反应谱的差值，选取具有与结构匹配的频谱特性的地震动。综上所述，本书研究模型均采用双频段选波法从太平洋地震工程研究中心（PEER）的地震动数据库中分别对研究对象进行选波，选取了一定数量的地震动用于 IDA 分析，且该数量的地震动可以满足结构抗震性能研究的精度要求[18]。

2.3.3　地震强度指标和结构损伤指标的选取

IDA 曲线的纵坐标对应了地震强度指标（IM），横坐标对应了结构损伤指标（DM），因此在 IDA 方法中选取合理的地震强度指标与结构损伤指标至关重要。

地震强度指标的选择需要考虑其有效性以及充分性，考虑有效性是为了减少不同地震动的特性使结构动力时程分析结果之间产生的差别，考虑充分性是为了使分析结果尽可能只与地震动的强度指标相关，减少分析结果受其他地震动特性的影响。

常用的地震强度指标包括峰值加速度（PGA）、峰值速度（PGV）以及结构基本周期对应的谱加速度 S_a（T_1）等。采用 PGA 作为地震强度指标能够对结构周期较短的结构进行较好的模拟，使结果具有一定的稳定性，但是对周期较长的高层结构进行模拟会导致结果稳定性变差，出现较大的离散性。采用 PGV 对周期较长的高层结构进行模拟具有较高的稳定性，但是 PGV 难以与我国抗震规范中采用的 PGA 进行换算，难以得到不同抗震性能水准的量化指标。采用 S_a（T_1）对短周期结构进行模拟的计算结果稳定性不如 PGA，但对长周期的高层结构进行模拟时的稳定性与采用 PGV 指标时相似。同时，相关研究也表明，对于周期较长的高层建筑结构进行 IDA 分析时，采用 S_a（T_1）作为地震强度指标的有效性高于 PGA[19]。

本书通过 S_a（T_1）控制地震动强度，其中 S_a（T_1）通过单自由度体系结构动力学平衡微分方程求得，具体求解过程如下[20]：

对于单自由度体系考虑黏滞阻尼并遭受地震时程 $\ddot{u}_g(t)$ 的平衡微分方程为

$$m\ddot{u}(t)+c\dot{u}(t)+ku(t)=-m\ddot{u}_g(t) \tag{2.2-2}$$

令 $c=c_r\xi=2m\omega_n\xi$，其中 c_r 是临界阻尼系数，$c_r=2m\omega_n$，ω_n 为无阻尼频率，则式（2.2-2）可以写成

$$\ddot{u}(t)+2\omega_n\xi\dot{u}(t)+\omega_n^2u(t)=-\ddot{u}_g(t) \tag{2.2-3}$$

$u(t)$、$\dot{u}(t)$、$\ddot{u}(t)$ 和 $\ddot{u}^t(t)=\ddot{u}(t)+\ddot{u}_g(t)$ 分别为相对位移、相对速度、相对加速度和绝对加速度。因此，$|\ddot{u}^t(t)|_{max}$ 即为绝对加速度谱，并将其定义为 S_a（$S_a=|\ddot{u}^t(t)|_{max}$）。

通过 Duhamel 积分，即可得到相对位移、相对速度和绝对加速度反应谱的表达式为：

$$u(t)=-(1/\omega_D)A(t) \tag{2.2-4}$$

$$\dot{u}(t)=-\xi\omega_nu(t)-B(t) \tag{2.2-5}$$

$$\ddot{u}^t(t)=\ddot{u}(t)+\ddot{u}_g(t)=-\omega^2u(t)-2\omega_n\xi\dot{u}(t) \tag{2.2-6}$$

对于相对位移 $u(t)$ 求导，即可得到相对速度及绝对加速度的表达式：

$$\dot{u}(t)=-(\omega_n/\omega_D)C(t) \tag{2.2-7}$$

$$\ddot{u}^t(t)=(\omega_n^2/\omega_D)D(t) \tag{2.2-8}$$

其中 ω_D 为有阻尼频率 $\omega_D=\omega_n\sqrt{1-\xi^2}$，

$$A(t)=\int_0^t\ddot{u}_g(\tau)e^{-\xi\omega_n(t-\tau)}\sin[\omega_D(t-\tau)]d\tau \tag{2.2-9}$$

$$B(t)=\int_0^t\ddot{u}_g(\tau)e^{-\xi\omega_n(t-\tau)}\cos[\omega_D(t-\tau)]d\tau \tag{2.2-10}$$

$$C(t)=\int_0^t\ddot{u}_g(\tau)e^{-\xi\omega_n(t-\tau)}\cos[\omega_D(t-\tau)+\alpha]d\tau \tag{2.2-11}$$

$$D(t)=\int_0^t\ddot{u}_g(\tau)e^{-\xi\omega_n(t-\tau)}\sin[\omega_D(t-\tau)+2\alpha]d\tau \tag{2.2-12}$$

$$\alpha=\arctan\frac{\xi}{\sqrt{1-\xi^2}} \tag{2.2-13}$$

故 S_a 的数值解表达式为，

$$S_a = (\omega_n^2/\omega_D) \left| \int_0^t \ddot{u}_g(\tau) \mathrm{e}^{-\xi\omega_n(t-\tau)} \sin\left[\omega_D(t-\tau) + 2\alpha\right] \mathrm{d}\tau \right|_{\max} \tag{2.2-14}$$

因此，结构第一周期的反应谱 S_a（T_1）和结构地震波峰值加速度（PGA）分别为：

$$S_a(T_1) = \left(\frac{2\pi}{T_1\sqrt{1-\xi^2}}\right) \left| \int_0^t \ddot{u}_g(\tau) \mathrm{e}^{\frac{-\xi\times 2\pi\times(t-\tau)}{T_1}} \sin\left[\frac{2\pi(t-\tau)}{T_1} + 2\alpha\right] \mathrm{d}\tau \right|_{\max} \tag{2.2-15}$$

$$PGA = |\ddot{u}_g(t)|_{\max} \tag{2.2-16}$$

结构损伤指标是一种表征结构非线性变形响应的参数，通常可采用结构的最大基底剪力、顶点位移、最大层间位移角和滞回耗能等。最常用的结构损伤指标为最大层间位移角 $\theta_{\max}$，同时也是我国抗震规范采用的损伤指标，与结构层间弹塑性变形能力直接相关。

综上所述，根据国内外相关研究，结合我国的建筑结构抗震设计要求，本书选用的地震动强度指标（IM）为结构基本周期对应的谱加速度 S_a（T_1），选用的结构损伤指标（DM）为结构最大层间位移角 $\theta_{\max}$。

2.3.4 IDA 曲线临界值的确定

IDA 曲线的临界值根据结构自身特性的差别存在一定差异。由于地震动的不确定性和复杂性，结构在不同地震动作用下的响应可能存在较大差异；同时，不同结构在同一地震动作用下的结构响应也可能截然不同。对于 IDA 曲线临界值的确定，通常可根据具体研究进行目标导向的临界值确定。本书对不同结构进行 IDA 分析，并绘制结构 IDA 曲线，通过基于 IDA 分析的地震倒塌易损性对结构抗倒塌性能进行研究；因此本书 IDA 曲线临界值的确定，与结构倒塌定义采用相同的标准，即 IDA 曲线临界值为结构倒塌点；具体标准可参见 2.4.4 部分结构倒塌判定依据。

2.3.5 IDA 曲线的统计与绘制

由于地震动特性存在随机性，因此 IDA 曲线簇中的数据点可以看作随机参数。通过对其统计特征值的求解可以获取 IDA 曲线簇的统计特征，以此对比分析不同的 IDA 曲线簇。通常情况下，IDA 曲线统计方式可分为两种，分别为 IM 统计和 DM 统计。

（1）按 IM 统计：求出不同地震动记录在同一强度等级 S_a（T_1）下不同 $\theta_{\max}$ 的中位数 η_D 和自然对数的标准差 β_D，再将不同强度等级地震动的（η_D，S_a（T_1））连成曲线得到 50% 比例曲线。计算 $\eta_D \mathrm{e}^{\pm\beta_D}$，不同强度等级地震动的（$\eta_D \mathrm{e}^{\pm\beta_D}$，$S_a$（$T_1$））分别连成 16% 和 84% 比例曲线。

（2）按 DM 统计：求出不同地震动记录在同一下 $\theta_{\max}$ 不同 S_a（T_1）的中位数 η_C 和自然对数的标准差 β_C，再将不同强度等级地震动的点对（$\theta_{\max}$，η_C）连成曲线得到 50% 比例曲线。计算（$\theta_{\max}$，$\eta_C \mathrm{e}^{\pm\beta_C}$），不同强度等级地震动的点对分别连成曲线得到 16% 和 84% 比例曲线。

两种统计方式原理相同，即通过假设 DM 对于 IM 的条件概率分布满足对数正态分布，可以得到两者对数的线性关系。下面以 IM 统计为例，进行 IDA 曲线统计进行阐述，IM 统计采用以下方法算出服从条件概率分布的分位数：

当 $IM=x$ 时，DM 的自然对数 $\ln(DM\,|\,IM=x)$ 也服从正态分布 $N(\mu,\sigma)$，求出服

从正态分布的数据的关系以得到最后需求的分位数曲线，其中 μ 和 σ 为当 $IM = x$ 时 DM 的对数的中位数和标准差，本书采用统计量 $\mu \pm \sigma$ 来反映样本的不同分位数的概率取值。通过正态分布的性质计算可得 $\mu - \sigma$、μ、$\mu + \sigma$ 分别代表当 $IM = x$ 时，DM 的分布概率为 16%、50%、84% 对应的最大层间位移角。通过此方式求得的 16%、50% 和 84% 对应的 IDA 曲线，分别代表在具有某一强度（$IM = x$）的地震动集合中，分别有 16%、50% 和 84% 地震动可到达对应的最大层间位移角 DM。通过这些特征值表征 IDA 曲线簇的均值和离散性，并通过各地震强度指标下结构损伤指标的对数标准差来研究不同结构的动力特性。

以结构损伤指标 θ_{max} 为横坐标，地震强度指标 S_a（T_1）为纵坐标，各结构可由多条地震动得到 IDA 曲线簇和分位数曲线。结构在特性不同的地震动作用下的非线性变形响应具有明显差别，从变化趋势上的差异大致可以分为三类：软化型、过渡软化型和硬化型[21]。对于软化型 IDA 曲线，随着地震强度的提高，曲线的斜率不断下降，结构从弹性状态迅速进入弹塑性状态，最大层间位移角急剧增加，最终结构倒塌。过渡软化型的 IDA 曲线与软化型相比刚度退化速度较慢，结构的塑性损伤积累的位置有一定的变化，表现出局部硬化的特征，在前期刚度基本不变，到达中期时刚度迅速退化。硬化型 IDA 曲线的斜率变化没有固定趋势，随着地震强度的提高曲线斜率可能反而提高并有"波动"现象出现，即随着地震强度的增加结构塑性损伤减少；对于实际结构，这种类型意味着在不同强度的地震动作用下，结构的塑性损伤积累位置发生了改变，导致结构塑性耗能提高，抵抗地震作用的能力也随之增加。

2.4 基于 IDA 的结构抗地震倒塌分析方法

2.4.1 地震易损性分析方法

结构的地震易损性（Seismic Fragility）指的是结构在一定强度的地震作用下达到或超过某个结构性能极限状态（Limit State，LS）的条件概率，体现了结构对于不同性能极限状态超越概率的变化趋势，一般通过地震易损性曲线来表达[22]。结构的抗震性能可以通过地震易损性从概率上定量分析，得到地震强度和结构性能状态之间的关系，这对结构的抗震设计和受损结构的维修与加固都有非常重要的指导意义。结构的地震易损性分析作为抗震工程中基于性能设计研究的重要内容，对工程项目的成本优化起到了重要作用，在结构抗震领域有广阔的发展空间。

结构的地震易损性分析通过数据来源差异可以划分为四种方法：经验法、专家判断法、解析法以及混合法[23]。前两种方法受数据来源少、专家个人专业能力要求等因素限制，具有一定局限性。解析法主要是借助有限元模拟技术，通过地震反应分析结果对结构进行地震易损性进行分析，也是目前最常用的一种方法。

采用解析法进行结构易损性分析时，首先应建立结构的力学模型；其次，建立运动方程并选择合适的地震动输入和分析方法计算结构的地震反应；最后，依据地震反应和结构在不同强度水平下极限状态之间的关系，确定不同地震动作用下结构处于不同状态的条件概率。

地震易损性分析需要得到结构在地震作用下对性能极限状态的超越概率，而在 IDA 中可以得到结构在不同强度的多条地震作用下的动力响应，因此将指定的结构性能极限状态与 IDA 的结果相结合，就能得到结构的地震易损性[23]。

由于 IDA 方法中需进行结构在强度逐级递增的地震动作用下的弹塑性时程分析，即通过 IDA 分析能够得到对应于不同地震动强度的结构响应，此结果亦即易损性分析所需结果；在确定结构极限状态之后，便可以基于 IDA 计算结果得到结构达到或者超过某一极限状态的条件概率。因此，可以基于结构的 IDA 的分析结果，在明确定义极限状态的情况下，得到其地震易损性。

采用传统可靠度法[24]，可通过结构的超越概率函数绘制结构的地震易损性曲线，推导过程如下：

一般认为地震强度指标 IM 与结构损伤指标 DM 之间的关系可用下式表达[5,15]：

$$DM = \alpha_{IM\text{-}DM}(IM)^{\beta_{IM\text{-}DM}} \tag{2.4-1}$$

其中，$\alpha_{IM\text{-}DM}$ 和 $\beta_{IM\text{-}DM}$ 分别为 IM 与 DM 关系式的待定系数，可通过下述方式求得。

将本书中采用的地震动强度指标为结构第一周期对应的反应谱加速度 $S_a(T_1)$ 和结构损伤指标最大层间位移角的平均值 $\bar{\theta}_{max}$ 代入即为：

$$\bar{\theta}_{max} = \alpha_{IM\text{-}DM}(S_a(T_1))^{\beta_{IM\text{-}DM}} \tag{2.4-2}$$

上式两边取对数得：

$$\ln\bar{\theta}_{max} = a + b\ln(S_a(T_1)) \tag{2.4-3}$$

式中：a、b——待定系数。

通过回归统计方法，用 IDA 数据可计算出上式中待定系数 a 和 b，并通过下式转换得到 $\alpha_{IM\text{-}DM}$ 和 $\beta_{IM\text{-}DM}$。

$$\begin{cases} a = \ln\alpha_{IM\text{-}DM} \\ b = \beta_{IM\text{-}DM} \end{cases} \tag{2.4-4}$$

假定结构响应的概率函数符合对数正态分布，其分布函数参数分别为：

$$\mu_{\theta_{max}} = \ln\bar{\theta}_{max} \tag{2.4-5}$$

$$\sigma_{\theta_{max}} = \sqrt{\frac{1}{N-2}\sum_{i=1}^{N}(\ln\theta_{max,i} - \mu_{\theta_{max}})^2} \tag{2.4-6}$$

式中：$\mu_{\theta_{max}}$ —— θ_{max} 的对数平均值；

　　　$\sigma_{\theta_{max}}$ —— θ_{max} 的对数标准差；

　　　N——样本数量。

同理，假定结构能力参数 θ_c 的概率函数符合对数正态分布函数，该函数也通过 IDA 结果中结构损伤指标的对数平均值和对数标准差定义。

地震易损性曲线在本书中用下式表示：

$$P_f = P(\theta_c/\theta_{max} < 1) \tag{2.4-7}$$

上式也可写作：

$$P_f = P(\ln\theta_c - \ln\theta_{max} < 0) \tag{2.4-8}$$

令 $Z = \ln\theta_c - \ln\theta_{max}$，由于两个参数均为独立随机变量，并且服从正态分布，因此 $Z = \ln\theta_c - \ln\theta_{max}$ 也服从正态分布，其平均值为 $\mu_z = \mu_{\theta_c} - \mu_{\theta_{max}}$，标准差为 $\sigma_z = \sqrt{\sigma_{\theta_c}^2 + \sigma_{\theta_{max}}^2}$。

由上式可得结构的失效概率可以通过 $Z<0$ 的概率表示：

$$P_f = P(Z<0) = \int_{-\infty}^{0} f(Z) \mathrm{d}Z = \int_{-\infty}^{0} \frac{1}{\sigma_Z \sqrt{2\pi}} \exp\left[-\frac{1}{2}\left(\frac{Z-\mu_Z}{\sigma_Z}\right)^2\right] \mathrm{d}Z \quad (2.4\text{-}9)$$

将 $N(\mu_Z, \sigma_Z)$ 转化为标准正态分布 $N(0, 1)$。令 $t = \dfrac{Z-\mu_Z}{\sigma_Z}$，则 $\mathrm{d}Z = \sigma_Z \mathrm{d}t$，由 $Z = \mu_Z + t\sigma_Z < 0$，得 $t < -\dfrac{\mu_Z}{\sigma_Z}$。

则式（2.4-9）可转化为：

$$P_f = P\left(t < -\frac{\mu_Z}{\sigma_Z}\right) = \int_{-\infty}^{-\frac{\mu_Z}{\sigma_Z}} \frac{1}{\sqrt{2\pi}} \exp\left[-\frac{1}{2}t^2\right] \mathrm{d}t = \Phi\left(-\frac{\mu_Z}{\sigma_Z}\right)$$

$$= \Phi\left(-\frac{\mu_{\theta_c} - \mu_{\theta_{max}}}{\sqrt{\sigma_{\theta_c}^2 + \sigma_{\theta_{max}}^2}}\right) = \Phi\left(-\frac{\ln\overline{\theta}_c - \ln\overline{\theta}_{max}}{\sqrt{\sigma_{\theta_c}^2 + \sigma_{\theta_{max}}^2}}\right) \quad (2.4\text{-}10)$$

所以某一性能水准的超越概率为：

$$P_f = \Phi\left(-\frac{\ln(\overline{\theta}_c/\overline{\theta}_{max})}{\sqrt{\sigma_{\theta_c}^2 + \sigma_{\theta_{max}}^2}}\right) = \Phi\left(\frac{\ln(\overline{\theta}_{max}/\overline{\theta}_c)}{\sqrt{\sigma_{\theta_c}^2 + \sigma_{\theta_{max}}^2}}\right) = \Phi\left(\frac{\ln(\alpha(S_a(T_1))^\beta/\overline{\theta}_c)}{\sqrt{\sigma_{\theta_c}^2 + \sigma_{\theta_{max}}^2}}\right) \quad (2.4\text{-}11)$$

式中：　　P_f——结构在地震作用下响应超过预定倒塌极限状态的概率；

　　　　　θ_c——对应于结构到达预定倒塌极限状态时的结构能力参数；

　　　　　$\Phi(x)$——标准正态分布函数；

　　　　　$\sqrt{\sigma_{\theta_c}^2 + \sigma_{\theta_{max}}^2}$——当以 $S_a(T_1)$ 为自变量时可取 0.4[25]。

2.4.2　结构性能水准的定义及量化标准

结构在各性能水准下的极限状态（Limit States，LS）可以通过地震作用下的结构损伤状态进行划分，通常结构的性能水准最多可以划分为基本完好、轻微破坏、中等破坏、严重破坏以及接近倒塌五个等级[26]。为了更好地体现结构每一层的弹塑性变形和楼层高度的影响，本书选用最大层间位移角作为结构损伤指标对结构的性能水准进行划分。我国规范及相关研究中关于层间位移角的限值如下：

（1）《建筑抗震设计规范》GB 50011—2010 中规定，结构的抗震设防要求是"小震不坏、中震可修、大震不倒"。对于框架-剪力墙结构和框架-核心筒结构，弹性最大层间位移角限值为 1/800，弹塑性最大层间位移角为 1/100，类似的规定也出现在《高层建筑混凝土结构技术规程》JGJ 3—2010[27]，其中将结构高度不小于 250m 时的弹性最大层间位移角放宽至 1/500。

（2）卜一等[28] 采用增量动力分析方法通过层间位移角对混合结构的性能水准进行划分并给出各性能水平对应的层间位移角限值；刘洋[29] 针对高层建筑型钢混凝土框架-核心筒混合结构的地震易损性中的性能水平进行了量化指标的分析。

综合上述各文献和规范，对混合结构性能水平及其层间位移角限值进行总结见表 2.4-1。

本书采用《建筑抗震设计规范》GB 50011—2010、《高层建筑混凝土结构技术规程》JGJ 3—2010 和表 2.4-1 的最大层间位移角限值中不同结构体系的有关要求进行结构性能水平的易损性分析。

混合结构性能水平及其层间位移角限值　　　　　　　　表 2.4-1

破坏等级	基本完好	轻微破坏	中等破坏	重度破坏	倒塌破坏
最大层间位移角	<1/800	1/800~1/400	1/400~1/200	1/200~1/100	>1/100

2.4.3 结构倒塌判定依据

地震作用下结构响应的影响因素较多，对于结构倒塌的判定目前也还没有一个统一的定论。但目前针对基于 IDA 的结构倒塌易损性分析，结构倒塌判据基本可以分为以下三类[30]：

（1）基于 IDA 曲线斜率而定义的结构倒塌。该方法适用于发生侧向动力失稳的结构，当结构的 IDA 曲线趋于水平时，地震动强度的微小提高造成结构响应趋于无穷大，因此有研究[31]将 IDA 曲线（S_a（T_1）-θ_{max} 形式）趋于水平作为倒塌判定依据。但这种判断具有模糊性且不易操作。目前基于该原则，使用较多的如 FEMA 350[32] 中所述：当 IDA 曲线最后一点与前一点的连线斜率低于结构初始动力刚度 K_e 的 20% 时，判定结构倒塌。IDA 曲线有一个明显的线弹性阶段，此时 IDA 曲线的切线斜率成为初始动力刚度，当 IDA 曲线的斜率降低至初始动力刚度的 20% 时则认为结构发生倒塌破坏。该方法在倒塌判定和数值计算稳定性性能上存在某些不足，一方面，结构临近倒塌时，IDA 曲线未必趋于水平[30]；另一方面，当 IDA 曲线逐渐趋于水平时，可能出现数值模拟不收敛的情况。

（2）基于结构的工程需求参数（Engineering Demand Parameters，EDP）定义倒塌。EDP 可以根据分析目的等因素自由选取，可以是最大顶点位移、最大基底剪力、最大层间位移角等。该方法简单明了，可操作性较强。以最大层间位移角 θ_{max} 为例，可参考《建筑抗震设计规范》GB 50011—2010[7] 表 5.5.4 中规定的结构弹塑性层间位移角限值，以此作为结构倒塌判据。

基于 EDP 的倒塌定义还可以补充结构分析数值模拟所无法模拟的倒塌模式。整体结构进行弹塑性时程分析需要兼顾分析效率和收敛稳定性，现有的数值模型难以完全真实地模拟结构在地震动作用下所有可能的倒塌模式（例如结构节点破坏、混凝土结构弯剪破坏等倒塌模式）。以最大层间位移角作为结构倒塌判定的依据，数值模型并不能模拟节点的破坏情况，当分析得到的最大层间位移角超过限值时，则认为结构发生节点破坏情况。同样，数值模型本身并不能有效地模拟弯剪破坏和竖向倒塌，但当框架柱侧移角的模拟结构超过一定限值时，认为框架柱发生弯剪破坏，从而导致结构发生竖向连续倒塌。因此基于 EDP 的倒塌判据结合整体结构数值模拟结果和结构构件实验统计，对倒塌分析所考虑的倒塌模式进行了有效补充。

（3）基于材料本构失效准则及"生死单元"技术定义倒塌。即当纤维单元内的某一类或者某几类纤维达到材料本构层次的失效准则时，则定义该单元失效，并将相应单元从有限元模型中删除。随着地震动的作用，结构逐渐进入塑性，逐渐有更多单元失效，进而逐渐在地震及重力荷载下发生倒塌，具有较强的实际物理意义。该判定方式能够模拟结构倒塌初始破坏位置和倒塌初期的破坏情况。随着结构逐渐丧失竖向承载力，结构的局部和整体无法维持必要的安全生存空间，则认为结构丧失了基本的结构功能，发生倒塌破坏[10]。

对于结构的倒塌点的定义，本书选用最大层间位移角 $\theta_{\max}$ 作为结构损伤指标。层间位移角可与我国现行规范相结合，应用较为广泛；层间位移角也是反映结构变形的综合指标，是构件层次上的变形在整体结构上的反映，且与结构破坏程度相关。FEMA 356[5] 和 HAZUS99[33] 规定，RC 框架结构和框架-剪力墙结构发生倒塌破坏时，对应的层间位移角为 4%，且均大于《建筑抗震设计规范》GB 50011—2010[7] 和《建筑结构抗倒塌设计规范》CECS 392：2014[34] 对结构不发生倒塌做出的层间位移角 1% 的规定，所以本书中钢管混凝土框架-混凝土剪力墙结构和钢管混凝土异形柱框架结构均采用 $\theta_{\max}=4\%$ 作为结构倒塌判据。然而钢管混凝土框架-混凝土核心筒结构体系中剪力墙占比较大，综合考虑计算效率和收敛性，综合考虑 FEMA 350/351[32] 及框架-核心筒结构相关研究[28-29] 对结构极限性能状态的界定，选取最大层间位移角超过 2% 为钢管混凝土柱-混凝土核心筒结构的倒塌判定依据。

2.4.4 结构抗地震倒塌安全储备分析

通过本书前面论述的一系列有限元分析及统计计算，可以得到结构的 IDA 曲线簇、分位数曲线以及地震倒塌易损性曲线。IDA 曲线簇反映了结构在不同地震动作用下随 *IM* 增大结构 *DM* 的变化规律；分位数曲线对 IDA 曲线簇进行了统计归纳，降低了不同地震动 IDA 曲线的离散性与差异性，使 IDA 曲线更便于进行比较；地震倒塌易损性曲线给出了随地震动强度的增大，结构倒塌概率的变化规律。以上结果均能较为充分地对结构抗震性能进行评价，但结构在地震作用下的安全储备能力仍然没有得到直观的体现。因此，FEMA 695[35] 中提出了结构抗倒塌储备系数（Collapse Margin Ratio，*CMR*）并进行了详细规定，以期更全面地评价结构的抗倒塌能力。

CMR 的计算基于倒塌易损性曲线，结构倒塌概率为 50% 时所对应的地震动强度为 $S_a(T_1)_{50\%}$，结构第一周期所对应的罕遇地震谱加速度值为 $S_a(T_1)_{罕遇}$，*CMR* 即为 $S_a(T_1)_{50\%}$ 与 $S_a(T_1)_{罕遇}$ 的比值：

$$CMR = \frac{S_a(T_1)_{50\%}}{S_a(T_1)_{罕遇}} \tag{2.4-12}$$

由于结构倒塌易损性具有右偏特性（即分布右侧有长尾），为避免过分关注长尾部分的极端值，采用中位值表征结构抗地震倒塌能力。本书采用式（2.4-12）计算的抗倒塌安全储备系数 *CMR* 对结构抗地震倒塌能力进行定量分析。

2.4.5 一致倒塌风险验算标准

根据前述的结构抗倒塌储备系数（Collapse Margin Ratio，*CMR*）定义，计算结构倒塌概率为 50% 对应的结构抗倒塌储备系数，更全面地对结构的抗地震倒塌能力进行评价。除此之外，依据本书所提出的高层混合结构基于一致倒塌风险的抗震设计方法，以结构大震倒塌概率不超过 10% 作为高层混合结构的一致倒塌风险验算标准，并定义结构最小安全储备系数（$CMR_{10\%}$）。

该验算标准的计算是基于结构倒塌易损性曲线，确定结构倒塌概率为 10% 时所对应的

地震动强度 S_a （T_1）$_{10\%}$ 和结构第一周期所对应的罕遇地震谱加速度的 S_a （T_1）$_{罕遇}$，$CMR_{10\%}$ 即为 S_a （T_1）$_{10\%}$ 与 S_a （T_1）$_{罕遇}$ 的比值：

$$CMP_{p=10\%}=\frac{S_a(T_1)_{10\%}}{S_a(T_1)_{罕遇}}$$

(2.4-13)

根据基于一致倒塌风险的抗震设计方法和结构最小安全储备系数（$CMR_{10\%}$）定义，通过结构易损性曲线得到的结构 $CMR_{10\%}$ 不得小于 1.0，该验算标准能够反映结构的抗震安全储备，并与设计规范紧密结合。

参考文献

[1] 江见鲸. 防灾减灾工程学 [M]. 北京：机械工业出版社，2005.

[2] 李杰，李国强. 地震工程学导论 [M]. 北京：地震出版社，1992.

[3] FEMA 273. Nehrp Guidelines for the Seismic Rehabilitation of Buildings [S]. Federal Emergency Management Agency，Washington DC，1997.

[4] ATC-40. Applied Technology Council. Seismic Evaluation and Retrofit of Concrete Buildings (ATC-40). California：ATC，1996.

[5] FEMA 356. Pre-Standard Commentary for the Seismic Rehabilitation of Buildings [S]. Federal Emergency Management Agency，Washington DC，2000.

[6] 阚锦照，曹平周，伍凯，等. 高层住宅钢管混凝土与钢梁框架-RC 剪力墙结构静力弹塑性分析 [J]. 建筑科学，2019，035（005）：46-52.

[7] 中华人民共和国住房和城乡建设部. 建筑抗震设计规范：GB 50011—2010 [S]. 北京：中国建筑工业出版社，2016.

[8] 江见鲸，陆新征，叶列平. 混凝土结构有限元分析 [M]. 北京：清华大学出版社，2005.

[9] 黄羽立，陆新征，叶列平，等. 基于多点位移控制的推覆分析算法 [J]. 工程力学，2011（02）：26-31.

[10] 陆新征，叶列平，缪志伟，等. 建筑抗震弹塑性分析——原理、模型与在 ABAQUS，MSC. Marc 和 SAP2000 上的实践 [M]. 北京：中国建筑工业出版社，2009.

[11] MSC Software Corporation. Marc User Manual Volume D. User Subroutines and Special Routines (Version 2005) [M]. Santa Ana.

[12] 陆新征，林旭川，叶列平. 多尺度有限元建模方法及其应用 [J]. 华中科技大学学报（城市科学版），2008，25（4）：76-80.

[13] FEMA 440. Improvement of Static Nonlinear Analysis Procedures [S]. Federal Emergency Management Agency，Washington DC，2005.

[14] BERTERO V V. Strength and deformation capacities of buildings under extreme environments [J]. Structural engineering and structural mechanics，1977，53（1）：29-79.

[15] VAMVATSIKOS D，CORNELL A. Incremental Dynamic Analysis [J]. Earthquake Engineering and Structural Dynamics，2002，31（3）：491-514.

[16] EVANGELOS I K，ANASTASIOS G S，GEORGE D M. Selection of Earthquake Ground Motion Records：A State-of-the-art Review from a Structural Engineering Perspective [J]. Soil Dynamics and Earthquake Engineering，2010，30：157-169.

[17] CHOPRA A K. Dynamics of Structures：Theory and Applications to Earthquake Engineering [M]. 2nd ed. Englewood：Prentice-Hall，2005.

[18] 杨溥，李英民，赖明. 结构时程分析法输入地震波的选择控制指标 [J]. 土木工程学报，2000，33 (6)：33-37.

[19] BAZZURO P，CORNELL CA，SHOME N，et al. Three Proposals for Characterizing MDOF Non-linear Response [J]. ASCE Journal of Structural Engineering，1998，124 (11)：1281-1289.

[20] CHOPRA A K. Dynamics of structures：Theory and Applications to Earthquake Engineering [M]. 4th edition. Englewood Cliffs，New Jersey：Prentice-Hall Inc.

[21] 付俊杰. 钢筋混凝土联肢剪力墙几何参数非线性优化分析 [D]. 重庆：重庆大学，2017.

[22] 于晓辉，吕大刚，王光远. 土木工程结构地震易损性分析的研究进展 [C] //第二届结构工程新进展国际论坛论文集，大连，2008：763-774.

[23] 吕西林，苏宁粉，周颖. 复杂高层结构基于增量动力分析法的地震易损性分析 [J]. 地震工程与工程振动，2012，32 (5)：19-25.

[24] 赵国潘，金伟良，贡金鑫. 结构可靠度理论 [M]. 北京：中国建筑工业出版社，2000.

[25] FEMA. Earthquake Loss Estimation Methodology HAZUS99 Service Release 2 (SR2) Advanced Engineering Building Module Technical and User's Manual [S]. Washington，D. C.，2001.

[26] 张令心，孙柏涛，刘洁平，等. 建 (构) 筑物地震破坏等级划分标准有关问题研究 [J]. 地震工程与工程振动，2010，30 (2)：39-44.

[27] 中华人民共和国住房和城乡建设部. 高层建筑混凝土结构技术规程：JGJ 3—2010 [S]. 北京：中国建筑工业出版社，2010.

[28] 卜一，吕西林，周颖，等. 采用增量动力分析方法确定高层混合结构的性能水准 [J]. 结构工程师，2009，25 (2)：77-84.

[29] 刘洋. 高层建筑框架-核心筒混合结构双向地震易损性研究 [D]. 西安：西安建筑科技大学，2014.

[30] 施炜. RC框架结构基于一致倒塌风险的抗震设计方法研究 [D]. 北京：清华大学，2015.

[31] HASELTON C B，LIEL A B，DEIERLEIN G Q，et al. Seismic Collapse Safety of Reinforced Concrete Buildings. I：Assessment of Ductile Moment Frames [J]. Journal of Structural Engineering，2010，137 (4)：481-491.

[32] FEMA 350. Recommended Seismic Design Criteria for New Steel Moment-Frame Buildings [S]. Washington，D. C.：Federal Emergency Management Agency，2000.

[33] HAZUS99 User Manual [M]. Washington，D C：Federal Emergency Management Agency，1999，15-20.

[34] 清华大学，中国建筑科学研究院. 建筑结构抗倒塌设计规范：CECS 392：2014 [S]. 北京：中国计划出版社，2014.

[35] FEMA 695. Quantification of Building Seismic Performance Factors [S]. Washington，D. C.：Federal Emergency Management Agency，2009.

3 有限元模型与验证

本章首先确定了本书用于非线性弹塑性分析的分析软件 MSC. Marc，并介绍了基于该软件的杆系纤维模型和弹塑性分层壳模型以及两种模型在非线性分析中的优势；然后分别采用基于纤维模型的梁单元模拟了钢管混凝土柱构件、钢管混凝土平面框架结构和异形钢管混凝土柱平面框架结构，基于分层壳模型的壳单元模拟了单片剪力墙构件和钢筋混凝土核心筒结构，通过上述有限元建模分析发现从构件层次到结构整体层次，采用纤维模型和分层壳模型可以很好地模拟梁柱杆件组成的框架结构和剪力墙结构的力学性能；通过本章建模方法的介绍和数值/试验结果的对比，验证了后续章节中各高层及超高层混合结构体系有限元分析模型的准确性和可靠性。

3.1 有限元模型

3.1.1 MSC. Marc 有限元软件

MSC. Marc（简称 Marc）是国际上通用的非线性有限元分析软件之一，是全球多学科仿真模拟领域的企业 MSC. Software 开发的产品。

Marc 有限元软件包含两个主要模块：有限元分析模块和前后图形处理界面模块。Marc 分析所需要的文件可通过前后图形处理界面模块生成，各模块间无缝连接，极大地提高了用户的工作效率。与其他有限元分析软件相比，Marc 提供了较为开放的二次开发环境来满足科研机构对复杂问题的分析需求。Marc 提供了 300 多个公共块和 100 多个用户子程序接口。这些子程序涉及几何建模、网格划分、材料单元属性定义、边界约束条件定义、前后处理等有限元分析的各个环节。用户通过编制用户子程序修改程序的部分默认设置，形成符合用户个性化的新功能模块，从而极大地扩展了软件解决复杂问题的范围[1]。

为了更好地了解本书涉及的结构建模方法与模型，首先对 Marc 有限元分析软件的常用单元库、材料库、结构分析实用工具、分析类型等内容进行简要的介绍。

（1）单元库

Marc 中自带的单元库提供了 200 余种单元，大部分单元均可以适用于线性和非线性力学分析，分析中单元数和单元类型可以根据分析问题的特点灵活选取，不同类型的单元可以组合使用。在结构分析中，Marc 单元库中常应用的单元主要包括杆单元（Truss）、薄膜单元、梁单元、壳单元和实体单元。

（2）材料库

Marc 材料库中包含了 30 多种材料本构模型，不仅可以考虑到材料的线性和非线性特性，而且可以考虑材料温度、应变率等因素的影响。结构抗震弹塑性分析中，重点关注往复荷载作用下材料的非线性行为。

（3）结构分析实用功能

Marc 软件中包含了对结构分析的便捷性与准确性非常有帮助的一系列实用功能，主要包括连接功能（Link）、埋入功能（Inserts）、生死单元功能和参数化建模与命令流等。

（4）分析类型

Marc 中包含了较多分析类型，用户可根据具体的问题选择合适的分析方法。结构分析中主要包含静力分析（线性、非线性）、模态分析、瞬态响应分析以及非线性屈曲分析。

3.1.2   基于纤维模型的框架模型

纤维模型是把截面离散化成若干个纤维，每个纤维可通过单轴应力-应变关系进行描述，采用平截面假定来确保纤维之间的变形协调[2-3]，以圆钢筋混凝土柱构件来表达纤维模型，如图 3.1-1 所示。

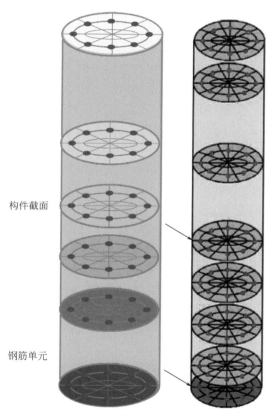

构件截面

钢筋单元

图 3.1-1   纤维模型概念图

一般情况，纤维模型在模拟以弯曲变形为主的梁柱构件时具有明显优势：（1）用户可根据需要，将任意形状的截面离散成不同材料与面积的一系列纤维，并给每个纤维定义单轴应力-应变本构关系；（2）可以考虑轴力与双向弯矩的共同作用，并可进一步模拟梁柱在往复荷载作用下的塑性发展与轴向变形；（3）可得到构件截面不同位置应力、应变、损伤等详细信息，分析截面的受力状态以及塑性发展情况；（4）分析时，不用提前指定塑性铰的位置，可充分发掘潜在屈服与破坏位置。

在各种框架结构的抗震分析中，主要涉及以下三类纤维模型：

（1）适用于普通及约束混凝土的纤维（简称混凝土纤维模型）；

（2）适用于钢构件的纤维模型（简称钢材纤维模型）；

（3）适用于钢筋等线材的纤维模型（简称钢筋纤维模型）。

钢筋纤维模型与钢材纤维模型在某些场合可以通用，由于钢筋混凝土结构和钢结构分属不同的研究方向，两种纤维的本构模型往往也是由各自领域的相关学者提出或发展而来。钢构件或钢-混凝土组合构件在地震荷载作用下容易发生局部屈曲甚至断裂，钢材纤维模型只有合理考虑这一效应才能捕捉构件性能劣化现象，而钢筋纤维模型的稳定行为与箍筋、混凝土均相关，一般的结构分析中经常忽略纵筋的屈曲效应。钢构件的力学行为由多个钢材纤维进行表达，各个纤维的材料本构、面积和相对位置共同决定了钢构件的力学行为，而钢筋往往作为一种混凝土内增强材料来考虑，一根钢筋往往由单个钢筋纤维来表达。基于上述三类纤维模型中的一种或多种，可以非常灵活地建立各式各样截面的构件模型，可用于模拟各种截面的纯钢构件、组合构件和钢筋混凝土构件。

清华大学陆新征等[3]提出了适用于钢筋混凝土框架的纤维梁模型，并运用 UBEAM 等用户子程序接口开发了 THUFIBER 程序用于执行该纤维模型，实现了钢筋混凝土框架的地震倒塌模拟与意外荷载下的连续倒塌分析。本书作者基于 THUFIBER 程序架构，专门针对钢-混凝土混合结构的分析需求，开发了考虑局部屈曲与断裂效应的钢材纤维模型和考虑各种约束效应的混凝土纤维模型。基于混凝土、钢材、钢筋三种纤维模型的组合，建立了钢管混凝土构件、钢管约束混凝土构件、钢骨混凝土构件、纯钢构件、钢管混凝土异形柱等一系列构件模型。本书采用的纤维模型的单轴材料本构如下：

（1）混凝土纤维模型

混凝土纤维模型本构如图 3.1-2 所示。骨架线采用 Sakino 等[4-5]提出的考虑了钢管对混凝土约束作用的骨架线模型。对于方钢管混凝土柱和异形钢管混凝土柱，约束效应在骨架曲线达到峰值之前没有影响，但显著提高了延性；对于圆钢管混凝土柱，约束效应提高了混凝土的强度和延性。混凝土受压段本构模型采用了原点指向型的加卸载规则，参数定义简单，同时可以把握好混凝土材料的主要受力性能。

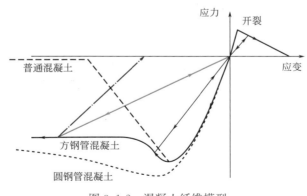

图 3.1-2　混凝土纤维模型

（2）钢材纤维模型

钢材纤维模型的本构[6]如图 3.1-3 所示。该模型受拉区为一条三折线，考虑了屈服、应变硬化和材料断裂；受压部分由四条线段组成，通过等效应力退化体现了钢材局部屈曲的影响。钢管混凝土柱钢管部分的钢材采用 Sakino 等[4-5] 提出的参数，钢梁部分的钢材采用 Yamada 等人[7] 和 Bai、Lin 等人[8] 提出的参数。骨架曲线会根据塑性应变发生偏移，用参数 ϕ 表示骨架曲线偏移应变 e_1 与塑性应变 e_0 的比值。根据 Inai 等人[9] 的建议，对于圆钢管混凝土截面取 $\phi = 0$，对于钢梁所采用的工字形截面不考虑塑性应变的偏移影响。

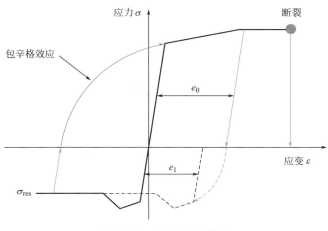

图 3.1-3　钢材纤维模型

（3）钢筋本构模型

钢筋纤维直接采用汪训流钢筋本构模型[10]，该钢筋本构基于 Légeron 等人的工作[11]，在再加载路径上合理考虑了钢筋的包辛格效应，与钢筋的材性试验结果吻合良好。此外，为反映钢筋单调加载时的屈服、硬化和软化现象，并使钢筋本构更加通用，汪训流钢筋模型在 Légeron 等模型[11] 的基础上分别引入钢筋的屈服点、硬化起点、应力峰值点和极限点，并且将钢筋本构扩展为可以分别模拟拉压等强的具有屈服台阶的普通钢筋以及拉压不等强的没有屈服台阶的高强钢筋或钢绞线的通用模型（图 3.1-4，图 3.1-5）。

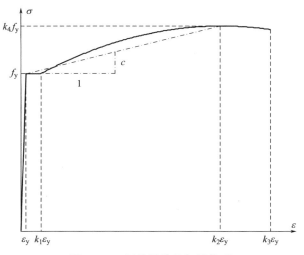

图 3.1-4　钢筋纤维骨架线模型

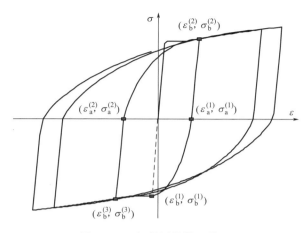

图 3.1-5 钢筋纤维滞回模型

3.1.3 基于分层壳的剪力墙与核心筒模型

分层壳单元基于复合材料力学原理，将一个壳单元划分成很多层（图 3.1-6），各层可以根据需要设置不同的厚度和材料性质（混凝土、钢筋等）。在有限元计算时，首先得到壳单元中心层的应变和曲率，然后根据各层材料之间满足平截面假定，由中心层应变和曲率得到各层的应变，进而由各层的材料本构方程得到各层相应的应力，最后积分得到整个壳单元的内力[11]。分层壳单元考虑了面内弯曲－面内剪切－面外弯曲之间的耦合作用，比较全面地反映了壳体结构的空间力学性能。文献［2，5］进行了大量对比，证明了分层壳模型在分析剪力墙结构时的准确性。需要指出的是，分层壳的层数影响该壳的平面外性能，层数越多，结果越精确。分层壳单元模型能相对全面地反映剪力墙受力行为，在描述剪力墙的非线性行为时有着明显的优势。

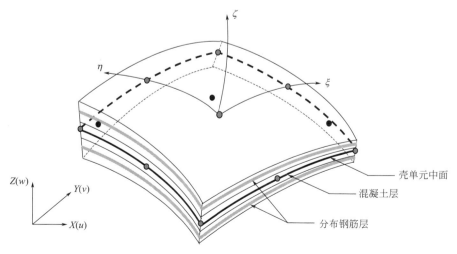

图 3.1-6 分层壳单元模型示意图

MSC. Marc 可以通过赋予壳单元 COMPOSITE 复合材料属性实现分层壳剪力墙单元模型的建模。通过在 COMPOSITE 复合材料属性中设置材料的密度、弹性模量、泊松比和材料的厚度占总厚度的比值这四个参数，来反映分层壳的综合属性。

由于剪力墙内部钢筋数量众多，类型多样（分布筋、暗柱集中配筋、连梁中的受弯纵筋和箍筋及其 X 形钢筋骨架等），如对每根分布钢筋都采用杆系单元建模，则工作量极大。而通过在分层壳单元中输入适当的钢筋层（图 3.1-7），用"弥散"钢筋模型来考虑分布筋影响，是一个比较可行的方法。但是对于连梁、暗柱等特殊部位，由于其钢筋分布很不均匀，钢筋走向也很多样，这时采用"离散"钢筋模型，将这些关键配筋用专门的杆件单元加以模拟，则较为准确；但由此引发的问题是，如何实现这些不同钢筋单元和混凝土单元之间位移协调共同工作。利用目前通用有限元软件提供的内嵌钢筋功能，如 MSC. Marc 的"Inserts"功能，可保证钢筋与壳体之间变形协调，如图 3.1-8 所示。对于整个核心筒结构，可以建好"钢筋网"单元后（图 3.1-9），用"Inserts"功能直接嵌入混凝土单元（图 3.1-10），程序自动考虑钢筋与混凝土之间的位移协调。

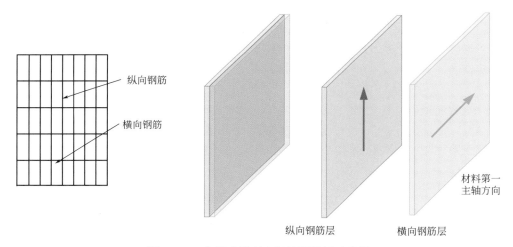

图 3.1-7　分层壳模型中钢筋层设置示意图

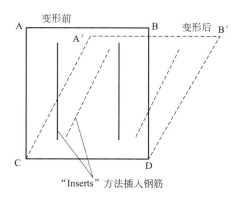

图 3.1-8　采用"Inserts"方法保证钢筋与壳体变形协调

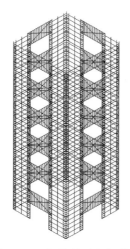
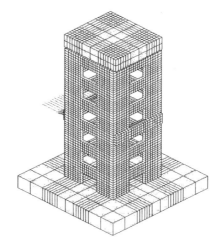

图 3.1-9　钢筋单元空间分布　　　　　图 3.1-10　混凝土单元划分

离散钢筋-分层壳剪力墙模型不仅充分吸收了分层壳单元的优点，而且精细地模拟了剪力墙中各种关键钢筋的力学行为，能更好地模拟剪力墙的实际行为。离散钢筋-分层壳剪力墙模型的计算量大，但随着计算机性能的不断提高，计算机分析能力已不再是限制因素。

剪力墙的混凝土本构模型和连梁的混凝土本构模型采用了 MSC. Marc 中预设的混凝土本构模型，该模型在经典增量弹塑性本构理论的基础上定义了混凝土的弹塑性本构曲线。屈服面采用 Buyukozturk 模型（式 3.1-1），根据 Buyukozturk 的研究，建议常数取 $\beta=\sqrt{3}$，$\gamma=0.2$。本构模型如图 3.1-11 所示。

$$f=\beta\sqrt{3}\,\overline{\sigma}I_1+\gamma I_1{}^2+3J_2-\overline{\sigma}^2=0 \tag{3.1-1}$$

式中：I_1——应力张量的第一不变量；

　　　J_2——应力偏量的第二不变量。

该模型采用关联流动法则，混凝土的本构硬化通过式（3.1-2）、式（3.1-3）算出的等效应力-等效塑性应变关系曲线计算得到。并根据经典增量理论，计算混凝土材料的屈服后硬化方程，即式（3.1-4）。当混凝土应变到达极限应变 $\varepsilon_{\text{crush}}$ 时，认为混凝土被压碎。

$$\overline{\sigma}=\sigma/2.8 \tag{3.1-2}$$

$$\overline{\varepsilon_{\text{p}}}=\sqrt{3}\times\varepsilon_{\text{p}} \tag{3.1-3}$$

式中：$\overline{\sigma}$、$\overline{\varepsilon_{\text{p}}}$——等效应力、等效塑性应变。

$$\mathrm{d}\sigma=\left[\boldsymbol{D}_{\text{e}}-\dfrac{\boldsymbol{D}_{\text{e}}\left\{\dfrac{\partial f}{\partial \sigma}\right\}\left\{\dfrac{\partial f}{\partial \sigma}\right\}\boldsymbol{D}_{\text{e}}}{\left(1-\dfrac{3J_1}{2\overline{\sigma}}\right)H'+\left\{\dfrac{\partial f}{\partial \sigma}\right\}\boldsymbol{D}_{\text{e}}\left\{\dfrac{\partial f}{\partial \sigma}\right\}}\right]\times\mathrm{d}\varepsilon=\boldsymbol{D}_{\text{p}}\mathrm{d}\varepsilon \tag{3.1-4}$$

其中，$\boldsymbol{D}_{\text{e}}\boldsymbol{D}_{\text{p}}$ 分别为材料弹性和塑性本构矩阵，J_1 为应力偏量的第一不变量，参数 H' 为硬化参数，按下式计算

$$H'=\frac{\mathrm{d}\overline{\sigma}}{\mathrm{d}\varepsilon_{\text{p}}} \tag{3.1-5}$$

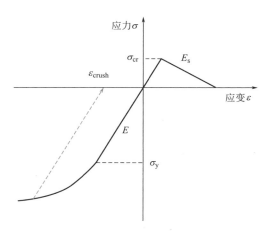

图 3.1-11　MSC. Marc 自带的混凝土本构模型

剪力墙边缘构件中的约束混凝土本构模型采用 Mander 等[8,13] 提出的约束混凝土本构模型，如图 3.1-12 所示，该本构模型考虑了箍筋对边缘构件中混凝土的约束作用，以提高边缘构件中混凝土的峰值承载力和延性。

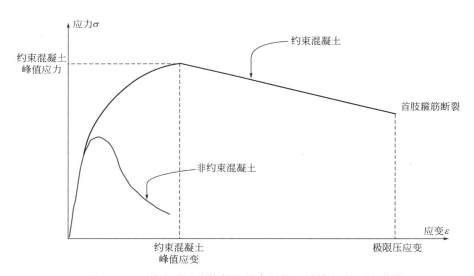

图 3.1-12　剪力墙边缘构件的约束混凝土单轴应力-应变曲线

结构体系分析中常采用的钢材理想弹塑性双线性滞回模型常应用于在结构破坏后钢筋未进入强化段的情况，不适用于结构的弹塑性分析。本书中钢筋的本构关系选用弹性强化模型，该模型由弹性阶段和塑性阶段三条线段构成，取 $E_s'=0.01E_s$，如图 3.1-13 所示，该本构关系不考虑钢筋拉断的情况且具有在保持应力应变唯一性的同时考虑了应变硬化效应的优点。

3.1.4　纤维模型的二次开发与截面参数定义

（1）用户子程序

本书采用 MSC. Marc 中的一系列用户子程序，对该有限元软件进行了二次开发，建

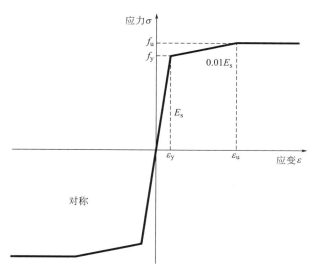

图 3.1-13 钢筋本构关系模型

立了适用于混合结构中各类构件的纤维模型，主要的用户子程序及其实现的功能如下：

UBEAM：非线性梁子程序，用于定义纤维梁单元截面属性，建立截面滞回本构。

UBGINC：该子程序在每一步开始时被调用，用于读取各个截面定义的参数，并对截面进行离散化，赋予每个截面中每个纤维的所有参数。

UEDINC：该子程序在每一步结束时被调用，用于分析过程中提取和存储用户所需的关键结果数据，同时可用于计算各种损伤指标。

UFORMS：用户连接子程序，可用于定义指定的若干个自由度与某自由度之间的连接关系，在本书的静力推覆分析中用到，用该子程序可将基于力的推覆分析方法转化为基于位移的分析方法。

UACTIVE：用于激活或杀死单元，该程序可以在分析的任意时刻按照设定的条件激活或杀死任何单元，该子程序可用于施工过程模拟和结构连续倒塌分析。

PLOV：后处理显示子程序，可用于定义用户指定的指标，并显示在后处理界面中，如显示结构的塑性分布或纤维梁的出铰情况。

（2）各类构件的截面参数定义

1）矩形钢筋混凝土截面

通过设置截面几何参数、混凝土材料参数和钢筋材料参数设置矩形钢筋混凝土截面。其中，截面几何参数包括矩形截面垂直于 X 轴、Y 轴的边的长度（aX、aY），钢筋中心到混凝土外边缘的距离（tc），如图 3.1-14 所示；混凝土材料参数包括混凝土峰值强度（Fc），混凝土峰值强度对应的应变（eps0），混凝土极限强度（Fuc），混凝土极限强度对应的应变（epsu），混凝土弹性模量（Ec0）；钢筋材料参数包括钢筋的屈服强度（Fy），钢筋的抗拉强度（Fu），钢筋的弹性模量（Es0），8 个位置钢筋的面积（A1～A8）。

2）矩形钢管截面

通过输入截面几何参数和钢管材料参数设置矩形钢管截面。其中，截面几何参数包括矩形截面垂直于 X 轴、Y 轴的边的长度（aX、aY），矩形截面垂直于 X 轴、Y 轴的边的

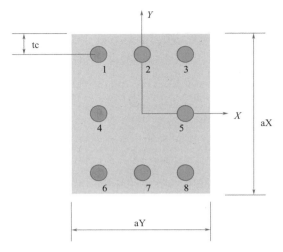

图 3.1-14 矩形钢筋混凝土截面关键参数

钢板厚度（tX、tY），如图 3.1-15 所示；钢管材料参数包括钢材的屈服强度（Fy），钢材的抗拉强度（Fu），钢材的弹性模量（Es0）。

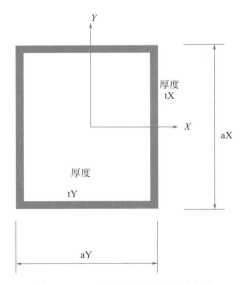

图 3.1-15 矩形钢管截面关键参数

3）矩形钢管混凝土截面

通过输入截面几何参数、混凝土材料参数和钢管材料参数设置矩形钢管混凝土截面。其中，截面几何参数包括矩形截面垂直于 X 轴、Y 轴的边的长度（aX、aY），矩形截面垂直于 X 轴、Y 轴的边的钢板厚度（tX、tY），如图 3.1-16 所示；混凝土材料参数包括混凝土峰值强度（Fc），混凝土峰值强度对应的应变（eps0），混凝土极限强度（Fuc），混凝土极限强度对应的应变（epsu），混凝土弹性模量（Ec0）；钢管材料参数包括钢材的屈服强度（Fy），钢材的抗拉强度（Fu），钢材的弹性模量（Es0）。

45

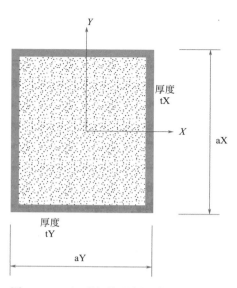

图 3.1-16   矩形钢管混凝土截面关键参数

4）工字（H 形）钢截面

通过输入截面几何参数和钢材材料参数设置工字形（H 形）钢截面。其中，截面几何参数包括翼缘宽度和沿着腹板方向的截面总高度（B、H），翼缘厚度和腹板厚度（tB、tH），如图 3.1-17 所示；钢材材料参数包括钢材的屈服强度（Fy），钢材的抗拉强度（Fu），钢材的弹性模量（Es0）。

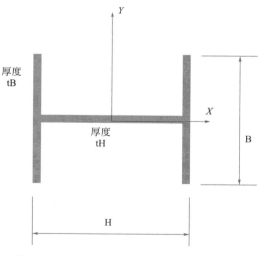

图 3.1-17   工字形（H 形）钢截面关键参数

5）圆钢管截面

通过设置截面几何参数和钢管材料参数设置圆钢管截面。其中，截面几何参数包括钢管截面外径（D），钢管壁厚（ts），如图 3.1-18 所示；钢管材料参数包括钢材的屈服强度（Fy），钢材的抗拉强度（Fu），钢材的弹性模量（Es0）。

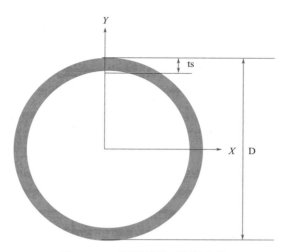

图 3.1-18 圆钢管截面关键参数

6）钢管混凝土截面

通过输入截面几何参数、混凝土材料参数和钢管材料参数设置钢管混凝土截面。其中，截面几何参数包括钢管截面外径（D），钢管壁厚（ts），如图 3.1-19 所示；混凝土材料参数包括混凝土峰值强度（Fc），混凝土峰值强度对应的应变（eps0），混凝土极限强度（Fuc），混凝土极限强度对应的应变（epsu），混凝土弹性模量（Ec0）；钢管材料参数包括钢材的屈服强度（Fy），钢材的抗拉强度（Fu），钢材的弹性模量（Es0）。

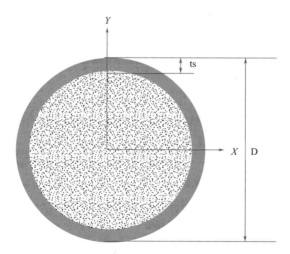

图 3.1-19 钢管混凝土截面关键参数

7）内置钢筋钢管约束混凝土截面

通过输入截面几何参数、钢管材料参数、钢筋材料参数和混凝土材料参数设置内置钢筋钢管约束混凝土截面。其中，截面几何参数包括钢管截面外径（D），钢管壁厚（ts），钢筋中心到混凝土外边缘的径向距离（tc），如图 3.1-20 所示；混凝土材料参数包括混凝土峰值强度（Fc），混凝土峰值强度对应的应变（eps0），混凝土极限强度（Fuc），混凝土极限强度对应的应变（epsu），混凝土弹性模量（Ec0）；钢管材料参数包括钢材的屈服强度（Fy），钢材的抗拉强度（Fu），钢材的弹性模量（Es0）；钢筋材料参数包括钢筋的屈服强度（Fy1），钢筋的抗拉强度（Ful1），钢筋的弹性模量（Es1）。

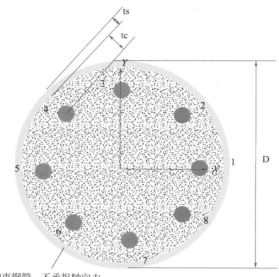

图 3.1-20　内置钢筋钢管约束混凝土截面关键参数

8）内置工字钢骨钢管约束混凝土截面

通过输入截面几何参数、工字钢骨材料参数、钢管材料参数和混凝土材料参数设置内置工字钢骨钢管约束混凝土截面。其中，截面几何参数包括钢管截面外径（D），钢管壁厚（ts），工字钢腹板的高度与厚度（aX1、tX1），工字钢翼缘的宽度与厚度（aY1、tY1），如图 3.1-21 所示；混凝土材料参数包括混凝土峰值强度（Fc），混凝土峰值强度对应的应变（eps0），混凝土极限强度（Fuc），混凝土极限强度对应的应变（epsu），混凝土弹性模量（Ec0）；工字钢骨材料参数包括钢骨钢材的屈服强度（Fy1），钢骨钢材的抗拉强度（Ful1），钢骨钢材的弹性模量（Es1）；钢管材料参数包括钢管钢材的屈服强度（Fy2），钢

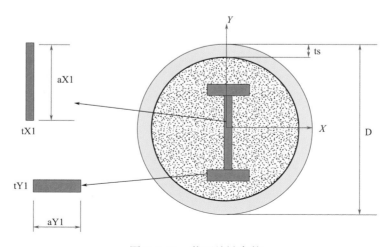

图 3.1-21　截面关键参数

管钢材的抗拉强度（Fu2），钢管钢材的弹性模量（Es2）。

9）内置十字钢骨钢管约束混凝土截面

通过输入截面几何参数、十字钢骨材料参数、钢管材料参数和混凝土材料参数设置内置十字钢骨钢管约束混凝土截面。其中，截面几何参数包括钢管截面外径（D），钢管壁厚（ts），钢骨腹板的总高度与厚度（aX1、tX1），钢骨翼缘的宽度与厚度（aY1、tY1），如图 3.1-22 所示；混凝土材料参数包括混凝土峰值强度（Fc），混凝土峰值强度对应的应变（eps0），混凝土极限强度（Fuc），混凝土极限强度对应的应变（epsu），混凝土弹性模量（Ec0）；十字钢骨材料参数包括钢骨钢材的屈服强度（Fy1），钢骨钢材的抗拉强度（Fu1），钢骨钢材的弹性模量（Es1）；钢管材料参数包括钢管钢材的屈服强度（Fy2），钢管钢材的抗拉强度（Fu2），钢管钢材的弹性模量（Es2）

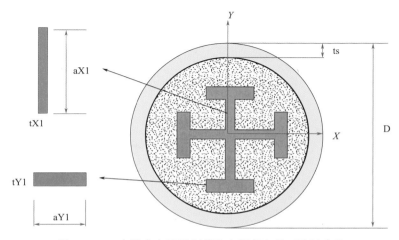

图 3.1-22　内置十字钢骨钢管约束混凝土截面关键参数

10）钢管混凝土异形柱截面

通过输入截面几何参数、钢管参数和混凝土材料参数设置钢管混凝土异形柱截面。其中，截面几何参数包括矩形截面垂直于 X 轴三段边的长度（aX1，aX2 和 aX3），矩形截面垂直于 Y 轴三段边的长度（aY1，aY2 和 aY3），如图 3.1-23 所示；混凝土材料参数包

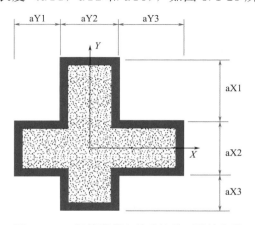

图 3.1-23　钢管混凝土异形柱截面关键参数

括混凝土峰值强度（Fc），混凝土峰值强度对应的应变（eps0），混凝土极限强度（Fuc），混凝土极限强度对应的应变（epsu），混凝土弹性模量（Ec0）；钢管参数包括钢管壁厚（ts），钢管钢材的屈服强度（Fy），钢管钢材的抗拉强度（Fu），钢管钢材的弹性模量（Es0）。需要说明，通过将部分截面几何参数设置为零，可以将十字形异形柱转化为各种角度的 T 形、L 形、一字形，例如，当仅有图 3.1-23 中的 aX1 取值为零时，异形柱截面将变成一个正写的 T 形。

3.2　有限元模型验证

3.2.1　纤维模型有限元验证

本节针对钢管混凝土框架以及钢管混凝土异形柱框架结构分析中所采用的纤维模型进行有限元建模验证，通过构件和结构层次进行有限元模型建模与验证，证明了纤维模型的可靠性。

（1）钢管混凝土柱有限元模型验证

林旭川等[2] 采用纤维模型对 4 个钢管混凝土柱进行了有限元建模与验证，图 3.2-1 为 4 个钢管混凝土柱试验结果和有限元模拟结果的对比。模型对不同屈服强度（387MPa 和 788MPa）和不同钢管形状（方形和圆形）的试件都能够较好地模拟。

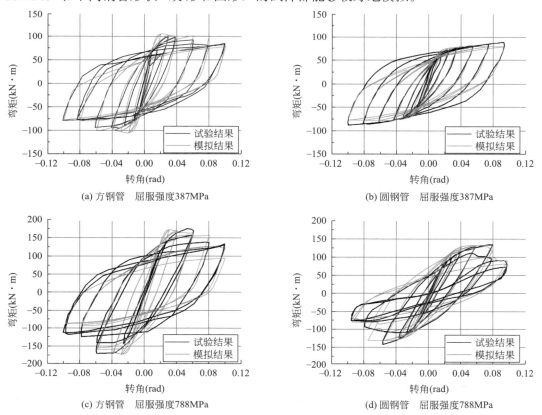

图 3.2-1　钢管混凝土柱试验结果与纤维模型模拟结果对比

模拟结果表明，采用纤维模型可以较好地反映钢管混凝土材料中混凝土在轴力和往复水平荷载作用下的变形特性、钢材应变硬化和包辛格效应，对构件在往复荷载下的承载力、滞回特性和残余变形都具有较好的预测精度。

（2）钢管混凝土框架有限元模型验证

相瀛昌[14]采用纤维模型对王先铁等[15]进行的 1∶3 两层两跨方钢管混凝土柱-钢梁框架结构在竖向荷载和低周往复水平荷载试验进行了有限元模拟。模拟中采用纤维模型建立方钢管混凝土柱和钢梁，梁柱均采用梁单元，单元在 Marc 软件中的编号为 52 号单元。该单元类型的插值函数沿轴向以及扭转方向均为线性函数，沿法向为三次函数，该单元沿轴向采用三点高斯积分进行计算，应力应变法则通过单元横截面使用 Simpson 定律进行积分。对于模型的网格划分，该模型将柱划分为 8 份，梁划分为 8 份，如图 3.2-2 所示。其中，为了方便进行低周往复水平荷载的施加，模型建立了一个作动器单元（抗拉压刚度很大，可忽略其轴向变形），通过在作动器单元施加位移实现推覆作用。

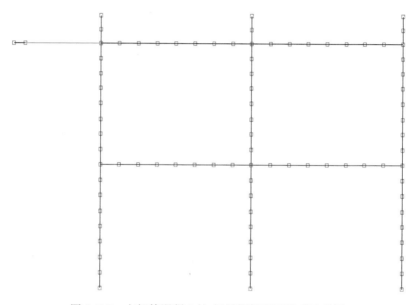

图 3.2-2　方钢管混凝土柱-钢梁框架平面模型示意图

该平面框架模型的边界条件设置如图 3.2-3 所示。由于在该框架试验中，柱脚采用刚性连接，则在柱底节点采用"完全固定"约束，即该节点处 UX＝UY＝UZ＝0 且 URX＝URY＝URZ＝0，如图 3.2-3（a）所示。柱顶由于千斤顶直接压在顶部短板上，轴压力较大，顶部转角较小，因此约束顶部节点的平面外位移以及绕各个轴的转动，即 UZ＝0 且 URX＝URY＝URZ＝0，如图 3.2-3（b）所示。为限制平面框架在加载过程中产生平面外的变形或者转动，将所有节点的平面外（Z 方向）位移以及绕 X 轴、Y 轴的转动进行约束，即 UZ＝0 且 URX＝URY＝0，如图 3.2-3（c）所示。对于作动器单元，仅允许作动器沿 X 方向的位移，即 URY＝URZ＝0，URX＝URY＝URZ＝0，如图 3.2-3（d）所示。

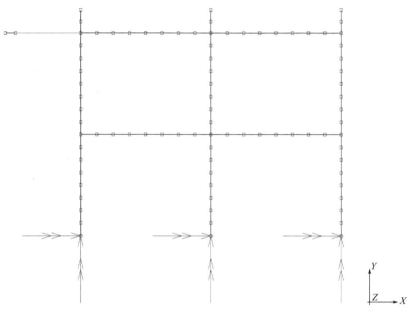

(a) 柱底"完全固定"

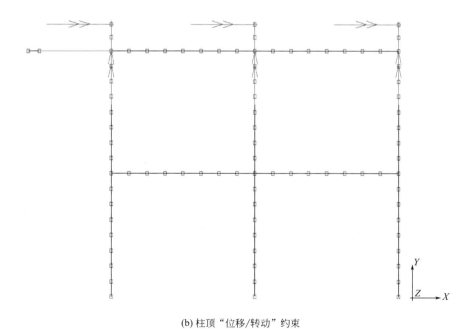

(b) 柱顶"位移/转动"约束

图 3.2-3 方钢管混凝土柱-钢梁框架平面模型边界条件（一）

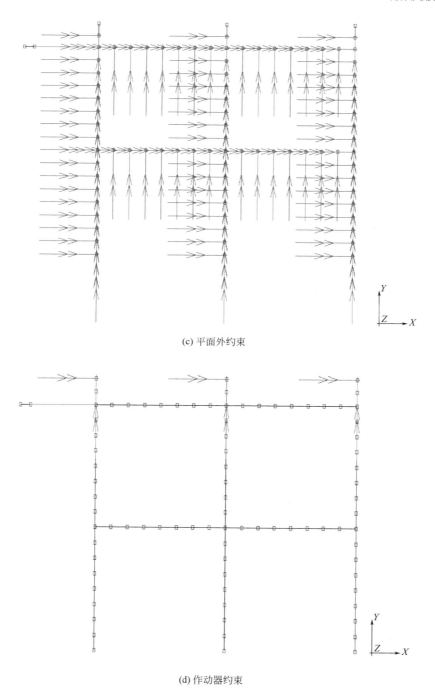

(c) 平面外约束

(d) 作动器约束

图 3.2-3　方钢管混凝土柱-钢梁框架平面模型边界条件（二）

　　将试验得到的框架二层梁端的荷载-位移滞回曲线和有限元分析结果进行了对比，如图 3.2-4 所示。采用纤维模型模拟方钢管混凝土框架模型可以很好地反映出该平面框架结构的初始刚度、荷载下降段和反向加载段，但是在模拟构件最大承载力时有一定差别，有限元模型的峰值承载力较大，但是有限元结果和试验结果误差相对较小（5％以内），可认

53

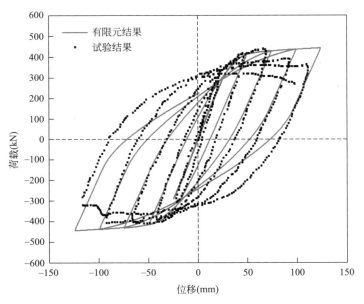

图 3.2-4　试验结果与有限元结果对比图

为符合对于结构体系模拟分析误差的要求。

（3）钢管混凝土异形柱框架有限元模型验证

周祥[16] 基于纤维模型对文献［17］中两榀仅轴压比不同（0.3、0.5）的钢管混凝土异形柱平面框架试验进行了模拟，试件及构件截面尺寸如图 3.2-5 所示。

该试件为两层两跨的 CFT 异形柱-H 形钢梁框架，为 1：2 缩尺模型。选取的两榀试件轴压比分别为 0.3 和 0.5，节点为外环板加劲形式。试件跨度 3m，层高 1.5m。柱顶伸出 650mm，千斤顶直接作用于柱顶端板以施加轴力。柱脚为刚接柱脚，加劲肋高度 200mm。框架中柱为十字形 CFT 柱，边柱为 T 形 CFT 柱。十字形与 T 形柱钢管尺寸分别如图 3.2-5（b）和（c）所示，分别为 300mm×300mm×3.5mm 与 300mm×300mm×4.0mm，钢管肢宽均为 100mm。柱内部采用间距为 100mm 直径为 6.5mm 的对拉钢筋加劲。材料强度：钢材为 Q235B，混凝土为 C25。

通过 Marc 及用户子程序，建立与试件相对应的纤维模型对其进行模拟分析，对比试验与有限元所得的滞回曲线吻合程度较好，以证明所用软件、用户子程序以及材料本构等的合理性。

1）单元类型

梁柱均采用梁单元，仍采用 Marc 中的 52 号单元。通过对梁柱单元划分数量对计算结果的对比试算，最终确定将柱划分为 8 份，梁划分为 12 份，如图 3.2-6 所示。

2）截面划分

基于 UBEAM 接口及用户子程序，可以针对每根纤维定义其面积及定位坐标，以实现任意形式的截面。本书涉及的纤维截面包括 L 形（本节无此截面）、T 形以及十字形 CFT 柱截面以及 H 形钢梁截面，对各种截面的划分如图 3.2-7 所示。

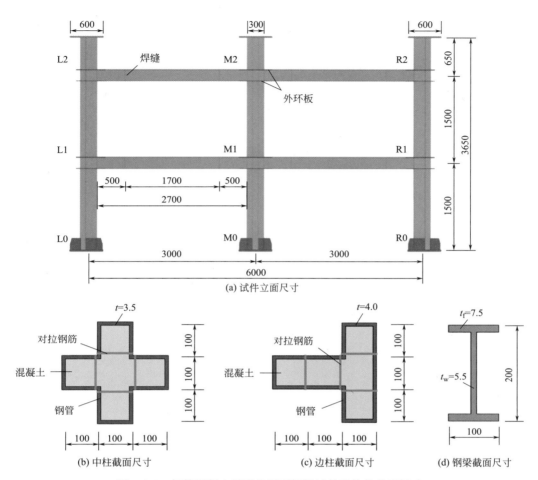

(a) 试件立面尺寸

(b) 中柱截面尺寸　　　　　(c) 边柱截面尺寸　　　　　(d) 钢梁截面尺寸

图 3.2-5　钢管混凝土异形柱平面框架试件及构件截面尺寸

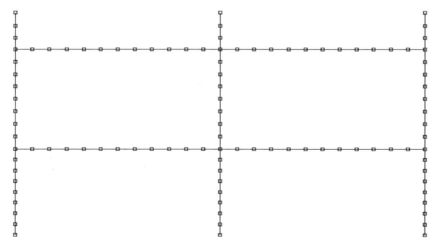

图 3.2-6　平面纤维模型单元划分

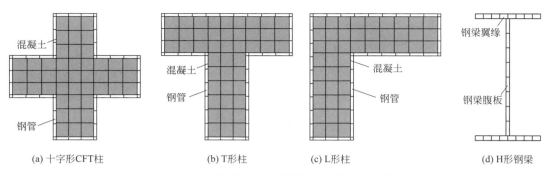

| (a) 十字形CFT柱 | (b) T形柱 | (c) L形柱 | (d) H形钢梁 |

图 3.2-7　异形柱框架梁柱截面纤维网格划分

3）边界条件

框架模型的边界条件设置如图 3.2-8 所示。由于在该框架试验中，柱脚采用刚性连接且加劲肋高度为 200mm，可假定在柱底部以上高 200mm 范围内均为刚性，因此在建立纤维模型时，建立的底层柱仅 1300mm 高，且在柱底节点采用"完全固定"约束，即该节点处 UX＝UY＝UZ＝0 且 URX＝URY＝URZ＝0，如图 3.2-8（a）所示。由于柱顶千斤顶直接压在顶部短板上，轴压力较大，顶部转角较小，因此约束顶部节点的平面外位移以及绕各个轴的转动，即 UY＝0 且 URX＝URY＝URZ＝0，如图 3.2-8（b）所示。为限制平面框架在加载过程中产生平面外的变形或者转动，将所有节点的平面外（Y 方向）位移以及绕 X 轴、Z 轴的转动进行约束，即 UY＝0 且 URX＝URZ＝0，如图 3.2-8（c）所示。

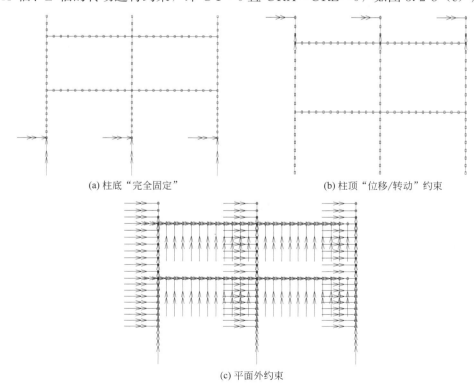

| (a) 柱底"完全固定" | (b) 柱顶"位移/转动"约束 |

(c) 平面外约束

图 3.2-8　异形柱平面框架边界条件

4）荷载施加

与试验一致，有限元分析中荷载分为两步施加，如图 3.2-9 所示。首先在柱顶以集中力的方式施加轴力，轴力大小如表 3.2-1 所示；然后在试验实际加载位置（柱顶伸出部分距钢梁上翼缘外侧 350mm 处），位移控制施加水平方向往复荷载。同时，为了使计算收敛性更好，使加载曲线更平缓，采用等步长加载，但每一次循环的加载步数逐渐增加；加载制度如图 3.2-10 所示。

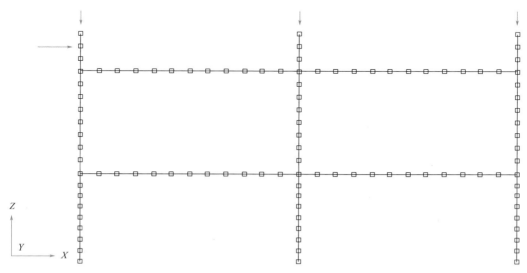

图 3.2-9　荷载施加方式

竖向荷载加载参数　　　　　　　　　　　　　　　　　　　　　　　表 3.2-1

试件	构件名称	设计轴压比	试验轴压比	试验轴压力(kN)
ED3	十字形中柱	0.44	0.30	713
	T 形边柱	0.22	0.15	348
ED5	十字形中柱	0.8	0.55	1307
	T 形边柱	0.4	0.275	638

采用上述有限元模型，对两个平面框架试件在往复荷载作用下的性能进行模拟。由于试验过程中，千斤顶的加载位置对应于模型的加载点位置，顶层位移计的位置位于顶层梁端，因此以加载点位置的反力 P 为纵坐标，以二层梁与柱相交位置的水平位移 Δ 为横坐标，得到荷载-位移（P-Δ）曲线；将有限元分析结果与试验结果进行对比，见图 3.2-11；可见有限元分析结果与试验结果在加卸载刚度、峰值承载力、延性以及耗能能力等方面均吻合较好；轴压比 0.3 试件的吻合程度更好。

表 3.2-2 为纤维模型模拟结果与试验结果峰值荷载的对比。由于原试验结果的正负向承载力存在一定程度的不对称现象，因此，采用正负向承载力均值进行对比。由表中数据可见，纤维模型峰值荷载与试验峰值荷载，在轴压比为 0.3 时，误差为 1%；在轴压比为 0.5 时，误差为 11%。随着轴压比的升高，纤维模型计算结果的峰值荷载降低，而试验得到的峰值荷载升高。

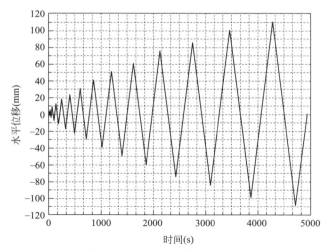

图 3.2-10　水平荷载加载制度

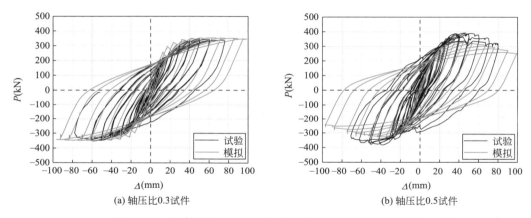

(a) 轴压比0.3试件　　　　　　　　　　　(b) 轴压比0.5试件

图 3.2-11　钢管混凝土异形柱框架的有限元与试验结果对比

峰值荷载对比　　　　　　　　　　　　　表 3.2-2

试件编号	峰值荷载		$(P_{max})_{模拟}/(P_{max})_{试验}$
	$(P_{max})_{试验}$ (kN)	$(P_{max})_{模拟}$ (kN)	
算例 3	349.2	352.2	1.01
算例 4	371.8	329.7	0.89

（4）钢框架振动台有限元模型验证

林旭川等[6] 对一足尺的四层钢框架的振动台试验进行了模拟，该振动台试验钢框架的试件尺寸如图 3.2-12（a）所示，采用纤维模型建立的该钢框架试件空间模型如图 3.2-12（b）所示，其中对于框架柱底部节点，按照"完全刚接"进行处理，即节点处 UX＝UY＝UZ＝0 且 URX＝URY＝URZ＝0。

图 3.2-13 为在 100％的 JR Takatori 地震波下沿纵向和横向两个方向结构一层的层间位移比，可见模拟结果与试验数据吻合较好，说明数值模型应用于实际框架时，计算稳定，收敛性好，具备优秀的非线性分析能力，能够较好地模拟框架结构在地震作用下的响应。

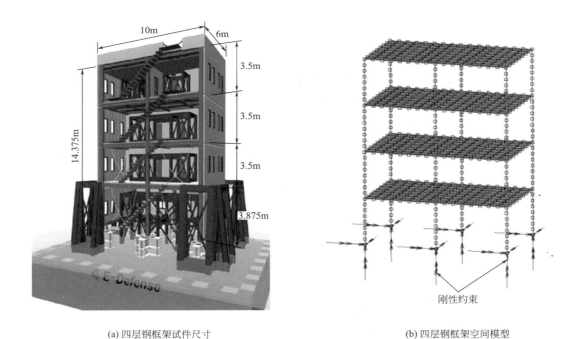

(a) 四层钢框架试件尺寸　　　　　　　　　　(b) 四层钢框架空间模型

图 3.2-12　四层钢框架振动台试验及模型介绍

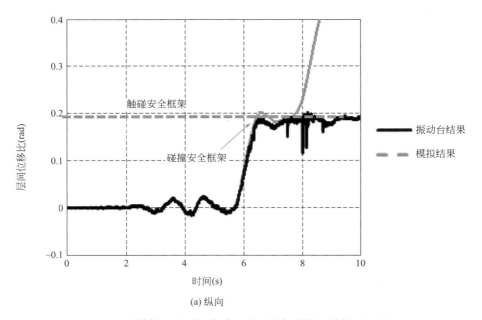

(a) 纵向

图 3.2-13　对结构一层层间位移比的试验与有限元结果对比图（一）

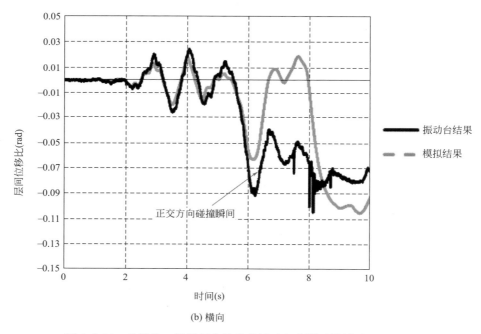

图 3.2-13　对结构一层层间位移比的试验与有限元结果对比图（二）

3.2.2　分层壳模型验证

本节针对钢管混凝土框架-钢筋混凝土剪力墙结构弹塑性平面分析模型中采用分层壳模型建立的联肢剪力墙片和钢管混凝土框架-钢筋混凝土核心筒结构中的采用分层壳模型建立的钢筋混凝土核心筒进行模型验证，通过对单片剪力墙构件和核心筒的有限元模型建模与验证，证明了采用分层壳模型建模的合理性。

（1）单片剪力墙有限元模型验证

缪志伟[18]采用分层壳模型通过对两个具有不同剪跨比特征的剪力墙的拟静力实验进行数值模拟，对该模型的有效性进行了验证。

算例 1[19] 与算例 2[20] 分别代表了大剪跨比和小剪跨比两种受力特性不同的剪力墙，两个试件的结构信息和模拟结果对比如图 3.2-14 所示。结果表明，对于大剪跨比剪力墙的受弯破坏和小剪跨比剪力墙的斜压破坏，分层壳单元都可以较好进行模拟，对剪力墙复杂的平面内弯曲-剪切耦合受力变形行为可以较好地预测，且分层壳模型对混凝土剪力墙的初始刚度、最大承载力、位移延性和滞回特性都具有较好的预测精度。

（2）核心筒有限元模型验证

与单片剪力墙构件相比，钢筋混凝土核心筒空间受力行为明显；准确模拟其非线性受力全过程对于框架-核心筒结构的抗震分析至关重要。

林旭川等[21]对文献［22］的两个较大比例、大高宽比的钢筋混凝土核心筒（TC1 与TC2）的抗震性能试验进行有限元模拟。两个核心筒的尺寸与配筋相同，核心筒以某大厦钢筋混凝土核心筒为原型，按照 1∶6.5 缩尺比例进行设计，核心筒为 6 层，高宽比 2.68，

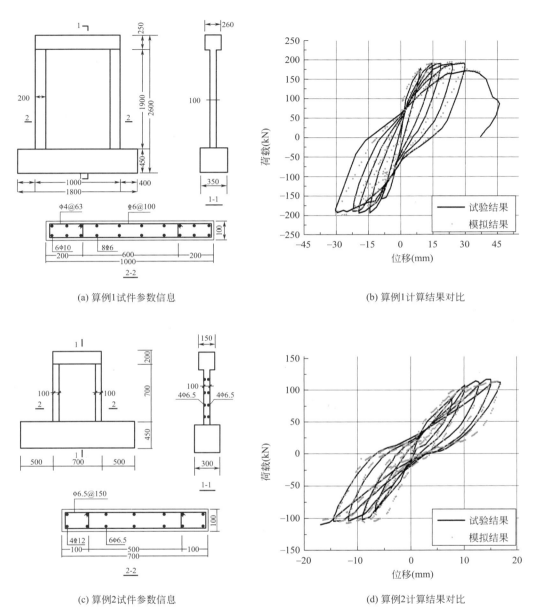

(a) 算例1试件参数信息

(b) 算例1计算结果对比

(c) 算例2试件参数信息

(d) 算例2计算结果对比

图 3.2-14　钢筋混凝土剪力墙模型验证

筒身净高 3690mm，筒体水平截面轮廓尺寸为 1380mm × 1380mm，墙体厚度 70mm，连梁为钢筋混凝土交叉暗撑连梁，详细参数见文献 [22]。TC1 与 TC2 按混凝土实际强度计算的轴压比分别为 0.15 和 0.36。试验开始后先在试件顶部施加竖向荷载，然后在顶层和三层处施加水平低周反复荷载，按倒三角模式加载。

根据试件实际材料强度建立有限元模型，剪力墙与连梁模型采用离散钢筋单元埋入分层壳的方法建立，混凝土分层壳单元见图 3.1-10，整个核心筒的钢筋布置见图 3.1-9，将图 3.1-9 中的钢筋网埋入图 3.1-10 的混凝土分层壳中即建立了混凝土与钢筋共同作用的筒体有限元模型。

通过有限元计算结果表明，基于分层壳的钢筋混凝土核心筒模型与试验吻合良好。由于模拟过程中往复加载试验具体的加载制度未知，因此无法完全按照试验过程进行往复加载，这里仅给出两个模型计算的底部剪力-顶点位移加载骨架线与试验结果的对比，如图3.2-15所示，二者吻合较好，核心筒模型具有较高的精度。

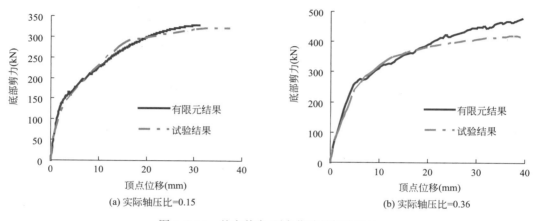

(a) 实际轴压比=0.15　　　　　　(b) 实际轴压比=0.36

图 3.2-15　基底剪力-顶点位移骨架线对比

同时，模型可以对核心筒底部及连梁的开裂进行模拟，图3.2-16为核心筒在水平力作用下墙肢底部的开裂状况。另外，通过模型可以观察到各处钢筋的应力应变情况、墙体平面外变形情况以及剪力滞后现象等；图3.2-17为有限元计算结果中墙体平面外变形的状况，图3.2-18为连梁各钢筋的应力分布状况，可以看出受拉的交叉钢筋与部分箍筋已屈服（屈服应力360N/mm²）。

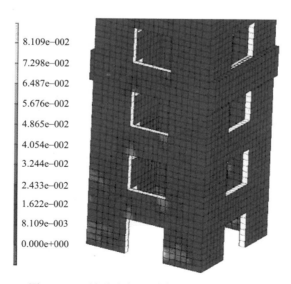

图 3.2-16　墙肢底部开裂应变分布（有限元）

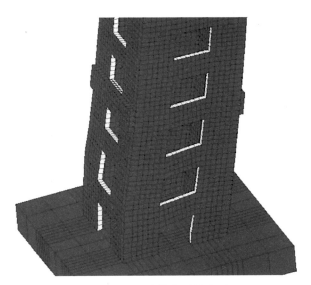

图 3.2-17　墙体变形放大图

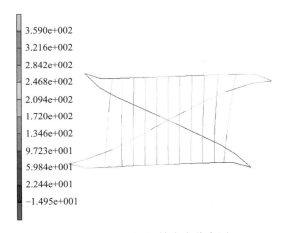

图 3.2-18　连梁钢筋应力分布图

参考文献

［1］ MSC Software Corporation. Marc User Manual Volume B. Element library（Version 2005）［M］. Santa Ana.

［2］ 林旭川，潘鹏，叶列平，等. 汶川地震中典型 RC 框架结构的震害仿真与分析［J］. 土木工程学报，2009，42（05）：13-20.

［3］ 陆新征，林旭川，叶列平，等. 地震下高层建筑连续倒塌数值模型研究［J］. 工程力学，2010，27（11）：64-70.

［4］ SAKINO K，NAKAHARA H，MORINO S，et al. Behavior of Centrally Loaded Concrete-Filled Steel-Tube Short Columns［J］. Journal of Structural Engineering，2004，130（2）：180-188.

［5］ SAKINO K，SUN Y. Stress-Strain Curve of Concrete Confined by Rectilinear Hoop［J］. Journal of

Structural and Construction Engineering，AIJ，1994，461：95-104.

［6］ LIN X C，KATO M，ZHANG L，et al. Quantitative Investigation on Collapse Margin of Steel High-Rise Buildings Subjected to Extremely Severe Earthquakes ［J］. Earthquake Engineering and Engineering Vibration，2018，17（3）：445-457.

［7］ YAMADA S，AKIYAMA H，KUWAMURA H. Deteriorating Behavior of Wide Flange Section Steel Members in Post Buckling Range ［J］. Journal of Structural and Construction Engineering，AIJ，1993，454：179-186.

［8］ BAI Y，LIN X. Numerical Simulation on Seismic Collapse of Thin-walled Steel Moment Frames Considering Post Local Buckling Behavior ［J］. Thin Walled Structures，2015，94：424-434.

［9］ INAI E，MUKAI A，KAI M，et al. Behavior of Concrete-Filled Steel Tube Beam Columns ［J］. Journal of Structural Engineering，2004，130（2）：189-202.

［10］ 汪训流，陆新征，叶列平. 往复荷载下钢筋混凝土柱受力性能的数值模拟 ［J］. 工程力学，2007（12）：84-89.

［11］ LEGERON F，PAULTRE P，MAZERS J. Damage Mechanics Modeling of Nonlinear Seismic Behavior of Concrete Structures ［J］. Journal of Structural Engineering，2005，131（6）：946-955.

［12］ SAKINO K，SUN Y. Stress-Strain Curve of Concrete Confined by Rectilinear Hoop ［J］. Journal of Structural and Construction Engineering，AIJ，1994，461：95-104.

［13］ MANDER J B，PRESTLEY M J N，PARK R. Theoretical Stress-Strain Model for Confined Concrete ［J］. Journal of Structural Engineering，ASCE，1988，114（8）：1804-1826.

［14］ 相瀛昌. CFT 框架-RC 剪力墙结构体系抗震性能研究 ［D］. 重庆：重庆大学，2020.

［15］ 王先铁，郝际平，周观根，等. 方钢管混凝土柱-钢梁平面框架抗震性能试验研究 ［J］. 建筑结构学报，2010，31（08）：8-14.

［16］ 周祥. 钢管混凝土异形柱框架结构体系抗震性能分析 ［D］. 重庆：重庆大学，2020.

［17］ 唐新. 钢管混凝土异形柱-H 型钢梁框架抗震性能研究 ［D］. 重庆：重庆大学，2019.

［18］ 缪志伟. 钢筋混凝土框架剪力墙结构基于能量抗震设计方法研究 ［D］. 北京：清华大学，2009.

［19］ 陈勤. 钢筋混凝土双肢剪力墙静力弹塑性分析 ［D］. 北京：清华大学，2002.

［20］ 李兵. 钢筋混凝土框-剪结构多维非线性地震反应分析及试验研究 ［D］. 大连：大连理工大学，2005.

［21］ 林旭川，陆新征，缪志伟，等. 基于分层壳单元的 RC 核心筒结构有限元分析和工程应用 ［J］. 土木工程学报，2009，42（03）：49-54.

［22］ 杜修力，赵均. 钢筋混凝土核心筒不同轴压比作用下抗震性能试验研究 ［C］//中国钢结构协会钢-混凝土组合结构分会第十一次学术会议暨钢-混凝土组合结构的新进展交流会. 中国钢结构协会，2008：567-572.

4 钢管混凝土框架-混凝土剪力墙结构体系抗震分析

本章建立了高层钢管混凝土（CFT）框架-混凝土（RC）剪力墙结构体系的弹塑性抗震分析有限元模型，以研究双重和单重抗侧力体系对结构整体抗震性能的影响。针对 7 度（0.10g）和 8 度（0.20g）抗震设防烈度要求，对 CFT 框架-RC 剪力墙结构体系的弹塑性平面分析模型进行静力和动力弹塑性分析、IDA 分析及地震易损性分析，并对体系的抗震性能和抗倒塌能力进行了分析，提出了抗震设计方法。

4.1 算例设计

本章设计了三个 CFT 框架-RC 剪力墙结构算例，其中，算例 1 结构为标准模型，其他两个算例结构是在标准模型算例 1 结构的基础上进行局部调整得到，各个模型结构的特点和剪力调整方式见表 4.1-1，结构主要信息见表 4.1-2。

三种算例模型特点 表 4.1-1

算例名称	算例模型特点
算例 1	**标准模型**：小震下部分楼层框架的初始剪力小于地震作用下结构底部总剪力的 20%，未经层间剪力调整，设计出 CFT 框架和 RC 剪力墙；按《高层建筑混凝土结构技术规程》JGJ 3—2010 要求放大框架楼层剪力后，CFT 框架和 RC 剪力墙仍满足承载力要求
算例 2	**降低 CFT 柱的材料强度**：结构模型与算例 1 结构相同，仅 CFT 柱的钢材强度等级降低；小震下部分楼层框架初始剪力小于结构底部总剪力的 20%，未经层间剪力调整，CFT 框架和 RC 剪力墙满足承载力要求；按照《高层建筑混凝土结构技术规程》JGJ 3—2010 要求放大框架楼层剪力后，部分楼层 CFT 柱承载力不满足要求
算例 3	**增大 CFT 柱截面且减小 RC 剪力墙墙体厚度**：结构模型与算例 1 相同，但 CFT 柱的截面增大，RC 剪力墙厚度减小，且结构侧向刚度与算例 1 基本相同；小震下所有楼层框架初始剪力均大于结构底部总剪力的 20%，尺寸调整后的 CFT 框架和 RC 剪力墙均满足承载力要求

4.1.1 原型结构设计

按我国《建筑抗震设计规范》GB 50011—2010[1]、《高层建筑混凝土结构设计规程》JGJ 3—2010[2] 和《组合结构设计规范》JGJ 138—2016[3] 的要求，并参考黄志挺[4] 对框架-剪力墙结构弹塑性分析研究中模型的平面结构布置，设计出本章所研究的 CFT 框架-RC 剪力墙结构（图 4.1-1），结构空间模型见图 4.1-2。为方便后续算例作对比，三个算例的结构平面布置相同。本书针对该平面布置进行了 7 度（0.10g）和 8 度（0.20g）两个抗震设防烈度共 6 个算例的建模与计算，结构分析不考虑地下室的影响，结构嵌固在±0.000m 的位置。利用 SATWE 对 6 个算列进行多遇地震下的弹性计算和设计，根据程序计算的配筋面积进行配筋，并将配筋结果应用于后续有限元建模计算中。构件信息见表 4.1-2 和表 4.1-3；其中对于 7 度（0.10g）抗震设防烈度，算例 1、2 结构框架初始剪力在 1～3 层小于地震作用下结构底部总剪力的 20%，未调幅前 1、2、3 层初始剪力分别占结构底部总剪力 10.4%、13.8%、18.4%；对于 8 度（0.20g）抗震设防烈度，算例 1、2 沿 Y 方向框架初始剪力在 1～4 层小于地震作用下结构底部总剪力的 20%，未调幅前 1、2、3、4 层初始剪力分别占结构底部总剪力6.8%、10.9%、14.9%、19%。对于 7 度（0.10g）抗震设防烈度，算例 1、2Y 方向多遇地震最大层间位移角为 1/1006，算例 3 结构 Y 方向多遇地震最大层间位移角为 1/1061；对于 8 度（0.20g）抗震设防烈度，算例 1、2Y 方向多遇地震最大层间位移角为 1/837，算例 3 结构 Y 方向多遇地震最大层间位移角为 1/857。

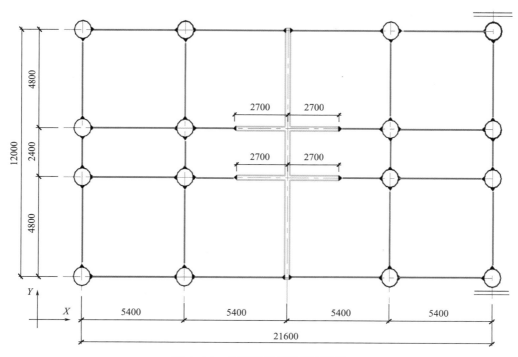

图 4.1-1　标准层结构平面布置图

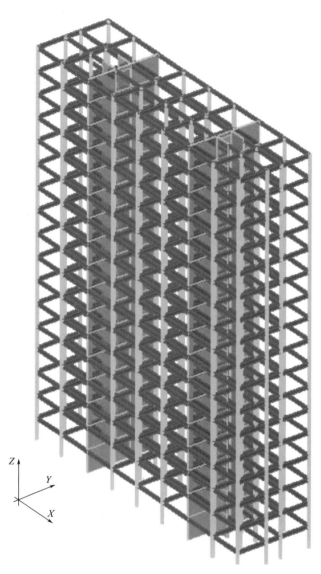

图 4.1-2　结构三维轴测图

<table>
<tr><th colspan="2" style="text-align:center">7 度（0.10g）结构主要设计参数</th><th style="text-align:right">表 4.1-2</th></tr>
</table>

设计 总信息	结构类别	框架剪力墙结构
	结构层高与层数	结构层高 3.6m，层数 17 层
	抗震设防类别	标准设防类（丙类）
	设计地震分组	第一组
	场地类别	Ⅱ 类
	抗震等级	框架部分二级，剪力墙部分二级
	地面粗糙度类别	C 类

续表

材料信息	混凝土等级	C30
	钢材等级	Q235,Q345
	钢筋等级	纵筋和箍筋均采用 HRB400
构件设计信息	CFT柱截面尺寸	算例1:415mm×8mm(C30+Q345) 算例2:415mm×8mm(C30+Q235) 算例3:450mm×12mm(C30+Q345)
	框架梁截面尺寸	X 方向:200/180/160mm×500mm×18mm×16mm(Q235) Y 方向:200mm×500mm×18mm×16mm(Q235)
	RC剪力墙截面尺寸	算例1,2:底部三层(200mm)+标准层(180mm)(C30) 算例3:底部三层(200mm)+标准层(160mm)(C30)
	连梁高度	600mm(C30)
	楼面板厚度	120mm(C30)
	屋面板厚度	120mm(C30)
荷载	楼面恒载	4.5kN/m²
	楼面活载	2kN/m²
	屋面恒载	4kN/m²
	屋面活载	0.5kN/m²
含钢量（钢材）	算例1结构	509t
	算例2结构	509t
	算例3结构	594t
钢筋用量	算例1结构	22.8t
	算例2结构	22.8t
	算例3结构	21t

8度（0.20g）结构主要设计参数　　　　　　表 4.1-3

设计总信息	结构类别	框架剪力墙结构
	结构层高与层数	结构层高3.6m,层数17层
	抗震设防类别	标准设防类(丙类)
	设计地震分组	第一组
	场地类别	Ⅱ类
	抗震等级	框架部分一级,剪力墙部分一级
	地面粗糙度类别	C类
材料信息	混凝土等级	C40,C30
	钢材等级	Q235,Q345
	钢筋等级	纵筋和箍筋均采用 HRB400

构件设计信息	CFT 柱截面尺寸	算例1:450mm×10mm(C40+Q345) 算例2:450mm×10mm(C40+Q235) 算例3:490mm×12mm(C40+Q345)
	框架梁截面尺寸	X 方向:250/240mm×550mm×14mm×10mm(Q235) 180mm×500mm×14mm×10mm(Q235) Y 方向:250mm×550mm×14mm×10mm(Q235)
	RC 剪力墙截面尺寸	算例1,2:底部三层(300mm)+标准层(250mm) (C40) 算例3:底部三层(240mm)+标准层(180mm) (C40)
	连梁高度	600mm(C40)
	楼面板厚度	120mm(C30)
	屋面板厚度	120mm(C30)
荷载	楼面恒载	4.5kN/m²
	楼面活载	2kN/m²
	屋面恒载	4kN/m²
	屋面活载	0.5kN/m²
含钢量（钢材）	算例1、2结构	569t
	算例3结构	625t
钢筋用量	算例1结构	36t
	算例2结构	36t
	算例3结构	27.6t

4.1.2 简化平面分析模型

为便于 CFT 框架-RC 剪力墙结构体系的弹塑性有限元分析，本书采用简化的平面有限元分析模型，仅针对结构的 Y 方向进行研究。本书的简化模型采用了缪志伟[5] 的平面框架-剪力墙分析模型。根据原型结构的平面布置，在结构 Y 方向有 7 榀框架和 4 片连肢剪力墙，取其中一榀框架，按照结构 Y 方向的框架和剪力墙相对刚度不变的原则，对剪力墙厚度折减，同时剪力墙的配筋根据厚度折减程度进行相应折减；图 4.1-3 为简化后的结构平面模型。为保持剪力墙和框架之间的变形协调，在剪力墙和框架之间设置了 Link 连接，保持节点沿 X 方向位移一致。由于平面模型不能建立实体楼板，且弹塑性分析中采纳《高层建筑混凝土结构设计规程》JGJ 3—2010[2] 的要求，不考虑楼板对框架梁刚度的贡献作用，故仅考虑楼板的自重对结构的影响，并将楼板的重量传递到框架梁和剪力墙上。对于剪力墙边缘构件的建模，按照 PKPM 多遇地震弹性分析的配筋结果将边缘构件中的纵筋建立成钢筋单元，并按照"离散"钢筋建模方式，采用 Inserts 功能，在剪力墙分层壳模型中嵌入钢筋单元，这样可以保证钢筋杆件和混凝土壳体之间的变形协调。

网格划分是模型能否进行完整而准确计算的关键性因素，决定了模型计算分析的精确性。由于各层的层高相同，CFT 柱沿高度方向皆划分为 6 个单元，钢梁沿跨度方向划分为 5 个单元。同理，RC 剪力墙沿高度方向同 CFT 柱一样划分为 6 个单元，跨度方向划分为 6 个单元；连梁沿跨度方向划分为 4 个单元，沿高度划分为 2 个单元。

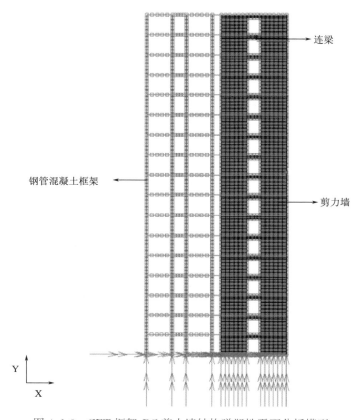

图 4.1-3　CFT 框架-RC 剪力墙结构弹塑性平面分析模型

4.1.3　结构计算参数

（1）阻尼信息

本章采用 Rayleigh 阻尼进行定义，Rayleigh 阻尼矩阵 $[C]$ 与质量矩阵 $[M]$ 和刚度矩阵 $[K]$ 的关系式为：

$$[C] = a_0 [M] + a_1 [K]$$

$$\binom{a_0}{a_1} = \frac{2\xi}{\omega_m + \omega_n} \times \binom{\omega_m \cdot \omega_n}{1} \tag{4.1-1}$$

以上表达式中：ω_m、ω_n 为结构两个振型的圆频率，ξ 为阻尼比，a_0 和 a_1 为质量相关系数和刚度相关系数。本章对于 CFT 框架-RC 剪力墙结构的弹塑性分析中，参考我国《高层建筑混凝土结构设计规程》JGJ 3—2010[2] 的要求，弹塑性分析中阻尼比取 0.05。由于算例的前三阶振型参与质量已超过了总质量的 90%，因此主要关注前三阶结构的地震响应；图 4.1-4 展示了结构前三阶的振型图，取结构的一阶频率和三阶频率代入式（4.1-1）中，将计算得到的质量相关系数和刚度相关系数定义在结构的材料属性中。

70

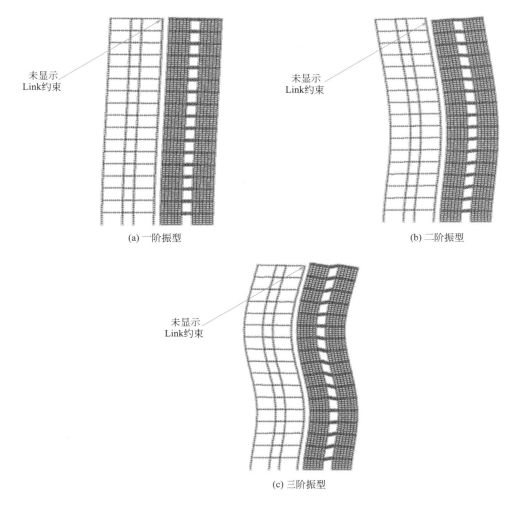

(a) 一阶振型 　　　　　　　　　　(b) 二阶振型

(c) 三阶振型

图 4.1-4　结构对应的前三阶振型图

（2）边界条件

因本书研究的 CFT 框架-RC 剪力墙算例为平面模型，故设置包括底部约束、平面外约束两个边界约束条件。其中，底部约束如图 4.1-5 所示，约束底部嵌固部位所有节点的 6 个自由度。平面外约束约束了结构沿平面外方向的位移和平面内两个坐标轴的转角。对于结构重力加速度的施加，将重力加速度作用在单元质量上；为了保证结构的收敛性，通过在 Marc 中建立表格的方式将重力加速度逐步施加。

4.1.4　模型验证

结构的固有特性会影响结构在地震下的响应，尤其是结构的振动特性，因此结构的动力时程分析前提是准确的结构振型和周期。表 4.1-4 和表 4.1-5 将两个抗震设防下的 PK-PM 分析得到的三维模型沿 Y 方向的自振周期和采用 Marc 建立的平面模型的第一自振周期进行比较。从表中可以看出，不同设计条件下三种算例的周期误差相差较小，误差最大

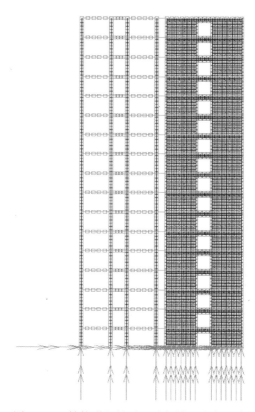

图 4.1-5　结构弹塑性平面分析模型底部约束

值为 3.29%，说明两个软件的模型相似度很高，采用等效的平面模型和三维模型相比较误差很小，可以使用平面模型进行后续的计算分析。

7 度（0.10*g*）结构模态分析结果　　　表 4.1-4

算例编号	PKPM		MSC. Marc		误差
	周期(s)	方向	周期(s)	方向	
算例 1	1.920	Y	1.939	Y	0.98%
算例 2	1.967	Y	1.939	Y	1.40%
算例 3	1.890	Y	1.855	Y	1.85%

8 度（0.20*g*）结构模态分析结果　　　表 4.1-5

算例编号	PKPM		MSC. Marc		误差
	周期(s)	方向	周期(s)	方向	
算例 1	1.613	Y	1.560	Y	3.29%
算例 2	1.592	Y	1.560	Y	2.01%
算例 3	1.610	Y	1.564	Y	3.10%

4.2　结构静力弹塑性抗震分析

4.2.1　结构静力弹塑性分析模型

　　本节采取的静力推覆模式为倒三角分布加载模式，在 Marc 有限元软件中建立一个类似于作动器的单元（模型中定义为一根弹性杆，该弹性杆轴向刚度 EA 较大，轴向变形可忽略不计），相当于 Tied node，各楼层单元为 Retained node，通过 Link 子程序定义作动器单元和各楼层单元之间的位移约束从而可以保证通过对作动器单元施加位移荷载来达到推覆效果。CFT 框架-RC 剪力墙结构模型的静力推覆模型实现方式如图 4.2-1 所示。

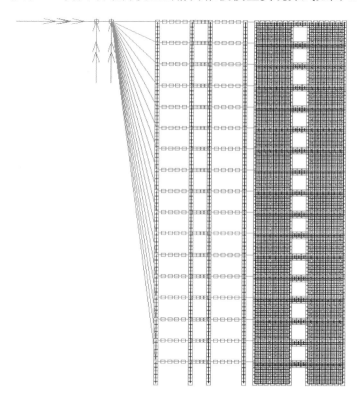

图 4.2-1　弹塑性静力推覆模型的建立

4.2.2　结构能力曲线分析

　　通过对抗震设防烈度为 7 度（0.10g）、8 度（0.20g）对应的 CFT 框架-RC 剪力墙平面静力推覆模型进行静力弹塑性分析，并针对不同抗震设防下的结构能力曲线（基底剪力-顶点位移曲线）进行了结果分析。

　　（1）7 度（0.10g）抗震设防烈度下三种算例结构能力曲线结果对比

　　图 4.2-2 是在 7 度（0.10g）抗震设防烈度下，三个 CFT 框架-RC 剪力墙算例结构的能力曲线图。图中曲线上的点对应 4.2.3 节中 7 度（0.10g）抗震设防烈度下构件塑性分

布发展分析中构件塑性发展的四个阶段（连梁屈服阶段、底部剪力墙屈服阶段、框架梁屈服阶段、框架柱屈服阶段）。首先在曲线上升段，算例 3 结构的斜率和曲线明显高于其他算例，说明按照算例 3 结构设计的 CFT 框架-RC 剪力墙结构初始刚度和承载能力更高。以曲线上升段的峰值点定义为名义峰值承载力，算例 3 结构的名义峰值承载力高于同样满足承载力要求的算例 1 结构 14％。但是算例 3 结构含钢量也较高，高于算例 1 结构 14.3％；算例 1、2 结构在强化段的曲线差异很小，两个算例的初始刚度和承载能力差距较小。在曲线软化下降段，算例 1、2 结构在产生塑性铰发生构件开裂后，由于结构刚度发生改变导致构件内力重分布，承载能力先下降后上升，同时算例 2 结构承载能力下降幅度高于算例 1 结构；算例 3 结构在构件内力重分布后承载能力仍在提高，说明算例 3 结构有着相对算例 1、2 结构更好的延性和承载能力。

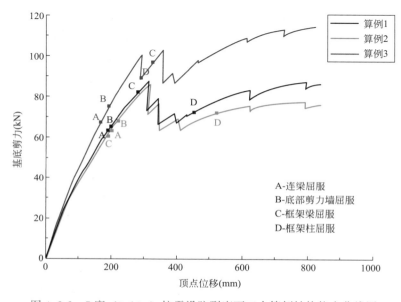

图 4.2-2　7 度（0.10g）抗震设防烈度下三个算例结构能力曲线图

（2）8 度（0.20g）抗震设防烈度下三种算例结构能力曲线结果对比

图 4.2-3 是在 8 度（0.20g）抗震设防烈度下，三个 CFT 框架-RC 剪力墙结构的能力曲线图，图中曲线上的点对应 4.2.3 节中 8 度（0.20g）抗震设防烈度下构件塑性分布发展分析中构件塑性发展的四个阶段（连梁屈服阶段、底部剪力墙屈服阶段、框架梁屈服阶段、框架柱屈服阶段）。首先在曲线上升段，同 7 度（0.10g）抗震设防分析结果相似，算例 1、2 结构的初始刚度和承载能力相差较小，算例 3 结构的初始刚度与承载能力最高，算例 3 结构的名义峰值承载力高于同样满足承载力要求的算例 1 结构 12.1％，但算例 3 结构含钢量也高于算例 1 结构 9％；在曲线软化下降段，在构件内力重分布后三个算例结构产生一定差异，算例 3 结构的承载能力明显高于算例 1、2 结构且仍在提高，说明算例 3 结构相对算例 1、2 结构有更好的延性和承载能力。

4.2.3　结构塑性发展路径分析

通过对 7 度（0.10g）、8 度（0.20g）抗震设防烈度对应的 CFT 框架-RC 剪力墙结构

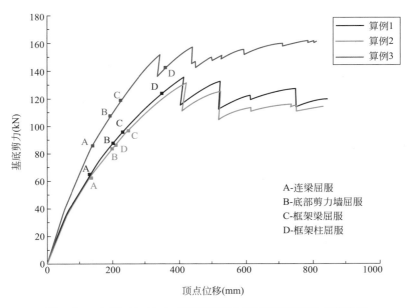

图 4.2-3　8 度（0.20g）抗震设防下三种算例结构能力曲线图

进行的静力弹塑性分析，本节针对不同抗震设防下算例结构的塑性发展路径进行总结分析。

（1）7 度（0.10g）抗震设防烈度下构件塑性分布发展情况

算例 1 结构的构件塑性铰开展情况如图 4.2-4 所示，在静力弹塑性分析下将该算例结构的构件塑性铰发展按构件层次可划分为 4 个阶段。第一阶段为连梁开始屈服阶段（在Marc 子程序代码中判定连梁单元中钢筋发生屈服即达到屈服状态）；图 4.2-4（a）显示了连梁开始发生屈服时的塑性铰发展情况，顶点位移推覆到 166.39mm 时，第三层剪力墙连梁和墙肢的连接处产生了塑性铰，连梁作为耗能构件开始发生屈服。第二阶段是剪力墙墙肢开始屈服阶段（在 Marc 子程序代码中判定剪力墙单元中钢筋发生屈服即达到屈服状态）；图 4.2-4（b）显示了剪力墙开始发生屈服时的塑性铰发展情况，顶点位移推覆到 185.51mm 时，剪力墙底部的墙肢开始产生塑性铰，同时三层以上更多楼层的连梁发生了屈服。第三阶段为框架梁开始屈服阶段（在 Marc 子程序代码中判定框架梁单元中钢材边缘纤维发生屈服即达到屈服状态）；图 4.2-4（c）显示了框架梁开始屈服时的塑性铰发展情况，顶点位移推覆到 223.66mm 时，中间楼层框架梁端产生塑性铰，底部剪力墙两侧墙肢均产生了塑性铰，且在墙肢中沿高度向上发展。第四阶段为框架柱开始屈服阶段（在 Marc 子程序代码中判定钢管混凝土柱单元中外包钢管边缘纤维发生屈服即达到屈服状态）；图 4.2-4（d）展示了框架柱开始发生屈服时的塑性铰发展情况，顶点位移推覆到 314.48mm 时，底层框架柱嵌固段产生塑性铰，大部分楼层的框架梁梁端产生塑性铰，底部剪力墙墙肢的塑性铰仍沿高度向上继续发展，底部剪力墙肢明显屈服。

结合图 4.2-2 可见，算例 2 结构框架柱端和框架梁端产生塑性铰的时间间隔较短，且塑性屈服时间相比算例 1 结构和算例 3 结构较早；算例 3 结构同算例 1 结构的构件屈服的时间较接近，其中在连梁屈服后，算例 3 结构先发生框架梁的屈服，再发生底层剪力墙墙

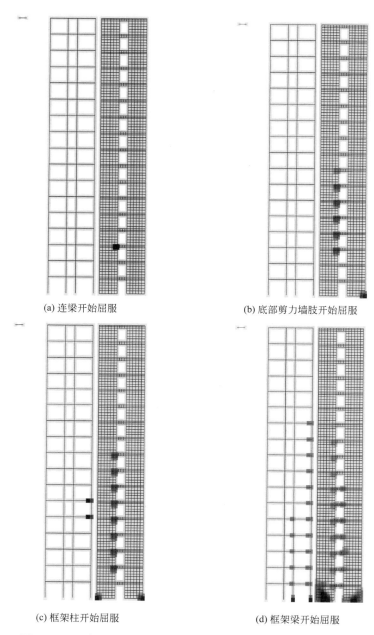

(a) 连梁开始屈服　　　　　　　　　　　　　(b) 底部剪力墙肢开始屈服

(c) 框架柱开始屈服　　　　　　　　　　　　(d) 框架梁开始屈服

图 4.2-4　7 度（0.10g）抗震设防下算例 1 构件塑性发展规律图

肢的屈服。

　　图 4.2-5 为三个算例结构最终的塑性发展形态，可以明显地看出算例 2 结构构件产生的塑性铰多于算例 1 结构和算例 3 结构，算例 2 结构中大部分框架柱与楼面相接处产生了塑性铰，部分框架柱整个截面发生了屈服；算例 3 结构与算例 1 结构相比只有底层框架柱产生了塑性铰，且框架梁端塑性铰数量也少于算例 1 结构。

　　根据上述分析，对于 7 度（0.10g）抗震设防烈度下的三个算例结构，算例 1 结构产

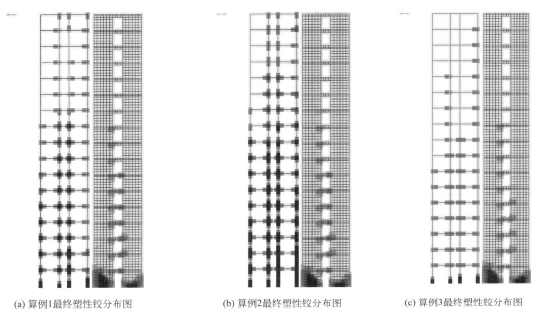

(a) 算例1最终塑性铰分布图   (b) 算例2最终塑性铰分布图   (c) 算例3最终塑性铰分布图

图 4.2-5　7 度（0.10g）三种算例结构最终塑性发展形态图

生塑性铰的顺序（连梁端部→剪力墙底部墙肢→框架梁端部→框架柱端部）和算例 3 结构产生塑性铰顺序（连梁端部→框架梁端部→底部剪力墙墙肢→框架柱端部）均符合抗震设计中"剪力墙作为第一道抗震设防防线"的设防要求和"强柱弱梁"的设计要求，而算例 3 结构模型最终构件产生的塑性铰数量最少，相比之下有着更好的延性。故在 7 度（0.10g）抗震设防烈度下，符合规范设计要求的 CFT 框架-RC 剪力墙结构均有良好的抗震性能；而不符合规范要求的算例 2 结构，其抗震性能与算例 1 结构接近。

（2）8 度（0.20g）抗震设防烈度下构件塑性分布发展情况

算例 1 结构的构件塑性铰开展情况如图 4.2-6 所示，同 7 度（0.10g）抗震设防烈度下构件塑性分布发展分析一样，将该算例的构件塑性铰发展按照构件类型划分为 4 个阶段，分别为连梁开始屈服阶段、底部剪力墙开始屈服阶段、框架梁开始屈服阶段、框架柱开始屈服阶段。第一阶段为连梁开始塑性发展；图 4.2-6（a）显示了连梁开始发生屈服时的塑性铰发展情况：在顶点位移推覆到 126.98mm 时，四至五层剪力墙连梁和墙肢的连接处产生了塑性铰，连梁作为耗能构件开始发生了屈服。第二阶段是底部加强部位剪力墙墙肢开始屈服；图 4.2-6（b）显示了底部加强部位剪力墙开始发生屈服时的塑性铰发展情况，顶点位移推覆到 197.43mm 时，剪力墙底部的墙肢开始产生塑性铰，同时中下部楼层连梁发生了屈服。第三阶段为框架梁开始屈服阶段；图 4.2-6（c）显示了框架梁开始发生屈服时的塑性铰发展情况，顶点位移推覆到 226.07mm 时，5 层框架梁端部产生塑性铰，同时底部剪力墙肢沿高度方向向上发展。第四阶段为框架柱开始屈服阶段。图 4.2-6（d）显示了框架柱开始发生屈服时的塑性铰发展情况，顶点位移推覆到 344.27mm 时，中部楼层框架梁柱节点处产生塑性铰，中部和下部楼层框架梁端产生了塑性铰，底部剪力墙肢沿高度继续向上发展，且 4 层和 5 层的剪力墙中间局部产生了塑性铰。

图 4.2-3 显示了三个算例结构的四个屈服阶段在能力曲线上的分布。其中，算例 2 结

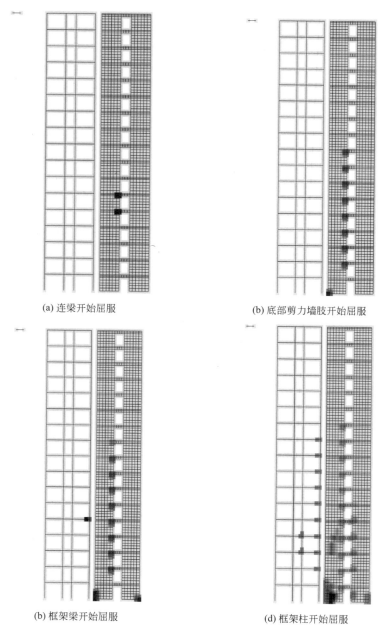

(a) 连梁开始屈服　　　　　　　　　　　　(b) 底部剪力墙肢开始屈服

(b) 框架梁开始屈服　　　　　　　　　　　　(d) 框架柱开始屈服

图 4.2-6　8 度（0.20g）抗震设防下算例 1 结构构件塑性发展规律图

构框架柱产生塑性铰早于框架梁产生塑性铰；算例 3 结构和算例 1 结构构件产生塑性铰的顺序和时间相近。

图 4.2-7 为三个算例结构最终的塑性发展形态，算例 1 结构和算例 2 结构中框架柱产生了较多的塑性铰且非加强部位剪力墙局部也产生了塑性铰；算例 3 产生塑性铰数量明显少于算例 1 结构和算例 2 结构，且非加强部位剪力墙未产生塑性铰。

根据上述分析，对于 8 度（0.20g）抗震设防烈度下的三个算例结构，算例 1、3 结构产生塑性铰的顺序（连梁端部→底部剪力墙肢端部→框架梁端部→框架柱端部）均符合抗震设计中剪力墙作为第一道抗震设防防线的要求和"强柱弱梁"的设防要求，算例3结构最终构件产生的塑性铰数量最少，且非加强区部位剪力墙未产生塑性铰，相比之下有着最好的抗震性能。算例2结构构件产生塑性铰数量较多，且框架柱出现塑性铰早于框架梁出现塑性铰。

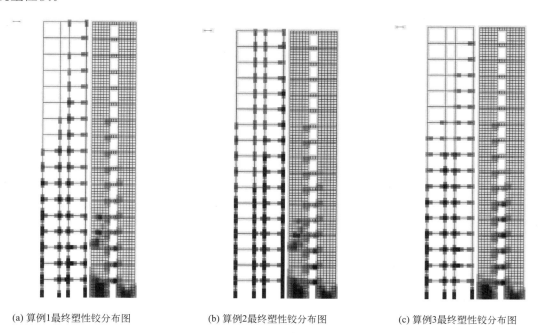

(a) 算例1最终塑性铰分布图　　　　(b) 算例2最终塑性铰分布图　　　　(c) 算例3最终塑性铰分布图

图 4.2-7　8度（0.20g）三种算例最终塑性发展形态图

　　根据两种抗震设防烈度下的三个算例的构件塑性发展分析结果，按照我国现行规范设计的算例1、3结构，均可以很好地满足我国规范中要求的"强柱弱梁"的设防要求和抗震设防防线的设计要求，故在8度（0.20g）抗震设防烈度下，按照规范设计要求的CFT框架-RC剪力墙结构均有良好的抗震性能；而不符合规范要求的算例2结构，其在承载力和延性方面的抗震性能与算例1结构接近。

4.3　结构动力弹塑性抗震分析

4.3.1　地震动选择

　　本章采用双频段选波方法对7度（0.10g）和8度（0.20g）两个抗震设防烈度的地震动进行选择，选择的地震动全部来源于美国太平洋地震工程研究中心（PEER）地震动数据库。原型结构的结构场地类别为Ⅱ类第一组，参考《建筑抗震设计规范》GB 50011—2010 第5.1.4条可得计算罕遇地震时特征周期为$T_g=0.40$s。因本章不同抗震设防烈度下的三个算例结构的第一自振周期相差较小，故7度（0.10g）三个算例结构的第一自振周期取三个算例结构的一阶自振周期的平均值$T_1=1.911$s；8度（0.20g）三个算例结构的第一自振周期取三个算例结构的一阶自振周期的平均值 $T_1=1.56s$。第一周期上偏量 ΔT_2 $=0.5s$，第一周期下偏量 $\Delta T_1=0.2s$；通过双频段选波方法按照两种抗震设防烈度各选择出十条地震动进行分析，所选取的地震动的基本信息见表 4.3-1、表 4.3-2。

7 度（0.10g）所选地震动基本信息　　　　　　　　　表 4.3-1

序号	地震动	记录点时间间隔	实际记录的点数	峰值加速度(g)
1	RSN1153_KOCAELI_BTS000	0.005	20307	0.099
2	RSN1214_CHICHI_CHY057N	0.005	18000	0.054
3	RSN1258_CHICHI_HWA005W	0.004	20000	0.146
4	RSN1292_CHICHI_HWA045W	0.004	31500	0.125
5	RSN1313_CHICHI_ILA007V	0.004	23000	0.036
6	RSN1620_DUZCE_SKR-UP	0.01	6000	0.012
7	RSN1761_HECTOR_ALT-UP	0.005	15200	0.013
8	RSN1797_HECTOR_LAC-UP	0.01	10000	0.021
9	RSN1819_HECTOR_PDL090	0.005	12000	0.044
10	RSN2107_DENALI_CARLO360	0.01	8600	0.084

8 度（0.2g）所选地震动基本信息　　　　　　　　　表 4.3-2

序号	地震动	记录点时间间隔	实际记录的点数	峰值加速度(g)
1	RSN1190_CHICHI_CHY019N	0.004	26750	0.066
2	RSN1275_CHICHI_HWA026E	0.005	18000	0.071
3	RSN1296_CHICHI_HWA050V	0.004	21000	0.054
4	RSN1559_CHICHI_TTN003N	0.004	22250	0.019
5	RSN1776_HECTOR_DSP-UP	0.005	21504	0.071
6	RSN1797_HECTOR_LAC-UP	0.01	10000	0.021
7	RSN1805_HECTOR_L01360	0.005	16600	0.053
8	RSN3815_HECTOR_RHL-UP	0.005	13400	0.013
9	RSN5885_SIERRA. MEX_RMG-UP	0.005	20600	0.026
10	RSN6027_SIERRA. MEX_0522A360	0.005	22400	0.094

为更好地反映地震动反应谱与设计反应谱的拟合情况，采用 PRISM 软件绘制出每条地震动对应的反应谱，并将两个抗震设防烈度分别所选十条地震动的反应谱起点统一化后和规范反应谱进行对比，如图 4.3-1、图 4.3-2 所示。两图中反应谱平均值与规范反应谱在 $[0.1，T_g]$ 段和 $[T_1-\Delta T_1，T_1+\Delta T_2]$ 两个频段内的拟合程度良好，故说明选波结果有效可靠。

4.3.2　结构顶点位移分析

本节基于结构顶点位移这一结构损伤指标，并结合结构最大顶点位移，对不同抗震设

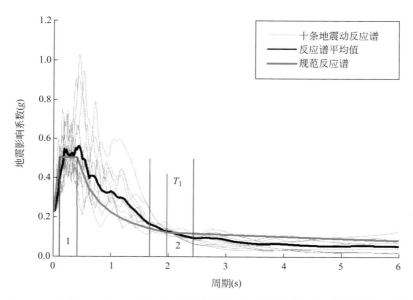

图 4.3-1　7度（0.10g）十条地震动反应谱与几何平均谱、规范设计谱对比图

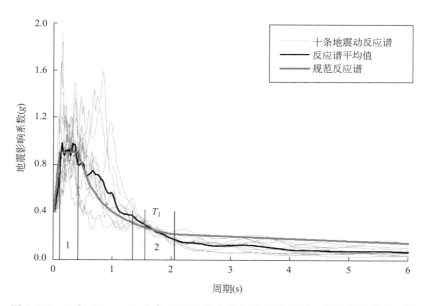

图 4.3-2　8度（0.20g）十条地震动反应谱与几何平均谱、规范设计谱对比图

防烈度下的 CFT 框架-RC 剪力墙算例结构进行结构响应和抗震性能评价。

（1）7度（0.10g）抗震设防烈度下三个算例结构顶点位移分析

算例结构 1、2、3 在十条地震动作用下结构顶点位移的时程曲线如图 4.3-3 所示，其中 1153-1 代表地震动 RSN1153 作用在算例 1 的结果，1153-2 代表地震动 RSN11153 作用在算例 2 的结果，1153-3 代表地震动 RSN1153 作用在算例 3 的结果，其余地震动以此类推；各工况的顶点位移最大值见表 4.3-3，其中表中 1153 代表地震动 RSN1153。

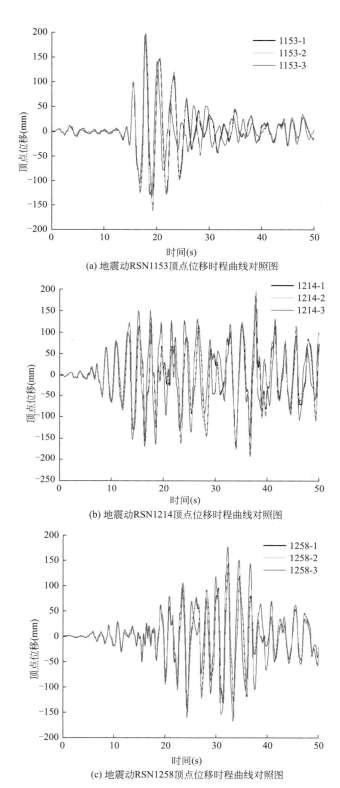

(a) 地震动RSN1153顶点位移时程曲线对照图

(b) 地震动RSN1214顶点位移时程曲线对照图

(c) 地震动RSN1258顶点位移时程曲线对照图

图 4.3-3　7 度（0.10g）抗震设防烈度下三种算例在十条地震动下的顶点位移时程曲线（一）

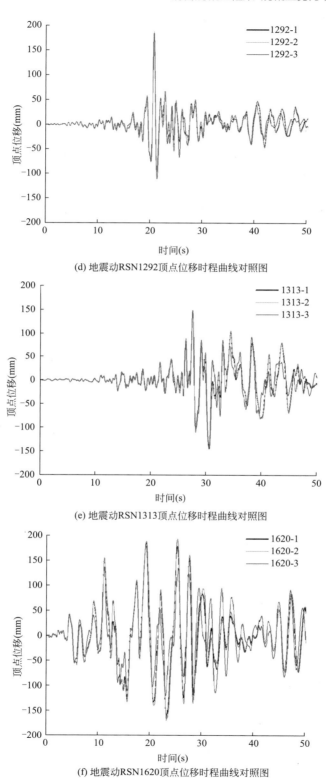

(d) 地震动RSN1292顶点位移时程曲线对照图

(e) 地震动RSN1313顶点位移时程曲线对照图

(f) 地震动RSN1620顶点位移时程曲线对照图

图 4.3-3　7度（0.10g）抗震设防烈度下三种算例在十条地震动下的顶点位移时程曲线（二）

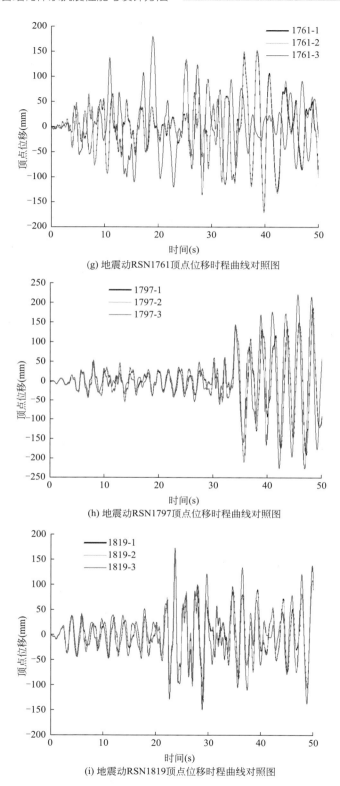

(g) 地震动RSN1761顶点位移时程曲线对照图

(h) 地震动RSN1797顶点位移时程曲线对照图

(i) 地震动RSN1819顶点位移时程曲线对照图

图 4.3-3 7度（0.10g）抗震设防烈度下三种算例在十条地震动下的顶点位移时程曲线（三）

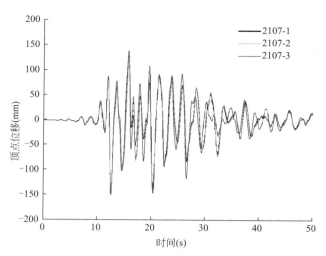

(j) 地震动RSN2107顶点位移时程曲线对照图

图 4.3-3　7 度（0.10g）抗震设防烈度下三种算例在十条地震动下的顶点位移时程曲线（四）

7 度（0.10g）抗震设防烈度下十条地震动作用下的结构最大顶点位移（mm）　表 4.3-3

地震动	1153	1214	1258	1292	1313	1620	1761	1797	1819	2107	平均值
算例 1	196.72	192.42	177.74	176.80	146.27	185.18	168.52	207.07	154.05	146.42	175.12
算例 2	196.42	196.42	138.98	175.42	145.57	192.79	170.60	209.04	153.74	146.31	172.53
算例 3	194.41	168.71	177.74	185.65	148.20	179.68	179.72	225.17	173.82	149.22	178.23

由图 4.3-3 可知，不同地震动作用下三个算例结构的顶点基本上是以初始位置为中心的往复振动，且不同地震动对结构的位移响应影响较大。由表 4.3-3 可知，三个算例结构均在 1797 波作用下局部顶点位移响应最大，在 1313 波作用下局部顶点位移响应最小；三个算例结构的最大顶点位移平均值相差很小，算例 3 结构的平均最大顶点位移最大，算例 2 结构的平均最大顶点位移最小，算例 3 结构和算例 2 结构最大顶点位移平均值间差距仅为 3.2%。

（2）8 度（0.20g）抗震设防烈度下三种算例结构顶点位移分析

图 4.3-4 显示了 8 度（0.20g）抗震设防烈度下三种算例结构顶点位移曲线图，表 4.3-4 为顶点最大位移统计结果。

8 度（0.20g）抗震设防烈度下十条地震动作用下的结构最大顶点位移（mm）　表 4.3-4

地震动	1190	1275	1296	1559	1776	1797	1805	3815	5885	6027	平均值
算例 1	259.69	217.82	205.86	215.86	255.68	270.91	239.68	261.96	254.58	256.71	243.88
算例 2	258.69	210.90	197.59	213.20	240.76	313.57	258.57	255.68	244.42	253.80	244.72
算例 3	248.57	212.70	217.01	222.31	250.30	247.96	256.08	259.36	259.30	237.36	241.10

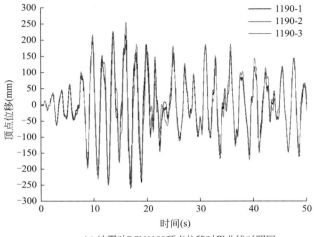

(a) 地震动RSN1190顶点位移时程曲线对照图

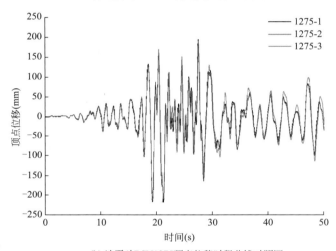

(b) 地震动RSN1275顶点位移时程曲线对照图

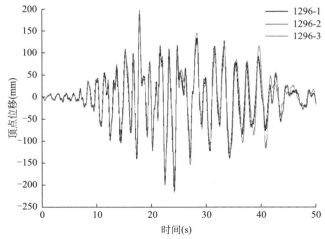

(c) 地震动RSN1296顶点位移时程曲线对照图

图 4.3-4　8 度（0.20g）抗震设防烈度下三个算例在十条地震动下的顶点位移时程曲线（一）

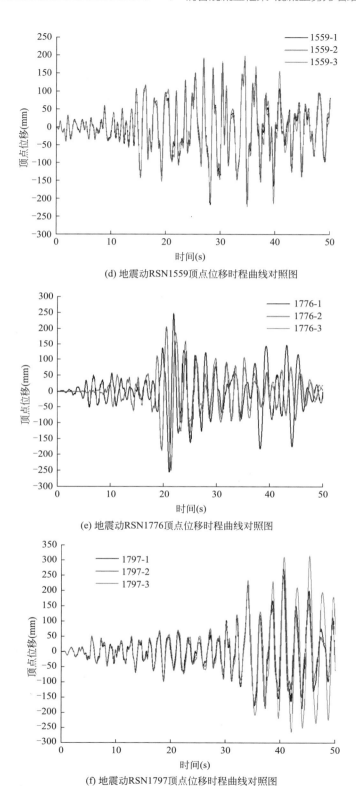

(d) 地震动RSN1559顶点位移时程曲线对照图

(e) 地震动RSN1776顶点位移时程曲线对照图

(f) 地震动RSN1797顶点位移时程曲线对照图

图4.3-4　8度（0.20g）抗震设防烈度下三个算例在十条地震动下的顶点位移时程曲线（二）

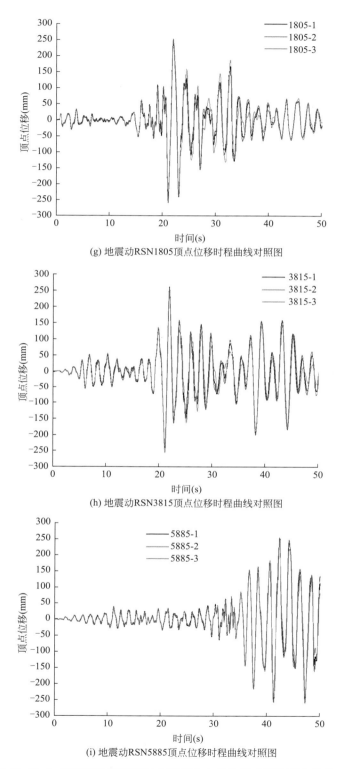

(g) 地震动RSN1805顶点位移时程曲线对照图

(h) 地震动RSN3815顶点位移时程曲线对照图

(i) 地震动RSN5885顶点位移时程曲线对照图

图 4.3-4　8度（0.20g）抗震设防烈度下三个算例在十条地震动下的顶点位移时程曲线（三）

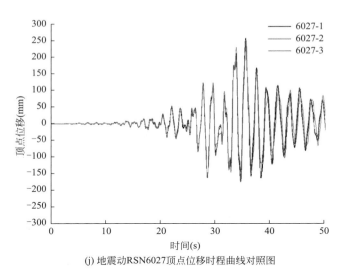

(j) 地震动RSN6027顶点位移时程曲线对照图

图 4.3-4 8 度（0.20g）抗震设防烈度下三个算例在十条地震动下的顶点位移时程曲线（四）

由图 4.3-4 可知，不同地震动作用下三个算例结构的顶点基本上仍然是以初始位置为中心的往复振动，且不同地震动对结构的位移响应影响较大。由表 4.3-4 可知，与 7 度（0.10g）抗震设防相比，8 度（0.20g）抗震设防下十条地震动的最大顶点位移明显增大。三个算例的最大顶点位移平均值相差很小，算例 3 结构的平均最大顶点位移最小，算例 2 结构的平均最大顶点位移最大，算例 3 结构和算例 2 结构之间最大顶点位移平均值差值仅为 1.5%。

4.3.3 弹塑性层间位移角分析

本节基于结构的弹塑性层间位移角这一结构损伤指标，并结合结构最大弹塑性层间位移角，对不同抗震设防烈度下的三个 CFT 框架-RC 剪力墙算例结构进行地震响应和抗震性能评价。

（1）7 度（0.10g）抗震设防烈度下三个算例结构弹塑性层间位移角分析

算例结构 1、2、3 在十条地震动作用下结构弹塑性层间位移角分布曲线和三个算例结构的弹塑性层间位移角平均值分布曲线如图 4.3-5 所示。

由图 4.3-5 可知，十组地震动输入下三个算例最大弹塑性层间位移角皆满足《建筑抗震设计规范》GB 50011—2010 中框架-剪力墙结构弹塑性层间位移角 1/100 的限值；且不同地震动对结构的层间位移角影响较大。由图 4.3-5（d）可知，三个算例结构的弹塑性层间位移角大小分布模式接近，最大弹塑性层间位移角均出现在第 11 层。算例 1 结构和算例 2 结构的弹塑性层间位移角曲线走势和数值基本一致，可认为算例 1、2 结构的弹塑性层间位移角指标基本一致；与算例 1 结构相比，算例 3 结构在中低楼层时的弹塑性层间位移角较大，在高楼层时较小。

（2）8 度（0.20g）抗震设防烈度下三种算例结构弹塑性层间位移角分析

算例 1、2、3 结构在十条地震动作用下结构弹塑性层间位移角分布曲线和三个算例结构的弹塑性层间位移角平均值分布曲线如图 4.3-6 所示。

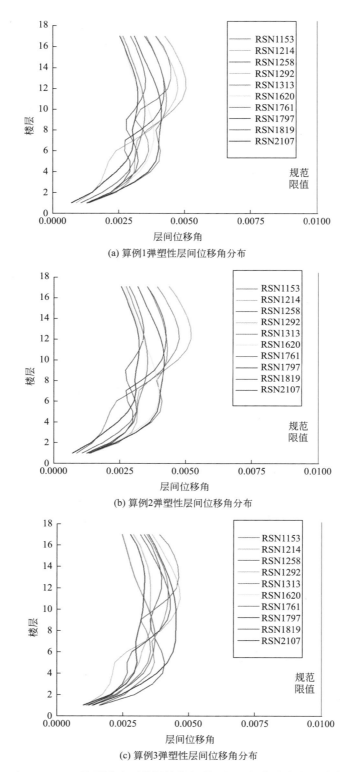

(a) 算例1弹塑性层间位移角分布

(b) 算例2弹塑性层间位移角分布

(c) 算例3弹塑性层间位移角分布

图 4.3-5　7度（0.10g）抗震设防下算例结构的弹塑性层间位移角曲线分布统计图（一）

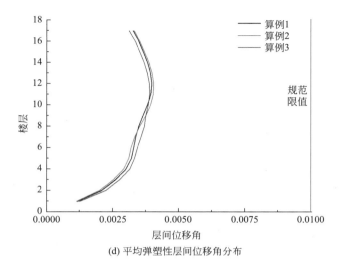

(d) 平均弹塑性层间位移角分布

图 4.3-5　7 度（0.10g）抗震设防下算例结构的弹塑性层间位移角曲线分布统计图（二）

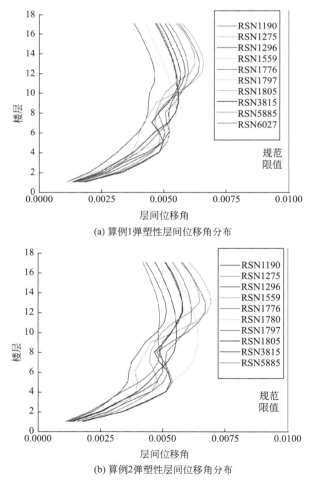

图 4.3-6　8 度（0.20g）抗震设防下算例结构的弹塑性层间位移角曲线分布统计图（一）

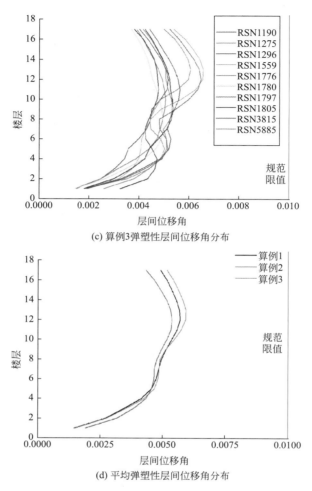

(c) 算例3弹塑性层间位移角分布

(d) 平均弹塑性层间位移角分布

图 4.3-6　8度（0.20g）抗震设防下算例结构的弹塑性层间位移角曲线分布统计图（二）

由图 4.3-6 可知，同 7 度（0.10g）抗震设防分析结果类似，十组地震动输入下三个算例结构的最大弹塑性层间位移角皆满足结构弹塑性层间位移的限值要求，且不同地震动对结构的层间位移角影响较大。与 7 度（0.10g）抗震设防弹塑性层间位移角曲线分布相比，8 度（0.20g）抗震设防下结构的弹塑性层间位移角数值更大。由图 4.3-6（d）可知，三个算例结构的弹塑性层间位移角在 6 层及以上楼层产生了一定差别，算例 3 结构的弹塑性层间位移角最小，算例 2 结构的弹塑性层间位移角最大。其中，算例 3 结构和算例 1 结构相比，层间位移角降低 0%～13.6%；算例 1 结构和算例 2 结构相比，层间位移角降低 0%～5%。

4.3.4　结构塑性发展路径分析

本节选取三条地震动［7 度（0.10g）：地震动 RSN1153，地震动 RSN1214，地震动 RSN1258；8 度（0.20g）：地震动 RSN1190，地震动 RSN1275，地震动 RSN1296］作用，对三个算例结构的塑性铰分布情况进行分析。

（1）7度（0.10g）抗震设防烈度下三种算例结构的构件塑性分布发展分析

图 4.3-7～图 4.3-9 为三种算例结构分别在地震动 RSN1153、地震动 RSN1214 和地震动 RSN1258 下的最终塑性铰分布图。

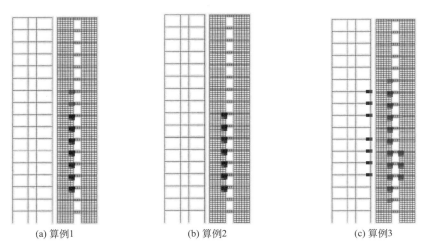

(a) 算例1　　　　　(b) 算例2　　　　　(c) 算例3

图 4.3-7　RSN1153 波作用下三种算例塑性铰分布图

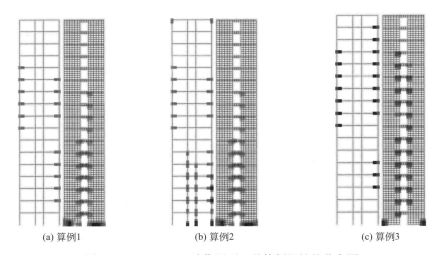

(a) 算例1　　　　　(b) 算例2　　　　　(c) 算例3

图 4.3-8　RSN1214 波作用下三种算例塑性铰分布图

综合图 4.3-7～图 4.3-9 可知，不同算例结构在相同地震动作用下塑性铰分布有一定差异，且不同地震动对相同算例结构的塑性铰分布也有一定的影响。在 RSN1153 波作用下，算例 1、2 结构塑性铰分布于连梁端部，算例 3 结构不仅在连梁端部产生了塑性铰，同时在部分楼层框架梁端部也产生了塑性铰；在 RSN1214 波作用下，算例 1、3 结构塑性铰主要分布于框架梁端部、连梁端部及底部剪力墙墙肢端部，算例 2 结构在部分楼层的框架柱端部也产生了塑性铰；在 RSN1258 波作用下，算例 2 结构塑性铰分布在连梁端部，算例 1、3 结构塑性铰分布在连梁端部和墙肢底部。

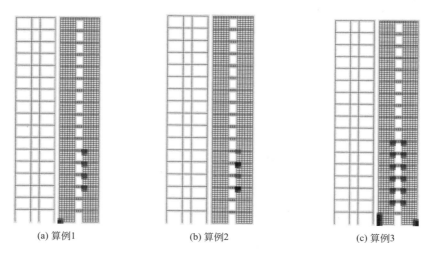

(a) 算例1　　　　　　(b) 算例2　　　　　　(c) 算例3

图 4.3-9　RSN1258 波作用下三种算例塑性铰分布图

（2）8 度（0.20g）抗震设防烈度下三种算例结构的构件塑性分布发展分析

图 4.3-10～图 4.3-12 为三个算例结构分别在地震动 RSN1190、地震动 RSN1275 和地震动 RSN1296 下模型最终塑性铰分布图。

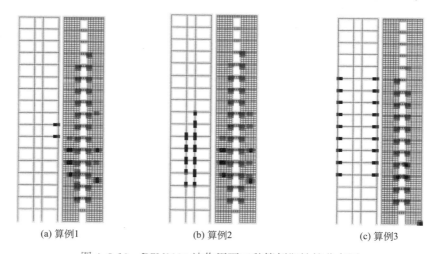

(a) 算例1　　　　　　(b) 算例2　　　　　　(c) 算例3

图 4.3-10　RSN1190 波作用下三种算例塑性铰分布图

综合图 4.3-10～图 4.3-12 可知，不同算例结构在相同地震动作用下塑性铰分布有一定差异，且不同地震动对相同算例结构的塑性铰分布也有一定的影响。三条地震动作用下，算例 1、2 结构在连梁端部和中间部分楼层的局部剪力墙截面产生了塑性铰；与算例 1 结构相比，算例 2 结构的框架中框架柱产生塑性铰较多；算例 3 结构塑性铰主要分布于连梁端部，框架梁端部和底部剪力墙墙肢。

4.3.5　CFT 框架基底剪力分析

本节基于 CFT 框架的基底剪力这一结构损伤指标对不同抗震设防烈度下的不同 CFT

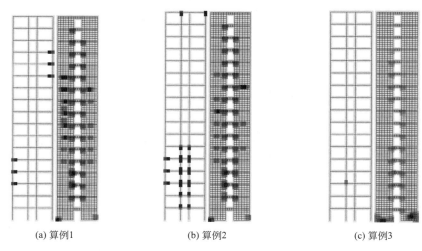

(a) 算例1   (b) 算例2   (c) 算例3

图 4.3-11　RSN1275 波作用下三种算例塑性铰分布图

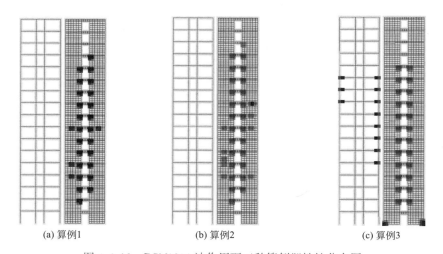

(a) 算例1   (b) 算例2   (c) 算例3

图 4.3-12　RSN1296 波作用下三种算例塑性铰分布图

框架-RC 剪力墙算例结构进行分析。

（1）7 度（0.10g）抗震设防烈度下三个算例结构的 CFT 框架基底剪力分析

算例 1、2、3 结构在十条地震波作用下的 CFT 框架基底剪力-时间曲线如图 4.3-13 所示，其中 1153-1 代表地震动 RSN1153 作用在算例 1 的结果，1153-2 代表地震动 RSN1153 作用在算例 2 的结果，1153-3 代表地震动 RSN1153 作用在算例 3 的结果；其余以此类推。

通过 CFT 框架的基底剪力-时间曲线可以发现，算例 3 结构中 CFT 框架部分在罕遇地震作用下的基底剪力明显大于算例 1、2 结构。算例 1、2 结构 CFT 框架部分基底剪力-时间曲线几乎一致，由于在多遇地震作用下两个算例 CFT 框架部分基底剪力一致，而在罕遇地震作用下也几乎一致，可见这两个算例结构在弹塑性状态下的结构刚度变化一致。

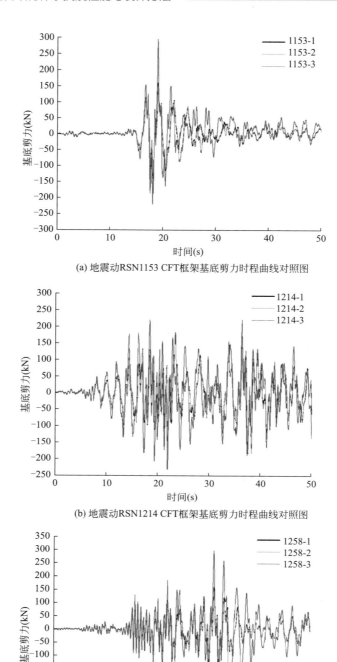

(a) 地震动RSN1153 CFT框架基底剪力时程曲线对照图

(b) 地震动RSN1214 CFT框架基底剪力时程曲线对照图

(c) 地震动RSN1258 CFT框架基底剪力时程曲线对照图

图 4.3-13　7 度（0.10g）抗震设防下三个算例在十条地震动下的 CFT 框架基底剪力曲线（一）

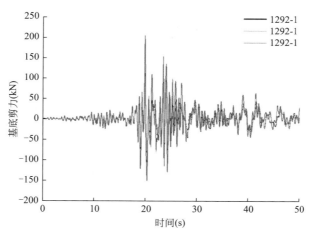

(d) 地震动RSN1292 CFT框架基底剪力时程曲线对照图

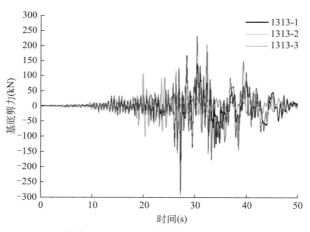

(e) 地震动RSN1313 CFT框架基底剪力时程曲线对照图

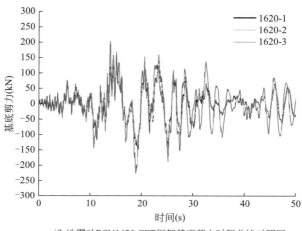

(f) 地震动RSN1620 CFT框架基底剪力时程曲线对照图

图 4.3-13　7 度（0.10g）抗震设防下三个算例在十条地震动下的 CFT 框架基底剪力曲线（二）

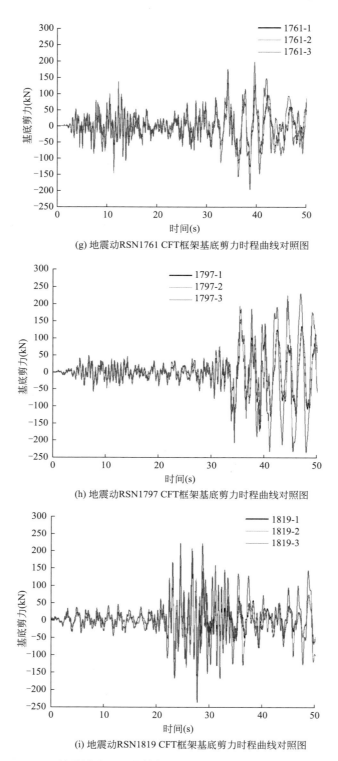

(g) 地震动RSN1761 CFT框架基底剪力时程曲线对照图

(h) 地震动RSN1797 CFT框架基底剪力时程曲线对照图

(i) 地震动RSN1819 CFT框架基底剪力时程曲线对照图

图 4.3-13　7 度（0.10g）抗震设防下三个算例在十条地震动下的 CFT 框架基底剪力曲线（三）

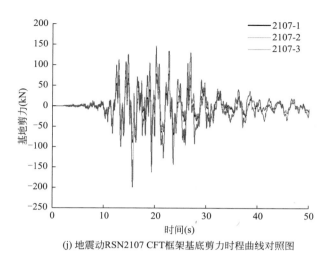

(j) 地震动RSN2107 CFT框架基底剪力时程曲线对照图

图 4.3-13　7 度（0.10g）抗震设防下三个算例在十条地震动下的 CFT 框架基底剪力曲线（四）

（2）8 度（0.20g）抗震设防烈度下三个算例结构 CFT 框架基底剪力分析

算例 1、2、3 结构在十条地震波作用下 CFT 框架基底剪力-时间曲线如图 4.3-14 所示，其中 1190-1 代表地震动 RSN1190 作用在算例 1 的结果，1190-2 代表地震动 RSN11190 作用在算例 2 的结果，1190-3 代表地震动 RSN1190 作用在算例 3 的结果；其余以此类推。

通过 CFT 框架的基底剪力-时间曲线可以发现，与 7 度（0.10g）抗震设防烈度分析结果类似，算例 3 结构中 CFT 框架部分在罕遇地震作用下的基底剪力明显较高；算例 1、2 结构 CFT 框架部分基底剪力-时间曲线几乎一致，即两个算例结构在弹塑性状态下的结构刚度变化一致。

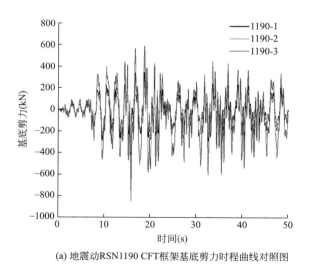

(a) 地震动RSN1190 CFT框架基底剪力时程曲线对照图

图 4.3-14　8 度（0.20g）抗震设防下三个算例在十条地震动下的 CFT 框架基底剪力曲线（一）

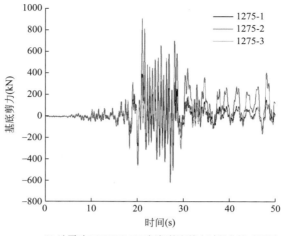

(b) 地震动RSN1275 CFT框架基底剪力时程曲线对照图

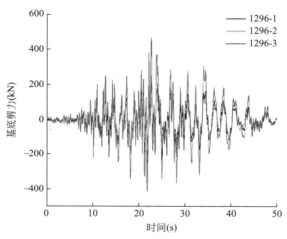

(c) 地震动RSN1296 CFT框架基底剪力时程曲线对照图

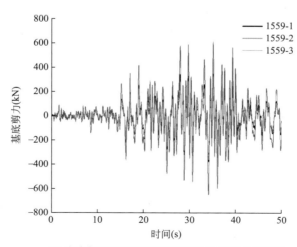

(d) 地震动RSN1559 CFT框架基底剪力时程曲线对照图

图 4.3-14　8 度（0.20g）抗震设防下三个算例在十条地震动下的 CFT 框架基底剪力曲线（二）

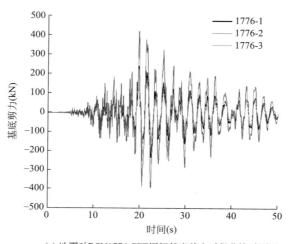

(e) 地震动RSN1776 CFT框架基底剪力时程曲线对照图

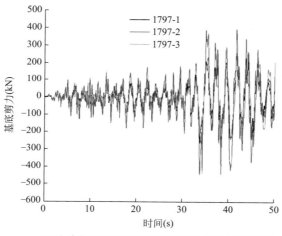

(f) 地震动RSN1797 CFT框架基底剪力时程曲线对照图

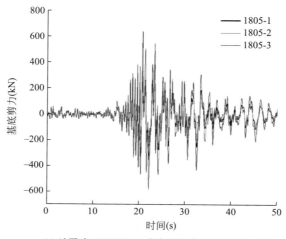

(g) 地震动RSN1805 CFT框架基底剪力时程曲线对照图

图 4.3-14　8 度（0.20g）抗震设防下三个算例在十条地震动下的 CFT 框架基底剪力曲线（三）

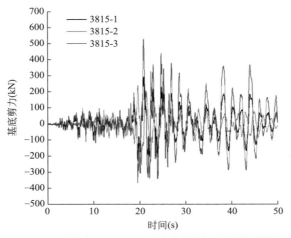

(h) 地震动RSN3815 CFT框架基底剪力时程曲线对照图

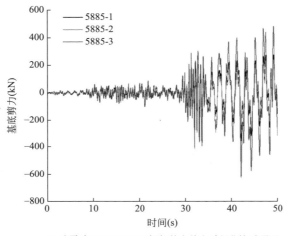

(i) 地震动RSN5885 CFT框架基底剪力时程曲线对照图

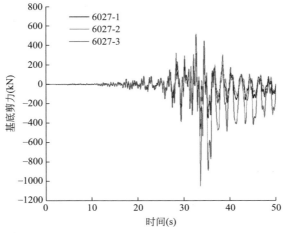

(j) 地震动RSN6027 CFT框架基底剪力时程曲线对照图

图 4.3-14　8 度（0.20g）抗震设防下三个算例在十条地震动下的 CFT 框架基底剪力曲线（四）

4.4 结构抗地震倒塌能力分析

4.4.1 地震动选取

结构在单条地震动作用下得到的 IDA 曲线，虽然可以反映结构从弹性状态到倒塌破坏全过程的地震响应，但是单组地震动具有很大的偶然性。考虑到地震动的随机性和不确定性，对结构进行 IDA 分析应选择至少 10 条地震动以减小地震动随机性和不确定性的影响[6]。

由于 IDA 分析的模型和动力弹塑性分析模型没有变化，故进行 IDA 分析时仍按 4.3.1 节采用的双频段选波法对 7 度（0.10g）和 8 度（0.20g）两个抗震设防水准下所选择的各 10 条地震动进行计算。

4.4.2 IDA 曲线分析

IDA 曲线绘制首先要确定加速度的调幅方法和结构的倒塌判定标准。一般来说，对原始地震记录的加速度调幅方法有三种：等步长法、变步长法、Hunt&Fill 准则法。本章选择的加速度调幅方法采用相对简单的等步长法，等步长法通过一个恒定的调幅步长 $\Delta\lambda$，即 $\lambda_{i+1}=\lambda_i+\Delta\lambda$，对结构进行计算分析直到结构倒塌。通常对于层数大于 12 的高层结构，$\Delta\lambda$ 取 0.1g[6]。等步长法具有调整方式简单，便于程序化操作的特点；CFT 框架-RC 剪力墙模型为 17 层，选择调幅步长 $\Delta\lambda$ 为 0.1g。

对于结构的倒塌点的定义，选用最大层间位移角 θ_{max} 作为结构损伤指标，结构倒塌判定标准按照本书 2.4.4 节要求，即当框架-剪力墙结构 $\theta_{max}=4\%$ 时认为结构达到倒塌极限状态。表 4.4-1 列出了框架-剪力墙结构不同破坏状态所对应的最大层间位移角[8]。

不同破坏状态下的最大层间位移角   表 4.4-1

极限破坏状态	轻微破坏	中等破坏	严重破坏	倒塌
最大层间位移角	0.002	0.005	0.015	0.04

（1）7 度（0.10g）抗震设防烈度 IDA 曲线分析

图 4.4-1 为 7 度（0.10g）抗震设防烈度下选择的 10 条地震动作用下算例 1、2、3 结构的 IDA 曲线簇。为降低曲线的离散性，通过 16%，50%，84% 的分位曲线统计这些不同的曲线，如图 4.4-2 所示。从图 4.4-1、图 4.4-2 中可以看出：

1）在相同 $S_a(T_1)$ 下的不同地震动记录，IDA 曲线存在明显不同。当层间位移角较小的时候，IDA 曲线簇比较集中，波动较小。随着层间位移角的增大，地震动频谱特性的差异性导致曲线的离散型越来越明显，这表明考虑到地震动随机性时，结构的破坏和倒塌方式存在一定的差别；这也证明 IDA 曲线簇可以反映不同强度地震作用下结构有可能发生的响应。

2）对比三个算例结构的不同分位值的 IDA 曲线，当层间位移角较小的时候，三个算例结构的IDA曲线没有明显差异；随着地震作用的增大，在同样的位移下，算例1、2结

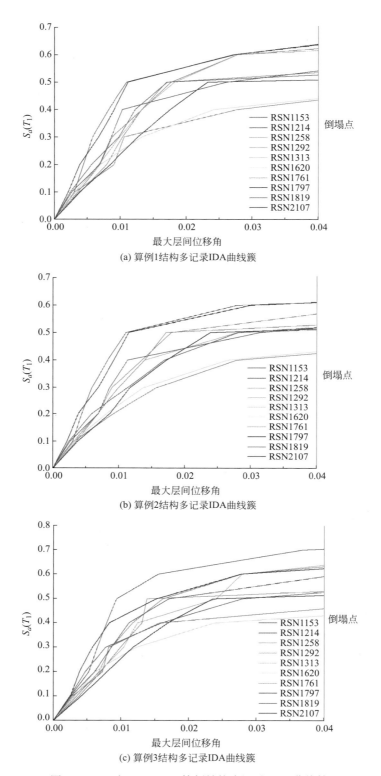

(a) 算例1结构多记录IDA曲线簇

(b) 算例2结构多记录IDA曲线簇

(c) 算例3结构多记录IDA曲线簇

图 4.4-1 7 度（0.10g）算例结构多记录 IDA 曲线簇

构在 16％和 84％分位值曲线数值差异较小，曲线基本一致，算例 3 结构的曲线要明显高于算例 1、2 结构。不同分位值的 IDA 曲线簇结果从宏观上说明，在 7 度（0.10g）抗震设防烈度下，算例 3 结构的抗倒塌能力最强，算例 1、2 结构的抗倒塌能力几乎一致。

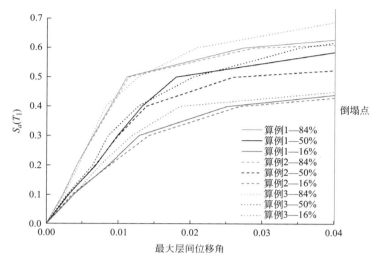

图 4.4-2 7 度（0.10g）三个算例结构分位曲线统计图

基于 IDA 曲线簇，可得到 7 度（0.10g）抗震设防烈度下三个算例结构在不同性能水准下的地震动强度指标 S_a（T_1）所对应的值，见表 4.4-2。

7 度（0.10g）抗震设防烈度结构各性能水准对应的能力值   表 4.4-2

模型号	百分位曲线	轻微破坏		中等破坏		严重破坏		倒塌	
		θ_{max}	S_a	θ_{max}	S_a	θ_{max}	S_a	θ_{max}	S_a
算例 1	16％	0.002	0.0514	0.005	0.123	0.015	0.318	0.04	0.441
	50％	0.002	0.0682	0.005	0.156	0.015	0.440	0.04	0.586
	84％	0.002	0.093	0.005	0.235	0.015	0.524	0.04	0.627
算例 2	16％	0.002	0.055	0.005	0.123	0.015	0.309	0.04	0.428
	50％	0.002	0.067	0.005	0.154	0.015	0.410	0.04	0.522
	84％	0.002	0.089	0.005	0.231	0.015	0.522	0.04	0.609
算例 3	16％	0.002	0.514	0.005	0.132	0.015	0.347	0.04	0.451
	50％	0.002	0.694	0.005	0.161	0.015	0.431	0.04	0.616
	84％	0.002	0.084	0.005	0.229	0.015	0.528	0.04	0.688

根据图 4.4-2 和表 4.4-2 进行综合分析可知，对于"轻微破坏"和"中等破坏"两种状态，三个算例结构不同分位值曲线数值没有明显差异，说明三个算例在这两种破坏状态下的力学性能相近，16％分位值曲线和 84％分位值曲线之间有一定差异，说明不同地震动对结构破坏状态有一定的影响；在达到"严重破坏"状态时，16％分位值曲线和 84％分位值曲线差异较大，说明当结构破坏严重（即层间位移角较大）的时候，不同地震动对结构的影响产生了明显的区别，不同算例结构之间同一分位值曲线较前两种破坏状态产生了一

定差异，但差异较小，说明在"严重破坏"状态下，不同算例结构之间力学性能产生了一定差异，但是差异不明显；在达到"倒塌"极限状态时，不同算例结构之间同一分位值曲线数值产生了差异，算例 2 结构和算例 1 结构的 S_a 较为接近，算例 2 结构 84% 分位值的 S_a 小于算例 1 结构 2.87%，算例 3 结构的 S_a 最大，对应 84% 分位值的 S_a 高于算例 1 结构 8.9%。

为方便读者更加直观了解在 16%、50%、84% 分位值下三种算例结构在"倒塌"极限破坏状态下所对应的峰值加速度，表 4.4-3 按照我国《建筑抗震设计规范》GB 50011—2010 第 5.1.4 条计算了 7 度（0.10g）抗震设防烈度下三个算例结构在不同分位值下对应的峰值加速度（PGA）。

7 度（0.10g）抗震设防烈度结构"倒塌"破坏状态对应的 *PGA* 　　　　表 4.4-3

模型号	百分位曲线	倒塌	
		θ_{max}	*PGA*
算例 1	16%	0.04	1.79g
	50%	0.04	2.38g
	84%	0.04	2.55g
算例 2	16%	0.04	1.74g
	50%	0.04	2.12g
	84%	0.04	2.48g
算例 3	16%	0.04	1.83g
	50%	0.04	2.50g
	84%	0.04	2.80g

根据表 4.4-3 得出，算例 1 结构达到"倒塌"极限状态的地震动峰值谱加速度范围为 [1.79g, 2.55g]；算例 2 结构达到"倒塌"极限状态的地震动峰值谱加速度范围为 [1.74g, 2.48g]；算例 3 结构达到"倒塌"极限状态的地震动峰值谱加速度范围为 [1.83g, 2.80g]。

（2）8 度（0.20g）抗震设防烈度 IDA 曲线分析

图 4.4-3 为 8 度（0.20g）抗震设防烈度下 10 条地震波作用下算例 1、2、3 结构的 IDA 曲线簇。为了降低曲线的离散性，通过 16%，50%，84% 的分位线统计这些不同的曲线，如图 4.4-4 所示。从图 4.4-3、图 4.4-4 中可以看出：

1）同 7 度（0.10g）分析结果类似，在相同谱加速度下的不同地震动作用，会导致结构的 IDA 曲线存在明显的差异。在层间位移角较小的时候，IDA 曲线簇相对集中，没有很大的波动，初始阶段斜率变化很小呈线性关系。随着层间位移的变大，曲线的离散性越来越明显，反映了在考虑到地震动随机性的影响时，结构的破坏模式和倒塌方式会有一定的差别。

2）对比三个算例结构不同分位值的 IDA 曲线可见，当层间位移角较小时，不同分位值的 IDA 曲线几乎一致；随着地震作用的增大，分位值曲线之间差异明显变化，在层间位移角较大的时候，对于 16% 和 84% 分位值曲线，算例 2 结构的曲线明显低于算例 1、3 结构，即算例 2 结构更容易达到某种特定的破坏形态。算例 1 结构和算例 3 结构之间的分位值曲线差异较小，但是综合比较发现算例 3 结构的抗倒塌能力优于算例 1 结构。

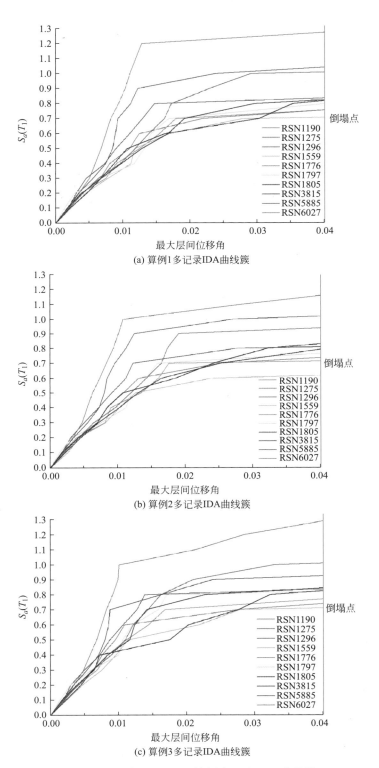

(a) 算例1多记录IDA曲线簇

(b) 算例2多记录IDA曲线簇

(c) 算例3多记录IDA曲线簇

图 4.4-3   8 度（0.20g）算例多记录 IDA 曲线簇

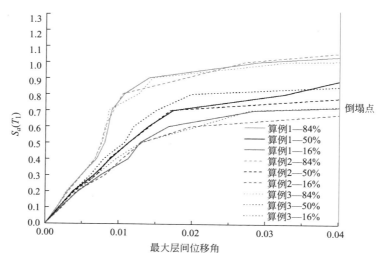

图 4.4-4　8 度（0.20g）三种算例分位曲线统计图

对该抗震设防烈度下三种算例结构的 IDA 曲线进行分析，通过插值确定其性能水准时，结构所经受的地震动强度指标 $S_a(T_1)$ 所对应的值，如表 4.4-4 所示。

8 度（0.20g）抗震设防烈度结构各性能水准对应的能力值　　　　表 4.4-4

模型号	百分位曲线	轻微破坏		中等破坏		严重破坏		倒塌	
		θ_{max}	S_a	θ_{max}	S_a	θ_{max}	S_a	θ_{max}	S_a
算例 1	16%	0.002	0.094	0.005	0.214	0.015	0.557	0.04	0.718
	50%	0.002	0.106	0.005	0.245	0.015	0.628	0.04	0.886
	84%	0.002	0.135	0.005	0.307	0.015	0.917	0.04	1.038
算例 2	16%	0.002	0.089	0.005	0.214	0.015	0.53	0.04	0.677
	50%	0.002	0.107	0.005	0.233	0.015	0.636	0.04	0.775
	84%	0.002	0.13	0.005	0.3	0.015	0.855	0.04	1.059
算例 3	16%	0.002	0.0907	0.005	0.224	0.015	0.529	0.04	0.722
	50%	0.002	0.113	0.005	0.254	0.015	0.694	0.04	0.851
	84%	0.002	0.139	0.005	0.305	0.015	0.917	0.04	1.03

根据图 4.4-4 和表 4.4-4 可知，对于"轻微破坏"和"中等破坏"两种性能水准，三种算例结构不同分位值曲线数值没有明显差异，说明三种算例结构在这两种破坏状态下的力学性能相近，且 16% 分位值曲线和 84% 分位值曲线之间差异不大，说明在这两种性能水准下，不同地震动对结构性能水准的影响较小；在达到"严重破坏"状态时，16% 分位值曲线和 84% 分位值曲线差异较大，说明当结构破坏严重（即层间位移角较大）的时候，不同地震动对结构的影响产生了明显的区别，不同算例结构之间同一分位值曲线较前两种性能水准产生了一定差异，但差异较小，说明在"严重破坏"状态下，不同算例结构之间力学性能产生了一定差异，但是差异不明显；在达到"倒塌"性能水准时，不同算例结构之间同一分位值曲线数值差异较小，差距仅为 2.7%。

为方便读者更加直观了解在16％、50％、84％分位值下三种算例结构在"倒塌"性能水准下所对应的规范反应谱峰值加速度，表4.4-5按照我国《建筑抗震设计规范》GB 50011—2010第5.1.4条公式计算了8度（0.20g）抗震设防烈度下三种算例结构在不同分位值下对应的峰值加速度。

8度（0.20g）抗震设防水准结构"倒塌"性能水准对应的PGA　　表4.4-5

模型号	百分位曲线	倒塌	
		θ_{max}	PGA
算例1	16％	0.04	2.95g
	50％	0.04	3.64g
	84％	0.04	4.27g
算例2	16％	0.04	2.78g
	50％	0.04	3.18g
	84％	0.04	4.35g
算例3	16％	0.04	2.97g
	50％	0.04	3.50g
	84％	0.04	4.23g

根据表4.4-5得出，算例1结构达到"倒塌"极限状态的地震动峰值谱加速度范围在[2.95g，4.27g]；算例2结构达到"倒塌"极限状态的地震动峰值谱加速度范围在[2.78g，4.35g]；算例3结构达到"倒塌"极限状态的地震动峰值谱加速度范围在[2.97g，4.23g]。

4.4.3 结构地震易损性分析

目前，结构地震易损性研究共有两种回归统计方法，分别是：

（1）传统回归法：直接对所有IDA数据点进行对数坐标系下的直线拟合。

（2）分位线回归法：仅对IDA的50％分位值进行对数坐标系下的直线拟合。

文献［7］针对两种统计方法通过27条样本易损性曲线进行分析发现，对于"轻微破坏""中等破坏"和"严重破坏"三种性能水准，两方法得到的易损性曲线差异较小；而对于结构"倒塌"极限状态时，传统回归法所得到的结果要大于分位线回归法的结果，且随着地震动的增大，差异变化明显，分位线回归法会低估结构的超越概率，故本书后续分析选择传统回归法。

（1）7度（0.10g）抗震设防烈度

进行地震易损性分析首先需要计算地震需求值和地震动强度指标的概率函数。分别对IM和DM取对数，然后进行线性回归分析。以$S_a(T_1)$的自然对数为自变量，以θ_{max}的自然对数为因变量建立回归曲线，7度（0.10g）抗震设防烈度下的三种算例线性回归分析曲线如图4.4-5所示。

7度（0.10g）抗震设防烈度下结构概率需求模型线性拟合方程如下：

• 算例1结构的地震需求概率模型的数学表达式为：

$$\ln(\theta_{max}) = -2.55935 + 1.5272\ln(S_a(T_1)) \tag{4.4-1}$$

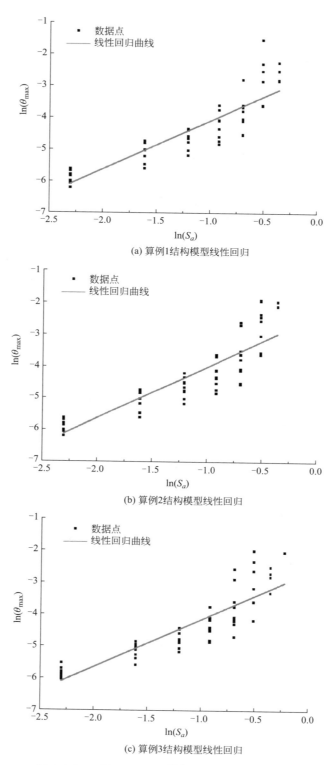

(a) 算例1结构模型线性回归

(b) 算例2结构模型线性回归

(c) 算例3结构模型线性回归

图 4.4-5　7 度（0.10g）算例线性回归曲线分析

- 算例2结构的地震需求概率模型的数学表达式为：

$$\ln(\theta_{\max}) = -2.37219 + 1.6197\ln(S_a(T_1)) \tag{4.4-2}$$

- 算例3结构的地震需求概率模型的数学表达式为：

$$\ln(\theta_{\max}) = -2.67376 + 1.4845\ln(S_a(T_1)) \tag{4.4-3}$$

将上面三个公式代入公式（4.4-4）中，能够得到7度（0.10g）抗震设防下不同算例模型以 $S_a(T_1)$ 表示结构在各性能水准的失效概率公式，如式（4.4-5）～式（4.4-7）所示。

$$P_f = \phi\left(\frac{\ln(\alpha(S_a(T_1))^{\beta}/\theta_c)}{\sqrt{\sigma_{\theta_c}^2 + \sigma_{\theta_{\max}}^2}}\right) \tag{4.4-4}$$

- 算例1在各破坏状态的失效概率

$$P_f = \phi\left(\frac{\ln(0.077(S_a(T_1))^{1.5272}/\theta_c)}{\sqrt{\sigma_{\theta_c}^2 + \sigma_{\theta_{\max}}^2}}\right) \tag{4.4-5}$$

- 算例2在各破坏状态下的失效概率

$$P_f = \phi\left(\frac{\ln(0.093(S_a(T_1))^{1.6197}/\theta_c)}{\sqrt{\sigma_{\theta_c}^2 + \sigma_{\theta_{\max}}^2}}\right) \tag{4.4-6}$$

- 算例3在各破坏状态下的失效概率

$$P_f = \phi\left(\frac{\ln(0.069(S_a(T_1))^{1.4845}/\theta_c)}{\sqrt{\sigma_{\theta_c}^2 + \sigma_{\theta_{\max}}^2}}\right) \tag{4.4-7}$$

其中，CFT框架-RC剪力墙结构四个性能水准所对应的 θ_c 值可通过表4.4-1取值，当易损性曲线以 $S_a(T_1)$ 为自变量的时候，$\sqrt{\sigma_{\theta_c}^2 + \sigma_{\theta_{\max}}^2}$ 统一取0.4。$\phi(x)$ 为正态分布函数，其值可以通过查正态分布表确定。不同性能水准下 θ_c 有不同的取值，同时将不同的 $S_a(T_1)$ 代入式（4.4-5）～式（4.4-7）中，就可以得到不同地震强度下结构达到或者超过某个性能水准下的概率，并绘制结构的地震易损性曲线。以地震动强度为横坐标，结构不同性能水准的超越概率为纵坐标，三种算例在四个性能水准下的地震易损性曲线如图4.4-6所示。

由图4.4-6可知，结构在四种性能水准下的易损性曲线均表现出随着地震动强度增加，易损性曲线的斜率先变大后变小的趋势，曲线整体呈S形；曲线从"轻微破坏"极限状态到"倒塌"极限状态，曲线逐步趋于平缓；结构在"轻微破坏"极限状态下曲线较为陡峭，说明结构在地震作用下较容易达到或者超越该性能水准；而在"严重破坏"和"倒塌"两种性能水准下曲线更为平缓，说明CFT框架-RC剪力墙结构体系的延性性能在抗震方面发挥了较好的作用。

按照本章选取的地震动加速度指标 $S_a(T_1)$，根据我国现行《建筑抗震设计规范》GB 50011—2010第5.1.4条规定，确定结构7度（0.10g）抗震设防下多遇地震、设防地震、罕遇地震的水平影响系数曲线如图4.4-7所示，并由此获得结构所对应的 $S_a(T_1)$ 分别为0.0185g、0.0515g、0.123g。

结合结构的地震易损性曲线，计算7度（0.10g）抗震设防下结构在多遇地震、设防地震和罕遇地震作用下达到或超越各性能水准的概率，表示为结构易损性矩阵，见表4.4-6。

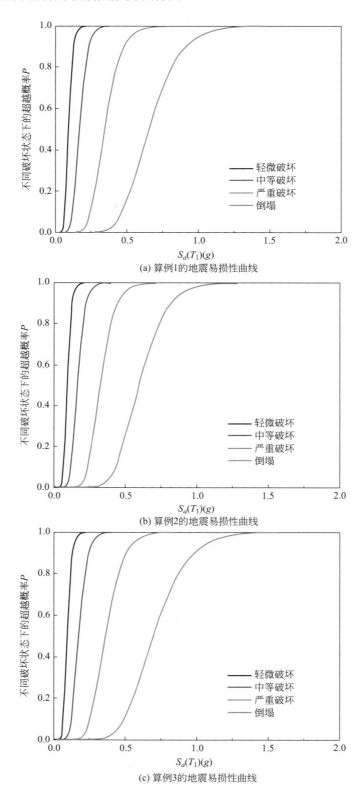

(a) 算例1的地震易损性曲线

(b) 算例2的地震易损性曲线

(c) 算例3的地震易损性曲线

图 4.4-6　7度（0.10g）算例地震易损性曲线

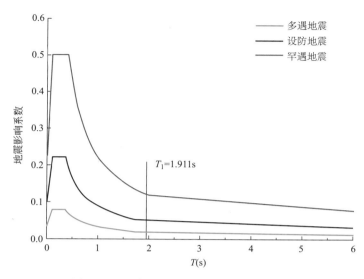

图 4.4-7　7 度（0.10g）地震影响系数曲线

7 度（0.10g）抗震设防烈度结构地震易损性矩阵　　表 4.4-6

模型		地震水准		各性能水准对应的失效概率			
		PGA	$S_a(T_1)$	轻微破坏	中等破坏	严重破坏	倒塌
算例 1	多遇	0.08g	0.0185g	0	0	0	0
	设防	0.22g	0.0515g	1.04%	0.0002%	0	0
	罕遇	0.5g	0.123g	87%	13%	0.0108%	3.82×10^{-8}%
算例 2	多遇	0.08g	0.0185g	0	0	0	0
	设防	0.22g	0.0515g	0.567%	0.00007%	0	0
	罕遇	0.5g	0.123g	86%	13%	0.0178%	3.82×10^{-8}%
算例 3	多遇	0.08g	0.0185g	0	0	0	0
	设防	0.22g	0.0515g	1.17%	0.00026%	0	0
	罕遇	0.5g	0.123g	86.7%	12%	0.008%	2.67×10^{-8}%

从上述易损性矩阵可以得到：

在多遇地震作用下，结构达到"轻微破坏"性能水准的概率三种算例结构几乎为 0，即结构在多遇地震作用下不发生任何破坏。

在设防地震作用下，三种算例结构仅有 1% 左右概率达到"轻微破坏"性能水准，其余三种极限状态发生的概率几乎为 0。

在罕遇地震作用下，结构基本达到了"轻微破坏"性能水准，超过 10% 左右的结构达到了"中等破坏"性能水准，达到"严重破坏"和"倒塌"状态的概率基本为 0，表 4.4-4 给出了三种算例结构"严重破坏"和"倒塌"两种性能水准的数值。

上述分析表明，本章按照现行规范设计的 7 度（0.10g）抗震设防烈度下三种 CFT 框架-RC 剪力墙算例结构可以很好地满足我国抗震设计规范中所要求的"小震不坏，中震可修，大震不倒"的设防要求，而且从概率角度有极大的抗倒塌安全储备，具有优越的抗震性能。

（2）8度（0.20g）抗震设防烈度

按照 7 度（0.10g）的计算方法，以 S_a（T_1）的自然对数为自变量，以 θ_{max} 的自然对数为因变量建立回归曲线，8 度（0.20g）抗震设防水准下的三种算例线性回归分析曲线如图 4.4-8 所示。

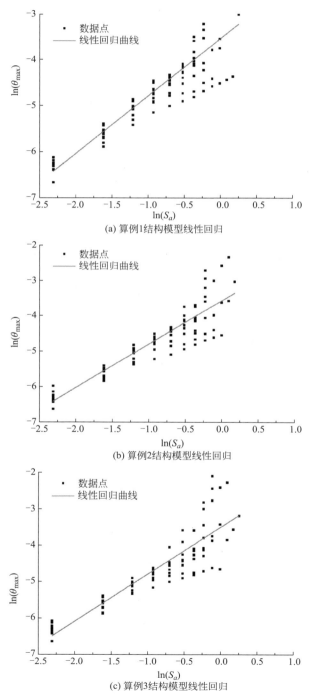

(a) 算例1结构模型线性回归

(b) 算例2结构模型线性回归

(c) 算例3结构模型线性回归

图 4.4-8　8 度（0.20g）算例线性回归曲线分析

8 度（0.20g）抗震设防烈度下结构概率需求模型线性拟合方程如下：

- 算例 1 的地震需求概率模型的数学表达式为：

$$\ln(\theta_{max}) = -3.55475 + 1.2513\ln(S_a(T_1，5\%)) \tag{4.4-8}$$

- 算例 2 的地震需求概率模型的数学表达式为：

$$\ln(\theta_{max}) = -3.57474 + 1.2307\ln(S_a(T_1，5\%)) \tag{4.4-9}$$

- 算例 3 的地震需求概率模型的数学表达式为：

$$\ln(\theta_{max}) = -3.52046 + 1.2938\ln(S_a(T_1，5\%)) \tag{4.4-10}$$

基于公式（4.4-4），得到 8 度（0.20g）抗震设防烈度下不同算例结构以 S_a（T_1）表示结构在各性能水准的失效概率公式，如式（4.4-11）～式（4.4-13）所示。

- 算例 1 在各性能水准的失效概率

$$P_f = \phi\left(\frac{\ln(0.0286(S_a(T_1))^{1.2513}/\theta_c)}{\sqrt{\sigma_{\theta_c}^2 + \sigma_{\theta_{max}}^2}}\right) \tag{4.4-11}$$

- 算例 2 在各性能水准下的失效概率

$$P_f = \phi\left(\frac{\ln(0.028(S_a(T_1))^{1.2307}/\theta_c)}{\sqrt{\sigma_{\theta_c}^2 + \sigma_{\theta_{max}}^2}}\right) \tag{4.4-12}$$

- 算例 3 在各性能水准下的失效概率

$$P_f = \phi\left(\frac{\ln(0.0296(S_a(T_1))^{1.2938}/\theta_c)}{\sqrt{\sigma_{\theta_c}^2 + \sigma_{\theta_{max}}^2}}\right) \tag{4.4-13}$$

CFT 框架-RC 剪力墙结构四个性能水准所对应的 θ_c 值通过表 4.4-1 来取值，当易损性曲线以 S_a（T_1）为自变量的时候，$\sqrt{\sigma_{\theta_c}^2 + \sigma_{\theta_{max}}^2}$ 统一取 0.4。同时将不同的 S_a（T_1）代入式（4.4-11）～式（4.4-13）中，就可以获得不同地震强度下结构达到或者超过某个性能水准下的概率，并绘制结构的地震易损性曲线。三种算例结构在四个性能水准下的地震易损性曲线如图 4.4-9 所示。

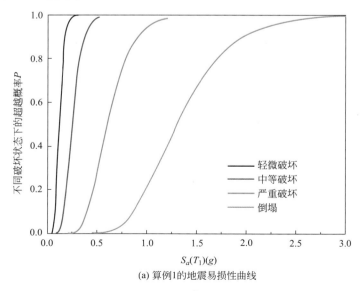

(a) 算例1的地震易损性曲线

图 4.4-9　8 度（0.20g）算例地震易损性曲线（一）

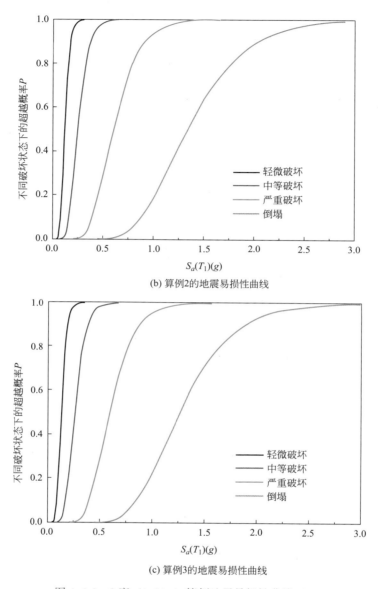

(b) 算例2的地震易损性曲线

(c) 算例3的地震易损性曲线

图 4.4-9　8 度（0.20g）算例地震易损性曲线（二）

由图 4.4-9 可知，不同性能水准结构对应的易损性曲线均表现出随地震动强度增加，易损性曲线的斜率呈现出先变大后变小的趋势，曲线整体呈 S 形；曲线从"轻微破坏"性能水准到"倒塌"性能水准，易损性曲线逐步趋于平缓；结构在"轻微破坏"性能水准下表现出较为陡峭的特征，说明在地震作用下，结构较容易达到或超越该性能水准；而在"严重破坏"和"倒塌"性能水准下，结构的易损性曲线更为平缓，说明 CFT 框架-RC 剪力墙结构体系的延性性能在抗震方面发挥了较好的作用。

按照本章选取的地震动加速度指标 S_a（T_1），依照我国现行《建筑抗震设计规范》GB 50011—2010 第 5.1.4 条要求，确定结构 8 度（0.20g）抗震设防烈度下多遇地震、设防地震、罕遇地震的水平影响系数曲线如图 4.4-10 所示，并由此获得结构所对应的

S_a（T_1）分别为 0.0382g、0.106g、0.219g。

结合结构的地震易损性曲线，计算 8 度（0.20g）抗震设防下结构在多遇地震、设防地震和罕遇地震作用下达到或超越各性能水准的概率，表示为结构易损性矩阵，如表 4.4-7 所示。

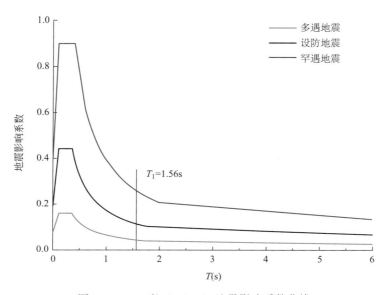

图 4.4-10　8 度（0.20g）地震影响系数曲线

8 度（0.20g）抗震设防烈度结构地震易损性矩阵

表 4.4-7

模型	地震水准			各性能水准对应的失效概率			
		PGA	S_a（T_1）	轻微破坏	中等破坏	严重破坏	倒塌
算例 1	多遇	0.16g	0.0382g	0	0	0	0
	设防	0.44g	0.106g	34％	0.8％	0	0
	罕遇	0.9g	0.219g	97.2％	35.3％	0.09％	1.24×10^{-6}％
算例 2	多遇	0.16g	0.0382g	0	0	0	0
	设防	0.44g	0.106g	47％	0.4％	0	0
	罕遇	0.9g	0.219g	97.4％	36.2％	0.097％	1.42×10^{-6}％
算例 3	多遇	0.16g	0.0382g	0	0	0	0
	设防	0.44g	0.106g	32％	0.24％	0	0
	罕遇	0.9g	0.219g	96.7％	32.7％	0.07％	8×10^{-7}％

从上述易损性矩阵发现：

在多遇地震作用下，结构达到"轻微破坏"性能水准的概率三种算例几乎为 0，即结构在多遇地震作用下不发生任何破坏。

在设防地震作用下，三种算例结构有超过 30％左右概率达到"轻微破坏"性能水准，其中算例 2 结构达到"轻微破坏"性能水准接近一半左右；"中等破坏"性能水准不到 1％，其余两种性能水准发生的概率几乎为 0。

在罕遇地震作用下，结构可认为全部达到了"轻微破坏"性能水准，超过30%左右的结构达到了"中等破坏"性能水准，达到"严重破坏"和"倒塌"状态的概率基本为0，表4.4-5给出了三种算例结构"严重破坏"和"倒塌"两种性能水准的数值。

上述分析表明，本章按照现行规范设计的8度（0.20g）抗震设防烈度下三种CFT框架-RC剪力墙算例结构可以满足"小震不坏，中震可修，大震不倒"的设防要求，从概率角度具有很高的安全性，抗震性能优越。

4.4.4　结构抗地震倒塌能力分析

（1）7度（0.10g）抗震设防烈度结构抗地震倒塌能力分析

图4.4-11给出了7度（0.10g）抗震设防烈度下三种算例结构倒塌状态下的地震易损性曲线。

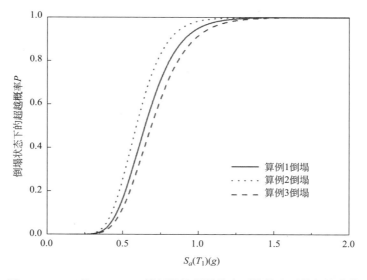

图4.4-11　7度（0.10g）算例结构倒塌状态下结构地震易损性曲线

按照2.4.4节提到的结构倒塌储备系数（CMR）以及公式（2.4-12），结合已得到的地震易损性曲线，结构在不同地震强度作用下，50%倒塌概率所对应的地震动强度指标S_a（T_1）$_{50\%}$如表4.4-8所示。

表 4.4-8

7度（0.10g）抗震设防烈度三种算例结构的S_a（T_1）$_{50\%}$

模型算例	算例 1	算例 2	算例 3
$S_a(T_1)_{50\%}(g)$	0.648	0.596	0.696

S_a（T_1）$_{SED}$通过参考《建筑抗震设计规范》GB 50011—2010第5.1.4、5.1.5条，由于三种算例选择地震动时按照相同的第一自振周期$T_1 = 1.911s$进行选波，故三个算例结构的S_a（T_1）$_{SED}$按照规范查找均为0.233g。

然后根据结构倒塌储备系数（CMR）的定义，则可分别计算7度（0.10g）抗震设防水准下各算例的结构倒塌储备系数（CMR），如表4.4-9所示。

7 度（0.10g）抗震设防烈度三种算例结构的 CMR   表 4.4-9

模型算例	算例 1	算例 2	算例 3
CMR	2.778	2.554	2.983

由表 4.4-9 可以看出，三种算例结构的 CMR 有一定差异，算例 3 结构的 CMR 最高，算例 2 结构的 CMR 最低。算例 3 结构比算例 1 结构高 7.4%，算例 1 结构比算例 2 结构高 8.7%，说明三种算例结构之间的抗倒塌能力有一定差异。

（2）8 度（0.20g）抗震设防水准结构抗地震倒塌能力分析

图 4.4-12 给出了 8 度（0.20g）抗震设防烈度下三种算例结构倒塌状态下的地震易损性曲线。

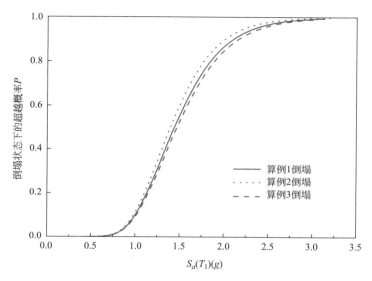

图 4.4-12 8 度（0.20g）算例结构倒塌状态下结构地震易损性曲线

结合已经得到的易损性曲线，采用 CMR 的计算方法，则三种算例结构的 $S_a(T_1)_{50\%}$ 如表 4.4-10 所示。

8 度（0.20g）抗震设防烈度三种算例结构的 $S_a(T_1)_{50\%}$ 表 4.4-10

模型算例	算例 1	算例 2	算例 3
$S_a(T_1)_{50\%}(g)$	1.301	1.267	1.343

$S_a(T_1)_{SED}$ 通过参考《建筑抗震设计规范》GB 50011—2010 第 5.1.4、5.1.5 条，由于三种算例结构选择地震动时按照相同的第一自振周期 $T_1 = 1.56s$ 进行选波，故三个算例结构的 $S_a(T_1)_{SED}$ 按照规范查找均为 0.215g；则可分别计算 8 度（0.20g）抗震设防水准下各算例结构的抗倒塌安全储备系数（CMR），如表 4.4-11 所示。

8 度（0.20g）抗震设防烈度三种算例结构的 CMR   表 4.4-11

模型算例	算例 1	算例 2	算例 3
CMR	6.055	5.897	6.251

由表 4.4-11 可以看出，三种算例结构的 CMR 差距较小，算例 3 结构的抗倒塌安全储备系数最高，算例 2 结构的抗倒塌安全储备系数最低，即算例 3 结构的抗倒塌能力最好，算例 2 结构的抗倒塌能力最差。其中，框架初始剪力高的算例 3 结构 CMR 高于同样满足承载力要求的算例 1 结构 3.2%，算例 1 结构 CMR 高于结构刚度相同但外包钢管强度低的算例 2 结构 2.7%，三种算例结构的 CMR 差距较小，即三种结构算例的抗倒塌能力无明显差别。

为定量评价结构在一致倒塌风险要求下的安全储备，根据 2.4.5 节提到的结构最小安全储备系数（$CMR_{10\%}$）定义以及公式（2.4-13），结合结构易损性曲线，计算得到结构在倒塌概率 10% 所对应的地震动强度指标和相应的 $CMR_{10\%}$ 值，如表 4.4-12 和表 4.4-13所示。

由表可知，抗震设防烈度 7 度（0.10g）时，算例 1、2 和 3 的结构最小安全储备系数分别为 1.97、1.85 和 2.10，均大于 1.0，满足一致倒塌风险验算要求。抗震设防烈度 8 度（0.20g）时，算例 1、2 和 3 的结构最小安全储备系数分别为 4.09、3.95 和 4.19，均大于 1.0，满足一致倒塌风险验算要求。而算例 3 的安全储备稍大于其他两个算例，由于其用钢量最高。算例 1 的安全储备大于算例 2，由于其钢材强度降低，综上所述，双重抗侧力体系的安全储备稍高，但其材料用量和强度也同时增大。

7 度（0.10g）抗震设防烈度结构最小安全储备系数　　　　　表 4.4-12

结构	$S_a(T_1)_{10\%}(g)$	$S_a(T_1)_{罕遇}(g)$	$CMR_{10\%}$
算例 1	0.2338	0.1187	1.97
算例 2	0.394	0.213	1.85
算例 3	0.447	0.213	2.10

8 度（0.20g）抗震设防烈度结构最小安全储备系数　　　　　表 4.4-13

结构	$S_a(T_1)_{10\%}(g)$	$S_a(T_1)_{罕遇}(g)$	$CMR_{10\%}$
算例 1	0.4855	0.1187	4.09
算例 2	0.841	0.213	3.95
算例 3	0.892	0.213	4.19

4.5　单重抗侧力体系的 CFT 框架-RC 剪力墙抗震性能分析

4.5.1　算例设计

本节根据我国《建筑抗震设计规范》GB 50011—2010[1]，采用结构设计软件 PKPM 设计了三个 CFT 框架-RC 剪力墙结构，并建立 Marc 有限元分析模型。针对 8 度（0.2 g）抗震设防烈度要求，通过动力弹塑性时程分析、增量动力分析（IDA）及地震易损性分析，对 CFT 框架-RC 剪力墙结构体系的抗震性能和抗倒塌能力进行了研究，对不满足规范要求的 CFT 框架-RC 剪力墙，分别采用提高一级抗震构造措施或 RC 剪力墙承担 100% 剪力形成单重抗侧力体系进行设计调整和计算验证。三个算例模型特点见表 4.5-1。

三种算例模型特点   表 4.5-1

算例名称	算例模型特点
Model-1	**单重抗侧力体系(RC 剪力墙提高一级抗震构造措施)**：结构模型与 4.2 节中算例 2 相同，并在算例 2 基础上，按《建筑抗震设计规范》GB 50011—2010 要求将 RC 剪力墙提高一级抗震等级设置抗震构造措施，形成单重抗侧力体系 Model-1
Model-2	**基本模型二**：小震弹性分析时，任意一层框架部分承担的剪力与本层总地震剪力比值的最大值小于 0.1。未经层间剪力调整，设计出 Model-2
Model-3	**单重抗侧力体系(RC 剪力墙承担 100%的本层总地震剪力)**：与 Model-2 相同，在 Model-2 的基础上，RC 剪力墙按承担 100%的本层总地震剪力设计，形成单重抗侧力体系模型 Model-3

注：表中算例 2 即 4.1 节中的算例 2。

（1）原型结构设计

按照我国《建筑抗震设计规范》GB 50011—2010 对以上三种结构进行设计，结构标准层布置图及结构主要设计参数见图 4.5-1 和表 4.5-2。

结构主要设计参数   表 4.5-2

设计信息	结构名称	抗震等级
	Model-1	框架部分按《建筑抗震设计规范》GB 50011—2010 确定 剪力墙部分提高一级设置抗震构造措施
	Model-2、Model-3	框架和剪力墙部分按照《建筑抗震设计规范》GB 50011—2010 要求进行确定

注：三个结构未列出的总信息、材料信息、构件设计信息和荷载等参数设置与表 4.1-2 相同。

（2）地震动的选取

地震动的选取方法与前文一致。三个结构选取的地震动信息见表 4.5-3～表 4.5-5。

Model-1 所选地面运动基本信息   表 4.5-3

序号	地震动	记录点间隔	实际记录点数	地震波峰值加速度(g)
1	RSN1153_KOCAELI_BTS000. AT2	0.005	20345	0.09888
2	RSN3129_CHICHI. 05_TAP051E. AT2	0.005	11795	0.013809
3	RSN1761_HECTOR_ALT-UP. AT2	0.005	15195	0.012893
4	RSN1776_HECTOR_DSP360. AT2	0.005	21500	0.081969
5	RSN1819_HECTOR_PDL360. AT2	0.005	11995	0.03792

Model-2 所选地面运动基本信息   表 4.5-4

序号	地震动	记录点间隔	实际记录点数	地震波峰值加速度(g)
1	RSN1153_KOCAELI_BTS000. AT2	0.005	20345	0.09888
2	RSN3129_CHICHI. 05_TAP051N. AT2	0.005	11795	0.011673
3	RSN1805_HECTOR_L01360. AT2	0.005	16595	0.053303
4	RSN1822_HECTOR_RIV090. AT2	0.005	13395	0.026285
5	RSN3129_CHICHI. 05_TAP051E. AT2	0.005	11795	0.013809

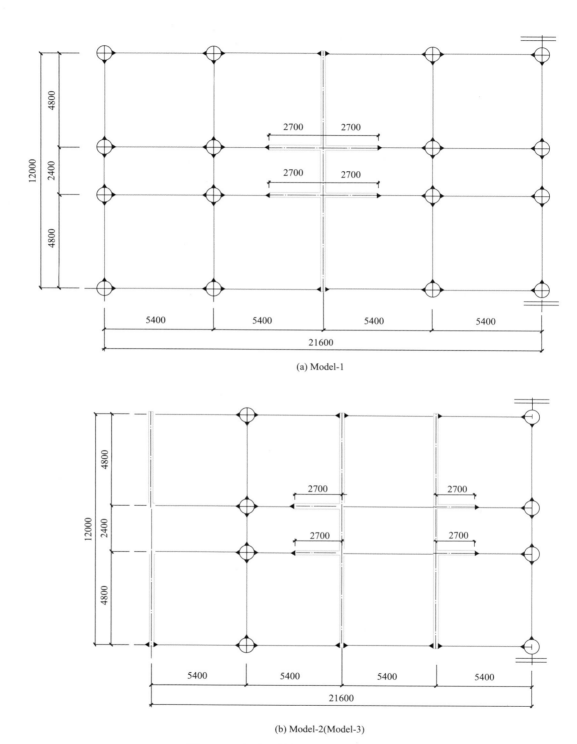

(a) Model-1

(b) Model-2(Model-3)

图 4.5-1　标准层结构平面布置图（mm）

Model-3 所选地面运动基本信息 表 4.5-5

序号	地震动	记录点间隔	实际记录点数	地震波峰值加速度（g）
1	RSN1153_KOCAELI_BTS000.AT2	0.005	20345	0.09888
2	RSN1805_HECTOR_L01360.AT2	0.005	16595	0.053303
3	RSN1831_HECTOR_H08090.AT2	0.005	14590	0.060538
4	RSN2090_NENANA_FAIGO090.AT2	0.005	18795	0.030238
5	RSN2624_CHICHI.03_TCU073E.AT2	0.005	14800	0.033729

（3）地震动反应谱

将所选择的 5 条地震动在软件 PRISM 进行起点归一化处理，并与规范反应谱进行对比，如图 4.5-2 所示。所选地震动反应谱在平台段和 T_1 两个频段内与规范反应谱吻合较好，验证所选地震动的可靠性。

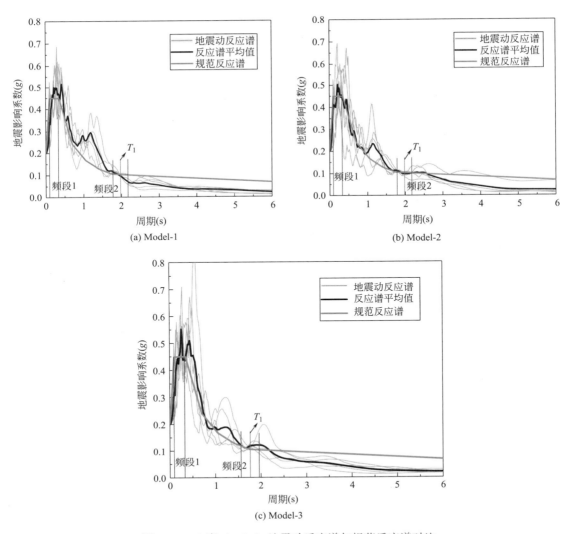

图 4.5-2　8度（0.2g）地震动反应谱与规范反应谱对比

（4）模型验证

采用与前文一致的建模方法对本次三个结构模型进行验证。表 4.5-6 为 MSC. Marc 有限元模型与 PKPM 设计模型结构动力特性对比结果，可知，三个结构的周期误差最大值为 6.32%，得到 Marc 有限元模型与 PKPM 设计模型相似度高，即等效的平面模型与三维模型相比较误差小，可以使用平面模型进行后续的弹塑性分析。

结构模态对比　　　　　　　　　　表 4.5-6

算例编号	PKPM		MSC. Marc		误差
	周期(s)	方向	周期(s)	方向	
Model-1	1.92	Y	1.80	Y	6.32%
Model-2	1.81	Y	1.72	Y	5.21%
Model-3	1.81	Y	1.71	Y	5.52%

4.5.2　动力弹塑性分析

（1）结构顶点位移分析

通过 PGA 调幅，将前文所选的 5 条地震动输入 Marc 有限元模型，对三个结构在小、中、大震三水准下的顶点位移进行分析，三个结构在不同地震作用下顶点位移时程曲线如图 4.5-3 所示。

根据三种结构在小、中、大震三种水准下顶点位移的时程曲线，可知：①三种结构在不同水准下，顶点位移时程曲线均表现出以初始位置为中心的双向振动；②随地震强度的提高，顶点位移显著增大；③在同一地震强度下，不同地震动引起的顶点位移不一致，表现出地震波对结构响应的影响有较大的离散性。

表 4.5-7 对比了结构在小、中、大震三水准下顶点位移最大值。通过对比可知：①同一个结构随地震强度的提高，顶点位移呈线性增大；②对比 Model-1 与上文算例 2，提高 RC 剪力墙抗震构造措施形成单重抗侧力结构体系后，顶点位移由算例 2 结构的 172.5 mm 降低到 Model-1 的 130.1 mm；可知提高 RC 剪力墙抗震构造措施形成单重抗侧力体系后，顶点位移显著减小（降低 24.5%）；③对每层 CFT 框架剪力与单层总剪力最大比值小于 0.1 的 Model-2，提高剪力墙设计剪力的单重抗侧力体系 Model-3 的顶点最大位移和 Model-2 基本一致，误差均在 5% 以内。

不同强度地震作用下的结构最大顶点位移（mm）　　表 4.5-7

地震动水准	结构	1	2	3	4	5	平均值
小震	Model-1	32.7	32.3	51.7	56.2	39.1	42.4
	Model-2	26.9	31.0	31.9	27.6	51.6	33.8
	Model-3	46.7	31.0	60.5	26.8	28.6	38.7
中震	Model-1	119.0	112.9	157.5	142.6	118.2	130.1
	Model-2	93.5	100.9	121.7	85.5	103.1	100.9
	Model-3	99.5	118.7	161.5	85.7	79.5	109.0

续表

地震动水准	结构	1	2	3	4	5	平均值
大震	Model-1	300.5	269.4	295.0	283.5	274.9	284.7
	Model-2	249.2	243.0	—	228.5	184.8	226.4
	Model-3	206.2	269.3	246.8	219.8	196.7	227.6

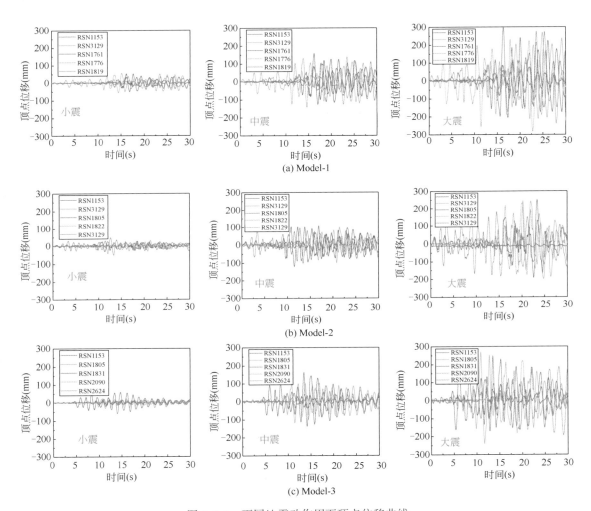

图 4.5-3 不同地震动作用下顶点位移曲线

（2）弹塑性层间位移角分析

图 4.5-4 为三个结构在各自所选 5 条地震动作用下，结构层间位移角和平均弹塑性层间位移角分布曲线。可知：①同一结构在不同地震动作用下，沿结构高度方向层间位移角变化趋势基本一致；②小震下，层间位移角沿结构高度呈线性分布；中震下，层间位移角相比小震明显增大且沿结构高度呈现非线性分布趋势；大震下，层间位移角相比中震增大且沿结构高度非线性分布趋势进一步增大；③三个结构在三种地震强度下，结构最大弹塑性层间位移角均满足《建筑抗震设计规范》GB 50011—2010 中框架-剪力墙结构弹塑性层

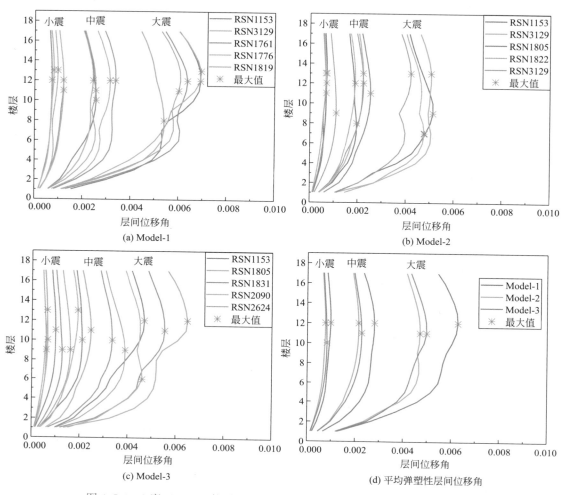

图 4.5-4 8度（0.2g）抗震设防烈度下弹塑性层间位移角曲线分布统计图

间位移角 1/800、1/100 的限值；④三个结构在不同地震强度下最大层间位移角出现在10～12层之间，最大层间位移角在小震、中震下相对集中，在大震下分布相对分散；⑤Model-2 和 Model-3 在不同地震强度下，层间位移角及最大层间位移角出现的楼层基本一致。

根据三个结构在不同地震强度下，最大弹塑性层间位移角均满足《建筑抗震设计规范》GB 50011—2010 中框架-剪力墙结构弹塑性层间位移角 1/800 和 1/100 的限值，可知：①当结构通过调整后部分 CFT 框架柱承载力不满足时，可通过提高 RC 剪力墙抗震构造措施将 CFT 框架-RC 剪力墙结构设计成单重抗侧力体系，且单重抗侧力体系弹塑性层间位移角满足规范限值要求；②当结构 CFT 框架承载的剪力与本层总剪力比值的最大值小于 0.1 时（Model-2），可通过调整剪力墙设计剪力将结构设计成单重抗侧力体系（Model-3），且调整后结构弹塑性层间位移角满足规范限值要求。

（3）塑性发展规律

图 4.5-5 为三个结构在小、中、大震三个地震动水准下结构最终塑性分布图，可知：

①小震下，三个结构保持弹性，CFT 框架和 RC 剪力墙未出现塑性；中震下，三个结构在少数连梁位置出现塑性；大震下，三个结构塑性铰位置增多，主要集中在连梁两端，剪力墙底部等位置；②算例 2 与 Model-1 相比，提高 RC 剪力墙抗震构造措施，大震下 Model-1 塑性铰较少且主要集中在连梁部分；③Model-2 和 Model-3 塑性铰出现的位置和数量基本一致。

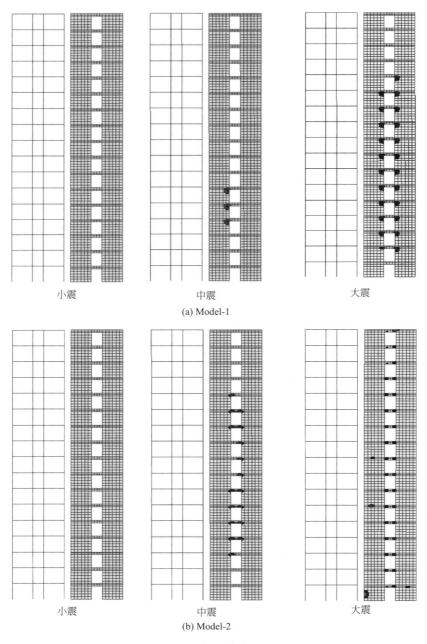

图 4.5-5　塑性铰分布图（一）

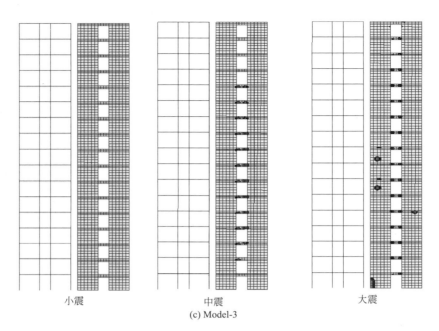

小震   中震   大震

(c) Model-3

图 4.5-5　塑性铰分布图（二）

（4）基底剪力分析

表 4.5-8～表 4.5-10 显示了三个结构在小、中、大震三种地震动水准下最大基底总剪力及 CFT 框剪和 RC 剪力墙各部分的剪力值，同时计算出 CFT 框架在三种地震动水准下占基底总剪力的比值。可知：①Model-1 在小、中、大震三水准下，基底总剪力呈增大趋势，且在三种设防水准下单重抗侧力体系 CFT 框剪占基底总剪力的 7.3％、10.2％ 和 11.6％，均在 10％左右；②Model-2 在三水准下，基底总剪力呈现增大趋势，CFT 框架剪力占基底总剪力的 1.6％、2.5％ 和 3.5％，均小于 3.5％；③单重抗侧力体系 Model-3 与 Model-2 呈现类似的变化趋势，在三种地震动水准下 CFT 框架剪力占基底剪力的 1.6％、2.4％ 和 3.5％，基底剪力基本全部由 RC 剪力墙承担。

小震下结构基底剪力（kN）及占比　　　　　　　　　　表 4.5-8

地震动		1	2	3	4	5	平均值
Model-1	总剪力	554.1	526.7	679.2	594.7	710.1	613.0
	RC 剪力墙	515.4	492.8	626.7	548.0	656.3	567.8
	CFT 框架	38.7	34.0	52.5	46.7	53.9	45.2
	CFT 框架占比	7.0％	6.4％	7.7％	7.9％	7.6％	7.3％
Model-2	总剪力	1796.8	1455.0	1859.2	1163.6	1813.0	1617.5
	RC 剪力墙	1770.1	1431.8	1829.8	1145.9	1779.1	1591.3
	CFT 框架	26.8	23.2	29.4	17.7	33.9	26.2
	CFT 框架占比	1.5％	1.6％	1.6％	1.5％	1.9％	1.6％

续表

地震动		1	2	3	4	5	平均值
Model-3	总剪力	1524.7	1930.9	2318.7	1221.2	1188.7	1636.9
	RC 剪力墙	1500.7	1902.3	2278.1	1203.7	1170.7	1611.1
	CFT 框架	24.0	28.6	40.6	17.4	18.1	25.7
	CFT 框架占比	1.6%	1.5%	1.8%	1.4%	1.5%	1.6%

中震下结构基底剪力（kN）及占比　　　　　　　　　　　表 4.5-9

地震动		1	2	3	4	5	平均值
Model-1	总剪力	1443.2	1225.5	1840.0	1507.6	1297.9	1462.9
	RC 剪力墙	1314.4	1107.7	1642.9	1339.9	1161.3	1313.2
	CFT 框架	128.8	117.8	197.1	167.8	136.6	149.6
	CFT 框架占比	8.9%	9.6%	10.7%	11.1%	10.5%	10.2%
Model-2	总剪力	4077.0	4140.8	4814.7	4136.8	3785.1	4190.9
	RC 剪力墙	3986.3	4039.0	4667.0	4039.8	3700.6	4086.6
	CFT 框架	90.6	101.8	147.7	97.0	84.6	104.3
	CFT 框架占比	2.2%	2.5%	3.1%	2.3%	2.2%	2.5%
Model-3	总剪力	3343.4	5128.9	5051.9	4296.9	3079.2	4180.0
	RC 剪力墙	3281.9	4984.4	4884.8	4203.4	3028.1	4076.5
	CFT 框架	61.5	144.4	167.1	93.5	51.1	103.5
	CFT 框架占比	1.8%	2.8%	3.3%	2.2%	1.7%	2.4%

大震下结构基底剪力（kN）及占比　　　　　　　　　　　表 4.5-10

地震动		1	2	3	4	5	平均值
Model-1	总剪力	2737.0	2245.3	2248.0	2028.6	2105.2	2272.8
	RC 剪力墙	2411.3	2022.1	1984.6	1773.3	1859.4	2010.1
	CFT 框架	325.6	223.3	263.4	255.3	245.8	262.7
	CFT 框架占比	11.9%	9.9%	11.7%	12.6%	11.7%	11.6%
Model-2	总剪力	6458.3	7132.4	6805.9	7139.9	6751.5	6857.6
	RC 剪力墙	6268.5	6882.5	6538.0	6865.0	6524.9	6615.8
	CFT 框架	189.8	249.9	267.9	274.9	226.6	241.8
	CFT 框架占比	2.9%	3.5%	3.9%	3.8%	3.4%	3.5%
Model-3	总剪力	6023.8	7505.4	7651.6	7593.0	5029.5	6760.7
	RC 剪力墙	5870.6	7218.7	7373.1	7314.1	4835.8	6522.4
	CFT 框架	153.2	286.7	278.5	278.9	193.7	238.2
	CFT 框架占比	2.5%	3.8%	3.6%	3.7%	3.9%	3.5%

根据以上对三个结构的动力弹塑性时程分析，可得出以下结论：

① 当 CFT 框架剪力小于 0.2 倍底部总剪力，放大 CFT 框架剪力后，部分楼层 CFT 框架柱承载力不满足设计要求时，可提高 RC 剪力墙的抗震构造措施将 CFT 框架-RC 剪力墙结构设计成单重抗侧力体系，且调整后的结构在三种地震动水准下均满足抗震要求；

② 当 CFT 框架-RC 剪力墙结构在小震弹性分析时，任一层 CFT 框架的剪力与本层总剪力比值最大值小于 0.1 时，可通过调整层间剪力将 RC 剪力墙设计成承担 100% 本层地震剪力的单重抗侧力体系，且调整后的结构在三种地震动水准下均满足抗震要求。

4.5.3 基于 IDA 的地震易损性分析

（1）IDA 分析

由于地震动的不确定性和随机性，对三个结构各选 5 条地震动进行 IDA 分析，增幅为 0.2 g。IDA 曲线簇如图 4.5-6 所示。为降低 IDA 曲线簇的离散性，通过 16%、50% 和 84% 三个分位数曲线进行统计，如图 4.5-7 所示。

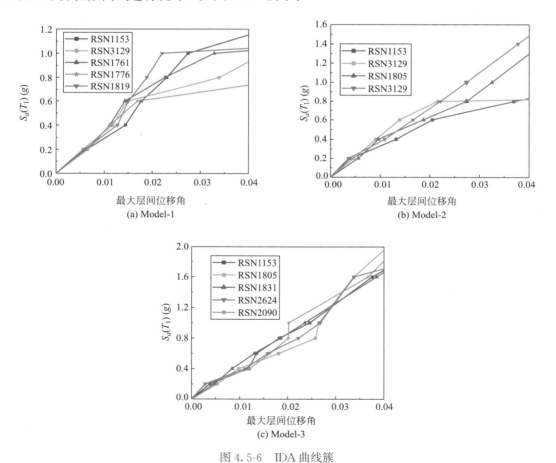

图 4.5-6 IDA 曲线簇

由 IDA 曲线簇和分位数曲线可得：①在相同 $S_a (T_1)$ 下，不同的地震动 IDA 曲线

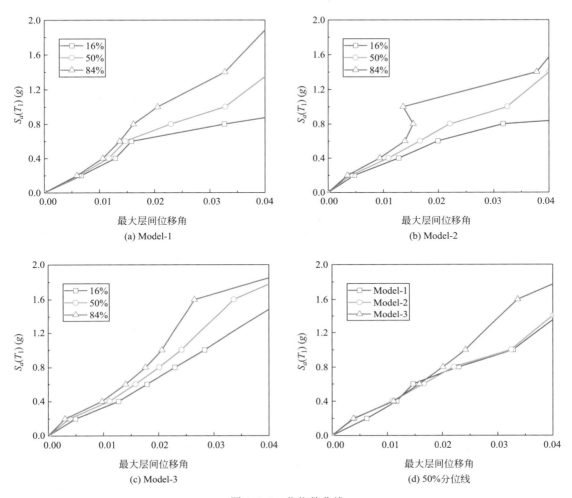

图 4.5-7 分位数曲线

存在明显区别；②层间位移角较小时，IDA 曲线簇相对集中；随层间位移角增大，地震动频谱特性导致曲线离散性增大。由分析可知，考虑地震动随机性时，结构破坏和倒塌模式存在一定差别。说明 IDA 曲线簇可以反映不同地震强度下结构有可能发生的响应。

（2）结构地震易损性分析

根据结构的 IDA 数值可以拟合得到结构的线性回归曲线，由线性回归曲线得到结构在各个性能水准下的失效概率，如图 4.5-8 所示。

由结构在四种性能水准下的易损性曲线可知：①随地震强度增加，易损性曲线的斜率呈现先变大后变小的趋势，整体呈现 S 形；②曲线从轻微破坏到倒塌性能水准，曲线逐步趋于平缓；结构在轻微破坏下曲线较为陡峭，表明结构在地震作用下容易达到或者超越该性能水准；③在严重破坏和倒塌两种性能水准下曲线较为平缓，表明 CFT 框架-RC 剪力墙结构体系的延性性能在抗震方面发挥了较好的作用。

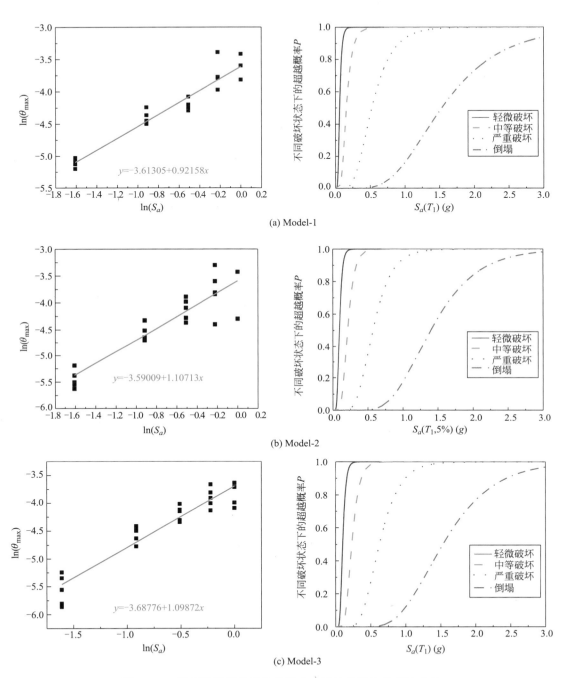

图 4.5-8　弹塑性层间位移角曲线分布统计及结构易损性曲线

结合结构的地震易损性曲线，计算结构在多遇地震、设防地震和罕遇地震作用下达到或超越各性能水准的概率，表示为表 4.5-11 所示的易损性矩阵。

结构地震易损性矩阵
表 4.5-11

模型	地震水准	$S_a(T_1)$	各种性能水准对应的失效概率			
			轻微破坏	中等破坏	严重破坏	倒塌
Model-1	多遇	0.0382 g	0	0	0	0
	设防	0.106 g	90.48%	16.83%	0	0
	罕遇	0.219 g	99.94%	76.41%	2.27%	0.031%
Model-2	多遇	0.0382 g	0	0	0	0
	设防	0.106 g	64.90%	2.56%	0	0
	罕遇	0.219 g	99.13%	52.89%	0.39%	0.017%
Model-3	多遇	0.0382 g	0	0	0	0
	设防	0.106 g	54.72%	1.48%	0	0
	罕遇	0.219 g	98.42%	43.98%	0.22%	0.059%

由易损性矩阵可知：①多遇地震作用下，三种结构达到轻微破坏性能水准的概率都几乎为 0，表明结构在多遇地震作用下发生轻微破坏的概率极低；②设防地震作用下，三种结构发生轻微破坏的概率分别是 90.48%、64.90% 和 54.72%，中等破坏的概率为 16.83%、2.56% 和 1.48%；③罕遇地震作用下，结构全部达到轻微破坏，达到中等破坏的概率为 76.41%、52.89% 和 43.98%，严重破坏概率低于 2%，倒塌概率几乎为 0。

4.5.4 结构抗地震倒塌能力分析

根据三种结构的地震易损性曲线，可知结构在倒塌概率为 50% 时的地震强度指标，如图 4.5-9 所示。

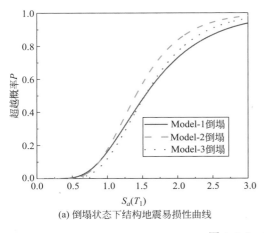

(a) 倒塌状态下结构地震易损性曲线

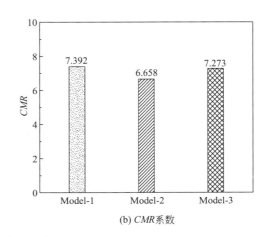

(b) CMR 系数

图 4.5-9　结构倒塌指标

通过参考《建筑抗震设计规范》GB 50011—2010 第 5.1.4、第 5.1.5 条，由三个结构的第一自振周期得到 $S_a(T_1)_{罕遇}$。根据抗倒塌安全储备系数（CMR）的定义，分别计算出三个结构所对应的安全储备系数，如表 4.5-12 所示。

由表可知：单重抗侧力体系对 Model-1 与 4.1 节算例 2 相比，结构抗倒塌安全储备系数 CMR 值由 5.897 提高到 7.392，安全储备提升 25% 左右；单重抗侧力体系 Model-3 与 Model-2 相比，结构抗倒塌安全储备系数 CMR 值由 6.658 提高到 7.273，安全储备系数提升 8.5% 左右。

三种模型算例的 $S_a(T_1)_{50\%}$ 表 4.5-12

模型算例	Model-1	Model-2	Model-3
$S_a(T_1)_{50\%}(g)$	1.533	1.401	1.533
$S_a(T_1)_{罕遇}(g)$	0.207	0.210	0.211
CMR	7.392	6.658	7.273

为定量评价结构在一致倒塌风险要求下的安全储备，根据 2.4.5 节提到的结构最小安全储备系数（$CMR_{10\%}$）定义以及公式（2.4-13），结合结构易损性曲线，计算得到结构在倒塌概率 10% 所对应的地震动强度指标和相应的 $CMR_{10\%}$ 值，如表 4.5-13 所示。

由表可知，Model-1、Model-2 和 Model-3 的结构最小安全储备系数分别为 4.25、4.20 和 4.55，均大于 1.0，满足一致倒塌风险验算要求。与 4.4 节中原型结构算例 2（$CMR_{10\%}=3.95$）相比较，单重抗侧力体系 Model-1 的 $CMR_{10\%}$ 为 4.25，增大 7.6%，均高于相应的双重抗体力体系（4.4 节中算例 1 和算例 3），且单重抗侧力体系用钢量较低，综上所述，单重抗体力体系和双重抗侧力体系均具有较高的安全储备。

结构最小安全储备系数   表 4.5-13

结构	$S_a(T_1)_{10\%}(g)$	$S_a(T_1)_{罕遇}(g)$	$CMR_{10\%}$
Model-1	0.5045	0.1187	4.25
Model-2	0.895	0.213	4.20
Model-3	0.969	0.213	4.55

4.6 基于一致倒塌风险的 CFT 框架-RC 剪力墙抗震设计方法

综合 4.2~4.5 节对抗震性能和抗倒塌能力的分析结果可见，在满足小震弹性指标的条件下，单重和双重抗侧力体系的 CFT 框架-RC 剪力墙结构均具有优越的抗地震倒塌性能，且单重和双重抗侧力体系在罕遇地震下的倒塌概率基本一致。因此在进行 CFT 框架-RC 剪力墙结构的抗震设计中，可以将结构的倒塌风险控制作为唯一的罕遇地震设计要求，而不需强行要求结构为双重抗侧力体系，这就是高层混合结构基于一致倒塌风险的抗震设计方法。对于 CFT 框架-RC 剪力墙结构，其基于一致倒塌风险的抗震设计建议如下：

（1）侧向刚度沿竖向分布基本均匀的 CFT 框架-RC 剪力墙结构，小震弹性分析时，任一层框架部分承担的剪力与本层总地震剪力比值的最大值小于 0.1 时，则结构整体采用单重抗侧力体系，按 RC 剪力墙结构进行设计，RC 剪力墙承担 100% 的本层总地震剪力；

CFT 框架承担小震弹性分析中分配的剪力，且 CFT 框架部分按 CFT 框架-RC 剪力墙结构确定抗震等级。

（2）侧向刚度沿竖向分布基本均匀的 CFT 框架-RC 剪力墙结构，小震弹性分析时，任意一层框架部分承担的剪力与本层总地震剪力比值的最小值大于 0.2，则结构整体采用双重抗侧力体系，可按我国对 CFT 框架-RC 剪力墙结构的相关技术规定进行设计。

（3）其他情况下，结构整体既可采用双重抗侧力体系，也可采用单重抗侧力体系。①采用双重抗侧力体系时，调整框架部分的总剪力，某层框架部分的总剪力应按 $0.2V_0$（V_0 为小震弹性分析得到的本层总地震剪力）和 $1.5V_f$（V_f 为小震弹性分析中本层框架分配的剪力）二者的较小值采用；②采用单重抗侧力体系时，调整 RC 剪力墙的抗震构造措施，在现行《建筑抗震设计规范》规定基础上，按 RC 剪力墙抗震等级提高一级的要求设置抗震构造措施。采用单重或双重抗侧力体系时，CFT 框架均承担小震弹性分析中分配的剪力，且 CFT 框架部分均按 CFT 框架-RC 剪力墙结构确定抗震等级。

参考文献

[1] 中华人民共和国住房和城乡建设部. 建筑抗震设计规范：GB 50011—2010［S］. 北京：中国建筑工业出版社，2010.

[2] 中华人民共和国住房和城乡建设部. 高层建筑混凝土结构技术规程：JGJ 3—2010［S］. 北京：中国建筑工业出版社，2011.

[3] 中华人民共和国住房和城乡建设部. 组合结构设计规范：JGJ 138—2016［S］. 北京：中国建筑工业出版社，2016.

[4] 黄志挺. 框架-剪力墙结构弹塑性地震剪力分配规律及其应用研究［D］. 南京：东南大学，2018.

[5] 缪志伟. 钢筋混凝土框架剪力墙结构基于能量抗震设计方法研究［D］. 北京：清华大学，2009.

[6] 昌继胜. 基于 IDA 的不同框架-剪力墙结构的抗震性能分析［D］. 重庆：重庆大学，2013.

[7] 叶列平，马千里，缪志伟. 结构抗震分析用地震动强度指标的研究［J］. 地震工程与工程振动，2009，29（04）：9-22.

[8] FEMA 695. Quantification of Building Seismic Performance Factors［S］. Washington, D.C.：Federal Emergency Management Agency，2009.

[9] 唐代远，陆新征，叶列平，等. 柱轴压比对我国 RC 框架结构抗地震倒塌能力的影响［J］. 工程抗震与加固改造，2010，32（05）：26-35.

5 钢管混凝土框架-钢筋混凝土核心筒结构体系抗震分析

本章建立了由钢管混凝土柱、钢框架梁和钢筋混凝土剪力墙组成的 CFT 框架 -RC 核心筒结构体系的有限元分析模型。针对 8 度（0.20g）抗震设防水准要求，通过静力弹塑性分析、动力弹塑性时程分析、增量动力分析（IDA）及地震易损性分析，对 CFT 框架-RC 核心筒结构体系的抗震性能和抗倒塌能力进行了研究，提出了结构体系基于倒塌一致风险的抗震设计方法。

5.1 算例设计

为研究剪力分担比对 CFT 框架-RC 核心筒结构体系抗震性能的影响，并为 CFT 框架-RC 核心筒混合结构体系的抗震设计提供参考，本章根据我国现行规范，采用结构设计软件 SATWE 设计了四种 CFT 框架-RC 核心筒结构模型，其中基本模型 MO 没有考虑规范对剪力分担比的要求，其他三个模型均是在基本模型 MO 的基础上进行局部调整得到；表 5.1-1 中列出了各结构模型的参数特点。通过结构模型 MO、MB、MJ 和 MS 之间的对比分析，可以分别研究通过调整框架强度、框架刚度和梁柱节点形式等方式改变剪力分担比对结构抗震性能的影响。

模型参数特点 表 5.1-1

模型名称	模型特点
MO	**基本模型**：框架部分能够承担的剪力值小于结构底部总剪力的 15%，小震下按刚度分配的最大层剪力小于结构底部总剪力的 10%，各层最大值为 4.6%。未经层间剪力调整，设计出 CFT 框架和 RC 核心筒。
MB	**增大框架梁强度**：结构模型与 MO 相同，但按《建筑抗震设计规范》GB 50011—2010 要求，在 MO 模型基础上增大框架钢梁的材料强度，使框架部分能够承担的剪力值可以达到结构底部总剪力的 15%。此模型小震下按刚度分配的最大剪力比例与模型 MO 相同，仍小于基底总剪力的 10%
MJ	**增大框架梁强度，且梁柱节点由刚接改为铰接**：此模型在 MB 模型基础上，将框架梁柱节点完全铰接，使结构完全变为单重抗侧力体系，小震下按刚度分配的最大层剪力比例比 MB、MO 更低，底层框架分配的层剪力仅为 3.5%，其他层均不超过 1%
MS	**增大框架刚度**：在 MO 模型基础上，按《建筑抗震设计规范》GB 50011—2010 要求，增大框架柱和框架梁的尺寸使框架部分按刚度分配的最大层剪力不小于基底剪力的 10%，达到 12.9%

注：M——Model，指结构模型；O——Origin，代表基本模型；B——Beam，指调整框架梁强度的模型；J——Joint，指调整梁柱节点的模型；S——Stiffness，指调整框架刚度的模型。

5.1.1 结构设计参数

基本结构 M0 是根据我国现行规范的要求，参考文献 [1] 中的框架-核心筒混合结构，简化得到的 CFT 框架-RC 核心筒结构，四个结构的平面布置相同，如图 5.1-1 所示。结构基本信息见表 5.1-2。

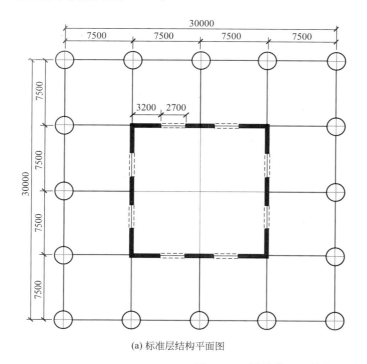

(a) 标准层结构平面图   (b) 结构三维轴测图

图 5.1-1　结构模型（单位：mm）

结构基本信息　　　　　　　　　　　　　　　　　　　　　　表 5.1-2

结构设计参数	参数取值	抗震设计参数	参数取值
结构高度	108m	抗震设防烈度	8 度（0.20g）
层数（层高）	30 层（3.6m）	设计地震分组	第二组
结构平面尺寸	30m×30m	场地特征周期	0.40s
核心筒平面尺寸	15m×15m	建筑场地类别	Ⅱ类
门洞尺寸	2.7m×2.7m	水平地震影响系数	0.16
连梁跨高比	3	结构抗震等级	一级
楼面恒载（活载）	3.5kN/m²（2kN/m²）	阻尼比	0.035

核心筒部分的面积占比为结构总面积的 25%，为工程中常见占比。核心筒混凝土强度等级为 C50，钢筋采用 HRB400，配筋信息见表 5.1-3。圆钢管混凝土柱截面尺寸随高度变化，钢管含钢率均为 8.5%；混凝土楼板厚度 120mm，楼面恒载不包括楼板自重。具体构件信息见表 5.1-4。柱最大轴压比为 0.87，剪力墙的最大轴压比为 0.42（规范限值

0.5）。结构在两个主轴方向布置相同，结构分析中不考虑地下室的影响，结构嵌固在±0.000m 的位置。

核心筒配筋信息　　　　　表 5.1-3

模型	楼层	连梁		角部边缘构件		门洞边缘构件		墙体
		上部纵筋（mm²）	下部纵筋（mm²）	配筋率	配箍率	配筋率	配箍率	配筋率
MO	1～10	2198	2198	1.42%	1.99%	1.51%	2.05%	0.34%
MB	11～20	1570	1570	1.44%	1.79%	1.26%	0.90%	0.28%
MJ	21～30	1570	1570	1.63%	1.11%	1.34%	0.87%	0.26%
MS	1～10	2198	2198	1.26%	1.99%	1.26%	2.05%	0.46%
	11～20	1570	1570	1.26%	1.79%	1.01%	0.90%	0.38%
	21～30	1570	1570	1.34%	1.21%	1.01%	0.87%	0.38%

结构构件信息　　　　　表 5.1-4

模型	楼层数	圆钢管混凝土柱（C30 Q235/Q345）		钢梁（mm）	核心筒墙厚（mm）
		直径（mm）	壁厚（mm）		
MO	1～10	700	14		500
	11～20	600	12	10×500×200×16（Q235）	400
	21～30	450	9		300
MB	1～10	700	14		500
	11～20	600	12	10×500×200×16（Q345）	400
	21～30	450	9		300
MJ	1～10	700	14		500
	11～20	600	12	10×500×200×16（Q345）	400
	21～30	450	9		300
MS	1～10	1000	20		500
	11～20	800	16	12×550×200×16（Q345）	400
	21～30	600	12		300

　　为评价不同结构的经济效益，对比其材料用量，表 5.1-5 列出了各个结构的总质量以及框架梁、框架柱和核心筒部分的用钢量，其中核心筒部分包括连梁和边缘构件，总质量为活荷载乘以组合系数（0.5）后与恒荷载以及结构自重标准值之和（不考虑核心筒配筋对总质量的影响）。MO、MB 和 MJ 的结构总质量以及用钢量完全相同，区别在于模型 MO 梁采用 Q235 钢材，MB 和 MJ 采用 Q345 钢材。增加框架刚度的模型 MS（梁柱钢材均采用 Q345）不仅结构总质量比其他模型多了 4.9%，框架梁用钢量也增加了 23.5%，框架柱用钢量更是大幅增加了 89.5%，但核心筒部分的钢筋比其他结构模型用量少。跟其他三个模型相比，MS 模型结构的总用钢量增加 13.2%，其中钢结构总用钢量由 822t 增加至 1148t，增加了 39.7%，而钢筋总量由 440t 减少至 287t，减少了 34.8%。综合比较，

提升框架强度对结构整体经济性影响不大，增加框架刚度的设计方法会大幅提高材料用量，综合经济效益最低。

结构总质量与各部分用钢量（t）   表 5.1-5

模型	结构总质量	框架梁	框架柱	核心筒（HRB400）
MO/MB/MJ	26913	528	294	440
MS	28238	591	557	287

5.1.2 结构小震弹性分析

四个结构模型在 SATWE 中的部分弹性计算结果见表 5.1-6。对比发现，由于结构MO 与 MB 仅在钢梁强度上有区别，所以在弹性计算结果中各项指标均完全相同；由于增加框架刚度的结构 MS 结构质量也较大，因此在弹性计算中最大层间位移角仅降低了0.7%，周期略微下降，底层框架承担的水平剪力成倍增加，占比达到了 12.9%，刚重比下降了 0.02；梁柱节点铰接的结构 MJ 刚度降低明显，与基本结构 MO 相比层间位移角上升了 10.5%，周期略有增加，刚重比下降了 0.39，虽然底层框架承担的水平剪力仅下降了 17.2%，但除底层外，其余楼层框架承担的水平剪力占比均不到 1%。

结构弹性计算结果   表 5.1-6

模型	最大层间位移角(位置)	周期(s)(方向)	底层框架剪力(kN)(占比)	刚重比
MO	1/938(23 层)	2.4177(X、Y) 1.6098(T)	406.3(4.3%)	4.41
MB	1/938(23 层)	2.4177(X、Y) 1.6098(T)	406.3(4.3%)	4.41
MJ	1/855(23 层)	2.5290(X、Y) 1.6502(T)	336.3(3.5%)	4.02
MS	1/945(22 层)	2.4125(X、Y) 1.6342(T)	1289(12.9%)	4.39

5.1.3 弹塑性分析有限元模型

根据结构设计软件 SATWE 中的设计结果，在非线性分析软件 MSC. Marc 中建立结构的有限元数值模型，由于本章主要针对 X 方向的地震响应进行研究，并且结构沿 X 方向对称，为节约计算成本，提高计算效率，取半结构模型进行有限元建模分析，在对称面的节点处施加对称约束，即约束 Y 方向位移和 X、Z 方向转动，有限元模型如图 5.1-2 所示。在对半结构进行建模时，位于对称轴上的框架梁、柱构件需要将质量密度、刚度、强度等参数减半，而截面面积保持不变，以达到整体变形和受力性能减半的效果。

框架部分采用基于纤维模型的梁单元建立，如图 5.1-3 所示。考虑到计算精度与时间成本，根据构件截面尺寸与构件长度，将每层框架柱划分为 5 个单元，钢梁划分为 12 个单元。

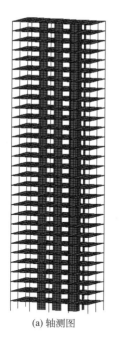

(a) 轴测图

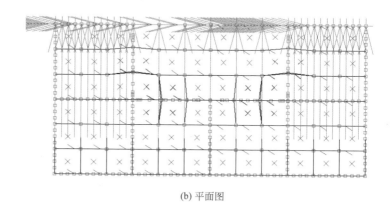

(b) 平面图

图 5.1-2　有限元模型

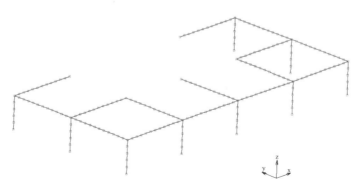

图 5.1-3　框架有限元模型

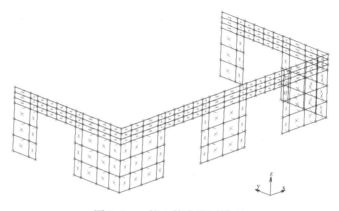

图 5.1-4　核心筒有限元模型

核心筒部分采用第 2 章中介绍的分层壳单元建立，如图 5.1-4 所示。核心筒剪力墙部分的墙体均匀划分，连梁和约束边缘构件根据实际尺寸划分。其中分布钢筋采用"弥散"的方式以钢筋层的形式建入分层壳单元中，连梁与约束边缘构件部分较为复杂且集中的钢筋，采用"弥散"与"离散"相结合的方式：沿墙体分布的钢筋（如约束边缘构件的箍筋与部分纵向钢筋和连梁侧面的构造钢筋）以各向异性钢筋层的方式建入分层壳单元中；沿墙体厚度方向分布的钢筋（如约束边缘构件的部分纵筋和连梁的纵向钢筋）以钢筋束的形式用桁架单元建入模型中，如图 5.1-5 所示。

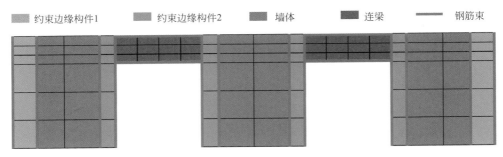

图 5.1-5　核心筒材料属性

结构质量由各构件的材料密度控制。圆钢管混凝土柱的材料密度按照含钢率计算，为 29.16kN/m³；工字钢梁和钢筋的材料密度与钢材密度相同，为 78kN/m³；墙体混凝土的材料密度为 25kN/m³，楼板的材料密度除了考虑楼板自重外，还要将重力荷载代表值（1 恒载＋0.5 活载）计算在内，为 65.82 kN/m³。

为便于分别提取结构中框架和核心筒的基底剪力，采用 MSC. Marc 中 RBE2 的连接方式分别将框架底部节点和剪力墙底部节点与一个节点绑定，并将这两个节点完全固定，以达到结构底部嵌固的效果，这样两个节点的反力就分别是框架和核心筒的基底剪力。

每个结构的有限元数值模型包含 18390 个单元和 14380 个节点。

5.1.4　模态分析

MSC. Marc 中的结构质量与 SATWE 的结构总质量对比见表 5.1-7。

结构质量对比　　　　　　　　　　　　　　　　　表 5.1-7

结构	MSC. Marc(t)	SATWE(t)	误差(%)
MO/MB/MJ	27562	26913	2.4
MS	28857	28238	2.2

从表中可以看出，MSC. Marc 中的模型质量比 SATWE 中的结构质量略大一些，大部分误差来源于有限元模型中考虑了核心筒剪力墙中的钢筋质量，总体上两种模型结构总质量的差别不大，说明有限元模型的质量计算是可靠的。

各模型在 MSC. Marc 和 SATWE 中的模态分析结果见表 5.1-8；由表可知，结构的前三阶周期误差均在 2.7% 以下且与模型的质量误差（有限元模型考虑核心筒部分钢筋质量导致）相近，说明在 MSC. Marc 中建立的有限元分析模型精度较好。

模态结果对比　　　　　　　　　　　　　　　　　　表 5.1-8

结构	MSC. Marc		SATWE		误差（%）
	周期（s）	方向	周期（s）	方向	
MO/MB	2.4783	X/Y	2.4177	X/Y	2.4
	1.6227	T	1.6098	T	0.8
MJ	2.5937	X/Y	2.5290	X/Y	2.5
	1.6714	T	1.6502	T	1.3
MS	2.4799	X/Y	2.4125	X/Y	2.7
	1.6614	T	1.6342	T	1.6

5.2　静力弹塑性分析

5.2.1　分析模型建立

　　水平加载方法采用黄羽立等[3]提出的可以控制荷载加载比例的位移推覆方法。在 MAC. Marc 中建立作动器单元（弹性桁架单元），与结构模型各层对应节点通过 Link 中编写好的用户子程序建立约束关系。为防止一侧框架梁受力过大导致局部破坏，约束节点选择比较靠近中间的梁-墙节点和梁柱节点，纵向加载比例为倒三角分布，水平方向的加载比例由加载点对应该层轴线的受荷面积中的总质量确定，分析模型如图 5.2-1 所示。

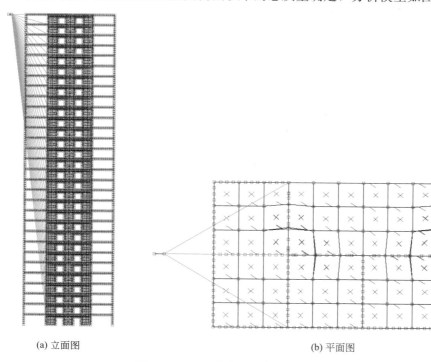

(a) 立面图　　　　　　　　　　　　　(b) 平面图

图 5.2-1　CFT 框架-RC 核心筒的推覆分析模型

5.2.2　结构能力曲线分析

根据静力弹塑性分析模型的计算结果，CFT 框架-RC 核心筒混合结构的静力推覆曲线如图 5.2-2 所示。其中基底剪力最大值处对应的结构响应可以看作结构在罕遇地震作用下倒塌状态的控制点。不同结构的推覆曲线在到达大震控制点前的变化趋势基本相同。由于框架-核心筒结构中核心筒是主要抗侧力构件，且本章 4 个 CFT 框架-RC 核心筒结构的核心筒剪力墙厚度完全相同，所以各结构的初始刚度区别不大，在一定程度上受到框架部分刚度的影响，由大到小为 MS、MB、MO 和 MJ。框架强度对推覆初期的推覆曲线基本没有影响，当框架开始屈服时，结构的推覆曲线开始出现差异，框架强度小的结构其刚度退化更快。

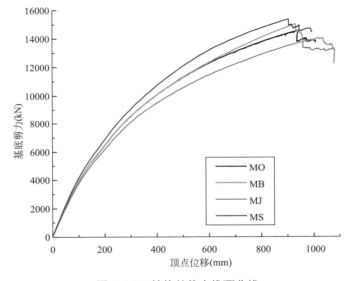

图 5.2-2　结构的静力推覆曲线

基于静力弹塑性分析的各结构极限承载力、大震控制点位移和极限位移见表 5.2-1。4 个结构中极限承载力由大到小分别为结构 MS、MB、MO 和 MJ，其中框架强度对大震控制点的位移影响很小，框架强度较大的结构 MB 极限承载力与 MO 相比提高了 3.16%，并且极限位移也有所增加；增加框架刚度的结构 MS 极限承载力最大，比基本结构 MO 高出 5.47%，但是结构 MS 的大震控制点位移和极限位移均较低，体现了增加框架刚度对结构变形能力的不利影响；框架梁柱节点铰接的结构 MJ 极限承载力降低 8.2%，但其变形能力最强。

表 5.2-1

结构静力弹塑性特征指标

结构	极限承载力(kN)	大震控制点位移(mm)	极限位移(mm)
MO	14561	939.7	1009
MB	15021	930.4	1083
MJ	13784	960.9	1076
MS	15358	904.9	996

倒塌控制点处各结构的层间位移角如图 5.2-3 所示，结构 MO、MB、MJ 和 MS 的最大层间位移角分别为 0.01138、0.01118、0.01148 和 0.01120，均大于《建筑抗震设计规范》GB 50011—2010 中框架-核心筒结构层间弹塑性位移角限值 0.01，表明本章设计的 CFT 框架-RC 核心筒结构的变形能力满足基本要求。

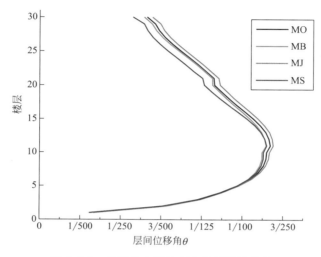

图 5.2-3　各结构大震控制点的层间位移角

不同结构的层间位移角沿楼层高度方向上的变化趋势相同，最大层间位移角均出现在 11 层，即框架柱与核心筒剪力墙第一次变截面的位置，而采用 SATWE 进行弹性计算时最大层间位移角出现的位置为 22、23 层，处于竖向构件第二次变截面的楼层附近，两者区别较大，说明在本次静力推覆分析中，随着推覆力的增大，各结构变形最大的楼层均出现了变化，但都处于竖向构件变截面的楼层附近。值得注意的是，虽然结构 MB 大震控制点的位移大于 MS，但是其最大层间位移角略小于 MS，是 4 个结构中最小的，表明增加框架强度对控制结构在大震控制点处的最大层间位移角有积极作用。

5.2.3　结构塑性发展路径分析

本节基于各结构模型的静力弹塑性计算结果，结合各结构的能力曲线，总结不同结构中各构件的塑性发展状态，并进行对比分析。

根据四个结构模型的静力推覆结果，CFT 框架-RC 核心筒结构各部分构件的塑性发展可以大致分为 4 个阶段：①11 层附近的核心筒连梁出现塑性；②中部楼层与墙体相连的框架梁端屈服，更多的核心筒连梁出现塑性；③框架柱底部出现塑性铰，大部分楼层有框架梁端屈服，中部楼层核心筒连梁整体进入塑性；④核心筒墙肢底部出现塑性。由于不同结构模型的框架部分的强度与刚度不同，所以 4 个塑性发展阶段出现的时间和顺序也有所不同，如图 5.2-4 所示。

结构 MO 各阶段结构塑性发展状态如图 5.2-5 所示，在顶点位移达到 248mm 时，结构 11 层附近的核心筒连梁出现塑性；顶点位移达到 342mm 时 14 层框架梁端屈服；顶点位移达到 540mm 时，底层框架柱出现塑性，11 层至 21 层核心筒连梁均整体进入塑性；顶点位移达到 582mm 时，核心筒墙肢底部出现塑性。

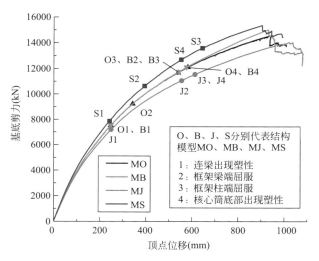

图 5.2-4　基底剪力-顶点位移曲线

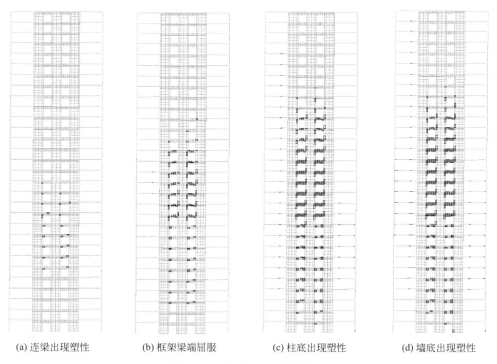

(a) 连梁出现塑性　　　(b) 框架梁端屈服　　　(c) 柱底出现塑性　　　(d) 墙底出现塑性

图 5.2-5　结构 MO 塑性发展

结构 MB 各阶段结构塑性发展状态如图 5.2-6 所示，在顶点位移达到 248mm 时，结构 11 层附近的核心筒连梁出现塑性，与结构 MO 相同；顶点位移达到 543mm 时，9 层框架梁端与框架柱底部同时出现塑性；顶点位移达到 577mm 时，核心筒墙肢底部出现塑性。

结构 MJ 各阶段结构塑性发展状态如图 5.2-7 所示，在顶点位移达到 250mm 时，结构

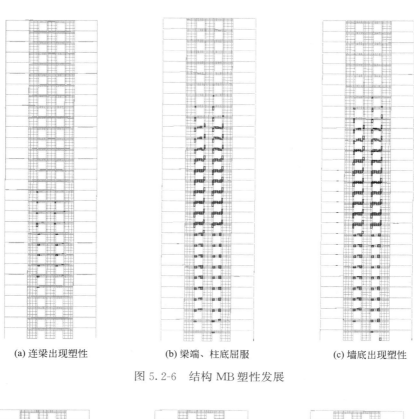

(a) 连梁出现塑性　　　　　　(b) 梁端、柱底屈服　　　　　　(c) 墙底出现塑性

图 5.2-6　结构 MB 塑性发展

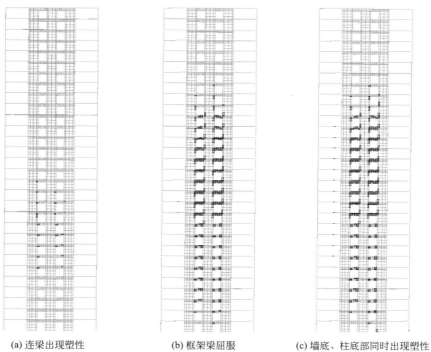

(a) 连梁出现塑性　　　　　　(b) 框架梁屈服　　　　(c) 墙底、柱底部同时出现塑性

图 5.2-7　结构 MJ 塑性发展

11 层附近的核心筒连梁出现塑性；顶点位移达到 555mm 时，12 层框架梁端出现塑性；顶点位移达到 613mm 时，核心筒墙肢底部和框架柱底部同时出现塑性。

结构 MS 各阶段结构塑性发展状态如图 5.2-8 所示，在顶点位移达到 243mm 时，结构 11 层附近的核心筒连梁出现塑性；顶点位移达到 395mm 时 14 层框架梁端屈服；顶点位移达到 554mm 时，核心筒墙肢底部先出现塑性；顶点位移达到 645mm 时，框架柱底部出现塑性。

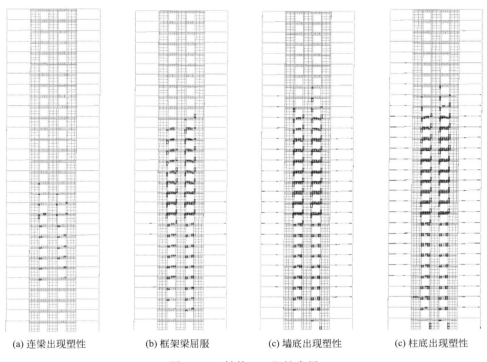

(a) 连梁出现塑性   (b) 框架梁屈服   (c) 墙底出现塑性   (c) 柱底出现塑性

图 5.2-8 结构 MS 塑性发展

由于未出现塑性前，结构 MO 与 MB 完全相同，所以两个结构在核心筒连梁最先出现塑性时的顶点位移也相同，随后由于结构 MB 的框架梁强度较高，框架梁端屈服较晚，但是框架柱和核心筒墙肢底部出现塑性时的顶点位移也基本相同；由于结构 MJ 的框架梁柱节点连接方式为铰接，所以框架部分各塑性发展阶段出现时的顶点位移与结构 MO 和 MB 相比都稍大；结构 MS 的框架部分刚度较大，核心筒连梁和墙肢底部出现塑性时的顶点位移与其他结构相比较小，而基底剪力较大，并且框架柱底部晚于核心筒底部出现塑性。

各结构大震控制点的塑性状态如图 5.2-9 所示，可以看出，各结构 11～20 层的核心筒连梁均出现塑性状态，核心筒墙肢底部大范围出现塑性，几乎每一层都有框架梁端屈服，框架柱底部出现塑性。与结构 MO 相比，由于结构 MB 框架梁强度较高，梁端屈服较少，两个结构剪力墙的塑性状态几乎相同；由于结构 MJ 采用梁柱节点铰接，框架梁端屈服比 MB 更少，底部三层没有梁端屈服，说明梁柱铰接可以有效减少框架梁负担；结构 MS 的塑性状态与 MO 相似，但其核心筒部分的塑性发展程度甚至更高。

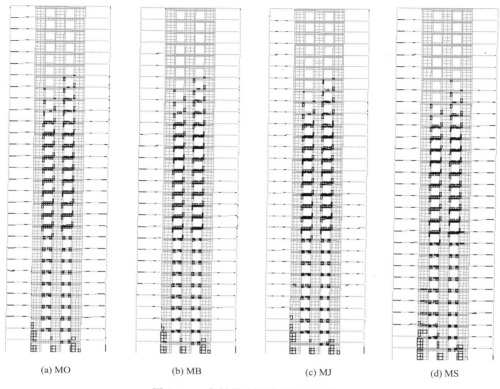

(a) MO   (b) MB   (c) MJ   (d) MS

图 5.2-9 各结构大震控制点塑性状态

5.2.4 结构底部剪力分担比分析

在静力推覆作用下，各结构的框架与核心筒基底剪力-顶点位移曲线如图 5.2-10 所示。可以看出，在推覆初期由于各结构的核心筒尺寸完全相同，核心筒与框架梁的连接方式也都为铰接，因此各结构核心筒承担的水平剪力也几乎相同。进入弹塑性阶段后，结构 MO 与 MB 中框架承担的剪力完全相同，在接近大震控制点时结构 MO 核心筒部分的水平剪力略小于 MB，两者最大值分别为 13020kN 和 13407kN，说明框架强度对核心筒部分剪力基本上没有影响；结构 MS 和 MJ 的核心筒部分基底剪力在弹塑性阶段几乎相同，只有在接近大震控制点时结构 MS 才略低于结构 MJ，两者最大值分别为 11838kN 和 12601kN，说明增加框架刚度可以一定程度上降低核心筒所承受的水平剪力，但是效果并不明显。

由于各结构框架部分的刚度不同，从推覆初期开始，不同结构框架部分的基底剪力就存在较大差异。框架刚度最大的结构 MS 承担的水平剪力明显高于其他结构，高出的最大值为 3520kN；框架强度不同的结构 MO 与 MB 几乎相同，最大值分别为 1562kN 和 1614kN；结构 MJ 由于梁柱节点铰接框架使框架刚度有所降低，但是并不明显，降低的最大值为 1183kN。在推覆后期各结构框架部分刚度退化明显，均进入水平段甚至略有下降。

推覆后期各结构框架部分剪力没有明显下降，核心筒部分剪力突变比较明显，可以看

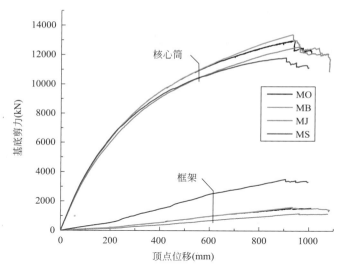

图 5.2-10　框架与核心筒基底剪力-顶点位移曲线

出 CFT 框架-RC 核心筒结构破坏主要集中在核心筒部分，符合混合结构框架-核心筒试验结果[3-5]。

　　框架部分基底剪力占比随顶点位移的变化趋势如图 5.2-11 所示。在弹性阶段，增加框架刚度的结构 MS 的框架剪力占比最大，约为 6.7%，其他 3 个结构的框架剪力占比均在 2.7% 以下，采用梁柱铰接节点的结构 MJ 最低。可以明显看出，在核心筒连梁出现塑性时，框架部分剪力占比开始变大，且随着核心筒的刚度的降低持续增加，直到推覆后期，框架梁端与框架柱底部相继出现塑性，框架剪力占比的变化趋于平缓，结构 MS 的框架剪力占比最高达到 23%，结构 MO 和 MB 达到 11% 左右，结构 MJ 最高为 8.7%。

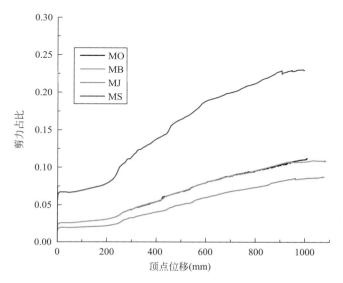

图 5.2-11　框架基底剪力占比-顶点位移曲线

5.3　动力弹塑性分析

5.3.1　地震动信息

　　本章采用四条经典地震动（El Centro、Hachinohe、Taft、Tohoku）对结构施加地震作用，地震波的基本信息见表 5.3-1，地震波加速度时程曲线如图 5.3-1 所示。

地震动信息

表 5.3-1

地震动名称	峰值加速度（cm/s^2）	持时（s）	时间间隔（s）
El Centro	341.7	53.76	0.02
Hachinohe	229.65	51	0.02
Taft	152.7	54.38	0.02
Tohoku	258.1	40.96	0.02

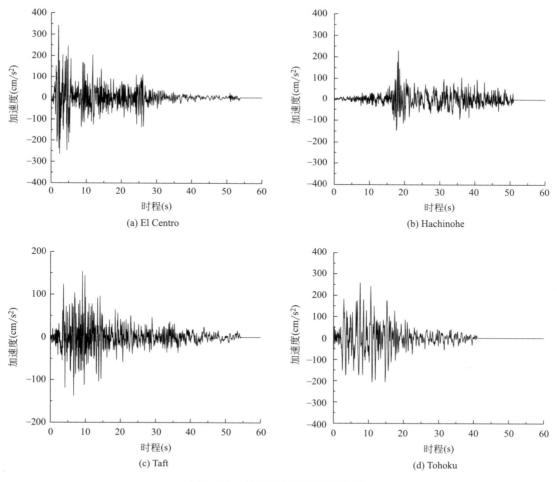

图 5.3-1　地震动加速度时程曲线

将 $T=0$ 时的地震动反应谱的谱加速度的起始点调整至与目标反应谱相同，对比两者是否吻合。四条地震动反应谱以及其平均反应谱和目标反应谱曲线如图 5.3-2 所示，可以看出平均反应谱与目标反应谱在结构的基本周期 2.48s 附近吻合较好，体现了所选地震动的合理性。

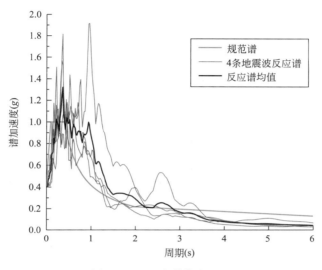

图 5.3-2　反应谱曲线对比

因为震级、震中距和场地特征等因素各不相同，所以不同地震动之间可能存在很大差异，有较强的随机性，因此需要对所选地震动的加速度时程曲线进行调幅，使其满足《建筑抗震设计规范》GB 50011—2010[7] 中所要求的幅值水平。将 4 条地震动的峰值加速度（PGA）分别调幅至 70cm/s^2、200cm/s^2 和 400cm/s^2，然后以动力作用的形式施加在结构模型上，进行小、中、大震三个地震动水准下的抗震分析。本节选用对结构中所有单元施加 $-ma$ 的惯性力的方法模拟地震作用。

5.3.2　结构顶点位移分析

本节分别作出了 4 个 CFT 框架-RC 核心筒结构在 4 条地震动小、中、大震作用下的顶点位移时程曲线（图 5.3-3～图 5.3-5），并对各结构在不同地震动作用下顶点位移的最大值及其平均值进行了统计（表 5.3-2～表 5.3-4）。从图和表中可以看出，即使进行了地震动的调幅，在不同地震动作用下，结构的顶点位移时程曲线在变化形式的数值大小上仍存在较大差异。

在多遇地震作用下，不同结构的顶点位移随时间的变化趋势基本相同，数值大小略有差异（图 5.3-3）。由表 5.3-2 中数据可见，在不同地震动作用下，结构的最大顶点位移存在很大差异，其中最大值和最小值分别为结构 MS 在地震动 Hachinohe 和地震动 Taft 作用下的 192mm 和 50mm，在不同地震动作用下不同结构最大顶点位移之间的大小关系也有所不同，但平均值非常接近；其中平均值最小的是基本结构 MO，其平均值为 98mm；平均值最大的是增加框架强度的结构 MB，其平均值为 103mm。

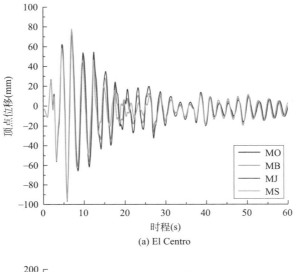

(a) El Centro

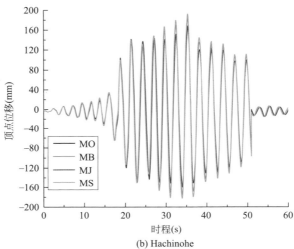

(b) Hachinohe

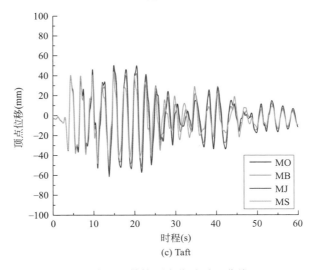

(c) Taft

图 5.3-3　小震下结构顶点位移时程曲线（一）

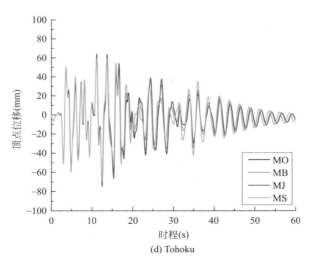

(d) Tohoku

图 5.3-3 小震下结构顶点位移时程曲线（二）

小震下结构最大顶点位移（mm）   表 5.3-2

结构	El Centro	Hachinohe	Taft	Tohoku	平均值
MO	93	148	68	82	98
MB	96	184	58	72	103
MJ	97	168	61	75	100
MS	96	192	50	69	102

各结构在 4 条地震动设防地震作用下的顶点位移时程曲线如图 5.3-4 所示，最大顶点位移及其平均值见表 5.3-3。在地震作用初期，不同结构顶点位移随时间的变化趋势基本相同，与在多遇地震作用下相似，但是随着地震作用时间的推移，结构 MO 和 MB 与其他两个结构的顶点位移随着时间的变化趋势也出现差别，与结构 MO 和 MB 相比，增加框架

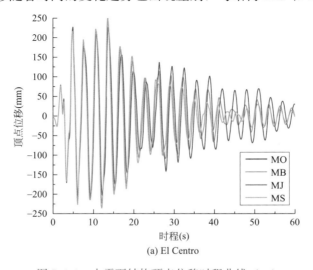

(a) El Centro

图 5.3-4 中震下结构顶点位移时程曲线（一）

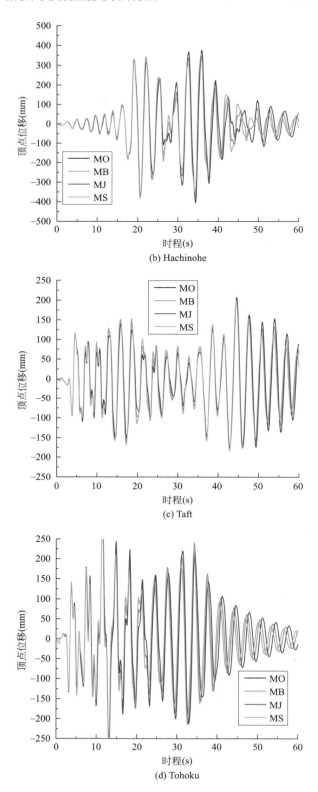

图 5.3-4　中震下结构顶点位移时程曲线（二）

中震下结构最大顶点位移（mm） 表 5.3-3

结构	El Centro	Hachinohe	Taft	Tohoku	平均值
MO	241	377	208	307	283
MB	247	378	204	312	286
MJ	228	405	208	320	290
MS	256	385	200	303	286

刚度的结构 MS 的变化"提前"，而采用梁柱铰接节点的结构 MJ 的变化"滞后"。随着地震作用增强，结构的顶点位移均有所增加，在不同地震作用下不同结构的最大顶点位移仍然不同，而平均值依然接近，除了结构 MO、MJ 分别为 283mm、290mm 外，其余结构均为 286mm。

各结构在 4 条地震动罕遇地震作用下的顶点位移时程曲线如图 5.3-5 所示，最大顶点位移及其平均值见表 5.3-4。

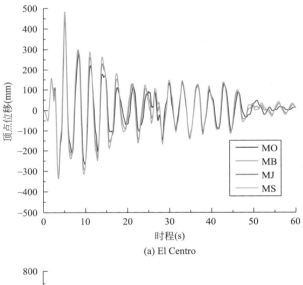

(a) El Centro

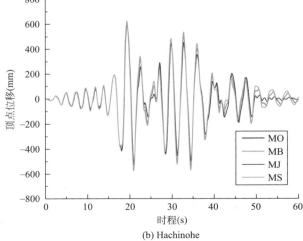

(b) Hachinohe

图 5.3-5　大震下结构顶点位移时程曲线（一）

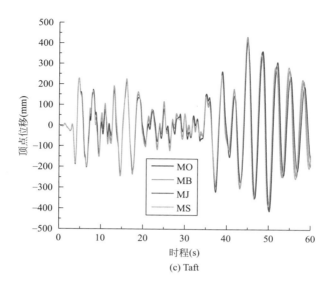

(c) Taft

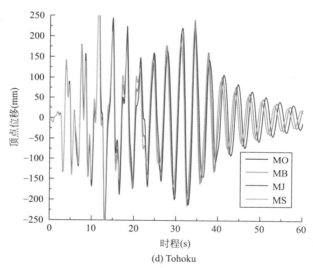

(d) Tohoku

图 5.3-5　大震下结构顶点位移时程曲线（二）

大震下结构最大顶点位移（mm）　　　　　　　　　　表 5.3-4

结构	El Centro	Hachinohe	Taft	Tohoku	平均值
MO	479	625	406	577	522
MB	481	625	433	593	533
MJ	475	607	413	573	517
MS	483	621	429	598	533

　　顶点位移时程变化曲线与设防地震作用下相似，但变化趋势"提前"与"滞后"只在地震动 Tohoku 作用下比较明显。随着地震强度进一步增强，顶点位移也有所增加，但是采用梁柱铰接节点的结构 MJ 的最大顶点位移的平均值变为各结构中最小，为 517mm，基

本结构 MO 的最大顶点位移的平均值为 522mm，其余结构均为 533mm。

综上所述，结构在不同地震动作用下的顶点位移差别很大，并且不同结构之间的大小关系也有区别。不同结构在同一地震动作用下顶点位移随时间的变化趋势基本相同，仅在部分地震动作用下出现"提前"或"滞后"现象。随着地震作用的增强，结构的最大顶点位移不断增加，但是相对关系发生了变化：在小震作用下各结构最大顶点位移的平均值差别不大，在设防地震作用下采用梁柱铰接节点的结构 MJ 最大，而在罕遇地震作用下结构 MJ 最小，基本结构 MO 和增加框架强度的结构 MB 几乎相同，说明增加框架强度对结构在三个强度地震作用下的顶点位移几乎没有影响；增加框架刚度可以在一定程度上降低顶点位移，但是由于在增加刚度的同时也增加质量，受到地震作用也较强，所以效果并不明显。

5.3.3 结构弹塑性层间位移角分析

本节对不同地震动强度下承受不同地震作用各结构的层间位移角进行了统计，提取每一层在整个地震作用过程中最大的层间位移角，得到楼层-层间位移角包络曲线，并将各结构在不同地震作用下的最大层间位移角及其平均值进行了统计。

由图 5.3-6 可以看出，不同结构在多遇地震作用下层间位移角沿楼层高度方向的变化趋势基本相同，数值差异大小与地震动特性有关。在地震动 El Centro 和 Tohoku 作用下，不同结构各楼层的层间位移角都几乎相同，最大层间位移角出现在 21～23 层，并且最大值分别为 0.00102 和 0.00129。各结构在地震动 El Centro 和 Tohoku 小震作用下满足 1/800 的规范要求。在地震动 Hachinohe 作用下结构的层间位移角最大，最大层间位移角出现在 12 层，不同结构的最大层间位移角差别较大，结构 MS 的最大，为 0.00245，结构 MO 的最小，为 0.00188，结构 MB 为 0.00225。各结构在地震动 Hachinohe 小震作用下超过 1/800 的规范限值。在地震动 Taft 作用下不同结构层间位移角仅在结构中下部有所不同，最大值相近。结构 MS 的平均最大层间位移角最大，为 0.00139，而结构 MJ 最小，为 0.00129（表 5.3-5）。

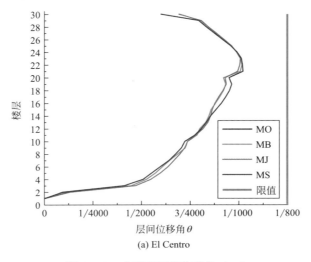

(a) El Centro

图 5.3-6 小震下层间位移角（一）

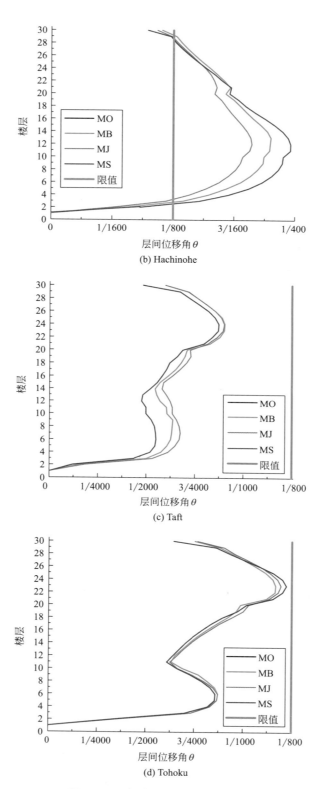

(b) Hachinohe

(c) Taft

(d) Tohoku

图 5.3-6　小震下层间位移角（二）

小震下最大层间位移角

表 5.3-5

结构	El Centro	Hachinohe	Taft	Tohoku	平均值
MO	0.00101	0.00188	0.00093	0.00129	0.00128
MB	0.00102	0.00225	0.00090	0.00117	0.00133
MJ	0.00101	0.00206	0.00090	0.00119	0.00129
MS	0.00102	0.00245	0.00087	0.00122	0.00139

在设防地震作用下，不同结构层间位移角沿楼层高度方向的变化趋势依然相似。由图 5.3-7 可见，在地震动 El Centro 作用下，最大层间位移角出现位置为 21 层，结构 MJ 的最大，为 0.00394；在地震动 Hachinohe 作用下，各结构最大层间位移角出现的位置更低的 7～8 层，依然是结构 MS 层间位移角最大，为 0.00529，结构 MJ 的最小，为 0.00470，结构 MO 与 MB 相同；在地震动 Taft 和 Tohoku 作用下不同结构层间位移角几乎相同，最大值相近。结构 MS 的平均最大层间位移角最大，为 0.00461，而结构 MO 最小，为 0.00450（表 5.3-6）。

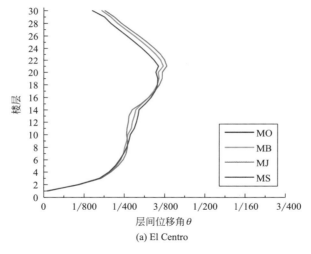

(a) El Centro

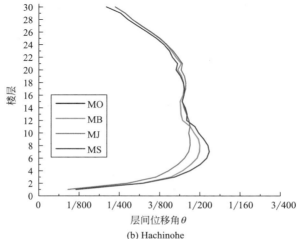

(b) Hachinohe

图 5.3-7　中震下层间位移角（一）

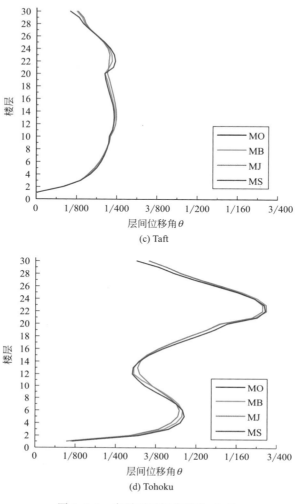

(c) Taft

(d) Tohoku

图 5.3-7　中震下层间位移角（二）

中震下结构层间位移角

表 5.3-6

结构	El Centro	Hachinohe	Taft	Tohoku	平均值
MO	0.00394	0.00475	0.00237	0.00690	0.00450
MB	0.00371	0.00500	0.00244	0.00717	0.00458
MJ	0.00382	0.00470	0.00249	0.00705	0.00451
MS	0.00356	0.00529	0.00245	0.00714	0.00461

　　由图 5.3-8 可见，在大震作用下，不同结构的层间位移角差异变小，最大层间位移角出现位置有所改变，在地震动 Hachinohe 作用下，最大层间位移角出现位置上升至 21 层；在地震波 Taft 作用下，各结构最大层间位移角出现位置下降至 12~14 层。在地震动 Tohoku 作用下结构的层间位移角最大，其中结构 MS 最大，为 0.01043，结构 MJ 最小，为 0.01043，均超过规范弹塑性层间位移角限值 1/100。结构 MS 的平均最大层间位移角最大，为 0.00807，而结构 MO 最小，为 0.00784（表 5.3-7）。

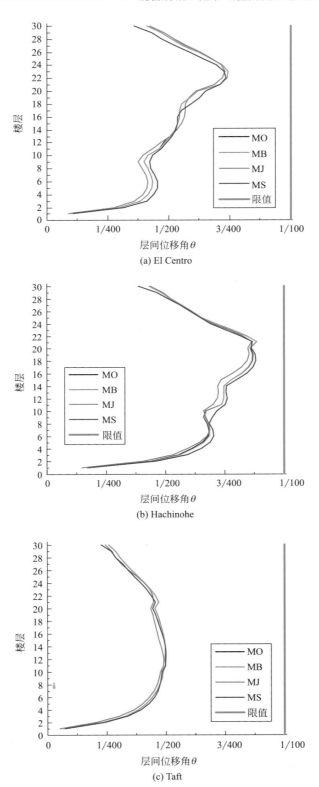

(a) El Centro

(b) Hachinohe

(c) Taft

图 5.3-8　大震下层间位移角（一）

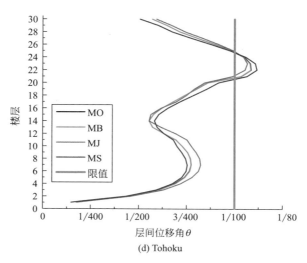

(d) Tohoku

图 5.3-8　大震下层间位移角（二）

大震下结构层间位移角　　　　　　　　　　　表 5.3-7

结构	El Centro	Hachinohe	Taft	Tohoku	平均值
MO	0.00729	0.00893	0.00470	0.01043	0.00784
MB	0.00742	0.00885	0.00498	0.01084	0.00802
MJ	0.00731	0.00864	0.00489	0.01066	0.00788
MS	0.00734	0.00881	0.00499	0.01116	0.00807

综上所述，结构在不同地震作用下不仅最大层间位移角变化很大，最大层间位移角出现的楼层也有较大区别，主要集中在变截面楼层（11 层、21 层）附近；在同一地震动作用下，随着地震强度的增加，最大层间位移角增大，层间位移角沿楼层高度方向的变化趋势与最大层间位移角出现楼层也会发生较大改变。4 个结构在小震下基本满足规范最大弹性层间位移角要求，但在地震动 Hachinohe 作用下最大层间位移角均超限，而在地震动 Tohoku 大震作用下各结构最大弹塑性层间位移角超限，说明不同地震动在不同抗震设防水准下对结构的影响存在差异，且结构最大层间位移角受地震动特性影响显著，即使按我国现有规范进行抗震设计，也仍可能在部分地震动作用下超限。在整个动力时程分析中，结构 MO 和 MJ 的层间位移角几乎完全相同，表明采用梁柱节点铰接对结构层间位移角影响不大；增加框架梁强度的结构 MB 的层间位移角相比基本结构 MO 有所增大；结构 MS 虽然增加了框架刚度，但是其质量和刚度的增大都导致地震作用增加，使得其最大层间位移角的平均值也最大。

5.3.4　结构塑性发展路径分析

对各结构在地震动作用后的塑性状态进行观察后发现，在小震作用下，各结构基本上处于弹性状态，仅在地震动 Hachinohe 作用时有个别连梁端部出现塑性；在中震和大震作用下，出现塑性的构件逐渐增多，并且同一结构在相同强度的不同地震动作用下，塑性损伤状态存在很大区别，不同结构在同一地震动作用下，塑性状态也有所不同。

图 5.3-9 为结构 MO 在不同地震动设防地震与罕遇地震作用下的塑性状态。由图可知，在地震动 El Centro 和 Taft 中震作用下，结构仅中部楼层连梁出现塑性，而在地震动 Hachinohe 中震作用下，墙肢底部也出现塑性，在地震动 Tohoku 中震作用下，框架柱顶端和部分上部楼层框架柱端出现塑性；在大震作用下，结构塑性进一步发展，其中在地震动 Taft 作用下塑性发展最少，仅有连梁和与其相连墙肢出现塑性，在地震动 Tohoku 作用下出现塑性构件最多，除了核心筒部分外，柱顶点和大部分中间楼层的梁柱端部都有塑性发展。

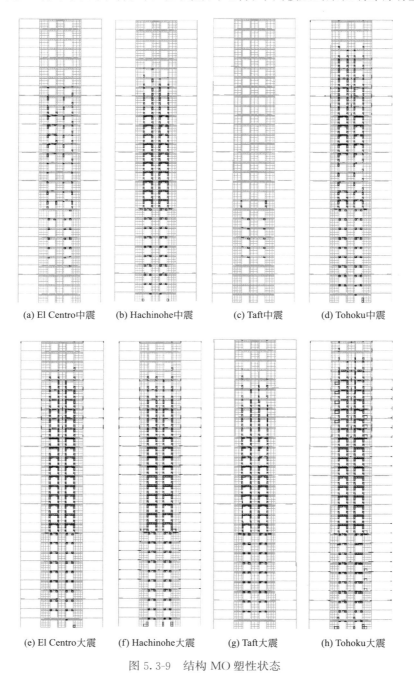

| (a) El Centro中震 | (b) Hachinohe中震 | (c) Taft中震 | (d) Tohoku中震 |

| (e) El Centro大震 | (f) Hachinohe大震 | (g) Taft大震 | (h) Tohoku大震 |

图 5.3-9　结构 MO 塑性状态

　　在地震动 El Centro 中震和大震作用下，各结构的塑性状态如图 5.3-10 所示（结构 MO 在图 5.3-9 中）。在地震动 El Centro 中震作用下，各结构均有中间楼层的连梁和部分墙体出现塑性，但具体位置稍有不同；在大震作用下，核心筒部分仅有结构 MJ 的墙肢底部没有出现塑性，不过总体上各结构基本相同，几乎所有连梁端部出现塑性，从 11 层开始中上部楼层连梁及其附近墙体的塑性发展严重，接近顶部时逐渐消失；框架部分的塑性发展，结构 MO 和 MB 基本相同，在柱顶部和中上部楼层的柱端出现塑性，而结构 MJ 仅在柱顶出现塑性，结构 MS 仅有部分梁端屈服。

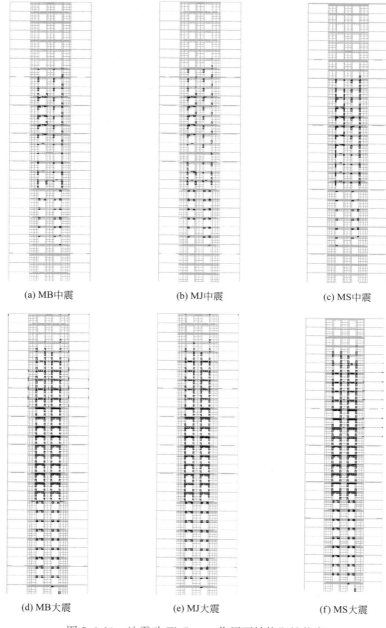

(a) MB中震　　　　　　　(b) MJ中震　　　　　　　(c) MS中震

(d) MB大震　　　　　　　(e) MJ大震　　　　　　　(f) MS大震

图 5.3-10　地震动 El Centro 作用下结构塑性状态

综上所述，结构在不同地震动作用下塑性状态存在很大区别，但整体上塑性发展顺序可以归纳为：连梁及其附近墙体、墙肢底部、框架柱顶部以及中间楼层柱端部和梁端，这与静力弹塑性分析结果略有不同。梁端的屈服现象减少，框架柱底部并没有出现塑性，说明本书分析的结构在地震作用下框架柱顶端和中间楼层柱的端部相较于柱底部更容易出现塑性，同时 11 层及其以上楼层的连梁和附近墙体塑性发展最为严重。结构 MO 与 MB 相比塑性状态几乎没有区别，说明增加框架梁强度对结构整体在三个地震强度下的塑性发展影响很小；结构 MJ 核心筒部分的塑性状态与其他模型区别不大，而框架部分的塑性发展明显减少，说明采用梁柱铰接节点可以有效减少框架部分塑性发展；结构 MS 的塑性状态表明，增加框架部分刚度并不能有效减小核心筒部分的塑性损伤，但是可以通过调整刚度改变框架中塑性出现的位置。

5.3.5　结构底部剪力分担比分析

本节对各结构模型在不同强度的地震动作用下的基底总剪力、核心筒基底剪力、框架基底剪力的最大值以及对应的框架部分承担的基底剪力占比进行了统计，见表 5.3-8～表 5.3-10，以此分析不同结构特性对结构基底剪力的影响。

表 5.3-8 为各结构在不同地震动小震作用下的结构基底剪力，横向对比可以发现同一结构在不同地震动作用下的基底剪力有很大不同。在地震动 Hachinohe 作用下结构的基底剪力最大，但是不同地震动作用下结构的框架剪力占比基本相同。值得注意的是，采用梁柱铰接节点的结构 MJ 在总基底剪力更大时框架剪力占比变小。通过纵向对比可以看出，由于没有框架梁出现塑性，结构 MO 和 MB 各项数值完全相同，框架部分剪力占比平均值为 3.1%；结构 MJ 由于框架部分刚度较小，所以承受地震作用也较小，各项剪力数值均低于结构 MO 和 MB，框架部分剪力占比也较低，平均值仅有 2.5%；框架刚度与质量最大的结构 MS 承受的地震作用最强，各项基底剪力数值也较高，框架基底剪力与其他结构相比高出 2 倍以上，相应的框架部分剪力占比也较大，平均值为 7.7%，这一结果与SATWE 中的弹性计算结果相差较大，主要原因是在动力时程分析中得到的是结构整体在地震动作用下的动力响应，各层的地震剪力会与相邻层更加协调，没有出现静力弹性计算中底层框架剪力突变增大的情况。

小震下结构基底剪力（kN）及占比　　　　　　　　　　表 5.3-8

结构		El Centro	Hachinohe	Taft	Tohoku	平均值
MO	总剪力	3831	6797	3969	5525	5030
	核心筒剪力	3718	6585	3845	5352	4875
	框架剪力	113	212	123	174	156
	框架剪力占比	3.0%	3.1%	3.1%	3.1%	3.1%
MB	总剪力	3831	6797	3969	5525	5030
	核心筒剪力	3718	6585	3845	5352	4875
	框架剪力	113	212	123	174	156
	框架剪力占比	3.0%	3.1%	3.1%	3.1%	3.1%

结构		El Centro	Hachinohe	Taft	Tohoku	平均值
MJ	总剪力	3815	5934	3979	5511	4810
	核心筒剪力	3718	5799	3878	5371	4691
	框架剪力	97	134	101	140	118
	框架剪力占比	2.5%	2.3%	2.6%	2.5%	2.5%
MS	总剪力	4031	7749	4248	5859	5472
	核心筒剪力	3734	7131	3931	5397	5048
	框架剪力	297	618	317	461	423
	框架剪力占比	7.4%	8.0%	7.5%	7.9%	7.7%

表 5.3-9 为各结构在不同地震动中震作用下的结构基底剪力。数据横向对比可以发现，随着地震强度的增加，同一结构在地震动 Tohoku 作用下基底剪力最大，与层间位移角的变化趋势相同，并且强度较大的地震动使结构中各构件逐渐出现塑性。不同地震动作用下的框架部分剪力占比出现较大区别。由于结构塑性损伤率先出现在核心筒连梁中，这时一般较高的基底剪力对应的框架部分占比也较大，结构在地震动 Hachinohe 和 Tohoku 作用下框架剪力占比明显较高。纵向对比可见，由于框架梁在中震作用下依然没有屈服，因此框架强度不同的结构各项数值依然相同，框架剪力占比平均值变为 5.4%，与小震时下相比有所提升；采用梁柱铰接节点的结构 MJ 的各项剪力指标依然最低，框架剪力占比平均值为 4.1%；框架刚度最大的结构 MS 总剪力依然是最大的，与基本结构 MO 相比高出 6.7%，框架基底剪力高出 130%。

中震下结构基底剪力（kN）及占比

表 5.3-9

结构		El Centro	Hachinohe	Taft	Tohoku	平均值
MO	总剪力	9323	12289	7186	13263	10515.25
	核心筒剪力	8889	11234	6902	12361	9846.5
	框架剪力	434	1055	284	902	668.75
	框架剪力占比	4.7%	8.6%	4.0%	6.8%	6.4%
MB	总剪力	9537	13079	7977	14193	11196
	核心筒剪力	9156	11993	7710	13332	10548
	框架剪力	380	1086	267	861	649
	框架剪力占比	4.0%	8.3%	3.3%	6.1%	5.4%
MJ	总剪力	9494	11588	7810	13057	10487
	核心筒剪力	9190	10910	7582	12485	10042
	框架剪力	304	677	228	572	445
	框架剪力占比	3.2%	5.8%	2.9%	4.4%	4.1%

续表

结构		El Centro	Hachinohe	Taft	Tohoku	平均值
MS	总剪力	10048	14200	8224	15724	12049
	核心筒剪力	9051	11486	7535	13378	10362
	框架剪力	997	2714	689	2346	1687
	框架剪力占比	9.9%	19.1%	8.4%	14.9%	13.1%

表 5.3-10 为各结构在不同地震动大震作用下的结构基底剪力，可以发现随着地震强度进一步增加，框架剪力占比随之增大。横向对比发现，由于各结构均已进入弹塑性状态，地震动特性对框架剪力占比影响增加，框架剪力占比在大震作用下与基底剪力大小关联性不强，比如在地震波 El Centro 与 Tohoku 作用下，虽然基底剪力较大，但是框架剪力占比较低。纵向对比可以发现，由于框架强度的不同，结构 MB 与 MO 相比在剪力指标上出现了微小差别，对框架剪力占比影响不大，两种结构框架剪力占比平均值分别为 7.4%、7.9%；采用梁柱铰接节点的结构 MJ 各项剪力指标依然较低，框架剪力占比平均值为 6.0%；框架刚度较大的结构 MS 总剪力与基本结构 MO 相比高 13.2%，框架基底剪力高 146%，不过核心筒基底剪力比基本结构 MO 低 1.8%，表明与中震作用时相比，在大震作用下刚度较大的框架可以分担更多的剪力。

大震下结构基底剪力（kN）及占比　　　　　　　　表 5.3-10

结构		El Centro	Hachinohe	Taft	Tohoku	平均值
MO	总剪力	12957	16245	11164	16079	14111.25
	核心筒剪力	12160	14704	10251	14869	12996
	框架剪力	797	1541	913	1210	1115.25
	框架剪力占比	6.2%	9.5%	8.2%	7.5%	7.9%
MB	总剪力	15383	16395	11338	16766	14970
	核心筒剪力	14443	14918	10491	15557	13852
	框架剪力	940	1477	847	1209	1118
	框架剪力占比	6.1%	9.0%	7.5%	7.2%	7.4%
MJ	总剪力	14530	15985	10895	16317	14432
	核心筒剪力	13829	14779	10280	15341	13557
	框架剪力	702	1206	614	976	874
	框架剪力占比	4.8%	7.5%	5.6%	6.0%	6.0%
MS	总剪力	16803	17647	11923	17535	15977
	核心筒剪力	14227	14061	9949	14684	13230
	框架剪力	2576	3586	1973	2851	2747
	框架剪力占比	15.3%	20.3%	16.5%	16.3%	17.1%

167

5.4 基于 IDA 的地震易损性分析

5.4.1 地震动选取

本节采用基于目标反应谱的方法选取地震动用于增量动力分析。其中目标反应谱采用抗震规范中 8 度 0.2g 场地的设计反应谱。采用双频段选波法从太平洋地震工程研究中心（PEER）的地震动数据库中分别对四个结构进行选波，选取了 10 条同时适用于四个结构的地震动用于 IDA 分析，这个数量的地震动一般可以满足结构抗震性能研究的精度要求。所选地震动的反应谱及其平均反应谱与规范设计反应谱的对比如图 5.4-1 所示。可以看出，用于结构 IDA 分析的地震动反应谱与规范设计反应谱在平台段和基本周期 T_1 附近区段内吻合良好，平均反应谱在较大的周期范围内也与设计反应谱基本相符，体现了所选地震动的合理性。地震动的基本信息见表 5.4-1。

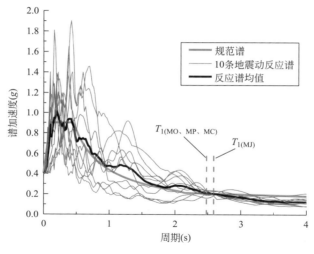

图 5.4-1 反应谱曲线对比

IDA 分析的地震动信息   表 5.4-1

本章标号	NGA 编号	$PGA(g)$	步长(s)	持时(s)	地震名称	记录台站
1	350	0.084	0.01	59.99	Coalinga-01	Parkfield-Gold Hill 2W
2	1118	0.194	0.01	140	Kobe Japan	Tadoka
3	1170	0.053	0.005	44	Kocaeli Turkey	Mecidiyekoy
4	1607	0.015	0.005	72.79	Duzce Turkey	Galata Kop.
5	1620	0.017	0.01	60	Duzce Turkey	Sakarya
6	1764	0.034	0.005	72	Hector Mine	Anza-Tripp Flats Training
7	1810	0.084	0.005	129.28	Hector Mine	Mecca-CVWD Yard
8	1822	0.021	0.005	67	Hector Mine	Riverside Airport
9	1829	0.118	0.005	61.91	Hector Mine	San Bernardino-Mont. Mem Pk
10	3129	0.0138	0.005	59	Chi-Chi	TAP051

5.4.2　IDA 曲线分析

以结构损伤指标 $\theta_{\max}$ 为横坐标，地震强度指标 S_a 为纵坐标，各结构由 10 条地震动得到的 IDA 曲线簇和分位数曲线如图 5.4-2 所示。从图中可以看出，结构在特性不同的地震

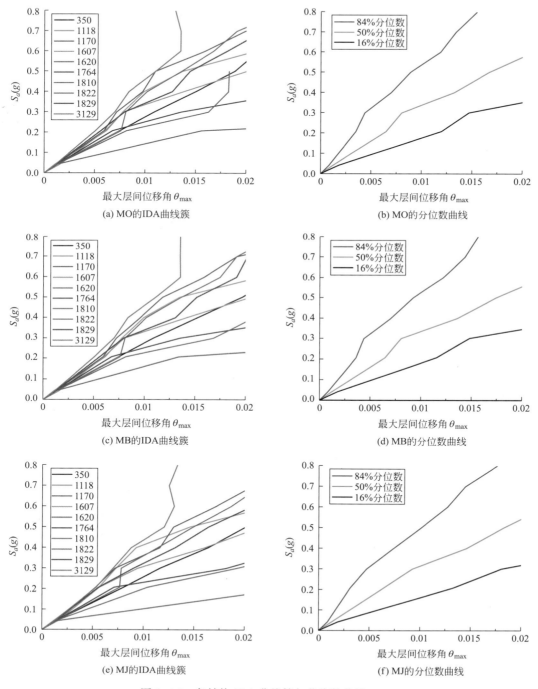

图 5.4-2　各结构 IDA 曲线簇与分位数曲线（一）

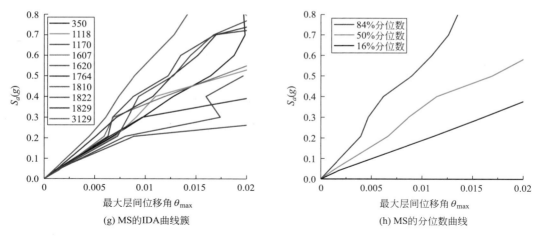

(g) MS的IDA曲线簇   (h) MS的分位数曲线

图 5.4-2   各结构 IDA 曲线簇与分位数曲线（二）

动作用下的非线性变形响应具有明显差别，从变化趋势上的差异大致可以分为三类：软化型、过渡软化型和硬化型[9]。从各结构的 IDA 曲线簇和分位数曲线中可以看出，CFT 框架-RC 核心筒结构在地震作用下刚度退化并不明显，仅在个别地震动作用下出现软化型曲线，与其他结构相比，在框架刚度较大的结构 MS 中的耗能部位更多，框架部分的耗能能力更强，因此出现了较多的硬化型曲线。

各结构 50％分位数曲线如图 5.4-3 所示，随着塑性损伤的增加，结构变形响应随着地震强度的增加近似线性提高，并且由于结构由前期的核心筒连梁耗能逐渐转变至核心筒与框架共同耗能，在 IDA 分位数曲线中出现了较为明显的硬化现象。在地震强度较低时，不同结构对应的分位数曲线的斜率基本相同。当进入到弹塑性阶段后，框架刚度较大的结构 MS 对应的分位数曲线强化段相对较长，但之后的斜率更小；采用梁柱铰接节点的结构 MJ 由于框架部分刚度最小，与之对应的分位数曲线强化现象并不明显；框架强度的差异对分位数曲线影响不大，强化段过后框架强度大的结构斜率更低。

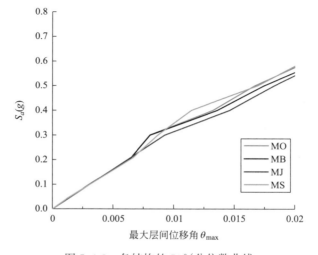

图 5.4-3   各结构的 50％分位数曲线

由于结构在地震作用下的塑性损伤被假定为符合对数正态分布，所以结构损伤指标在某一地震强度下的对数标准差平均值可以表征曲线簇的离散性[10]。从结构的 IDA 曲线簇可以得出结构在各个强度等级的不同地震动作用下的最大层间位移角的数据，对这些数据取对数，计算在同一强度等级下最大层间位移角数据的对数标准差，即相对于地震强度指标的条件对数标准差，并对其求平均值，以此为标准来评价不同结构在不同强度的地震动作用下的离散性。在 S_a 条件下的 $\theta_{\max}$ 的对数标准差如图 5.4-4 所示，其中虚线代表平均值。

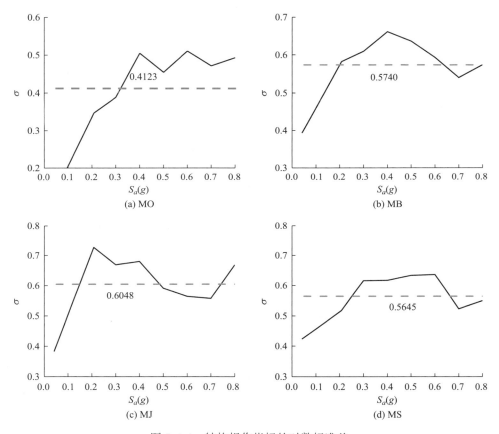

图 5.4-4 结构损伤指标的对数标准差

由图可知，框架刚度不同的结构，其损伤指标的对数标准差随 S_a 的变化趋势有所不同，框架刚度较大的结构 MS 对应的曲线更加平缓，框架强度不同对不同强度地震作用下结构损伤指标的对数标准差几乎无影响。框架刚度较小的结构，其损伤指标的对数标准差的平均值更大，对应结构的 IDA 曲线簇的离散性也更大。

5.4.3 结构地震易损性分析

通过参考第 2 章各规范和相关研究中关于框架-核心筒结构和混合结构的不同性能水准的划分和规定，本章根据文献［13］中对框架-核心筒混合结构的研究，对 CFT 框架-RC 核心筒混合结构地震易损性中的性能水准量化指标划分见表 5.4-2。

CFT 框架-RC 核心筒混合结构地震易损性中的性能水准及量化指标　　表 5.4-2

抗震性能水准	LS1 正常使用	LS2 基本可使用	LS3 修复后可使用	LS4 生命安全	LS5 接近倒塌
层间位移角	1/800	1/400	1/200	1/100	1/50

本章采用传统可靠度法计算结构的超越概率函数，经过拟合后得到结构模型的地震易损性曲线。各结构的地震易损性曲线如图 5.4-5 所示。

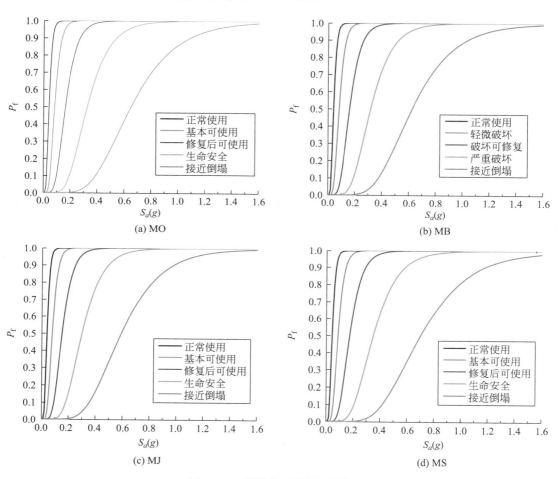

图 5.4-5　结构的地震易损性曲线

结构在 5 个性能水准下的地震易损性对比结果见图 5.4-6，可以看出不同结构在五个性能水平下地震易损性曲线略有不同，其中结构 MJ 的超越概率最大，结构 MS 的最小，结构 MO 与 MB 的相对大小关系在不同性能水平下也不相同。在正常使用性能水平下，结构 MB 的超越概率略低于结构 MO，随着性能水平逐渐提高至接近倒塌，结构 MB 的超越概率超过结构 MO，说明仅通过提高框架梁的强度增加框架的抗侧力能力，对结构在接近倒塌性能水平下的抗震性能有不利作用。

根据以上分析，本节对比分析了 4 个结构在设防烈度 8 度地区的小、中、大震 3 个地震动水准下对 5 个性能水平的超越概率。根据规范中对于三地震动水准中对于 PGA 的要

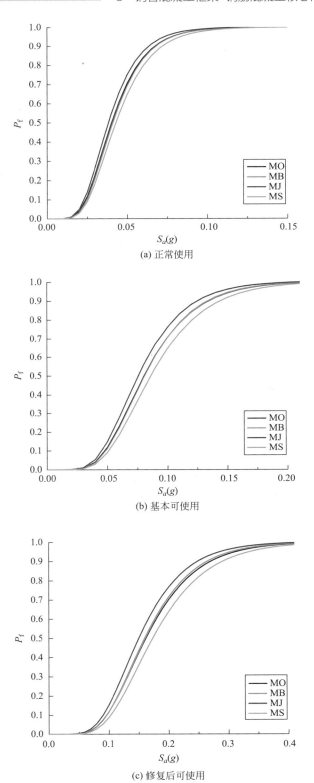

(a) 正常使用

(b) 基本可使用

(c) 修复后可使用

图 5.4-6 不同性能水准下结构地震易损性曲线对比（一）

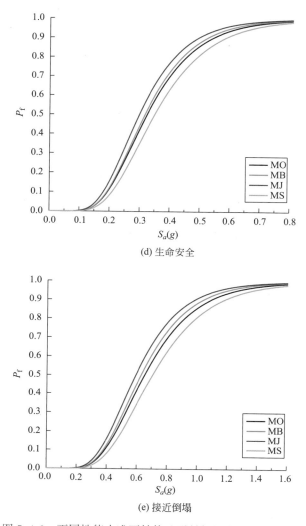

(d) 生命安全

(e) 接近倒塌

图 5.4-6　不同性能水准下结构地震易损性曲线对比（二）

求通过设计反应谱对 S_a 进行换算，得到在小震、中震、大震水准下 S_a 的值，从而求出不同结构的易损性矩阵，见表 5.4-3。由表中数据可见，在多遇地震下，各结构正常使用性能水准的超越概率均未超过 50%，基本可使用性能水准的超越概率不超过 4%，基本符合"小震不坏"的抗震设防目标，其中采用梁柱铰接节点的结构 MJ 超越概率最大，正常使用和基本可使用两个性能水准的超越概率分别为 47.25% 和 3.58%，增加框架强度与刚度均能在一定程度上降低超越概率。在设防地震作用下，各结构修复后可使用性能水准的超越概率也均未超过 4%，符合"中震可修"的抗震设防目标，不同结构件的相对大小关系与多遇地震水准下相同。在罕遇地震下，各结构生命安全性能水准的超越概率最大为 22.28%，接近倒塌性能水准的超越概率均未超过 0.63%，基本符合"大震不倒"的抗震设防目标，与前两个性能水准不同，此时单纯增加框架梁强度对结构各性能状态下的超越概率产生了不利影响，结构 MB 与结构 MO 相比在生命安全和接近倒塌两个性能水准下的超越概率分别高 1.87% 和 0.08%。

结构易损性矩阵   表 5.4-3

结构	设防水准	$S_a(g)$	性能水准				
			LS1	LS2	LS3	LS4	LS5
MO	小震	0.037	46.06%	3.35%	0.02%	0.00%	0.00%
	中震	0.075	94.70%	45.35%	3.22%	0.02%	0.00%
	大震	0.213	100.00%	99.34%	77.27%	16.23%	0.33%
MB	小震	0.037	39.84%	2.33%	0.01%	0.00%	0.00%
	中震	0.075	93.94%	42.74%	2.77%	0.01%	0.00%
	大震	0.213	100.00%	99.47%	79.42%	18.10%	0.41%
MJ	小震	0.037	47.25%	3.58%	0.02%	0.00%	0.00%
	中震	0.074	95.75%	49.59%	4.07%	0.03%	0.00%
	大震	0.211	100.00%	99.66%	83.40%	22.28%	0.63%
MS	小震	0.037	37.31%	1.99%	0.01%	0.00%	0.00%
	中震	0.075	92.40%	38.20%	2.10%	0.01%	0.00%
	大震	0.213	100.00%	99.09%	73.46%	13.44%	0.23%

表 5.4-4 为结构接近倒塌性能水准超越概率的各分位数对应的 PGA。结构 MJ 倒塌概率为 16% 时对应的 PGA 最小，为 0.60g，大于我国抗震规范中 8 度（0.2g）罕遇地震对应的 0.4g。

结构接近倒塌性能水准对应的 PGA（g）   表 5.4-4

结构	分位数		
	16%	50%	84%
MO	0.70	1.01	1.31
MB	0.70	1.01	1.32
MJ	0.60	0.92	1.25
MS	0.77	1.08	1.39

5.4.4 结构抗地震倒塌能力分析

本章在 IDA 与易损性分析中选择谱加速度 S_a 作为地震强度指标，该指标反映的是结构在地震作用下产生效应的大小，但是同一地区的不同结构由于自振周期存在差异，在同一地震作用下的动力响应可能不同，同时周期不同的结构在规范设计反应谱中对应的谱加速度也有所不同，因此结构在接近倒塌性能水准下的地震易损性曲线不能直观地衡量结构抗地震倒塌能力。本章采用结构抗倒塌储备系数（Collapse Margin Ratio，CMR）体现各结构的抗地震倒塌能力。该系数由 FEMA 695[14] 提出，可通过结构在接近倒塌性能水准下的超越概率为 50% 时对应的地震强度 $S_{a\text{LS5}\,|\,P_f=50\%}$ 与我国抗震规范中规定的大震下对应的地震强度 $S_{a\text{罕遇}}$ 的比值表示，如式（5.4-1）所示，各结构的抗倒塌储备系数见表 5.4-5。

$$CMR = \frac{S_{a\text{LS5}\,|\,P_f=50\%}}{S_{a\text{罕遇}}} \tag{5.4-1}$$

各结构抗倒塌储备系数   表 5.4-5

结构	$S_{aLS5}\mid P_f=50\%(g)$	$S_{a罕遇}(g)$	CMR
MO	0.639	0.213	3.000
MB	0.587	0.213	2.757
MJ	0.560	0.211	2.656
MS	0.653	0.213	3.067

由表中可知，通过增加框架梁的强度增加框架承载力反而会使结构的倒塌安全储备系数略微下降，与基本模型 MO 相比下降了 8.1%；在增加框架梁强度的基础上，将梁柱节点由刚接改为铰接会使倒塌安全储备系数进一步下降 11.5%；增加框架刚度可以提高结构的倒塌安全储备，使结构倒塌安全储备系数增大了 2.2%。

为定量评价结构在一致倒塌风险要求下的安全储备，根据 2.4.5 节提到的结构最小安全储备系数（$CMR_{10\%}$）定义以及公式（2.4-13），结合结构易损性曲线，计算得到结构在倒塌概率 10% 所对应的地震动强度指标和相应的 $CMR_{10\%}$ 值，如表 5.4-6 所示。

结构最小安全储备系数   表 5.4-6

结构	$S_a(T_1)_{10\%}(g)$	$S_a(T_1)_{罕遇}(g)$	$CMR_{10\%}$
MO	0.381	0.213	1.79
MB	0.366	0.213	1.72
MJ	0.350	0.211	1.66
MS	0.400	0.213	1.88

由表可知，MO、MB、MJ 和 MS 的结构最小安全储备系数分别为 1.79、1.72、1.66 和 1.88，MB 的结构 $CMR_{10\%}$ 下降 3.9%，由于增大框架梁强度，趋于"强梁弱柱"，MJ 的结构 $CMR_{10\%}$ 下降 7.3%，因其梁柱铰接，MS 的 $CMR_{10\%}$ 上升 5.0%，因其材料用量增加，上述结构 $CMR_{10\%}$ 均大于 1.0，满足一致倒塌风险验算要求，且差异较小。

5.5 单重抗侧力体系的 CFT 框架-RC 核心筒抗震性能分析

针对不同框架分担剪力比的 CFT 框架-RC 核心筒结构单重抗侧力体系分别提出按照提高一级 RC 核心筒抗震等级要求设置抗震构造措施（下文统称提高核心筒抗震等级）和按 RC 核心筒承担 100% 的本层总地震剪力设计（下文统称提高核心筒设计剪力）的抗震设计方法。根据我国现行规范，采用结构设计软件 SATWE 设计了三组 CFT 框架-RC 核心筒结构模型，并建立了 MSC.Marc 有限元分析模型。针对 7 度（0.1g）和 8 度（0.20g）抗震设防烈度要求，通过动力弹塑性时程分析、增量动力分析（IDA）及地震易损性分析，对 CFT 框架-RC 核心筒结构体系的抗震性能和抗倒塌能力进行了研究，并对上述抗震设计方法进行计算验证。

5.5.1 算例设计

其中基本模型为 MO-7、MO-8 和 MB-8，另外三个对比模型分别为 MG-7、MG-8 和 MC-8；三组结构模型的参数特点如表 5.5-1 所示。

模型参数特点　　　　　　　　　　　　　　　　　　　　　表 5. 5-1

模型名称	模型特点
MO-7	**基本模型一**：设计结构 MO-7，框架部分楼层弹性计算层剪力值介于地震总剪力的 2.2%～11.2%之间；部分框架的层间抗剪承载力不满足《高层建筑混凝土结构技术规程》JGJ 3—2010 要求
MG-7	**单重抗侧力体系（提高一级 RC 核心筒抗震构造措施）**：在模型 MO-7 的基础上，将 RC 核心筒抗震等级提高一级设置抗震构造措施，形成单重抗侧力体系 MG-7
MO-8	**基本模型二**：以 5.1 节 MS 为基础，调整框架材料强度等级，使其不满足《建筑抗震设计规范》GB 50011—2010 对框架的承载能力要求
MG-8	**单重抗侧力体系（提高一级 RC 核心筒抗震构造措施）**：在模型 MO-8 的基础上，将 RC 核心筒抗震等级提高一级设置抗震构造措施，形成单重抗侧力体系 MG-8
MB-8	**基本模型三**：框架部分楼层弹性计算最大层剪力值小于地震总剪力的 10%；部分框架的层间抗剪承载力不满足《高层建筑混凝土结构技术规程》JGJ 3—2010 要求
MC-8	**单重抗侧力体系（按 RC 核心筒承担 100%的本层总地震剪力设计）**：以模型 MB-8 为基础，RC 核心筒承担 100%本层地震总剪力进行设计，形成单重抗侧力体系 MC-8

注：M——Model，指结构模型；O——Origin，代表基本模型；G——Grade，指将 RC 核心筒抗震等级提高一级；B——Basics，代表基本模型；C——Coefficient，指 RC 核心筒调整剪力调整系数，按 RC 核心筒承担 100%的本层总地震剪力设计；-7，指 7 度（0.10g）抗震设防烈度；-8，指 8 度（0.20g）抗震设防烈度。（基本模型 MO-8 的原模型为 5.1 节中模型 MS，降低梁柱材料等级，使其不满足规范承载能力要求；基本模型 MB-8 为 5.1 节中模型 MO。）

（1）结构设计参数

根据我国现行规范要求，并参考文献［1］中的框架-核心筒混合结构，简化得到 CFT 框架-RC 核心筒基本结构 MO-7、MO-8 和 MB-8，三组结构的平面布置相同，如图 5.5-1 所示（以 MO-8 为例）。结构基本信息见表 5.5-2。

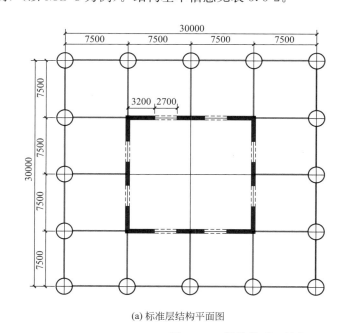

(a) 标准层结构平面图

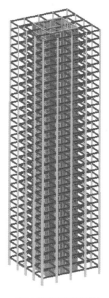

(b) 结构三维轴测图

图 5.5-1　结构模型（单位：mm）

结构基本信息　　　　　　　　　　　　　　表 5.5-2

结构设计参数	参数取值		抗震设计参数	参数取值	
	7度模型	8度模型		7度模型	8度模型
结构高度（层高）	108m（3.6m）		抗震设防烈度	7度（0.10g）	8度（0.20g）
层数	30层		设计地震分组	第二组	
结构平面尺寸	30m×30m		场地特征周期	0.40s	
核心筒平面尺寸	15m×15m		建筑场地类别	Ⅱ类	
门洞尺寸	2.7m×3.0m　2.7m×2.7m		水平地震影响系数	0.08	0.16
连梁跨高比	3		结构抗震等级	一级	
楼面恒载（活载）	3.5kN/m²（2kN/m²）		阻尼比	0.035	

　　核心筒部分的面积占比为结构总面积的25%，为工程中常见占比。核心筒混凝土强度等级均为C50，钢筋采用HRB400，配筋信息见表5.5-3。圆钢管混凝土柱截面尺寸随高度变化，钢管含钢率均为8.5%；混凝土楼板厚度120mm，楼面恒载不包括楼板自重。具体构件信息见表5.5-4。为评价不同结构的经济效益，对比其材料用量，表5.5-5列出了两个结构的总质量以及框架梁、框架柱和核心筒部分的用钢量。MG-7的结构合计总用钢量比基本结构MO-7提高了4.55%；MG-8的结构合计总用钢量比基本结构MO-8提高了1.88%；MC-8的结构合计总用钢量比基本结构MB-8提高了0.05%。

核心筒配筋信息　　　　　　　　　　　　　　表 5.5-3

模型	楼层	连梁		角部边缘构件		门洞边缘构件	
		上部纵筋（mm²）	下部纵筋（mm²）	配筋率	配箍率	配筋率	配箍率
MO-7	1～10	1809	1809	1.02%	1.72%	1.13%	2.05%
	11～20	1608	1608	1.01%	1.19%	1.01%	0.97%
	21～30	1206	1206	1.04%	1.07%	1.01%	0.94%
MG-7	1～10	2011	2011	1.45%	2.06%	1.45%	2.39%
	11～20	1608	1608	1.42%	2.53%	1.26%	0.90%
	21～30	1206	1206	1.49%	1.32%	1.34%	0.87%
MO-8	1～10	3015	3015	1.23%	1.98%	1.29%	2.05%
	11～20	2212	2212	1.26%	1.79%	1.01%	0.90%
	21～30	1608	1608	1.34%	1.21%	1.01%	0.87%
MG-8	1～10	2814	2814	1.45%	2.06%	1.45%	2.39%
	11～20	2212	2212	1.42%	2.53%	1.26%	0.90%
	21～30	1407	1407	1.49%	1.32%	1.34%	0.87%
MB-8	1～10	2198	2198	1.42%	1.99%	1.51%	2.05%
	11～20	1570	1570	1.44%	1.79%	1.26%	0.90%
	21～30	1570	1570	1.63%	1.11%	1.34%	0.87%
MC-8	1～10	2198	2198	1.42%	1.99%	1.51%	2.05%
	11～20	2198	2198	1.44%	1.79%	1.26%	0.90%
	21～30	1570	1570	1.63%	1.11%	1.34%	0.87%

结构构件信息   表 5.5-4

模型	楼层数	圆钢管混凝土柱(C30 Q235)		钢梁(mm)	核心筒墙厚(mm)
		直径(mm)	壁厚(mm)		
MO-7/ MG-7	1～10	900	18	14×325×275×18(Q235)	500
	11～20	700	14		400
	21～30	500	10		300
MO-8/ MG-8	1～10	1000	20	12×550×200×16(Q235)	500
	11～20	800	16		400
	21～30	600	12		300
MB-8/ MC-8	1～10	700	14	10×500×200×16(Q235)	500
	11～20	600	12		400
	21～30	450	9		300

结构总质量与各部分用钢量（t）   表 5.5-5

模型	结构总质量	框架梁	框架柱	核心筒	合计
MO-7	27390	654	432	255	1341
MG-7	27390	654	432	316	1402
MO-8	28238	591	557	287	1435
MG-8	28238	591	557	314	1462
MB-8	26913	528	294	440	1262
MC-8	26913	528	294	441	1263

（2）结构小震弹性分析

三组结构模型在 SATWE 中的部分弹性计算结果见表 5.5-6。对比三组结构模型发现，结构 MG-7 的周期、底层框架承担剪力占比和刚重比与基本结构 MO-7 相同；结构 MG-8 的最大层间位移角、周期和底层框架承担剪力比基本结构 MO-8 略小，但底层框架承担剪力占比和刚重比略大；结构 MC-8 的最大层间位移角和刚重比与基本结构 MB-8 相比略大。

结构弹性计算结果   表 5.5-6

模型	最大层间位移角(位置)	周期(s)(方向)	底层框架剪力(kN)(占比)	刚重比
MO-7	1/1341(22 层)	2.8377(X、Y) 2.1876(T)	446.3(10.1%)	3.20
MG-7	1/1341(22 层)	2.8377(X、Y) 2.1876(T)	446.3(10.1%)	3.20
MO-8	1/939(22 层)	2.4228(X、Y) 1.6343(T)	1294.1(12.9%)	4.32
MG-8	1/945(22 层)	2.4125(X、Y) 1.6342(T)	1288.7(13.2%)	4.39

模型	最大层间位移角(位置)	周期(s)(方向)	底层框架剪力(kN)(占比)	刚重比
MB-8	1/938(23 层)	2.4177(X、Y) 1.6098(T)	406.3(4.3%)	4.41
MC-8	1/867(24 层)	2.4177(X、Y) 1.6098(T)	406.3(4.3%)	4.45

（3）弹塑性分析有限元模型

根据结构设计软件 SATWE 中的设计结果，在非线性分析软件 MSC.Marc 中建立结构的有限元数值模型，如图 5.5-2 所示（以 MO-7 为例）。框架部分采用基于纤维模型的梁单元建立；核心筒部分采用第 2 章中介绍的分层壳单元建立；沿墙体厚度方向分布的钢筋以钢筋束的形式用桁架单元建入模型中，结构有限元模型的单元和节点数目见表 5.5-7。

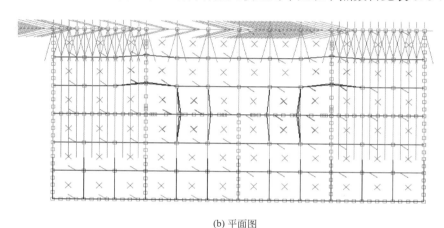

(a) 轴测图　　　　　　　　　　　　　　(b) 平面图

图 5.5-2　有限元模型

结构有限元模型　　　　　　　　　　表 5.5-7

模型	MO-7	MG-7	MO-8	MG-8	MB-8	MC-8
单元	15334	15352	15334	18630	18390	18390
节点	14900	14930	14900	14380	14380	14380

（4）模态分析

MSC.Marc 中的结构质量与 SATWE 的结构总质量对比见表 5.5-8。

结构质量对比　　　　　　　　　　　表 5.5-8

结构	MSC.Marc(t)	SATWE(t)	误差(%)
MO-7、MG-7	28040	27390	2.37
MO-8、MG-8	28887	28238	2.30
MB-8、MC-8	27562	26913	2.4

从表中可以看出，MSC.Marc 中的模型质量比 SATWE 中的结构质量略大一些，大部

分误差来源于有限元模型中考虑了核心筒剪力墙中的钢筋质量，总体上两种模型结构总质量的差别不大，说明有限元模型的质量计算是可靠的。

各模型在 MSC.Marc 和 SATWE 中的模态分析结果见表 5.5-9；由表可知，结构的前三阶周期误差均在 5.8% 以下且与模型的质量误差相近，说明在 MSC.Marc 中建立的有限元分析模型精度较好。

模态结果对比

表 5.5-9

结构	MSC. Marc		SATWE		误差（%）
	周期(s)	方向	周期(s)	方向	
MO-7/MG-7	2.7323	X/Y	2.8377	X/Y	3.7
	2.1607	T	2.1876	T	1.2
MO-8/MG-8	2.4122	X/Y	2.4228/2.4125	X/Y	0.4
	1.5385	T	1.6346/1.6342	T	5.8
MB-8/MC-8	2.4783	X/Y	2.4177	X/Y	2.4
	1.6227	T	1.6098	T	0.8

5.5.2 动力弹塑性分析

本节同样采用四条经典地震动（El Centro、Hachinohe、Taft 和 Tohoku）对结构 MO-7、MG-7、MO-8、MG-8、MB-8 和 MC-8 施加地震作用，并进行动力弹塑性分析，其中包括结构顶点位移分析、结构弹塑性层间位移角分析、结构塑性发展路径分析和结构底部剪力分担比分析。

（1）结构顶点位移分析

分别做出了 3 组 CFT 框架-RC 核心筒结构在 4 条地震动小、中、大震作用下的顶点位移时程曲线（图 5.5-3），并对各结构在不同地震动作用下顶点位移的最大值及其平均值进行了统计（表 5.5-10）。从图和表中可以看出，在不同地震动作用下，结构的顶点位移时程曲线在数值变化上存在较大差异，由此可见，地震动特征对结构顶点位移存在显著影响。

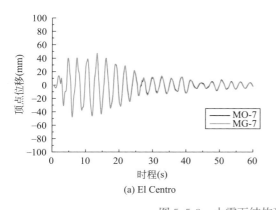

(a) El Centro

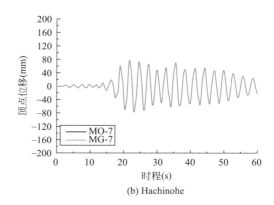

(b) Hachinohe

图 5.5-3 小震下结构顶点位移时程曲线（一）

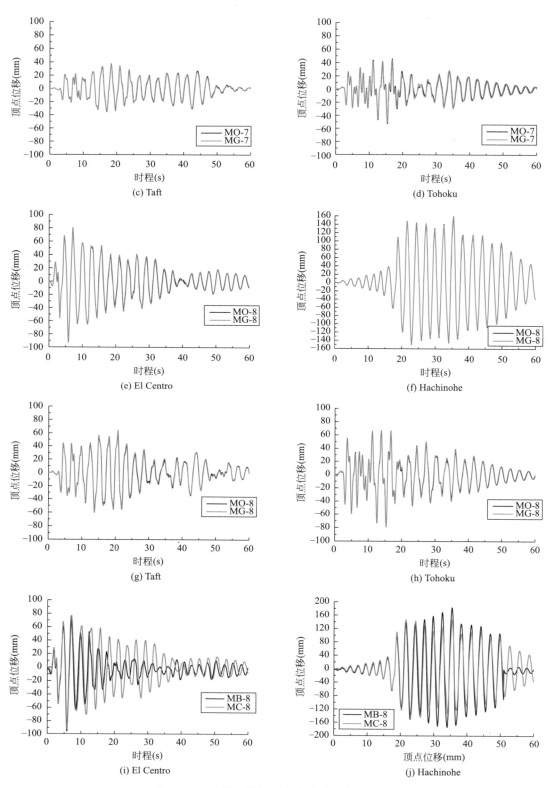

图 5.5-3　小震下结构顶点位移时程曲线（二）

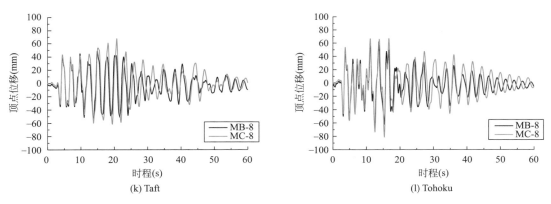

(k) Taft (l) Tohoku

图 5.5-3 小震下结构顶点位移时程曲线（三）

在多遇地震作用下，除结构 MB-8 与 MC-8 的顶点位移随时间的变化趋势存在差异外，其他对比结构基本相同。由表 5.5-10 可见，在不同地震波作用下，除结构 MB-8 与 MC-8 外，其他对比结构的最大顶点位移平均值差异极小。由此可见，在小震作用下，提高核心筒抗震等级（7 度区或 8 度区）和提高核心筒设计剪力对结构的最大顶点位移无明显影响。

小震下结构最大顶点位移 (mm) 表 5.5-10

结构	El Centro	Hachinohe	Taft	Tohoku	平均值
MO-7	48	78	38	53	54.25
MG-7	48	78	38	51	53.75
MO-8	93	160	63	77	98.25
MG-8	93	159	64	79	98.75
MB-8	93	148	68	82	98
MC-8	93	149	68	81	98

各结构在 4 条地震动设防地震作用下的顶点位移时程曲线如图 5.5-4 所示，最大顶点位移及其平均值见表 5.5-11。

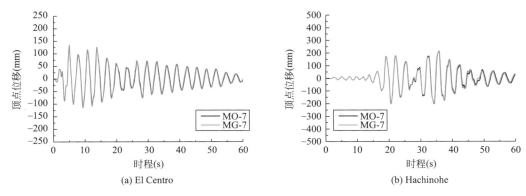

(a) El Centro (b) Hachinohe

图 5.5-4 中震下顶点位移时程曲线（一）

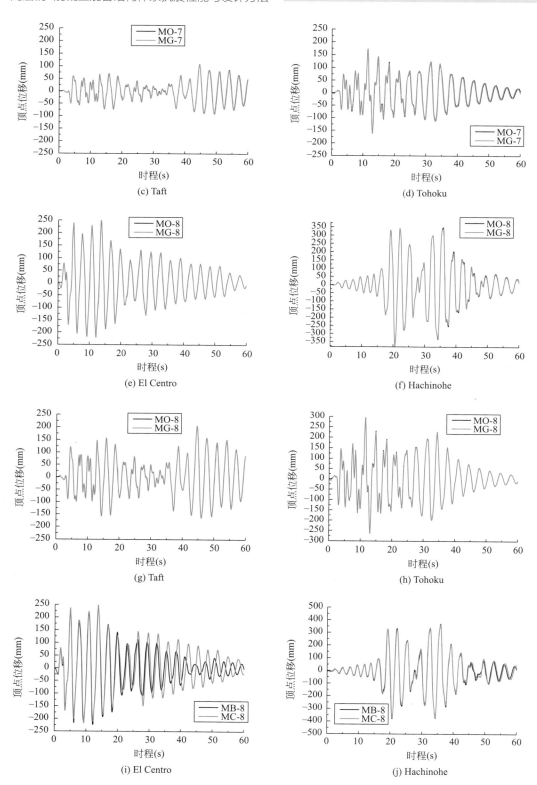

图 5.5-4　中震下顶点位移时程曲线（二）

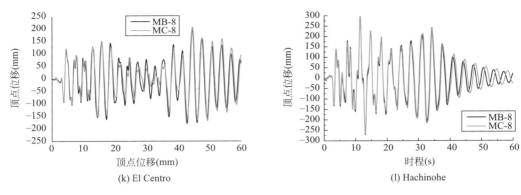

(k) El Centro (l) Hachinohe

图 5.5-4 中震下顶点位移时程曲线（三）

在设防地震作用下，除结构 MB-8 与 MC-8 的顶点位移随时间的变化趋势存在差异外，其他对比结构基本相同。由表 5.5-11 可见，在不同地震动作用下，对比结构的最大顶点位移存在差异，但平均值相差较小。由此可见，在中震作用下，提高核心筒抗震等级（8度区）对结构的最大顶点位移无明显影响，而提高核心筒抗震等级（7度区）和提高核心筒设计剪力会减小结构的最大顶点位移。

中震下结构最大顶点位移（mm）   表 5.5-11

结构	El Centro	Hachinohe	Taft	Tohoku	平均值
MO-7	133	215	108	172	157
MG-7	132	212	107	173	156
MO-8	253	377	206	296	283
MG-8	255	375	206	295	283
MB-8	241	377	208	307	283
MC-8	246	370	207	305	282

各结构在 4 条地震动罕遇地震作用下的顶点位移时程曲线如图 5.5-5 所示，最大顶点位移及其平均值见表 5.5-12。

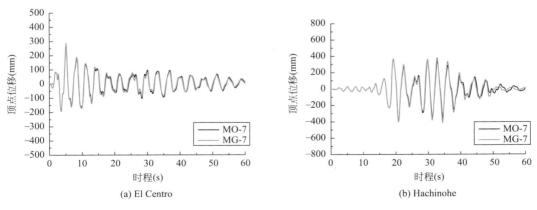

(a) El Centro (b) Hachinohe

图 5.5-5 大震下顶点位移时程曲线（一）

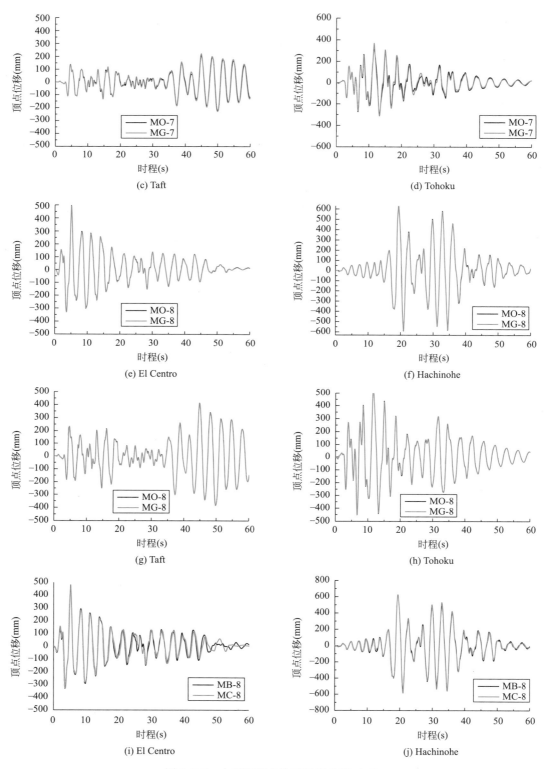

图 5.5-5　大震下顶点位移时程曲线（二）

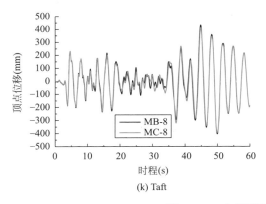

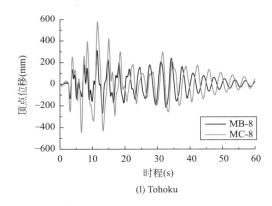

图 5.5-5　大震下顶点位移时程曲线（三）

在罕遇地震作用下，除结构 MB-8 与 MC-8 的顶点位移随时间的变化趋势存在差异外，其他对比结构基本相同。由表 5.5-12 可见，在不同地震动作用下，对比结构的最大顶点位移存在差异，且除模型 MO-7 与 MG-7，其余调整结构最大顶点位移的平均值均小于基本结构。由此可见，在大震作用下，提高核心筒抗震等级（7 度区）和提高核心筒设计剪力会增大结构的最大顶点位移，相反，提高核心筒抗震等级（8 度区）会减小结构的最大顶点位移。

大震下结构最大顶点位移（mm）　　　　　　　　　　　表 5.5-12

结构	El Centro	Hachinohe	Taft	Tohoku	平均值
MO-7	287	396	226	346	314
MG-7	289	410	229	368	324
MO-8	496	631	413	570	528
MG-8	493	629	413	568	526
MB-8	479	625	406	577	522
MC-8	482	627	413	580	525

综上所述，结构顶点位移受地震动特性影响较大，而在同一地震动作用下，除结构 MB-8 与 MC-8 的顶点位移随时间的变化趋势存在差异外，其他对比结构基本相同。随着地震作用的增强，结构的最大顶点位移不断增加。在各个地震作用下，提高核心筒设计剪力对结构的最大顶点位移影响不大；在小震、中震作用下，提高核心筒抗震等级对结构的最大顶点位移无明显影响，但在大震作用下，提高核心筒抗震等级会小幅增大结构的最大顶点位移。

（2）结构弹塑性层间位移角分析

本节对不同地震作用下各结构的弹塑性层间位移角进行了统计，提取每一层在地震作用过程中最大的层间位移角，得到楼层-层间位移角包络曲线（图 5.5-6～图 5.5-8），并将各结构在不同地震作用下的最大层间位移角及其平均值进行了统计（表 5.5-13～表 5.5-15）。

在多遇地震作用下，结构层间位移角包络曲线如图 5.5-6 所示，结构的最大层间位移角及其平均值见表 5.5-13。由图可知，不同对比结构在多遇地震作用下层间位移角沿楼层高度方向的变化趋势基本相同，数值差异大小与地震动特性有关。由表可见，除 8 度区结构在 Hachinohe 地震动作用下超出规范中小震最大层间位移角 1/800 的限值外，其他结构均满足规范要求。在不同地震波作用下，调整模型相比基本模型的层间位移角平均值基本相同。由此可见，在小震作用下，提高核心筒抗震等级和提高核心筒设计剪力对结构的层间位移角影响不明显。

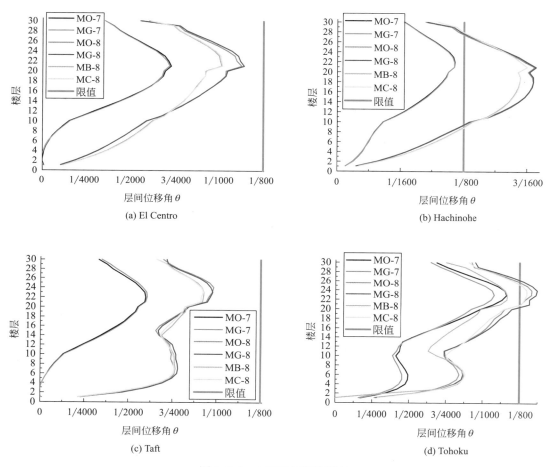

图 5.5-6　小震下层间位移角

小震下最大层间位移角　　　　　　　　　　　　　　　　表 5.5-13

结构	El Centro	Hachinohe	Taft	Tohoku	平均值
MO-7	0.000728	0.001161	0.000597	0.001161	0.00091
MG-7	0.000719	0.001156	0.000606	0.001078	0.00089
MO-8	0.001128	0.00195	0.00098	0.00126	0.00133
MG-8	0.001142	0.00196	0.00098	0.00132	0.00135
MB-8	0.00101	0.00188	0.00093	0.00129	0.00128
MC-8	0.00102	0.00181	0.00092	0.00127	0.00126

在设防地震作用下，结构层间位移角包络曲线如图 5.5-7 所示，结构的最大层间位移角及其平均值见表 5.5-14。由图 5.5-7 可知，不同结构层间位移角沿楼层高度方向的变化趋势依然相似。由表 5.5-14 可见，在不同地震动作用下，除结构 MG-7 的层间位移角平均值比结构 MO-7 稍大外，其他对比结构的层间位移角平均值几乎相同。由此可见，在中震作用下，提高核心筒抗震等级和提高核心筒设计剪力对结构的层间位移角无明显影响。

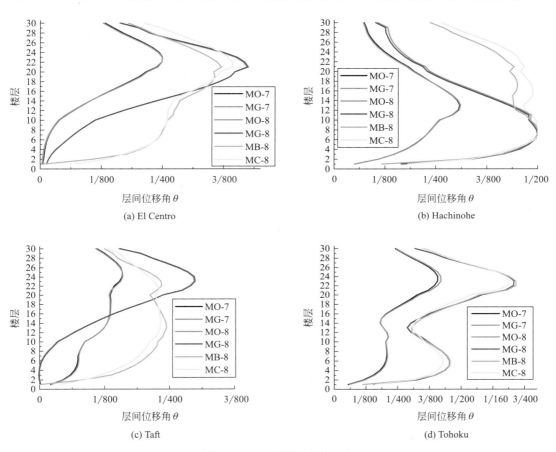

图 5.5-7　中震下层间位移角

中震下结构层间位移角　　　　　　　　　　　　　　　表 5.5-14

结构	El Centro	Hachinohe	Taft	Tohoku	平均值
MO-7	0.0025	0.003089	0.001592	0.004081	0.00282
MG-7	0.002497	0.003106	0.0016	0.004217	0.00286
MO-8	0.00423	0.00501	0.00298	0.00710	0.00483
MG-8	0.00425	0.00499	0.00299	0.00709	0.00483
MB-8	0.00394	0.00475	0.00237	0.00690	0.00450
MC-8	0.00394	0.00482	0.00234	0.00692	0.00451

在罕遇地震作用下，结构层间位移角包络曲线如图 5.5-8 所示，结构的最大层间位移角及其平均值见表 5.5-15。由图 5.5-8 可知，不同结构的层间位移角出现位置有所改变。

由表 5.5-15 可见，除 8 度区结构在 Tohoku 地震动作用下超出规范中大震最大层间位移角 1/100 的限值外，其他结构均满足规范要求。在不同地震动作用下，结构 MG-7 的层间位移角平均值明显比结构 MO-7 稍大，结构 MC-8 的层间位移角平均值明显比结构 MB-8 稍小，结构 MO-8 与 MG-8 的层间位移角平均值差异较小。由此可见，在大震作用下，提高核心筒抗震等级（7 度区）和提高核心筒设计剪力会增大结构的层间位移角平均值，而提高核心筒抗震等级（8 度区）会减小结构的层间位移角平均值（表 5.5-15），层间位移角无明显规律。

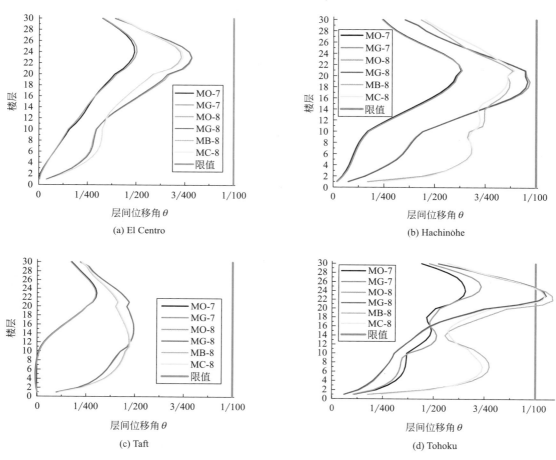

图 5.5-8　大震下层间位移角

大震下结构层间位移角　　　　　　　　表 5.5-15

结构	El Centro	Hachinohe	Taft	Tohoku	平均值
MO-7	0.0049	0.0063	0.003033	0.006556	0.00520
MG-7	0.005014	0.006339	0.002994	0.007331	0.00542
MO-8	0.00785	0.00969	0.00493	0.01049	0.00824
MG-8	0.00783	0.00958	0.00494	0.01053	0.00822
MB-8	0.00729	0.00893	0.00470	0.01043	0.00784
MC-8	0.00739	0.00894	0.00476	0.01048	0.00789

综上所述，结构在不同地震作用下不仅最大层间位移角变化很大，最大层间位移角出现的楼层也有较大区别，主要集中在变截面楼层（11 层、21 层）附近；在同一地震动作用下，随着地震强度的增加，最大层间位移角增大，层间位移角沿楼层高度方向的变化趋势与最大层间位移角出现楼层也会发生较大改变。除 8 度结构模型在 Hachinohe 地震动小震作用下明显超出规范小震最大层间位移角 1/800 的限值和在 Tohoku 地震动大震作用下明显超出规范最大层间位移角 1/100 的限值外，其他结构在小震和大震下基本满足规范最大层间位移角要求。从三组结构的对比结果可以看出，在大震作用下，提高 RC 核心筒抗震等级（8 度区）会减小结构层间位移角，但提高 RC 核心筒抗震等级（7 度区）和提高核心筒设计剪力对结构层间位移角存在不利影响。

（3）结构塑性发展路径分析

对各结构在地震动作用后的塑性状态进行观察。在多遇地震作用下，各结构核心筒部分和框架部分均未出现塑性，在设防地震和罕遇地震作用下的结构塑性状态如图 5.5-9～图 5.5-13 所示。

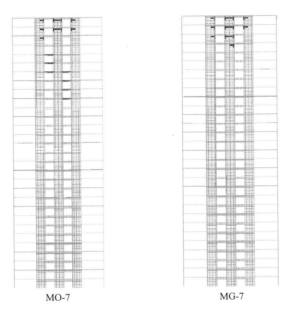

MO-7   MG-7

图 5.5-9   结构塑性状态（MO-7、MG-7）

对于模型 MO-7 与 MG-7，在地震动 Tohoku 大震作用下，各结构的塑性状态如图 5.5-9 所示。在地震动 Tohoku 大震作用下，核心筒部分都出现塑性，两结构接近顶部楼层连梁附近边缘约束构件的塑性发展比较严重；结构 MO-7 上部楼层的连梁出现塑性，而结构 MG-7 连梁未出现塑性。这是由于结构 MG-7 在提高核心筒设计剪力后，连梁明显增强，未出现塑性。

对于模型 MO-8 与 MG-8，在各地震作用下，两结构出现塑性在整楼的下部和上部的连梁及附近边缘约束构件，其中上部塑性发展更明显。对比发现，结构 MO-8 与结构 MG-8 的塑性发展位置与程度大概相同，两者不同之处在于结构 MG-8 的连梁部分塑性发展比结构 MO-8 稍多，结构 MG-8 的连梁附近边缘约束构件部分塑性发展比结构 MO-8 稍少。

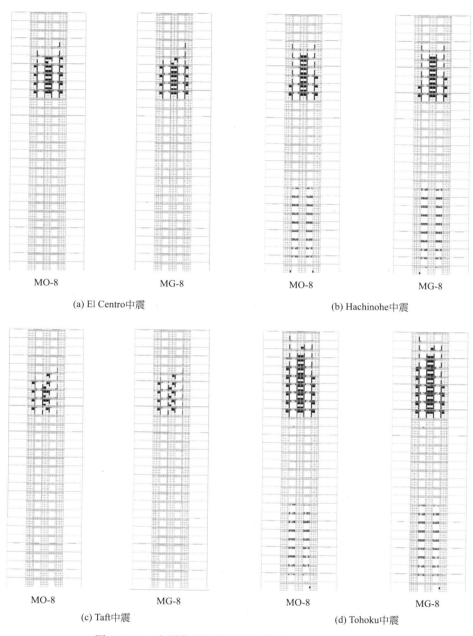

图 5.5-10　中震作用下结构塑性状态（MO-8、MG-8）

　　对于模型 MB-8 与 MC-8，在各地震作用下，两结构塑性出现在整楼的大部分连梁及附近边缘约束构件。通过对比发现，结构 MB-8 与结构 MC-8 的塑性发展位置与程度几乎相同，不同之处在于结构 MB-8 的连梁部分塑性发展比结构 MC-8 稍多，结构 MB-8 的连梁附近边缘约束构件部分塑性发展比结构 MC-8 稍少。

　　根据以上分析，提高 RC 核心筒抗震等级（即模型 MO-7 与 MG-7，模型 MO-8 与 MG-8），结构塑性发展有所减小，对比结构间区别较小；提高核心筒设计剪力（即模型

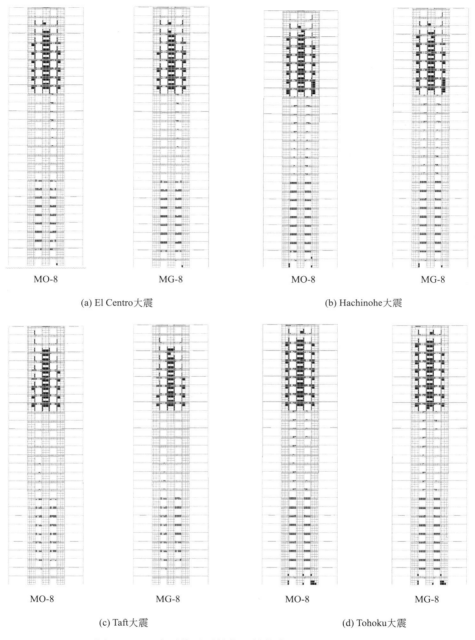

MO-8　　　　MG-8　　　　　　　　MO-8　　　　MG-8

(a) El Centro大震　　　　　　　　(b) Hachinohe大震

MO-8　　　　MG-8　　　　　　　　MO-8　　　　MG-8

(c) Taft大震　　　　　　　　(d) Tohoku大震

图 5.5-11　大震作用下结构塑性状态（MO-8、MG-8）

MB-8 与 MC-8），结构塑性发展同样有所减小，对比结构间同样区别较小。在多遇地震作用下，结构均未发生塑性，在设防及罕遇地震作用下，结构塑性发展程度较轻。

（4）结构底部剪力分担比分析

本节对各模型在不同强度的地震动作用下的基底总剪力、核心筒基底剪力、框架基底剪力的最大值以及对应的框架部分承担的基底剪力占比进行了统计，见表 5.5-16 和表 5.5-17，以此分析不同结构特性对结构基底剪力的影响。

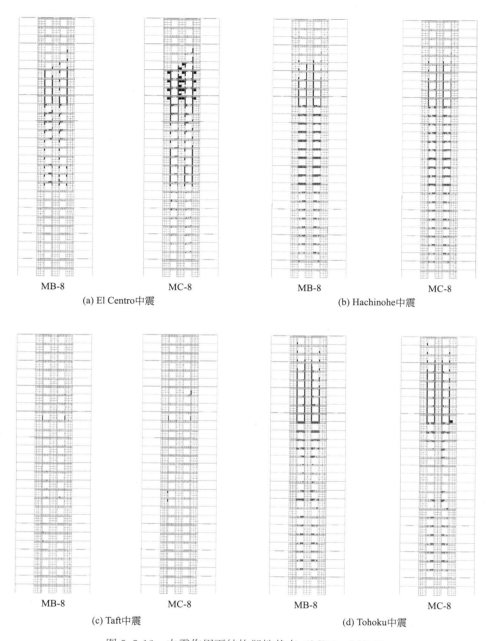

图 5.5-12　中震作用下结构塑性状态（MB-8、MC-8）

　　由表可知，各结构在不同地震动作用下的结构基底剪力随着地震强度增加，框架剪力占比随之增大。根据模型 MO-7 与 MG-7 结构基底剪力结果可知，提高核心筒抗震等级的结构 MG-7 总剪力在中震作用下与基本结构 MO-7 相比高 3.3%，框架基底剪力占比低 0.1%，在大震作用下与基本结构 MO-7 相比高 1.2%，框架基底剪力占比低 0.2%；根据模型 MO-8 与 MG-8 结构基底剪力结果可知，提高核心筒抗震等级的结构 MG-8 总剪力在中震作用下与基本结构 MO-8 相比低 0.5%，框架基底剪力占比相同，在大震作用下与基

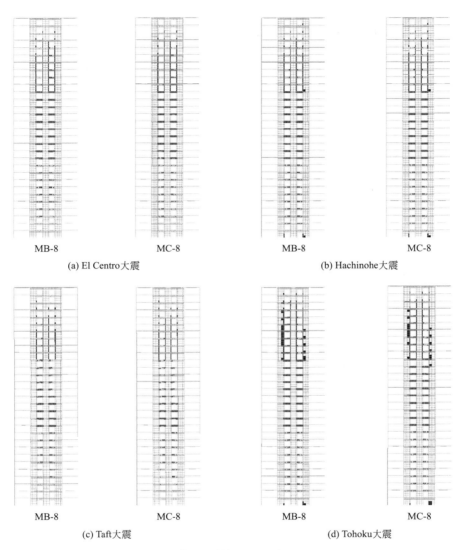

(a) El Centro大震

(b) Hachinohe大震

(c) Taft大震

(d) Tohoku大震

图 5.5-13　大震作用下结构塑性状态（MB-8、MC-8）

中震下结构基底剪力（kN）及占比　　　　　　　　表 5.5-16

结构		El Centro	Hachinohe	Taft	Tohoku	平均值
MO-7	总剪力	4640	7545	4244	7144	5893.25
	核心筒剪力	4327	6979	3955	6647	5477
	框架剪力	313	566	289	497	416.25
	框架剪力占比	6.74%	7.50%	6.82%	6.96%	7.01%
MG-7	总剪力	4726	7846	4351	7437	6090
	核心筒剪力	4407	7258	4054	6919	5659.5
	框架剪力	318	588	297	518	430.25
	框架剪力占比	6.73%	7.50%	6.81%	6.97%	7.00%

续表

结构		El Centro	Hachinohe	Taft	Tohoku	平均值
MO-8	总剪力	8898	14287	8688	14079	11488
	核心筒剪力	8098	11713	7874	12004	9922.25
	框架剪力	800	2574	814	2075	1565.75
	框架剪力占比	8.99%	18.01%	9.37%	14.74%	13.6%
MG-8	总剪力	8934	14250	8695	13838	11429.25
	核心筒剪力	8128	11674	7879	11814	9873.75
	框架剪力	806	2576	816	2024	1555.5
	框架剪力占比	9.02%	18.08%	9.38%	14.62%	13.6%
MB-8	总剪力	9323	12289	7186	13263	10515.25
	核心筒剪力	8889	11234	6902	12361	9846.5
	框架剪力	434	1055	284	902	668.75
	框架剪力占比	4.7%	8.6%	4.0%	6.8%	6.4%
MC-8	总剪力	9974	12739	7144	13477	10834
	核心筒剪力	9502	11630	6893	12562	10147
	框架剪力	472	1109	251	915	687
	框架剪力占比	4.7%	8.7%	3.5%	6.8%	5.9%

大震下结构基底剪力 (kN) 及占比　　　　　　　　　　表 5.5-17

结构		El Centro	Hachinohe	Taft	Tohoku	平均值
MO-7	总剪力	8031	11188	6948	12477	9661
	核心筒剪力	7419	9976	6458	11015	8717
	框架剪力	612	1212	490	1462	944
	框架剪力占比	7.62%	10.8%	7.05%	11.7%	9.3%
MG-7	总剪力	8270	11331	7296	12211	9777
	核心筒剪力	7640	10122	6777	10864	8850.75
	框架剪力	630	1209	519	1347	926.25
	框架剪力占比	7.61%	10.7%	7.12%	11.0%	9.1%
MO-8	总剪力	15974	17758	12440	18370	16135.5
	核心筒剪力	13572	14347	11084	15131	13533.5
	框架剪力	2402	3410	1357	3239	2602
	框架剪力占比	15.04%	19.2%	10.91%	17.63%	16.1%
MG-8	总剪力	15872	17742	12415	18185	16053.5
	核心筒剪力	13465	14337	11062	14973	13459.25
	框架剪力	2407	3404	1352	3212	2593.75
	框架剪力占比	15.17%	19.19%	10.89%	17.66%	16.2%

续表

结构		El Centro	Hachinohe	Taft	Tohoku	平均值
MB-8	总剪力	12957	16245	11164	16079	14111.25
	核心筒剪力	12160	14704	10251	14869	12996
	框架剪力	797	1541	913	1210	1115.25
	框架剪力占比	6.2%	9.5%	8.2%	7.5%	7.9%
MC-8	总剪力	14339	16306	11478	16485	14652
	核心筒剪力	13369	14757	10536	15232	13474
	框架剪力	970	1549	942	1253	1178
	框架剪力占比	6.8%	9.5%	8.2%	7.6%	8.0%

本结构 MO-7 相比低 0.5%，根据模型 MB-8 与 MC-8 结构基底剪力结果可知，提高核心筒设计剪力的结构 MC-8 总剪力在中震作用下与基本结构 MB-8 相比高 3.0%，框架基底剪力占比低 0.5%，在大震作用下与基本结构 MB-8 相比高 3.8%，框架基底剪力占比高 0.1%。

综上分析表明，提高核心筒抗震等级和提高核心筒设计剪力对结构在中震和大震作用下结构的总剪力和框架剪力占比的影响不明显。

5.5.3 基于 IDA 的地震易损性分析

（1）地震动选取

本章采用基于目标反应谱的方法选取用于逐步增量动力分析的地震动。其中目标反应谱采用抗震规范中 7 度 0.1g 和 8 度 0.2g 设计反应谱。采用双频段选波法从太平洋地震工程研究中心（PEER）的地震动数据库中分别对三组结构进行选波，每组结构选取至少 5 条地震动用于 IDA 分析及后续易损性分析。所选地震动的反应谱及其平均反应谱与规范设计反应谱的对比如图 5.5-14 和图 5.5-15 所示。可以看出，用于结构 IDA 分析的地震动反应谱与规范设计反应谱在平台段和基本周期 T_1 附近区段内吻合良好，平均反应谱在较大的周期范围内也与设计反应谱基本相符，可知所选地震动的合理性较好。

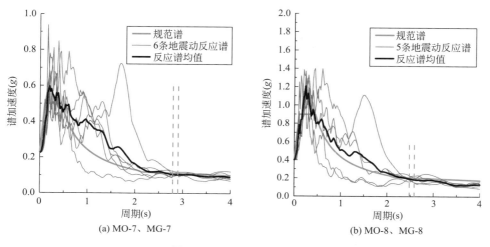

(a) MO-7、MG-7   (b) MO-8、MG-8

图 5.5-14 反应谱曲线对比

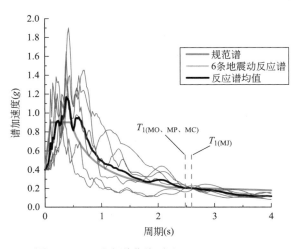

图 5.5-15　反应谱曲线对比（MB-8、MC-8）

地震动的基本信息见表 5.5-18 至表 5.5-20。

IDA 地震动（MO-7、MG-7）　　　　　　　　表 5.5-18

本章标号	NGA 编号	$PGA(g)$	步长(s)	持时(s)	地震名称
1	1118	0.194	0.01	140	Kobe Japan
2	1149	0.102	0.005	133	Kocaeli
3	1780	0.013	0.005	77	Hector-fea-up
4	1797	0.038	0.01	100	Hector_Lac090
5	1810	0.084	0.005	129.28	Hector Mine
6	1813	0.071	0.05	108	Hector_Mvh090

IDA 地震动（MO-8、MG-8）　　　　　　　　表 5.5-19

本章标号	NGA 编号	$PGA(g)$	步长(s)	持时(s)	地震名称
1	1118	0.194	0.01	140	Kobe Japan
2	1170	0.053	0.005	44	Kocaeli Turkey
3	1427	0.027	0.005	88	CHICHI_TAP035-V
4	1810	0.084	0.005	129.28	Hector Mine
5	1813	0.086	0.005	108	Hector_MVH360

IDA 地震动（MB-8、MC-8）　　　　　　　　表 5.5-20

本章标号	NGA 编号	$PGA(g)$	步长(s)	持时(s)	地震名称
1	350	0.084	0.01	59.99	Coalinga-01
2	1118	0.194	0.01	140	Kobe Japan
3	1170	0.053	0.005	44	Kocaeli Turkey
4	1607	0.015	0.005	72.79	Duzce Turkey
5	1810	0.084	0.005	129.28	Hector Mine
6	1829	0.118	0.005	61.91	Hector Mine

（2）IDA 曲线分析

以结构损伤指标 θ_{max} 为横坐标，地震强度指标 S_a 为纵坐标，各结构的 IDA 曲线簇和分位数曲线如图 5.5-16 所示。由图可知，在不同的地震动作用下结构的非线性变形响应具有明显差别。

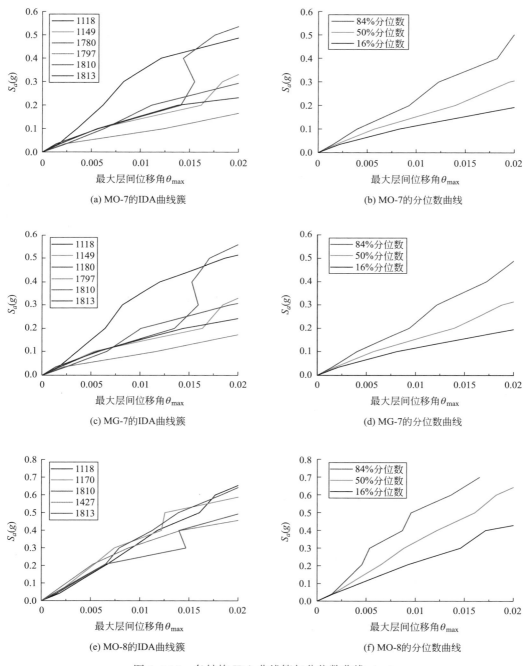

图 5.5-16　各结构 IDA 曲线簇与分位数曲线（一）

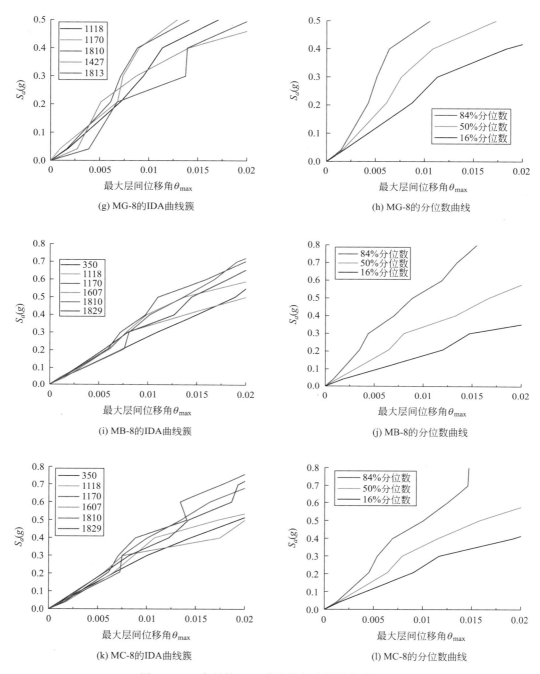

(g) MG-8的IDA曲线簇

(h) MG-8的分位数曲线

(i) MB-8的IDA曲线簇

(j) MB-8的分位数曲线

(k) MC-8的IDA曲线簇

(l) MC-8的分位数曲线

图 5.5-16　各结构 IDA 曲线簇与分位数曲线（二）

　　各结构 50% 分位数曲线如图 5.5-17 所示，对比结构 MO-7 与结构 MG-7，结构变形响应随着地震强度的增加近似线性增大，并且由于结构由前期的核心筒连梁耗能逐渐转变至核心筒与框架共同耗能，在 IDA 分位数曲线中出现了较为明显的硬化现象。在地震强度较低时，不同结构对应的分位数曲线的斜率基本相同。当进入到弹塑性阶段后，提高 RC

核心筒抗震等级的结构 MG-7 对应的分位数曲线强化段相对较长，斜率更大。对比结构 MO-8 与结构 MG-8 发现，结构 MG-8 的斜率先增大后减小再增大，而基本结构 MO-8 斜率基本没有变化。对比结构 MB-8 与结构 MC-8 发现，基本结构 MB-8 相比结构 MC-8 斜率先减小后增大。

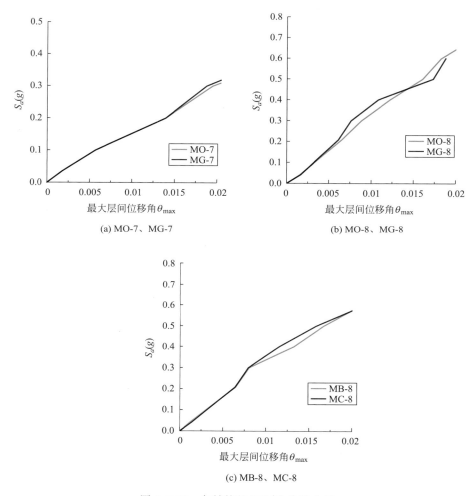

(a) MO-7、MG-7

(b) MO-8、MG-8

(c) MB-8、MC-8

图 5.5-17　各结构的 50% 分位数曲线

由于结构在地震动作用下的塑性损伤被假定为符合对数正态分布，所以结构损伤指标在某一地震强度下的对数标准差平均值可以表征曲线簇的离散性[10]。在 S_a 条件下的 θ_{max} 的对数标准差如图 5.5-18 所示，其中虚线代表平均值。

由图可知，不同的结构其损伤指标的对数标准差随 S_a 的变化趋势有所不同，提高核心筒抗震等级的结构 MG-7 对应的曲线波动较大。

（3）结构地震易损性分析

通过参考第 2 章各规范和相关研究中关于框架-核心筒结构和混合结构的不同性能水准的划分和规定，本节根据文献［13］中对框架-核心筒混合结构的研究，对 CFT 框架-RC 核心筒混合结构地震易损性中的性能水准量化指标划分见表 5.5-21。

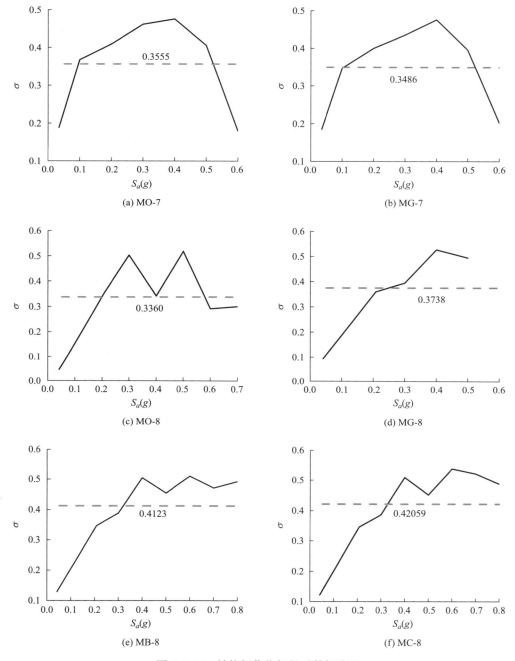

图 5.5-18　结构损伤指标的对数标准差

CFT 框架-RC 核心筒混合结构的性能水准及量化指标　　　　　　　表 5.5-21

抗震性能水准	LS1 正常使用	LS2 基本可使用	LS3 修复后可使用	LS4 生命安全	LS5 接近倒塌
层间位移角	1/800	1/400	1/200	1/100	1/50

本节采用传统可靠度法计算结构的超越概率函数，经过拟合后得到结构模型的地震易损性曲线。各结构的地震易损性曲线如图 5.5-19 所示。

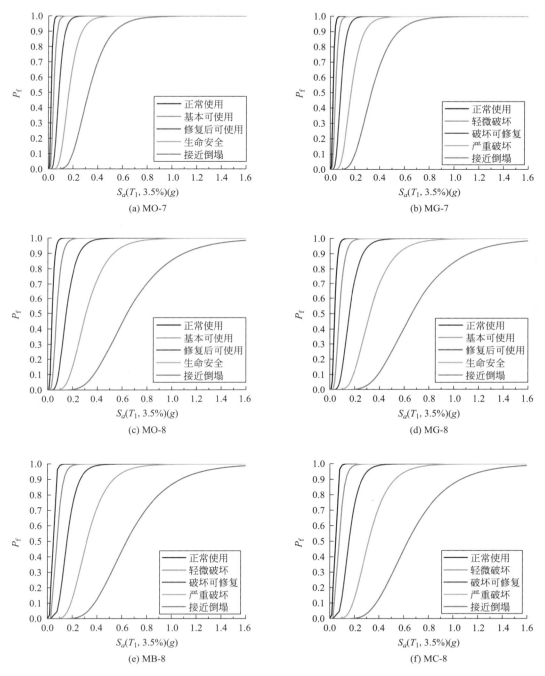

图 5.5-19　结构的地震易损性曲线

结构在 5 个性能水准下的地震易损性对比见图 5.5-20，可以看出不同结构在五个性能水准下地震易损性曲线略有不同。

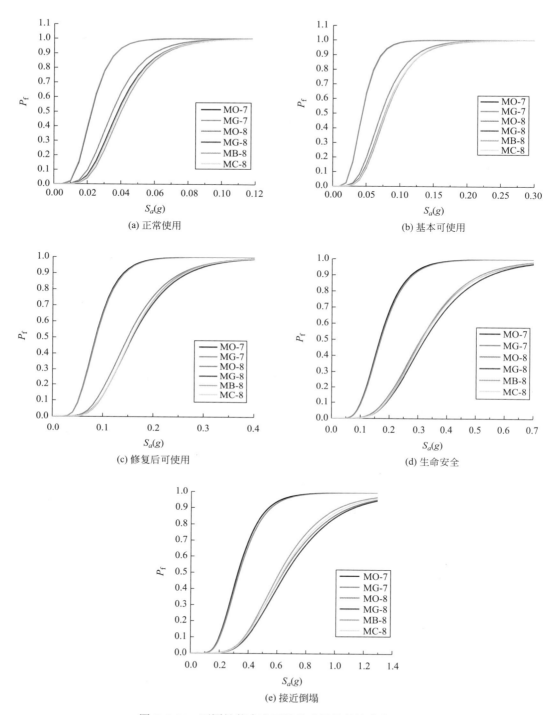

图 5.5-20　不同性能水准下结构地震易损性曲线对比

　　对比结构 MO-7 与结构 MG-7 的地震易损性曲线可以发现，在正常使用和基本可使用性能水准下，结构 MG-7 的超越概率比结构 MO-7 大；在修复后可使用、生命安全和接近倒塌性能水准下，结构 MG-7 的超越概率比结构 MO-7 小。

在接近倒塌性能水准下，结构 MO-7 的超越概率高于结构 MG-7，说明在 7 度区通过提高核心筒抗震等级对结构在接近倒塌性能水准下的抗震性能有较明显的提升作用。

对比结构 MO-8 与结构 MG-8 的地震易损性曲线可以发现，在五个性能水准下，结构 MG-8 的超越概率都比 MO-8 小，说明在 8 度区通过提高核心筒抗震等级对结构在五个性能水准下的抗震性能都有比较明显的提升作用。

对比结构 MB-8 与结构 MC-8 的地震易损性曲线可以发现，在五个性能水准下，结构 MG-8 的超越概率与结构 MO-8 基本相同，地震易损性曲线几乎重合，说明通过提高核心筒设计剪力对结构在五个性能水准下的抗震性能无明显的提升作用。

本节对比分析了三组结构在设防烈度分别为 7 度和 8 度设防区域的小、中、大震三个地震动水准下对结构五个性能水准的超越概率。根据规范中对于三个地震动水准中对于 PGA 的要求通过设计反应谱对 S_a 进行换算，得到在小震、中震、大震下 S_a 的值，从而求出不同结构的易损性矩阵，见表 5.5-22。由表可见，在多遇地震下，各结构（除基本结构 MO-8 外）正常使用性能水准的超越概率均未超过 50%，基本可使用性能水准的超越概率不超过 4%，基本符合"小震不坏"的抗震设防目标。在设防地震作用下，各结构修复后可使用性能水准的超越概率也均未超过 15%，符合"中震可修"的抗震设防目标，不同结构间的相对大小关系与多遇地震设防水准下相同。在罕遇地震下，各结构生命安全性能水准的超越概率最大为 18.86%，接近倒塌性能水准的超越概率均未超过 0.5%，基本符合"大震不倒"的抗震设防目标。对比结构 MG-7 与结构 MO-7，可以发现提高核心筒抗震等级对结构在小震和中震作用下各性能状态下的超越概率产生了不利影响，但结构 MG-7 与结构 MO-7 相比在大震作用下生命安全和接近倒塌两个性能水准下的超越概率分别低 0.87% 和 0.04%。对比结构 MG-8 与结构 MO-8，可以发现提高核心筒抗震等级对结构在小震和中震作用下各性能水准下的超越概率产生了有利影响，同时结构 MG-8 与结构 MO-8 相比在大震作用下生命安全和接近倒塌两个性能水准下的超越概率分别低 3.21% 和 0.14%。

结构易损性矩阵

表 5.5-22

结构	地震水准	$S_a(g)$	性能水准				
			LS1	LS2	LS3	LS4	LS5
MO-7	小震	0.0189	33.19%	1.51%	0.00%	0.00%	0.00%
	中震	0.0530	98.72%	69.13%	10.87%	0.15%	0.00%
	大震	0.1187	100.00%	99.51%	80.23%	18.86%	0.44%
MG-7	小震	0.0189	34.09%	1.61%	0.01%	0.00%	0.00%
	中震	0.0530	98.70%	68.87%	10.73%	0.15%	0.00%
	大震	0.1187	100.00%	99.46%	79.31%	17.99%	0.40%
MO-8	小震	0.037	56.67%	5.88%	0.05%	0.00%	0.00%
	中震	0.075	96.53%	53.32%	4.95%	0.04%	0.00%
	大震	0.213	100.00%	99.51%	80.14%	18.77%	0.44%

结构	地震水准	$S_a(g)$	性能水准				
			LS1	LS2	LS3	LS4	LS5
MG-8	小震	0.037	48.46%	3.82%	0.02%	0.00%	0.00%
	中震	0.075	94.96%	46.36%	3.41%	0.02%	0.00%
	大震	0.213	100.00%	99.29%	76.43%	15.56%	0.30%
MB-8	小震	0.037	46.06%	3.35%	0.02%	0.00%	0.00%
	中震	0.075	94.70%	45.35%	3.22%	0.02%	0.00%
	大震	0.213	100.00%	99.34%	77.27%	16.23%	0.33%
MC-8	小震	0.037	46.31%	3.40%	0.02%	0.00%	0.00%
	中震	0.075	94.80%	45.73%	3.29%	0.02%	0.00%
	大震	0.213	100.00%	99.37%	77.70%	16.58%	0.34%

对比结构 MB-8 与结构 MC-8，可以发现提高核心筒设计剪力对结构在小震和中震作用下的各性能状态下的超越概率产生了轻微的不利影响，但结构 MC-8 与结构 MB-8 相比在大震作用下生命安全和接近倒塌两个性能水准下的超越概率分别低 0.35% 和 0.01%。

（4）结构抗地震倒塌能力分析

本节在 IDA 与易损性分析中选择谱加速度 S_a 作为地震强度指标，该指标反映的是结构在地震作用下产生效应的大小，同一设防烈度区域的不同结构由于自振周期存在差异在同一地震作用下的动力响应可能不同，同时周期不同的结构在规范设计反应谱中对应的谱加速度也有所不同，因此结构在接近倒塌性能水准下的地震易损性曲线不能直观地衡量结构抗地震倒塌能力。本节采用结构抗倒塌储备系数（Collapse Margin Ratio，CMR）体现各结构的抗地震倒塌能力。该系数由 FEMA 695[14] 提出，可通过结构在接近倒塌性能水准下的超越概率为 50% 时对应的地震强度 $S_{aLS5|P_f=50\%}$ 与我国抗震规范中规定的大震水准下对应的地震强度 $S_{a罕遇}$ 的比值表示，如式（5.5-1）所示，各结构的抗倒塌储备系数见表 5.5-23。

$$CMR = \frac{S_{aLS5|P_f=50\%}}{S_{a罕遇}} \qquad (5.5\text{-}1)$$

各结构抗倒塌储备系数　　　　　　　　　表 5.5-23

结构	$S_{aLS5|P_f=50\%}(g)$	$S_{a罕遇}(g)$	CMR
MO-7	0.326	0.1187	2.746
MG-7	0.335	0.1187	2.822
MO-8	0.641	0.213	3.010
MG-8	0.662	0.213	3.108
MB-8	0.639	0.213	3.000
MC-8	0.634	0.213	2.977

由表 5.5-23 中可知，对比 7 度区结构 MO-7 和 MG-7 发现，提高核心筒抗震等级可提升结构的倒塌安全储备系数，结构 MO-7 和 MG-7 的结构抗地震倒塌安全储备系数分别为 2.746 和 2.822，提高核心筒抗震等级的结构 MG-7 的倒塌安全储备系数提升了 2.8%；对比 8 度区结构 MO-8 和 MG-8 发现，提高核心筒抗震等级同样可提升结构的倒塌安全储备系数，结构 MO-8 和 MG-8 的结构抗地震倒塌安全储备系数分别为 3.010 和 3.108，提高核心筒抗震等级的结构 MG-8 的倒塌安全储备系数提升了 3.3%；对比结构 MB-8 和 MC-8 可知，提高核心筒设计剪力不会提升结构的倒塌安全储备系数，结构 MB-8 和 MC-8 的结构抗地震倒塌安全储备系数分别为 3.000 和 2.977，提高核心筒设计剪力的结构 MC-8 的倒塌安全储备系数下降了 0.8%，其原因是调整系数后核心筒墙体部分计算配筋变化较小，实际配筋归并后仅连梁部分小幅增大，导致连梁稍微变强，不利于地震作用下结构的耗能。

为定量评价结构在一致倒塌风险要求下的安全储备，根据 2.4.5 节提到的结构最小安全储备系数（$CMR_{10\%}$）定义以及公式（2.4-13），结合结构易损性曲线，计算得到结构在倒塌概率 10% 所对应的地震动强度指标和相应的 $CMR_{10\%}$ 值，如表 5.5-24 所示。

结构最小安全储备系数   表 5.5-24

结构	$S_a(T_1)_{10\%}(g)$	$S_a(T_1)_{罕遇}(g)$	$CMR_{10\%}$
MO-7	0.1930	0.1187	1.63
MG-7	0.2031	0.1187	1.71
MO-8	0.375	0.213	1.76
MG-8	0.390	0.213	1.83
MB-8	0.381	0.213	1.79
MC-8	0.379	0.213	1.78

由表可知，结构 MO-8、MG-8 的结构 $CMR_{10\%}$ 分别为 1.76 和 1.83，与 5.4 节原型结构 MS（$CMR_{10\%}=1.88$）相比较，不满足承载力要求的 MO-8 结构 $CMR_{10\%}$ 下降 6.4%，单重抗侧力体系的 MG-8 结构 $CMR_{10\%}$ 下降 2.6%，均大于 1.0，且三者差异较小，由此可见，是否为双重抗侧力体系对大震安全性能影响较小；而与 MB-8 相比较，核心筒承担全部地震剪力的 MC-8 结构 $CMR_{10\%}$ 略有下降，因钢筋归并原因，连梁相对增强，导致墙肢先破坏。综上所述，单重抗侧力体系和双重抗侧力体系均具有较好的抗倒塌安全储备。

5.6 基于一致倒塌风险的 CFT 框架-RC 核心筒抗震设计方法

综合 5.2～5.4 节对抗震性能和抗倒塌能力的分析结果可见，在满足小震弹性计算的条件下，单重和双重抗侧力体系的 CFT 框架-RC 核心筒结构均具有优越的抗地震倒塌性能，罕遇地震下的倒塌概率极低，且单重和双重抗侧力体系在罕遇地震下的倒塌概率基本一致。因此在进行 CFT 框架-RC 核心筒结构的抗震设计中，可以将结构的倒塌风险控制作为唯一的罕遇地震设计要求，而不需强行要求结构为双重抗侧力体系。对于 CFT 框架-

RC 核心筒结构，其基于一致倒塌风险的抗震设计建议如下：

（1）侧向刚度沿竖向分布基本均匀的 CFT 框架-RC 核心筒结构，小震弹性分析时，任意一层框架部分承担的剪力与本层总地震剪力比值的最大值小于 0.1 时，则结构整体采用单重抗侧力体系，RC 核心筒承担 100% 的本层总地震剪力；CFT 框架承担小震弹性分析中分配的剪力，且 CFT 框架部分按 CFT 框架-RC 核心筒结构确定抗震等级。

（2）侧向刚度沿竖向分布基本均匀的 CFT 框架-RC 核心筒结构，小震弹性分析时，任意一层框架部分承担的剪力与本层总地震剪力比值的最小值大于 0.2 时，则结构整体采用双重抗侧力体系，可按我国对 CFT 框架-RC 核心筒结构的相关技术规定进行设计。

（3）其他情况下，结构整体既可采用双重抗侧力体系，也可采用单重抗侧力体系。①采用双重抗侧力体系时，调整框架部分的总剪力，某层框架部分的总剪力应按 $0.2V_0$（V_0 为小震弹性分析得到的本层总地震剪力）和 $1.5V_f$（V_f 为小震弹性分析中本层框架分配的剪力）二者的较小值采用；②采用单重抗侧力体系时，调整 RC 核心筒的抗震构造措施，在现行《高层建筑混凝土结构技术规程》JGJ 3—2010 规定基础上，按 RC 核心筒抗震等级提高一级的要求设置抗震构造措施。采用单重或双重抗侧力体系时，CFT 框架均承担小震弹性分析中分配的剪力，且 CFT 框架部分均按 CFT 框架-RC 核心筒结构确定抗震等级。

参考文献

[1] 蒋欢军，项远辉. 框架-核心筒结构框架承担最小剪力比例限制的合理性 [J]. 同济大学学报（自然科学版），2017（45）：1265-1272.

[2] 黄宗明，白绍良，赖明. 结构地震反应时程分析中的阻尼问题评述 [J]. 地震工程与工程振动，1996，16（2）：95-105.

[3] 黄羽立，陆新征，叶列平，等. 基于多点位移控制的推覆分析算法 [J]. 工程力学，2011（02）：26-31.

[4] 龚治国，吕西林，卢文胜，等. 混合结构体系高层建筑模拟地震振动台试验研究 [J]. 地震工程与工程振动，2004，24（4）：99.

[5] 吕西林，殷小溦，蒋欢军，等. 某钢管混凝土框架-核心筒结构振动台模型试验 [J]. 中南大学学报（自然科学版），2012，43（1）：328.

[6] 周颖，于健，吕西林，等. 高层钢框架-混凝土核心筒混合结构振动台试验研究 [J]. 地震工程与工程振动，2012（02）：100-107.

[7] 中华人民共和国住房和城乡建设部. 建筑抗震设计规范：GB 50011—2010 [S]. 北京：中国建筑工业出版社，2016.

[8] SHOME N. Probabilistic Seismic Demand Analysis of Nonlinear Structures [D]. Stanford：Stanford University，1999：16-50.

[9] TORRES-VERA M A，CANAS J A. A Lifeline Vulnerability Study in Barcelona，Spain [J]. Reliability Engineering and System Safety，2003，80（2）：205-210.

[10] 周颖，苏宁粉，吕西林. 高层建筑结构增量动力分析的地震动强度参数研究 [J]. 建筑结构学报，2013，34（2）：53-60.

[11] 中华人民共和国住房和城乡建设部. 高层建筑混凝土结构技术规程：JGJ 3—2010 [S]. 北京：中国建筑工业出版社，2010.

［12］卜一，吕西林，周颖，等. 采用增量动力分析方法确定高层混合结构的性能水准 ［J］. 结构工程师，2009，25（2）：77-84.

［13］刘洋. 高层建筑框架-核心筒混合结构双向地震易损性研究 ［D］. 西安：西安建筑科技大学，2014.

［14］FEMA 695. Quantification of Building Seismic Performance Factors. Washington，D. C.：Federal Emergency Management Agency，2009.

6 钢管混凝土异形柱结构体系抗震分析

本章采用动力弹塑性分析方法与基于 IDA 的地震倒塌易损性分析方法，对 CFT 异形柱结构体系的抗震性能进行分析。建立 CFT 异形柱框架与 CFT 矩形柱框架对比结构，对比其抗震性能及抗倒塌能力；建立不同肢厚比的 CFT 异形柱框架对比结构，研究肢厚比对 CFT 异形柱框架结构体系抗震性能及抗倒塌能力的影响；建立接近《钢管混凝土结构技术规范》GB 50936—2014[1] 所规定框架结构最大适用高度的 CFT 异形柱框架与 CFT 矩形柱框架结构，对比其抗震性能及抗倒塌能力，探索现有规范最大适用高度限值对 CFT 异形柱框架结构体系的适用性；在钢筋混凝土剪力墙-钢管异形柱混合结构体系中，建立不同剪力墙和 CFT 异形柱布置形式的单重抗侧力体系结构，研究该结构体系抗震性能的影响。

6.1 钢管混凝土异形柱框架结构算例设计

6.1.1 CFT 异形柱框架与 CFT 矩形柱框架对比算例

（1）结构设计参数

共设计两个对比模型，模型一为 CFT 异形柱-H 形钢梁框架结构（简称：CFT 异形柱框架），模型二为矩形 CFT 柱-H 形钢梁框架结构（简称：CFT 柱框架）。两算例的平面布置图及 ETABS 三维模型如图 6.1-1 所示。该类型的结构平面布置常用于住宅、公寓、酒店等居住建筑。结构纵向共 6 跨柱网，长 35.4m；横向共 2 跨柱网，宽 13m。结构共 12 层，高 43.5m，除首层层高为 3.9m 外，其余各层层高均为 3.6m。结构用钢材为 Q345，混凝土为 C40。

两对比结构的设计总信息见表 6.1-1，结构设计使用年限均为 50 年，抗震设防类别为丙类，所在的设防烈度区为 8 度（0.2g）地区，设计地震分组为第二组，场地类别为 II 类，地面粗糙度为 B 类。根据《建筑抗震设计规范》GB 50011—2010[2]，特征周期 $T_g = 0.40s$，多遇地震下水平地震影响系数最大值 $\alpha_{max} = 0.16$。

楼屋面荷载信息见表 6.1-2，两结构采用相同的荷载进行设计，其中楼面荷载和屋面荷载不包括楼板自重，楼板自重根据材料密度以及楼板厚度由 ETABS 软件自动进行计算。楼面恒载与活载分别为 3kN/m² 与 2kN/m²，为常规的宿舍楼楼面荷载。屋面恒载与活载分别为 4kN/m² 与 0.5kN/m²，为常规的不上人屋面荷载。

（2）ETABS 弹性设计

采用 ETABS 软件进行结构设计，满足相关规范要求的周期比、剪重比、刚重比、层间位移角、刚度比等结构设计指标，满足构件承载力等设计要求。结构的梁柱截面尺寸如图 6.1-2 所示。最终确定两结构的构件截面尺寸见表 6.1-3。各个柱截面的方向及布置位

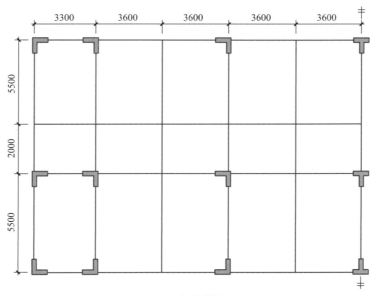

(a) 平面布置图

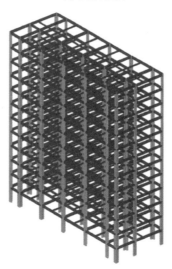

(b) ETABS三维模型

图 6.1-1　结构平面布置图及 ETABS 三维模型示意图

结构设计总信息　　　　　　　　　　　　　　　　表 6.1-1

结构类别	设计使用年限	抗震设防类别	设防烈度区	设计地震分组	场地类别	地面粗糙度
框架结构	50 年	丙类	8 度(0.2g)	第二组	Ⅱ类	B类

楼屋面荷载信息　　　　　　　　　　　　　　　　表 6.1-2

楼面恒载	楼面活载	屋面恒载	屋面活载
$3kN/m^2$	$2kN/m^2$	$4kN/m^2$	$0.5kN/m^2$

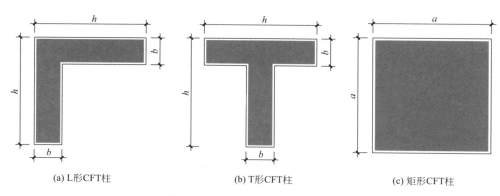

(a) L形CFT柱　　　　　　　　(b) T形CFT柱　　　　　　　(c) 矩形CFT柱

图 6.1-2　柱截面尺寸标注示意图

构件截面尺寸　　　　　　　　　表 6.1-3

模型名称	楼层	框架梁（钢梁）		框架柱	
		截面类型	尺寸（mm） $h \times b \times t_w \times t_f$	截面类型	尺寸（mm） $h \times b \times t/a \times t$
CFT 异形柱框架	1～4	H 形	200×200×8×13	等肢 T 形、 L 形	700×200×8
	5～8		250×200×8×13		600×200×8
	9～12		400×200×8×13 550×200×11×19		500×200×8
CFT 矩形柱框架	1～4	H 形	200×200×8×13	矩形	530×12.5
	5～8		250×200×8×13		450×10.5
	9～12		400×200×8×13 550×200×11×19		400×9.5

注：h 为钢梁或 CFT 异形柱截面高度；b 为钢梁翼缘宽度或 CFT 异形柱肢厚；t_w 为钢梁腹板厚度；t_f 为钢梁翼缘厚度；a 为矩形 CFT 柱截面边长；t 为柱截面钢管厚度。

置见图 6.1-1（a）。两结构每层梁截面尺寸及布置均一致，柱截面有两次变化，全楼共三个标准层；所有楼板均采用 120mm 厚混凝土板。

根据 ETABS 计算结果，将两结构前三周期、最大楼层位移以及最大层间位移角进行对比，见表 6.1-4、表 6.1-5。由表中可见，两结构的周期误差较小，第一周期误差仅 1.03%，第二、三周期误差也小于 1.5%。同时，两结构 X、Y 向最大楼层位移差仅分别为 1.35% 和 1.21%，最大层间位移角差仅分别为 0.70% 和 0.18%，即两结构弹性阶段的动力特性几乎一致，则后续的弹塑性动力时程分析等工作计算所得的结果具有充分的可比性。

结构周期对比　　　　　　　　　表 6.1-4

振型号	方向	CFT 异形柱框架（s）	CFT 矩形柱框架（s）	误差
1	Y	2.152	2.130	1.03%
2	X	2.104	2.075	1.40%
3	Z	1.712	1.687	1.48%

结构位移指标对比   表 6.1-5

位移指标	CFT 异形柱框架	CFT 矩形柱框架	误差
X 向最大楼层位移(mm)	61.298	60.468	1.35%
X 向最大层间位移角	1/569	1/573	0.70%
Y 向最大楼层位移(mm)	63.738	62.965	1.21%
Y 向最大层间位移角	1/548	1/549	0.18%

为了对两结构的经济性进行评价,将两结构的材料用量进行简单统计。由于两结构的梁板截面及平面布置均一致,仅柱截面存在差异。因此仅对框架柱材料用量进行统计,结果如下:

CFT 异形柱框架柱的混凝土用量为 165.53m³,钢材用量 136.01t。CFT 矩形柱框架柱的混凝土用量为 178.28m³,钢材用量为 141.75t。

根据以上计算结果可知,两个结构的全楼总钢材与混凝土用量接近。

(3)弹塑性分析有限元模型

基于 MSC. Marc 有限元软件建立上述 CFT 异形柱框架和 CFT 矩形柱框架有限元模型。材料本构曲线及 CFT 异形柱核心混凝土约束本构关键参数取值见第 3 章,CFT 矩形柱核心混凝土约束本构关键参数参考韩林海[3] 提出的本构模型。楼板采用平面外刚度较小的弹性壳单元建立,将楼屋面荷载以折算楼板密度方式添加,从而在有限元分析过程中实现楼屋面荷载的传递。图 6.1-3 为 CFT 异形柱框架结构的有限元模型。

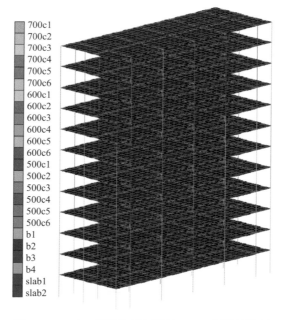

图 6.1-3　CFT 异形柱框架结构 Marc 有限元模型

在进行动力弹塑性分析时,结构阻尼采用经典 Rayleigh 阻尼。由于本章中仅对结构的典型方向 Y 方向进行动力弹塑性时程分析,且文中所有结构 Y 向前三阶周期质量参与系数均已超过 90%,因此,可仅关注结构 Y 向前三阶模态。故可通过结构 Y 向第一阶周期

以及 Y 向第三阶周期，以及结构阻尼比 0.05，完成 Rayleigh 阻尼相关系数的计算。

对模型进行模态分析，将 Marc 有限元模型与 ETABS 模型周期进行对比，见表 6.1-6。Marc 有限元模型与 ETABS 模型周期对比结果为：Y 向第一平动周期误差均小于 5%；X 向第二平动周期误差 CFT 异形柱框架在 5% 以内，CFT 矩形柱框架的误差也接近 5%；第三扭转周期误差均小于 10%。

ETABS 与 Marc 模型周期对比 表 6.1-6

振型号	方向	CFT 异形柱框架			CFT 矩形柱框架		
		ETABS(s)	Marc(s)	误差	ETABS(s)	Marc(s)	误差
1	Y	2.152	2.122	1.37%	2.130	2.032	4.60%
2	X	2.104	2.062	2.01%	2.075	1.964	5.34%
3	Z	1.712	1.590	7.11%	1.687	1.571	6.88%

因此，所建立的 Marc 有限元模型较为合理，误差产生的原因可能在于 Marc 模型考虑了柱核心混凝土约束本构，同时建立楼板对结构刚度造成了影响。将两有限元模型的周期进行对比（表 6.1-7），可见两结构的 Marc 有限元模型前三周期误差均小于 5%，因此对于后续施加于结构 Y 向地震动的选取，两结构可以采用同一组波，以 $T_1 = 2.122s$ 进行选波。

Marc 模型周期对比 表 6.1-7

振型号	方向	CFT 异形柱框架(s)	CFT 矩形柱框架(s)	误差
1	Y	2.122	2.032	4.24%
2	X	2.062	1.964	4.75%
3	Z	1.590	1.571	1.19%

（4）地震动选取

采用双频段选波法进行选波，选波参数为：结构自振周期（即 CFT 异形柱框架结构 Y 向第一周期）$T_1 = 2.122s$；场地特征周期 $T_g = 0.4s$；第一基本周期上偏量 $\Delta T_2 = 0.5s$；第一基本周期下偏量 $\Delta T_1 = 0.2s$；两个频段的容许偏差百分比为 10%。最终选出 5 条地震动见表 6.1-8。所选出的 5 条地震动经过调幅后，与该结构所在地区的设计反应谱的对比如图 6.1-4 所示。实际地震动反应谱均值曲线与设计反应谱曲线在平台段与 T_1 附近区段吻合较好，选波结果合理。

所选地震动记录 表 6.1-8

序号	地震动名称	记录点时间间隔(s)	实际记录点数	有效持时(s)	影响系数峰值
1	RSN1153_KOCAELI_BTS000	0.005	20345	16.94	0.0989
2	RSN3795_HECTOR_L1F038	0.005	13195	27.21	0.0240
3	RSN3814_HECTOR_POG088	0.005	15195	29.26	0.0327
4	RSN5880_SIERRA. MEX_904CQ090	0.005	24595	33.94	0.0446
5	RSN6007_SIERRA. MEX_INO-UP	0.005	17795	37.41	0.0175

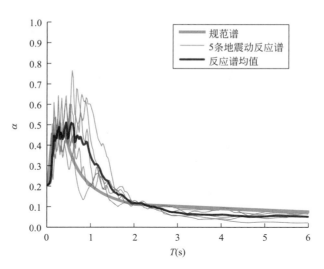

图 6.1-4　实际地震动反应谱与设计反应谱对比图

6.1.2　柱肢厚比不同的 CFT 异形柱框架对比算例

（1）结构设计参数

我国异形柱相关设计规范和方法仅适用于截面各肢的肢厚比不大于 4 的异形柱，其中肢厚比的定义为各肢的柱肢截面高度和厚度的比值。由于建筑布局的多样性，结构设计中常常出现肢厚比大于 4 的异形柱，而目前规范对于该种异形柱并不适用，这限制了异形柱结构的推广和应用。因此针对该问题，本书共设计了三个抗震设防烈度为 8 度（0.2g）的 CFT 异形柱框架，结构平面布置、各层层高以及构件材料强度与 6.1.1 节中的结构相同。三个模型的基本参数信息见表 6.1-9。模型建立思路如下：①建立柱肢厚比为 4 的基本结构 CFT-4，共 12 层，结构高 43.5m，全楼采用一个标准层，此时底层柱最大轴压比为 0.443；②在 CFT-4 结构的基础上，直接将柱截面肢长加长，使得柱肢厚比为 5，同时增大钢管厚度使得柱含钢率与 CFT-4 结构基本一致，得到 CFT-5 结构；结构层数及高度与 CFT-4 结构一致，此时底层柱最大轴压比降低至 0.357；③在 CFT-5 结构的基础上，通过加大层数直至底层柱最大轴压比与 CFT-4 结构相近，得到 CFT-5P 结构。此时结构共 15 层高 54.3m，底层柱最大轴压比为 0.434。

对比结构基本参数信息　　　　　　　　　　　　　　　　　　　　　表 6.1-9

模型编号	柱肢厚比	底层柱最大轴压比	层数	高度（m）
CFT-4	4	0.443	12	43.5
CFT-5	4	0.357	12	43.5
CFT-5P	5	0.434	15	54.3

注：CFT-5P 中，字母 P 为 Plus 首字母，表示该结构总高度增高。

三个对比结构的设计总信息与荷载信息与 6.1.1 节结构完全一致，见表 6.1-1、表 6.1-2。

（2）ETABS 弹性设计

采用 ETABS 设计软件进行结构设计，满足相关规范各项结构设计指标及构件承载力等要求，最终确定结构的构件截面尺寸见表 6.1-10。各个柱截面的方向及布置见图 6.1-1（a），柱截面尺寸标注如图 6.1-2 所示；楼板均采用 120mm 厚混凝土板。

构件截面尺寸 表 6.1-10

结构编号	楼层	框架梁（钢梁）		框架柱	
		截面类型	尺寸（mm） $h \times b \times t_w \times t_f$	截面类型	尺寸（mm） $h \times b \times t$
CFT-4	1～12	H 形	$200 \times 200 \times 8 \times 13$ $250 \times 200 \times 8 \times 13$ $400 \times 200 \times 8 \times 13$ $550 \times 200 \times 10 \times 20$	等肢 T 形、L 形	$800 \times 200 \times 8$
CFT-5	同上	同上	同上	同上	$1000 \times 200 \times 8.2$
CFT-5P	1～15	同上	同上	同上	同上

注：h 为钢梁或 CFT 异形柱截面高度；b 为钢梁翼缘宽度或 CFT 异形柱肢厚；t_w 为钢梁腹板厚度；t_f 为钢梁翼缘厚度；t 为柱截面钢管厚度。

（3）弹塑性分析有限元模型

基于 MSC. Marc 有限元软件建立上述三个结构的有限元模型。如第 2 章所述，通过用户子程序及程序接口来实现纤维模型的建立。材料本构曲线及 CFT 异形柱核心混凝土约束本构关键参数取值见第 3 章。楼板采用平面外刚度较小的弹性壳单元建立，从而在有限元分析过程中实现楼屋面荷载的传递。所建立的有限元模型，以"CFT-4"为例，如图 6.1-5 所示。

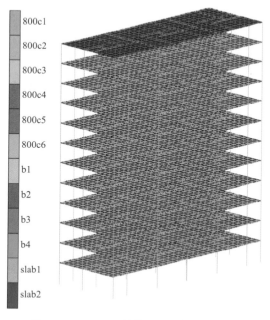

图 6.1-5 CFT-4 结构 Marc 有限元模型

对有限元模型进行模态分析后，将 Marc 有限元模型与 ETABS 模型周期进行对比，见表 6.1-11。从表中可以看出，三个结构的 Marc 有限元模型与 ETABS 模型对比如下：Y

向第一平动周期误差最大为 2.08%；X 向第二平动周期误差最大为 2.93%；扭转周期误差最大为 18.9%。扭转周期误差较大的原因可能在于楼板的建立对结构刚度造成了影响。

ETABS 与 Marc 模型周期对比　　　　　　　　　　　表 6.1-11

振型号	方向	CFT-4			CFT-5			CFT-5P		
		ETABS (s)	Marc (s)	误差	ETABS (s)	Marc (s)	误差	ETABS (s)	Marc (s)	误差
1	Y	2.047	2.017	1.47%	1.953	1.921	1.64%	2.554	2.501	2.08%
2	X	1.999	1.957	2.10%	1.908	1.862	2.41%	2.488	2.415	2.93%
3	Z	1.651	1.466	11.2%	1.590	1.337	15.9%	2.070	1.677	18.9%

本章主要研究结构在其典型方向（Y 向）地震作用下的抗震性能，因此认为所建立的 Marc 有限元模型合理。

（4）地震动选取

采用双频段选波法进行选波。由于三个结构的周期差别较大，所以各结构选波参数中的 T_1 分别为 2.017s、1.921s、2.501s，其他参数同 6.1.1 节，针对各结构分别选出的 5 条地震动见表 6.1-12。选出的 5 条地震动经过调幅后，与该结构所在地区的设计反应谱的对比见图 6.1-6。实际地震动反应谱均值曲线与设计反应谱曲线在平台段与 T_1 附近区段吻合较好，选波合理。

所选地震动记录　　　　　　　　　　　表 6.1-12

结构编号	序号	地震动名称	记录点时间间隔(s)	实际记录点数	有效持时(s)	影响系数峰值
CFT-4	1	RSN1153_KOCAELI_BTS000	0.005	20345	17.82	0.0989
	2	RSN1818_HECTOR_PKC090	0.005	16195	34.23	0.0306
	3	RSN5880_SIERRA. MEX_904CQ090	0.005	24595	35.72	0.0446
	4	RSN5903_SIERRA. MEX_13142-UP	0.005	13795	30.18	0.0093
	5	RSN6050_SIERRA. MEX_TPP090	0.005	23195	48.51	0.0263
CFT-5	1	RSN1153_KOCAELI_BTS000	0.005	20345	17.82	0.0989
	2	RSN1822_HECTOR_RIV090	0.005	13395	23.40	0.0263
	3	RSN3815_HECTOR_RHL-UP	0.005	13395	26.75	0.0131
	4	RSN1797_HECTOR_LAC-UP	0.01	9995	42.61	0.0208
	5	RSN3823_HECTOR_UNC295	0.005	15595	34.47	0.0325
CFT-5P	1	RSN1764_HECTOR_TRF090	0.005	14395	18.40	0.0342
	2	RSN1810_HECTOR_MCY180	0.005	25855	24.75	0.0834
	3	RSN3795_HECTOR_L1F038	0.005	13195	23.09	0.0240
	4	RSN3820_HECTOR_SMA090	0.005	11395	20.58	0.0182
	5	RSN5843_SIERRA. MEX_03121-40	0.005	19595	26.92	0.0252

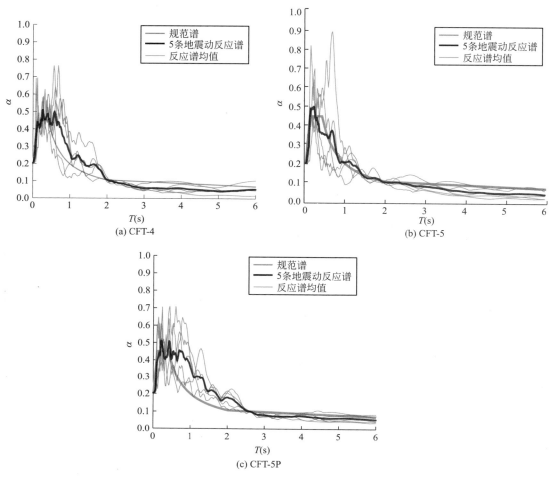

图 6.1-6 实际地震动反应谱与设计反应谱对比图

6.1.3 CFT 异形柱框架结构最大适用高度对比算例

（1）结构设计参数

《钢管混凝土结构技术规范》GB 50936—2014[1] 中规定，实心 CFT 柱框架结构在 7 度及 8 度（0.2g）的结构最大适用高度分别为 60m 和 50m，见表 6.1-13。

实心钢管混凝土框架结构最大适用高度（m）　　　　　　表 6.1-13

结构类型	非抗震设计	抗震设防烈度				
		6 度	7 度	8 度		9 度
				0.2g	0.3g	
框架	80	70	60	50	40	30

以《钢管混凝土结构技术规范》GB 50936—2014 为基础，本节共设计了两组对比模型，分别为：抗震设防烈度为 7 度（0.1g），结构高度略高于 60m 的 CFT 异形柱框架（7-

CFT-Y）和矩形 CFT 柱框架（7-CFT-F）；抗震设防烈度为 8 度（0.2g），结构高度略高于 50m 的 CFT 异形柱框架（8-CFT-Y，Y 代表异形柱）和矩形 CFT 柱框架（8-CFT-F，F 代表方形柱）。结构底层层高为 3900mm，其余各楼层的层高均为 3600mm。7-CFT-Y/F 结构共 17 层，高 61.5m；8-CFT-Y/F 结构共 14 层，高 50.7m。结构平面布置与 6.1.1 节一致，如图 6.1-1（a）所示。结构构件的混凝土为 C40，钢材为 Q345。

除抗震设防烈度外，本节四个结构的其余设计总信息与荷载信息均与 6.1.1 节中的结构一致。根据《建筑抗震设计规范》GB 50011—2010[2]，特征周期 $T_g = 0.40$s，7 度（0.1g）及 8 度（0.2g）小震下水平地震影响系数最大值 α_{max} 分别为 0.08 及 0.16。

（2）ETABS 弹性设计

采用 ETABS 设计软件进行结构设计，满足相关规范要求的周期比、剪重比、刚重比、层间位移角、刚度比等结构设计指标，满足构件承载力等设计要求。4 个结构的构件截面尺寸见表 6.1-14；各个柱截面的方向及布置见图 6.1-1（a），柱截面尺寸标注见图 6.1-2。各结构每层梁截面及布置均一致，柱截面有两次变化，全楼共三个标准层；楼板均采用 120mm 厚混凝土板。

将 ETABS 计算结果中的结构前三周期、最大楼层位移以及最大层间位移角进行对比，见表 6.1-15 与表 6.1-16。同一抗震设防烈度下两对比结构前三周期误差较小，7 度（0.1g）对比结构周期误差在 0.5% 以内，8 度（0.2g）对比结构周期误差在 0.4% 以内。同时，同一设防烈度下对比结构两方向的最大楼层位移误差在 1% 以内，最大层间位移角误差在 3% 以内。所以，同一设防烈度下的对比结构弹性阶段的动力特性相似。

为了对结构的经济性进行评价，将结构的材料用量进行简单统计。由于同组对比结构的梁板截面及平面布置均一致，仅柱截面存在差异。因此仅对框架柱材料用量进行统计：

7-CFT-Y 结构柱的混凝土用量为 236.85m^3，钢材用量为 194.12t；7-CFT-F 结构柱的混凝土用量为 255.64m^3，钢材用量为 203.17t；8-CFT-Y 结构柱的混凝土用量为 195.78m^3，钢材用量为 160.39t；8-CFT-F 结构柱的混凝土用量为 211.47m^3，钢材用量为 168.06t。

根据以上计算结果可知，同一设防烈度下的两个对比结构，全楼的总钢材与混凝土用量相差较小。

构件截面尺寸　　　　　　　　　　　　　　　　　　　　　表 6.1-14

抗震设防烈度	结构编号	结构名称	楼层	框架梁（钢梁）		框架柱	
				截面类型	尺寸(mm) $h \times b \times t_w \times t_f$	截面类型	尺寸(mm) $h \times b \times t/a \times t$
7 度(0.1g)	7-CFT-Y	CFT 异形柱框架	1~6	H 形	200×200×8×13	等肢 T 形、L 形	700×200×8
			7~12		250×200×8×13		600×200×8
			13~17		400×200×8×13		500×200×8
					600×200×12×23		
	7-CFT-F	CFT 柱框架	同上	同上	同上	矩形	530×12.5
							450×10.5
							400×9.5

续表

抗震设防烈度	结构编号	结构名称	楼层	框架梁（钢梁）		框架柱	
				截面类型	尺寸(mm) $h \times b \times t_w \times t_f$	截面类型	尺寸(mm) $h \times b \times t/a \times t$
8度(0.2g)	8-CFT-Y	CFT异形柱框架	1~5	H形	200×200×8×13	等肢T形、L形	700×200×8
			6~10		250×200×8×13		600×200×8
			11~14		400×200×8×13		500×200×8
					580×200×12×23		
	8-CFT-F	CFT柱框架	同上	同上	同上	矩形	530×12.5
							450×10.5
							400×9.5

注：h 为钢梁或CFT异形柱截面高度；b 为钢梁翼缘宽度或CFT异形柱肢厚；t_w 为钢梁腹板厚度；t_f 为钢梁翼缘厚度；a 为矩形CFT柱截面边长；t 为柱截面钢管厚度。

结构周期对比　　　　　　　　　　　　　　　　　表 6.1-15

振型号	方向	7-CFT-Y	7-CFT-F	误差	8-CFT-Y	8-CFT-F	误差
1	Y	2.794	2.785	0.32%	2.294	2.295	0.04%
2	X	2.781	2.785	0.14%	2.287	2.288	0.04%
3	Z	2.2	2.19	0.45%	1.824	1.818	0.33%

结构位移指标对比　　　　　　　　　　　　　　　表 6.1-16

位移指标	7-CFT-Y	7-CFT-F	误差	8-CFT-Y	8-CFT-F	误差
X向最大楼层位移(mm)	49.661	50.141	0.97%	71.285	71.767	0.68%
X向最大层间位移角	1/990	1/970	2.06%	1/576	1/566	1.77%
Y向最大楼层位移(mm)	49.945	49.706	0.48%	71.890	71.950	0.83%
Y向最大层间位移角	1/998	1/987	1.11%	1/578	1/569	1.58%

（3）弹塑性分析有限元模型

基于 MSC.Marc 有限元软件建立上述结构有限元模型。材料本构曲线及 CFT 异形柱核心混凝土约束本构关键参数取值见第 3 章，矩形 CFT 柱核心混凝土约束本构关键参数参考韩林海[3] 提出的本构模型。楼板采用平面外刚度较小的弹性壳单元建立，将楼屋面荷载以折算楼板密度方式添加，从而在有限元分析过程中实现楼屋面荷载的传递。所建立的有限元模型，以 7-CFT-Y 结构模型为例，如图 6.1-7 所示。

进行模态分析，将 Marc 有限元模型与 ETABS 模型周期进行对比，见表 6.1-17。从表中可以看出，同一抗震设防烈度下的对比结构，前两平动周期误差均小于 5%，扭转周期误差在 7% 以内；可认为所建立的 Marc 有限元模型合理，误差产生的原因在于考虑柱混凝土约束本构以及建立楼板对结构刚度的影响。表 6.1-18 为有限元模型的周期对比，由表中可见，同一抗震设防烈度下的两对比结构的 Marc 有限元模型前三周期误差均小于 5%，因此后续施加于结构 Y 向地震动的选取中，同一抗震设防烈度下的两对比结构可以采用同一组地震动记录。

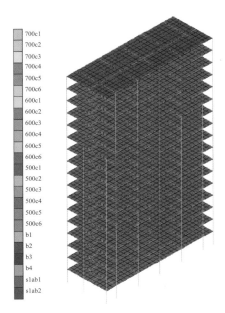

图 6.1-7　7-CFT-Y 结构 Marc 有限元模型

ETABS 与 Marc 模型周期对比　　　　　　表 6.1-17

振型号	方向	7-CFT-Y			7-CFT-F			8-CFT-Y			8-CFT-F		
		ETABS (s)	Marc (s)	误差	ETABS (s)	Marc (s)	误差	ETABS (s)	Marc (s)	误差	ETABS (s)	Marc (s)	误差
1	Y	2.794	2.839	1.61%	2.785	2.714	2.56%	2.294	2.305	0.46%	2.295	2.218	3.37%
2	X	2.781	2.778	0.12%	2.785	2.678	3.83%	2.287	2.273	0.62%	2.288	2.189	4.34%
3	Z	2.2	2.088	5.10%	2.19	2.068	5.56%	1.824	1.719	5.74%	1.818	1.706	6.17%

Marc 模型周期对比　　　　　　表 6.1-18

振型号	方向	7-CFT-Y(s)	7-CFT-F(s)	误差	8-CFT-Y(s)	8-CFT-F(s)	误差
1	Y	2.839	2.714	4.40%	2.305	2.218	3.77%
2	X	2.778	2.678	3.60%	2.273	2.189	3.70%
3	Z	2.088	2.068	0.96%	1.719	1.706	0.76%

（4）地震动选取

用双频段选波法进行选波。由于同一抗震设防烈度下两对比结构的周期接近，所以选波参数确定如下：结构 7-CFT-F/Y 以 7-CFT-Y 结构 Marc 有限元模型的第一周期（即 Y 向第一周期）作为 $T_1 = 2.839s$，结构 8-CFT-F/Y 以 8-CFT-Y 结构 Marc 有限元模型的第一周期（即 Y 向第一周期）作为 $T_1 = 2.305s$；场地特征周期 $T_g = 0.4s$；基本周期上偏量 $\Delta T_2 = 0.5s$；偏量 $\Delta T_1 = 0.2s$；两个频段的容许偏差百分比为 10%。最终 7-CFT-Y/F 结构及 8-CFT-Y/F 结构各选出 5 条地震动，见表 6.1-19。所选出的 5 条地震动经过调幅后，与该结构所在地区的设计反应谱的对比如图 6.1-8 所示。实际地震动反应谱均值曲线与设计反应谱曲线在平台段与 T_1 附近区段吻合较好，选波合理。

221

所选地震动记录 表 6.1-19

结构编号	序号	地震动名称	记录点时间间隔（s）	实际记录点数	有效持时（s）	影响系数峰值
7-CFT-Y/F	1	RSN2574_CHICHI. 03_KAU054V	0.005	12595	12.63	0.0107
	2	RSN3129_CHICHI. 05_TAP051V	0.005	11795	18.38	0.0074
	3	RSN6604_NIIGATA_IBRH13UD	0.005	32995	22.14	0.0092
	4	RSN3330_CHICHI. 06_HWA014E	0.005	16395	19.08	0.0420
	5	RSN8102_CCHURCH_LINCN67W	0.005	7285	8.57	0.0877
8-CFT-Y/F	1	RSN1822_HECTOR_RIV360	0.005	13395	21.20	0.0229
	2	RSN3795_HECTOR_L1F038	0.005	13195	25.06	0.0240
	3	RSN1797_HECTOR_LAC-UP	0.01	9995	35.51	0.0208
	4	RSN6025_SIERRA. MEX_NSS2-90	0.01	30625	45.97	0.0243
	5	RSN6007_SIERRA. MEX_INO-UP	0.005	17795	34.45	0.0175

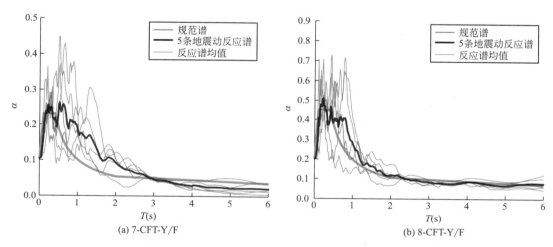

(a) 7-CFT-Y/F　　　　　　　　　　(b) 8-CFT-Y/F

图 6.1-8 实际地震动反应谱与设计反应谱对比图

6.2 CFT 异形柱框架与 CFT 矩形柱框架的抗震性能对比

6.2.1 结构动力弹塑性抗震分析

基于 6.1.1 节所建立的 Marc 有限元模型及选取的地震动，将地震动调幅后加载至结构 Y 向，完成结构在小震、中震以及大震作用下的时程分析。然后对结构顶点位移、基底剪力、层间位移角以及塑性发展规律进行对比分析，并对结构的抗震性能进行初步评价。

（1）顶点位移

选取结构模型的最高点作为参照点，作出结构分别在 5 条地震动的小震、中震、大震作用下的 Y 向顶点位移-时程（Δ_y-T）对比曲线。由于不同地震动下，两结构的对比曲线具有相似的规律及相关关系，故以 3 号地震动为例，结构 Δ_y-T 曲线见图 6.2-1。在不同地震水准下，两结构的 Δ_y 随时间变化趋势基本一致，CFT 异形柱框架的幅值稍大。

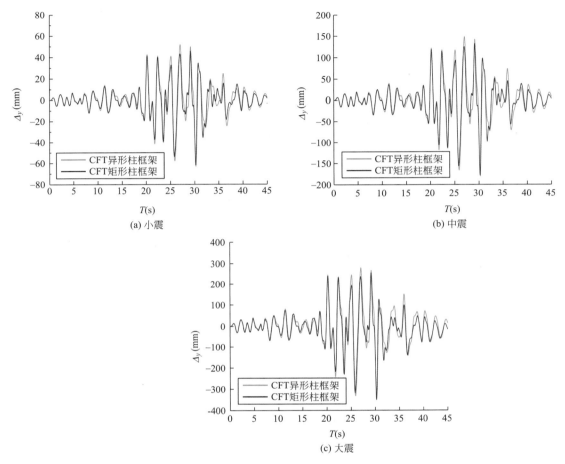

图 6.2-1　3 号地震动下结构 Δ_y-T 曲线

　　提取结构顶点位移最大值，并计算出各结构在 5 条地震动作用下顶点位移最大值平均值（$\Delta_{y,\mathrm{maxavg}}$）以及最大值出现的时刻平均值（$T_{\mathrm{avg}}$），见表 6.2-1。两结构在小震、中震、大震作用下，CFT 异形柱框架相比于 CFT 矩形柱框架的 $\Delta_{y,\mathrm{maxavg}}$ 大 4.94%～6.64%，T_{avg} 提前约 1.2s；这说明 CFT 异形柱框架顶点位移最大值比 CFT 矩形柱框架略大，出现时刻略晚，但差距较小，两结构地震作用下顶点位移基本接近。

顶点位移最大值及出现时刻平均值

表 6.2-1

水准	参数	CFT 异形柱框架	CFT 矩形柱框架	误差/差值
小震	$\Delta_{y,\mathrm{maxavg}}$(mm)	60.01	56.02	6.64%
	T_{avg}(s)	26.21	25.01	1.20
中震	$\Delta_{y,\mathrm{maxavg}}$(mm)	172.24	161.47	6.26%
	T_{avg}(s)	26.21	25.02	1.19

续表

水准	参数	CFT 异形柱框架	CFT 矩形柱框架	误差/差值
大震	$\Delta_{y,maxavg}$(mm)	344.82	327.77	4.94%
	T_{avg}(s)	26.23	25.04	1.19

（2）基底剪力

提取任一时刻结构底层柱脚节点的 Y 向反力，将所有柱脚节点的 Y 向反力求和，得任一时刻结构的 Y 向基底剪力（F_v），并作出结构的基底剪力-时程（F_v-T）曲线。由于不同地震动下，两结构的对比曲线具有相似的规律及相关关系，故以 3 号地震动为例进行说明，结构 F_v-T 曲线见图 6.2-2。在地震作用下，各个地震水准下两结构 F_v 随时间变化趋势基本一致，CFT 矩形柱框架的幅值略高于 CFT 异形柱框架。

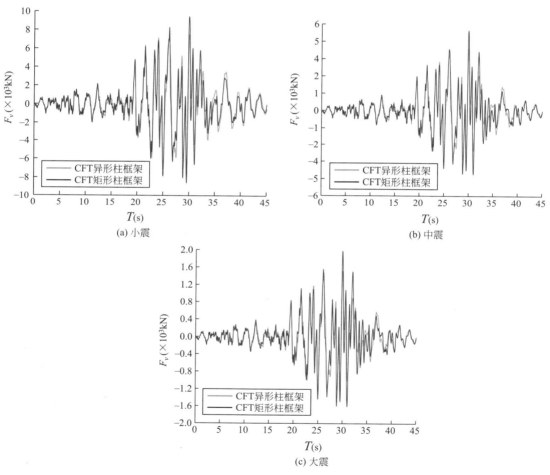

图 6.2-2　3 号地震动下结构 F_v-T 曲线

提取结构基底剪力最大值，并计算出各结构在 5 条地震动作用下基底剪力最大值平均值（$F_{v,maxavg}$）以及最大值出现时刻平均值（T_{avg}），见表 6.2-2。CFT 异形柱框架相比于

CFT 矩形柱框架，其基底剪力最大值均值在小震及中震时小 15.4%，在大震时小 9.5%；基底剪力最大值出现时刻均值，在小震及中震时晚 1.48s，在大震晚 0.31s。造成两对比结构最大基底剪力差别略大的原因可能在于，在结构设计时主要控制了两对比结构在弹性阶段的动力特性相似，在此标准之下，两结构的质量本身便存在差异。

基底剪力最大值及出现时刻平均值　　　　　　　　表 6.2-2

水准	参数	CFT 异形柱框架	CFT 矩形柱框架	误差/差值
小震	$F_{v\cdot maxavg}$(kN)	1445.39	1667.88	-15.4%
	T_{avg}(s)	26.40	24.92	1.48
中震	$F_{v\cdot maxavg}$(kN)	4104.16	4736.25	-15.4%
	T_{avg}(s)	26.41	24.93	1.48
大震	$F_{v\cdot maxavg}$(kN)	8026.05	8787.82	-9.5%
	T_{avg}(s)	25.25	24.94	0.31

（3）层间位移角

提取在不同水准地震动作用下，每个模型每一楼层每一时刻的层间位移角，然后统计出每一楼层在弹塑性时程分析整个过程中的最大层间位移角包络值 θ_{max}。将结构在 5 条地震动作用下各楼层 θ_{max} 求平均，得到结构的楼层（S）-最大层间位移角均值（θ_{maxavg}）曲线，如图 6.2-3、图 6.2-4 所示。将 θ_{maxavg} 在不同地震强度下的最大值及出现楼层进行统计，计算 θ_{maxavg} 误差及楼层数差，见表 6.2-3；由表中结果可见：

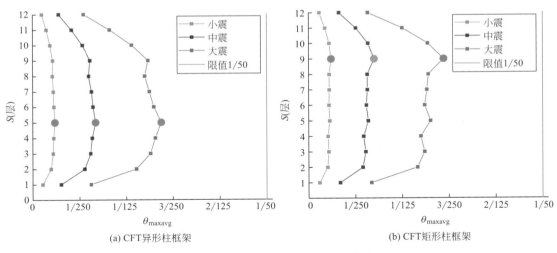

(a) CFT异形柱框架　　　　　　　(b) CFT矩形柱框架

图 6.2-3　地震作用下结构 S-θ_{maxavg} 曲线对比

① 同一结构不同地震强度下的 S-θ_{maxavg} 曲线趋势完全一致，最大层间位移角随地震强度的增大而增大，且均满足大震下规范限值 1/50 的要求；最大层间位移角出现的楼层位置相同；各层层间位移角随地震强度增大而表现出更大的差异；

② 不同结构同一地震强度下的结构 S-θ_{maxavg} 曲线变化趋势一致，均在标准层变化亦即柱截面突变处存在转折；CFT 异形柱框架最大层间位移角出现在第 5 层，CFT 矩形柱框架最大层间位移角出现在第 9 层；

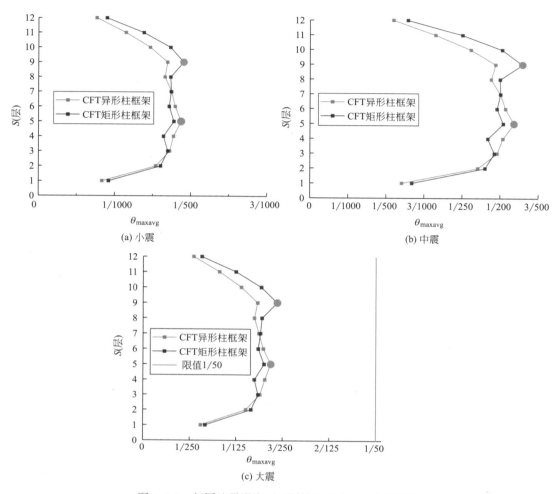

图 6.2-4　相同地震强度下不同结构 S-θ_{maxavg} 曲线对比

③ CFT 矩形柱框架的 θ_{maxavg} 在小震、中震、大震作用下分别比 CFT 异形柱框架大 1.8%、4.2%、5.2%，差值较小，可认为结构层间位移角方面的地震响应相似。

综上所述，两结构最大层间位移角在大震下均满足规范限值要求，且随楼层的变化趋势相近。虽然两结构的最大层间位移角出现楼层存在差异，且 CFT 矩形柱框架的最大层间位移角更大，但最大层间位移角数值误差较小，大震下差值最大仅为 5.2%，因此可认为两结构最大层间位移角的地震响应接近。

最大层间位移角及楼层位置平均值　　　　　　　　　　表 6.2-3

参数	CFT 异形柱框架			CFT 矩形柱框架			误差		
	小震	中震	大震	小震	中震	大震	小震	中震	大震
θ_{maxavg}	1/534	1/187	1/91	1/524	1/179	1/87	−1.8%	−4.2%	−5.2%
S(层)	5	5	5	9	9	9	—	—	—

（4）塑性发展规律

用户子程序对构件进入塑性的判定标准为：存在截面纤维网格单元进入塑性，即判定该线单元进入塑性,并在程序中将进入塑性的线单元高亮显示。

通过对计算结果的总结,各结构在小震及中震作用下均无构件进入塑性,仍处于弹性状态。故仅对结构大震作用下进入塑性的规律进行分析,归纳如下:

CFT异形柱框架:1、2层柱底先进入塑性,然后由低楼层至高楼层的梁端逐渐进入塑性,进入塑性的梁主要集中在2~7层,1、8、9层也可能存在部分梁进入塑性;梁构件塑性发展过程中,伴随着5、6层及8、9层(即柱截面变化处)柱进入塑性;可见,结构在大震作用下有部分柱进入塑性,但最终状态以梁进入塑性阶段为主。

CFT矩形柱框架:2、3或8、9层梁先进入塑性;然后1或9层柱进入塑性;由低楼层至高楼层梁塑性逐渐发展增多,进入塑性的梁主要集中在1~6层;可见,结构在大震作用下仅少量柱进入塑性,但最终状态以梁进入塑性阶段为主。

2号地震动作用下,两结构塑性发展更具典型性,故以2号地震动为例,对两结构最终时刻的塑性状态进行详细对比说明;结构最终时刻的塑性状态如图6.2-5所示。由图中可见,两结构进入塑性的梁均分布在1~9层,且主要集中在2~6层;前者1、2及5~9层有部分柱进入塑性,后者仅在1、9层有少量柱进入塑性,且前者进入塑性的柱单元沿楼层分布更广,沿柱高塑性发展程度明显也比后者更大。

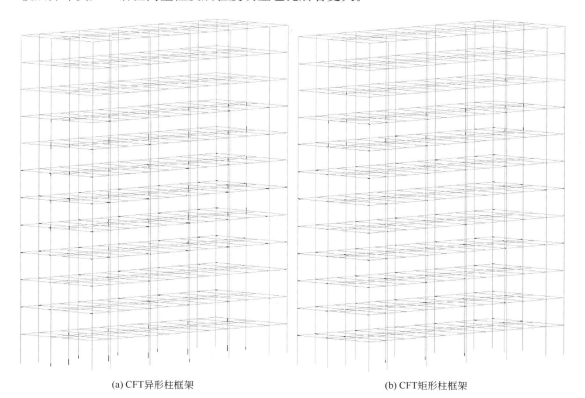

(a) CFT异形柱框架   (b) CFT矩形柱框架

图 6.2-5　2号地震动下结构最终时刻塑性状态

由上述分析可知,大震作用下,CFT异形柱框架为底层柱先进入塑性,而CFT矩形柱框架为下部梁先进入塑性,且CFT异形柱框架进入塑性的柱分布更广,沿柱高塑性发展程度更大,这是因为相比一般的CFT矩形柱,CFT异形柱的截面更开展,其边缘纤维材料容易更早屈服。但罕遇地震作用至最后，两结构均以梁进入塑性阶段为主，即两结构在罕遇地震作用下均为梁耗能为主，符合保证结构安全的设计预期。由于 CFT 异形柱截面更为开展且柱肢厚度较小，相比于 CFT 矩形柱更易进入塑性，因此结构设计中应通过构造保证 CFT 异形框架柱具有良好的延性和变形能力。

6.2.2　结构抗地震倒塌能力分析

基于前述结构有限元模型和地震动选择结果，对结构进行 IDA 分析，得到结构的 IDA 曲线簇与对应的分位数曲线。基于 IDA 分析，对结构进行地震易损性分析，计算结构的倒塌储备系数，并对结构的抗地震倒塌能力进行评价。

IDA 分析过程中，选用阻尼比为 5% 时结构基本周期对应的谱加速度 S_a（T_1）作为地震强度指标 IM，以结构最大层间位移角 θ_{max} 作为结构损伤指标 DM。由于目前对于 CFT 异形柱框架结构体系的动力弹塑性研究较少，本章对于该类型框架极限状态的定义参考 FEMA356[4] 中对于 RC 框架结构不同性能水平的层间位移角限值，见表 6.2-4；三种形态可分别对应我国规范"小震不坏，中震可修，大震不倒"的三水准要求。

不同性能水准对应的层间位移角限值　　　　　　表 6.2-4

结构性能水准	层间位移角限值
立即使用(IO)	1%
生命安全(LS)	2%
防止倒塌(CP)	4%

（1）IDA 曲线分析

通过 IDA 分析，得到 CFT 异形柱框架与 CFT 矩形柱框架的 IDA 曲线簇以及 16%、50% 及 84% 分位数曲线，如图 6.2-6 所示。不同地震动作用下结构的 IDA 曲线存在着较大的差异，且随着地震强度的增大差异性越发显著。结构的 IDA 曲线随着地震强度增大而表现出的变化趋势可分为三类：软化型、过渡软化型和硬化型。从两结构的 IDA 曲线簇和分位数曲线可以看出，CFT 异形柱框架与 CFT 矩形柱框架在地震作用下存在刚度退化现象，IDA 曲线均以软化型和过渡软化型为主。

将两结构的 50% 分位数曲线进行对比，如图 6.2-7 所示，可见两结构的分位数曲线在 θ_{max} 不超过 0.022 时基本重合；θ_{max} 超过 0.022 之后，同一 θ_{max} 下 CFT 异形柱框架对应的 $S_a(T_1)$ 略大，但差值在 10% 以内。因此，可认为 CFT 异形柱框架结构与 CFT 矩形柱框架结构在倒塌前抗震性能接近。

（2）结构易损性分析

采用解析法对结构进行地震易损性分析；采用传统可靠度法计算结构的超越概率函数，经过拟合后得到结构模型的地震易损性曲线。各结构的地震易损性曲线如图 6.2-8 所示。

结构在 3 个性能水准下的地震易损性曲线对比见图 6.2-9，可以看出两结构立即使用、生命安全以及防止倒塌水平下的易损性曲线均基本一致，即两结构对应各性能水平的超越概率基本一致，说明两结构在各性能水平下的抗震性能基本一致。

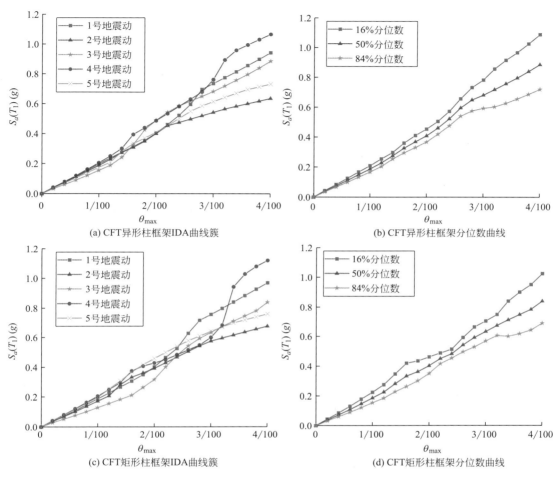

图 6.2-6　结构 IDA 曲线簇及分位数曲线

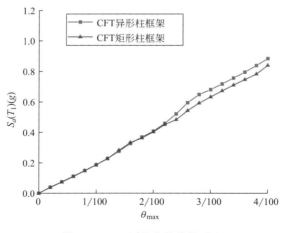

图 6.2-7　50％分位数曲线对比

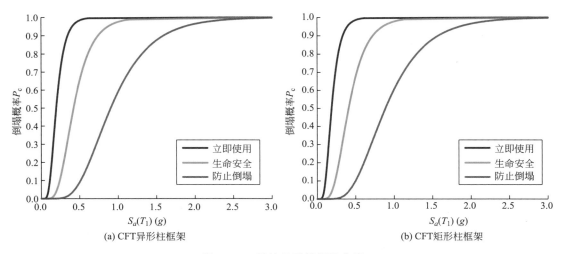

图 6.2-8　结构地震易损性曲线

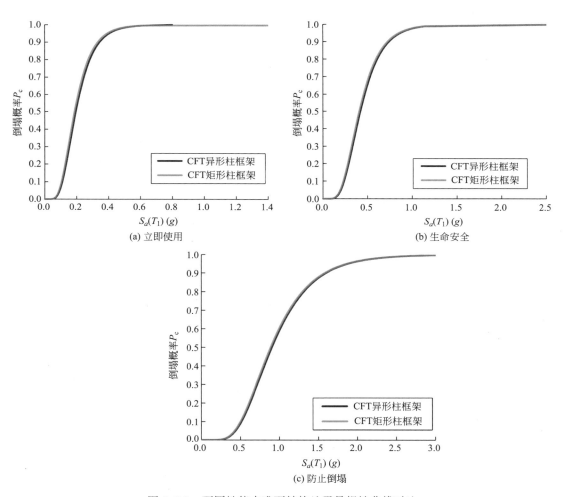

图 6.2-9　不同性能水准下结构地震易损性曲线对比

根据以上分析，将两结构在设防烈度 8 度（$0.2g$）下的小震、中震、大震三个地震动水准下对应的 3 个性能水准的超越概率进行统计，得到结构的易损性矩阵，见表 6.2-5。由表中可见，CFT 异形柱框架与 CFT 矩形柱框架小震时立即使用性能水准的超越概率分别为 0.01％与 0.02％，中震时生命安全性能水准的超越概率分别为 0.06％与 0.09％，大震时防止倒塌性能水准的超越概率分别为 0.05％与 0.07％。说明两结构均能满足我国"小震不坏，中震可修，大震不倒"的抗震设防要求。同时根据表中数据亦可知，不同地震强度下，两结构各性能水准的超越概率差别较小，两结构的抗震性能相似。

结构易损性矩阵　　　　　　　　　　　　表 6.2-5

结构	地震动水准	$S_a(T_1)(g)$	性能水准		
			立即使用	生命安全	防止倒塌
CFT 异形柱框架	小震	0.037	0.01％	0.00％	0.00％
	中震	0.10	6.57％	0.06％	0.00％
	大震	0.21	56.69％	5.89％	0.05％
CFT 矩形柱框架	小震	0.037	0.02％	0.00％	0.00％
	中震	0.10	8.21％	0.09％	0.00％
	大震	0.21	60.31％	7.06％	0.07％

（3）结构抗倒塌能力分析

通过前述一系列有限元分析及统计计算，可以得到结构的 IDA 曲线簇、分位数曲线以及地震易损性曲线。IDA 曲线簇反映了结构在不同地震动作用下随 *IM* 增大结构 *DM* 的变化规律；分位数曲线对 IDA 曲线簇进行了统计归纳，降低了不同地震动 IDA 曲线的离散性与差异性，使 IDA 曲线更便于进行比较；地震易损性曲线给出了结构随地震强度的增大，各性能水准超越概率的变化规律。以上结果均能较为充分地对结构抗震性能进行评价，但结构在地震作用下的安全储备能力仍然没有得到直观的体现。因此，FEMA 695[5]中提出了结构倒塌储备系数（Collapse Margin Ratio，*CMR*）并进行了详细规定，以期更全面地评价结构的抗倒塌能力。

计算得到两结构的倒塌储备系数见表 6.2-6，CFT 异形柱框架与 CFT 矩形柱框架的 *CMR* 分别为 4.29 与 4.24，仅相差 1.17％，可见两结构的抗倒塌能力基本一致。

结构倒塌储备系数　　　　　　　　　　　　表 6.2-6

结构	$S_a(T_1)_{50\%}$	$S_a(T_1)_{罕遇}$	*CMR*
CFT 异形柱框架	0.90	0.21	4.29
CFT 矩形柱框架	0.89	0.21	4.24

为定量评价结构在一致倒塌风险要求下的安全储备，根据 2.4.5 节提到的结构最小安全储备系数（$CMR_{10\%}$）定义以及公式（2.4-13），结合结构易损性曲线，计算得到结构在倒塌概率 10％所对应的地震动强度指标和相应的 $CMR_{10\%}$ 值，如表 6.2-7 所示。

由表可知，CFT 异形柱框架和 CFT 矩形柱框架的 $CMR_{10\%}$ 分别为 2.48 和 2.37，CFT 异形柱框架的结构最小安全储备系数高于 CFT 矩形柱框架，但两者差异较小，均大于

1.0，远满足一致倒塌风险验算要求，由此可知，跟普通 CFT 矩形柱框架相比，CFT 异形柱框架结构的抗倒塌安全性能并不降低；在一致倒塌风险的要求下，这种体系的适用高度完全可与普通钢管混凝土框架结构相同。

结构最小安全储备系数 表 6.2-7

结构	$S_a(T_1)_{10\%}(g)$	$S_a(T_1)_{穿遇}(g)$	$CMR_{10\%}$
CFT 异形柱框架	0.52	0.21	2.48
CFT 矩形柱框架	0.50	0.21	2.37

6.3 肢厚比对 CFT 异形柱框架结构抗震性能的影响

6.3.1 肢厚比对地震响应的影响

基于 6.1.2 节所建立的 Marc 有限元模型及选取的地震动，将地震动调幅后加载至结构 Y 向，完成结构在小震、中震以及大震作用下的时程分析。然后对结构顶点位移、基底剪力、层间位移角以及塑性发展规律进行对比分析，以期能对结构的抗震性能进行初步评价。

（1）顶点位移

由于本节三个结构使用不同的地震动进行时程分析，无法对比三个结构的位移−时程曲线，因此选取结构模型的最高点作为参照点，仅提取结构顶点位移最大值，并计算出各结构在 5 条地震动作用下顶点位移最大值平均值（$\Delta_{y,maxavg}$）以及最大值出现时刻平均值（T_{avg}），见表 6.3-1。

顶点位移最大值及出现时刻平均值 表 6.3-1

水准	参数	模型		
		CFT-4	CFT-5	CFT-5P
小震	$\Delta_{y,maxavg}$(mm)	48.71	45.21	77.98
	T_{avg}(s)	22.553	23.757	24.179
中震	$\Delta_{y,maxavg}$(mm)	139.11	129.48	220.36
	T_{avg}(s)	22.736	23.761	23.226
大震	$\Delta_{y,maxavg}$(mm)	287.63	255.31	420.06
	T_{avg}(s)	21.477	23.607	29.637

同一结构小震与中震下的最大顶点位移出现时间较为接近，大震下有所差别，其原因是结构在小震、中震下基本处于弹性状态，大震后结构进入塑性，结构刚度发生变化。

与 CFT-4 结构相比，CFT-5 结构的 $\Delta_{y,maxavg}$ 在小震时减小 7.19%，在中震时减小 6.92%，在大震时减小 11.2%；相比于 CFT-5 结构，CFT-5P 结构的 $\Delta_{y,maxavg}$ 在小震时增大 72.5%，在中震时增大 70.2%，在大震时增大 64.5%；相比于 CFT-4 结构，CFT-5P 结构的 $\Delta_{y,maxavg}$ 小震时增大 60.1%，中震时增大 58.4%，大震时增大 46.0%。将计算结

构的最大顶点位移与高度相比得到结构整体转角，CFT-5 结构的整体转角相比于 CFT-4 在小震时减小 7.2%～11.2%；CFT-5P 结构的整体转角相比于 CFT-4 结构与 CFT-5 结构在小震时增大 28.6% 与 39.8%，在中震时增大 26.9% 与 36.2%，在大震时增大 17.1%～31.9%。这说明肢厚比增大，结构顶点位移及整体转角小幅降低，但当肢厚比增大的结构增加高度至底层柱最大轴压比与肢厚比小的结构近似时，结构顶点位移及整体转角大幅度增大，对结构抗震不利。

（2）基底剪力

提取任一时刻结构底层柱脚节点的 Y 向反力，将所有柱脚节点的 Y 向反力相求和，得任一时刻结构的 Y 向基底剪力（F_v）。由于本节三个结构使用不同的地震动进行时程分析，因此无法对比三个结构的基底剪力-时程曲线。因此，仅提取结构基底剪力最大值，并计算出各结构在 5 条地震动作用下基底剪力最大值绝对值的平均值（$F_{v,maxavg}$）以及最大值出现的时刻平均值（T_{avg}），见表 6.3-2。

同一结构小震与中震下最大基底剪力出现时间较为接近，大震下有所差别，因为结构小中震下基本处于弹性状态，大震下进入弹塑性，结构刚度发生变化，导致结构响应也随之变化。

基底剪力最大值及出现时刻平均值　　　　　表 6.3-2

水准	参数	模型		
		CFT-4	CFT-5	CFT-5P
小震	$F_{v,maxavg}$(kN)	1733.43	1806.998	2423.656
	T_{avg}(s)	18.264	22.656	18.644
中震	$F_{v,maxavg}$(kN)	4884.808	5145.518	6835.73
	T_{avg}(s)	18.267	22.657	18.647
大震	$F_{v,maxavg}$(kN)	9290.094	9996.094	11957.55
	T_{avg}(s)	18.781	23.865	18.66

与 CFT-4 结构相比，CFT-5 结构的最大基底剪力在小震时增大 4.24%，在中震时增大 5.34%，在大震时增大 7.60%。相比于 CFT-5 结构，CFT-5P 结构的最大基底剪力在小震时增大 34.1%，在中震时增大 32.8%，在大震时增大 19.6%。相比于 CFT-4 结构，CFT-5P 结构的最大基底剪力在小震时增大 39.8%，在中震时增大 39.9%，在大震时增大 28.7%。分析结果表明，随肢厚比增大，结构最大基底剪力指标小幅增大，但当肢厚比增大的结构增加高度至底层柱最大轴压比与肢厚比小的结构近似时，结构最大基底剪力大幅增大。

（3）层间位移角

提取在不同水准地震动作用下，每个模型每一楼层每一时刻的层间位移角，然后统计出每一楼层在弹塑性时程分析整个过程中的最大层间位移角包络值（θ_{max}）。将结构在 5 条地震动作用下的楼层最大层间位移角包络值求平均，得到结构的楼层（S）-最大层间位移角均值（θ_{maxavg}）曲线，如图 6.3-1、图 6.3-2 所示。将 θ_{maxavg} 在不同强度下的最大值及出现楼层进行统计，计算 θ_{maxavg} 误差及楼层数差，见表 6.3-3，由表中结果可见：

① 同一结构在不同地震强度下，S-θ_{maxavg} 曲线趋势完全一致，最大层间位移角随地震强度的增大而增大，且均满足大震下规范限值 1/50 的要求；最大层间位移角出现的楼层

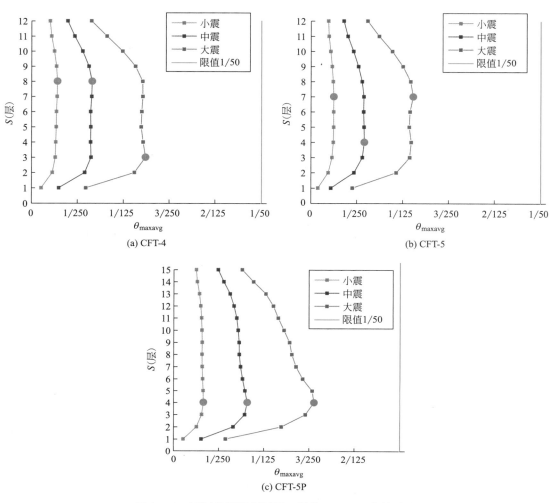

图 6.3-1 不同地震强度下同一结构 S-θ_{maxavg} 曲线对比

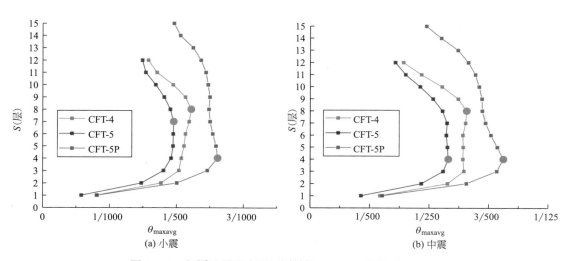

图 6.3-2 相同地震强度下不同结构 S-θ_{maxavg} 曲线对比（一）

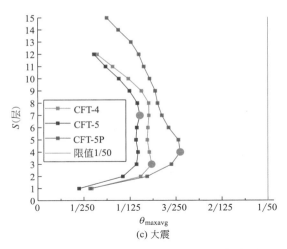

(c) 大震

图 6.3-2 相同地震强度下不同结构 S-θ_{maxavg} 曲线对比（二）

位置较为离散，但都出现在结构 1/3 或 2/3 高度附近；各层层间位移角随地震强度增大而表现出更大的差异。

最大层间位移角及其楼层位置平均值   表 6.3-3

参数	CFT-4			CFT-5			CFT-5P		
	小震	中震	大震	小震	中震	大震	小震	中震	大震
θ_{maxavg}	1/450	1/191	1/101	1/514	1/216	1/113	1/384	1/154	1/80
S（层）	8	8	3	7	4	7	4	4	4

② 相比于 CFT-4 结构，CFT-5 结构各楼层的层间位移角整体缩小；CFT-5P 结构相比于 CFT-5 结构各楼层的层间位移角进一步增大；各楼层层间位移角大小关系为：CFT-5P＞CFT-4＞CFT-5。

③ 相比于 CFT-4 结构，CFT-5 结构的 θ_{maxavg} 在小震时减小 16.8%，在中震时减小 11.6%，在大震时减小 10.6%；相比于 CFT-5 结构，CFT-5P 结构的 θ_{maxavg} 在小震时增大 33.9%，在中震时增大 40.3%，在大震时增大 41.3%；相比于 CFT-4 结构，CFT-5P 结构的 θ_{maxavg} 在小震时增大 17.2%，在中震时增大 24.0%，在大震时增大 26.3%。

综上所述，三个结构在大震作用下的最大层间位移角均满足规范限值；随着肢厚比的增大，CFT 异形柱框架的最大层间位移角大幅度缩小；但当肢厚比增大的结构增加高度至底层柱最大轴压比与肢厚比小的结构近似时，相比于肢厚比为 4 的基本结构以及肢厚比为 5 未加高的结构，结构最大层间位移角均有大幅度的增大。

（4）塑性发展规律

通过对计算结果的分析可见，各结构在小震及中震作用下均处于弹性状态，无构件进入塑性，因此仅对结构大震作用下进入塑性的规律进行分析，归纳如下：

CFT-4 结构底层柱脚首先进入塑性；然后 1～9 层梁逐渐发展进入塑性，期间伴随着 2-3 层柱进入塑性。

CFT-5 结构由 2 层梁开始梁逐步发展进入塑性，最终梁进入塑性的楼层发展至第 9

层，同时可能伴随底层柱脚进入塑性。

CFT-5P 结构 4～10 层的梁先逐步发展进入塑性；然后是 1、2 层附近的柱脚进入塑性，与此同时 1～3 层附近的梁进入塑性；最后为 11～15 层的梁逐渐进入塑性。

各结构在 3 号地震动下进入塑性的状态均具有一定的代表性，故以 3 号地震动为例，对各结构最终时刻的塑性状态进行详细对比说明，塑性发展见图 6.3-3。

相比于 CFT-4 结构，CFT-5 结构的塑性发展程度明显更低，进入塑性的梁更少，层数范围更小，且沿梁长塑性发展程度更低，同时进入塑性的柱也更少，沿柱高发展程度也更低。相比于 CFT-5 结构，CFT-5P 结构塑性发展程度明显更高，进入塑性的梁更多，层数范围更大，且沿梁长塑性发展程度更高。相比于 CFT-4 结构，CFT-5P 结构塑性发展程度更高，进入塑性的梁更多，层数范围更大，且沿梁长塑性发展程度更高，进入塑性的柱数量相当，但沿柱高方向的塑性发展程度更高。

综上所述，框架柱的肢厚比增大后，大震下结构进入塑性的构件更少且塑性发展程度更低。在轴压比相近且肢厚比由 4 增大至 5 的情况，大震下结构进入塑性的构件均大幅增多且塑性发展程度明显提高；在肢厚比均为 5 且轴压比由 0.357 增大至 0.434 的情况，大震下结构出现相似的塑性趋势。

6.3.2 结构抗地震倒塌能力分析

基于本节的结构模型、选波及计算结果，对结构进行 IDA 分析，得到结构的 IDA 曲线簇与对应的分位数曲线。基于 IDA 分析结构对结构进行地震易损性分析，计算结构的倒塌储备系数，并对结构的抗地震倒塌能力进行评价。

（1）IDA 曲线分析

通过 IDA 分析，得到 CFT-4、CFT-5 以及 CFT-5P 结构的 IDA 曲线簇与 16%、50% 及 84% 分位数曲线，如图 6.3-4 所示。不同地震动作用下结构的 IDA 曲线存在着较大的差异，且随着地震动强度的增大差异性越发显著。结构的 IDA 曲线随着地震动强度增大而表现出的变化趋势可分为三类：软化型、过渡软化型和硬化型。从各结构的 IDA 曲线簇和分位数曲线可以看出，三种 CFT 异形柱框架均存在刚度退化现象，IDA 曲线以软化型与过渡软化型为主。

将各结构的 50% 分位数曲线进行对比，如图 6.3-5 所示。各结构的 50% 分位数曲线存在较为明显的差异。地震强度相同时，对于结构的最大层间位移角，CFT-5P 最高，CFT-4 居中，CFT-5 最小；可见柱肢厚比增大会使结构层间位移角变小。CFT-4 与 CFT-5 结构的 IDA 曲线主要呈现为过渡软化型，而 CFT-5P 主要呈现为较为明显的软化型曲线，说明 CFT-5P 存在较为明显的刚度退化现象。

（2）结构易损性分析

各结构的地震易损性曲线如图 6.3-6 所示。

各结构在 3 个性能水准下的地震易损性曲线对比如图 6.3-7 所示，可以看出，三个结构在各性能水准下的易损性曲线有所不同，CFT-5 结构的超越概率最小，CFT-4 结构的超越概率略大，CFT-5P 结构的超越概率显著大于其他两个结构。随着结构的性能水准从立即使用到生命安全，最后到防止倒塌，结构 CFT-4 与 CFT-5 的超越概率差别逐渐变小；在防止倒塌水准下，结构 CFT-4 与 CFT-5 易损性曲线较为相近，而结构 CFT-5P 超越概

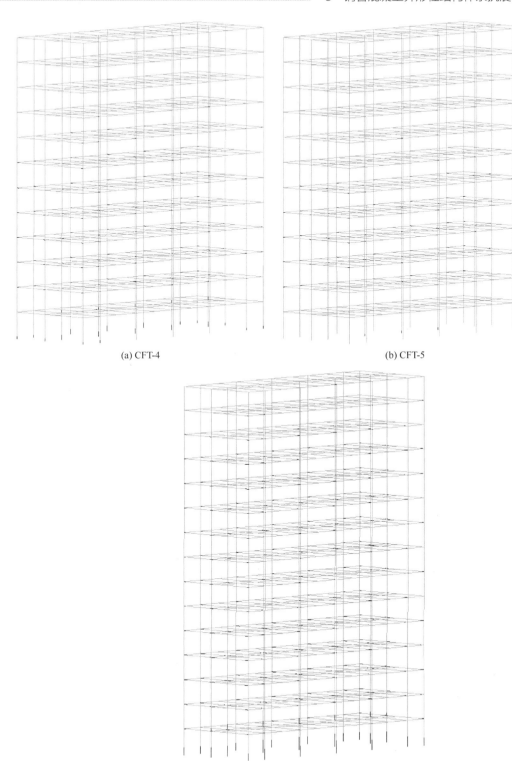

(a) CFT-4   (b) CFT-5

(c) CFT-5P

图 6.3-3 各结构 3 号地震动下最终时刻塑性状态

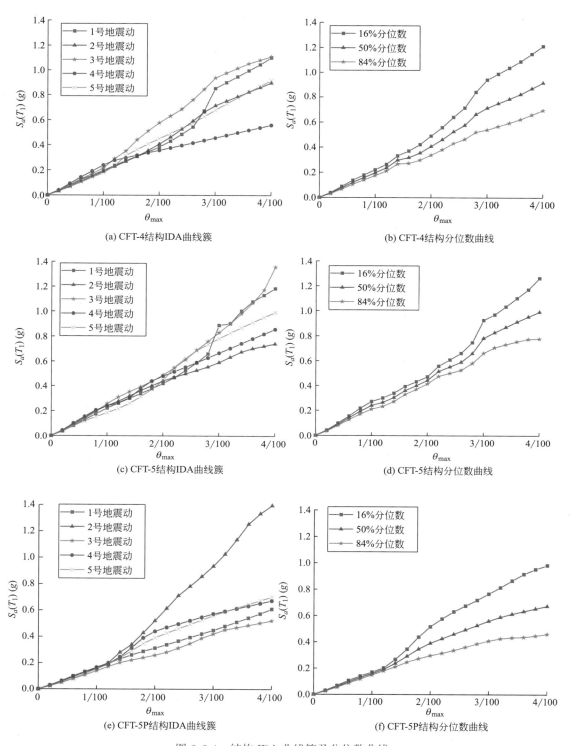

图 6.3-4　结构 IDA 曲线簇及分位数曲线

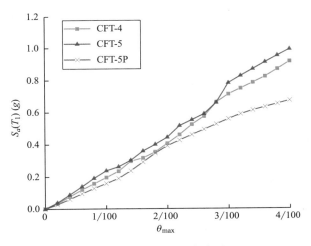

图 6.3-5 50％分位数曲线对比

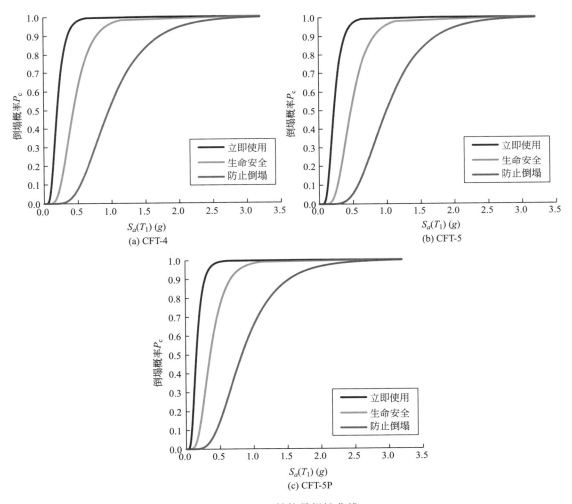

图 6.3-6 结构易损性曲线

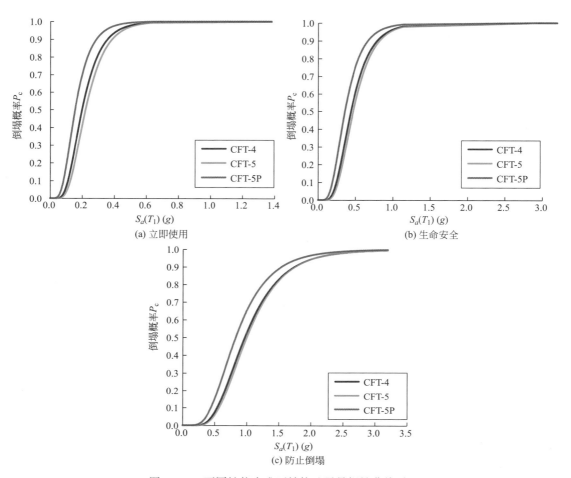

图 6.3-7　不同性能水准下结构地震易损性曲线对比

率在各水准下均明显大于其他两结构，与其他两结构超越概率的差距随着性能水准的变化无明显变化。综上所述，将柱肢厚比由 4 增大至 5，结构在立即使用水准下的抗震性能略有降低，在生命安全及防止倒塌水准下的抗震性能基本相似；但肢厚比为 5 且增加高度的结构，相比于其他两结构，在各性能水准下的抗震性能均显著变差。

　　根据以上分析，将三个结构在设防烈度为 8 度（0.2g）下的小震、中震、大震三个地震动水准下对应的 3 个性能水准的超越概率进行统计，得到结构的易损性矩阵，见表 6.3-4；由表中可知，CFT-4、CFT-5 及 CFT-5P 结构在小震时立即使用状态下的超越概率分别为 0.02%、0.00% 及 0.12%，在中震时生命安全状态下的超越概率分别为 0.13%、0.04% 及 0.41%，在大震时防止倒塌状态下的超越概率分别为 0.04%、0.03% 及 0.16%。这说明肢厚比增大至 5，前述各水准下的超越概率略有降低；继续增加结构高度，前述各水准下的超越概率有较大幅度增大；但三个结构均能满足"小震不坏、中震可修、大震不倒"的抗震设防要求。

　　（3）结构抗倒塌能力分析

　　为进一步对结构抗倒塌能力进行更为直观的评价，计算出各结构的 CMR，见表 6.3-5。由表可知，CFT-4、CFT-5 及 CFT-5P 结构的 CMR 分别为 4.57、4.55 及 4.15。CFT-4 与

结构易损性矩阵   表 6.3-4

结构	地震动水准	$S_a(T_1)(g)$	性能水准		
			立即使用	生命安全	防止倒塌
CFT-4	小震	0.038	0.02%	0.00%	0.00%
	中震	0.110	9.96%	0.13%	0.00%
	大震	0.210	55.20%	5.46%	0.04%
CFT-5	小震	0.039	0.00%	0.00%	0.00%
	中震	0.110	5.42%	0.04%	0.00%
	大震	0.220	49.49%	4.04%	0.03%
CFT-5P	小震	0.036	0.12%	0.00%	0.00%
	中震	0.100	18.13%	0.41%	0.00%
	大震	0.200	69.98%	11.33%	0.16%

CFT-5 结构的 CMR 相近，仅相差 0.4%，而 CFT-5P 结构的 CMR 有较为明显的降低，相比于 CFT-4 结构降低 9.2%，相比于 CFT-5 结构降低 8.8%。说明柱肢厚比由 4 增大至 5，结构倒塌安全储备基本一致，但进一步增加结构高度会使倒塌安全储备降低 10% 以内。

结构倒塌储备系数   表 6.3-5

结构	$S_a(T_1)_{50\%}$	$S_a(T_1)_{罕遇}$	CMR
CFT-4	0.96	0.21	4.57
CFT-5	1.00	0.22	4.55
CFT-5P	0.83	0.20	4.15

　　为定量评价结构在一致倒塌风险要求下的安全储备，根据 2.4.5 节提到的结构最小安全储备系数（$CMR_{10\%}$）定义以及公式（2.4-13），结合结构易损性曲线，计算得到结构在倒塌概率 10% 所对应的地震动强度指标和相应的 $CMR_{10\%}$ 值，如表 6.3-6 所示。

　　由表可知，结构 CFT-4、CFT-5 和 CFT-5P 的结构 $CMR_{10\%}$ 分别为 2.52、2.55 和 2.18，结构 CFT-5 的 $CMR_{10\%}$ 与结构 CFT-4 相近，因其肢厚比增加而轴压比降低；CFT-5P 的 $CMR_{10\%}$ 出现下降，因其肢厚比增加，而轴压比不变，由此可知，对于肢厚比为 5 的 CFT 异形柱混合结构，设计的轴压比限值应小于肢厚比不超过 4 的钢管混凝土异形柱结构。

结构最小安全储备系数   表 6.3-6

结构	$S_a(T_1)_{10\%}(g)$	$S_a(T_1)_{罕遇}(g)$	$CMR_{10\%}$
CFT-4	0.53	0.21	2.52
CFT-5	0.56	0.22	2.55
CFT-5P	0.44	0.20	2.18

6.4 CFT 异形柱框架结构最大适用高度分析

6.4.1 结构动力弹塑性抗震分析

基于 6.1.3 节所建立的 Marc 有限元模型及选取的地震动，将地震动调幅后加载至结构 Y 向，完成结构在小震、中震以及大震作用下的时程分析。然后对结构顶点位移、基底剪力、层间位移角以及塑性发展规律进行对比分析，并对结构的抗震性能进行初步评价。

（1）顶点位移

选取结构模型最高点作为参照点，作出结构分别在 5 条地震动、小中大震作用下的 Y 向顶点位移-时程（Δ_y-T）对比曲线。然后根据顶点位移最大值计算出各结构 5 条地震动作用下顶点位移最大值平均值（$\Delta_{y,\text{maxavg}}$）以及最大值出现的时刻平均值（T_{avg}）。

① 7 度（0.1g）

7-CFT-Y/F 结构在同一地震动，同一地震水准下的 Δ_y-T 曲线具有相似的规律及相关关系，故以 2 号地震动为例，结构 Δ_y-T 曲线如图 6.4-1 所示。在各地震水准下，两结构

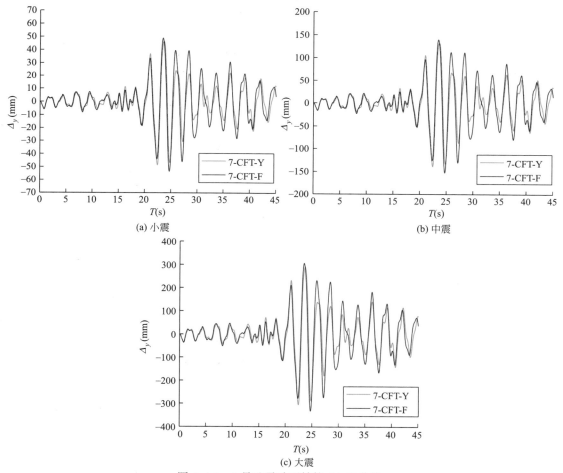

图 6.4-1　2 号地震动下结构 Δ_y-T 曲线

Δ_y 随时间变化趋势基本一致，幅值在曲线峰值之前（包括峰值）基本一致，峰值之后 7-CFT-F 结构大于 7-CFT-Y 结构。

提取结构顶点位移最大值，并计算出各结构 5 条地震动作用下的 $\Delta_{y,maxavg}$ 以及 T_{avg}，见表 6.4-1。在小震、中震、大震下，相比于 7-CFT-F 结构，7-CFT-Y 结构的 $\Delta_{y,maxavg}$ 小 5% 以内，T_{avg} 早 0.4s 以内，两结构地震作用下的顶点位移接近。

顶点位移最大值及出现时刻平均值   表 6.4-1

水准	参数	7-CFT-Y	7-CFT-F	误差/差值
小震	$\Delta_{y,maxavg}$(mm)	45.124	47.112	-4.36%
	T_{avg}(s)	29.677	30.04	-0.363
中震	$\Delta_{y,maxavg}$(mm)	128.834	131.71	-2.23%
	T_{avg}(s)	29.684	30.047	-0.363
大震	$\Delta_{y,maxavg}$(mm)	282.15	294.12	-4.24%
	T_{avg}(s)	29.7	30.07	-0.37

② 8 度（0.2g）

8-CFT-Y/F 结构在同一地震动，同一地震水准下的 Δ_y-T 曲线具有相似的规律及相关关系，故以 2 号地震动为例，结构 Δ_y-T 曲线如图 6.4-2 所示。在各地震水准下，两结构 Δ_y 随时间变化趋势基本一致，波峰波谷幅值略有区别。

提取结构顶点位移最大值，并计算出各结构 5 条地震动作用下的 $\Delta_{y,maxavg}$ 以及 T_{avg}，见表 6.4-2。由表可知：在小震、中震、大震下，8-CFT-Y 结构比 8-CFT-F 结构的 $\Delta_{y,maxavg}$ 小 5% 左右；小震及中震下 T_{avg} 出现时刻相差较小，大震时由于结构塑性发展，两种柱的差异性得到体现，T_{avg} 相差稍大。两结构的顶点最大位移在小震、中震、大震下均相近，8-CFT-Y 结构的顶点最大位移稍小，顶点最大位移出现时刻会由于结构逐渐进入塑性而表现出差异。

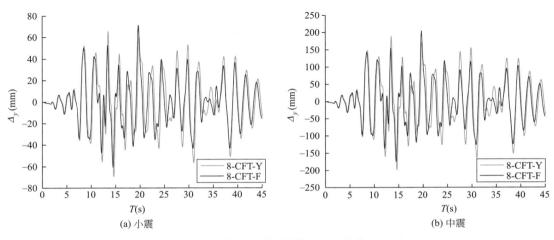

图 6.4-2 2 号地震动下结构 Δ_y-T 曲线（一）

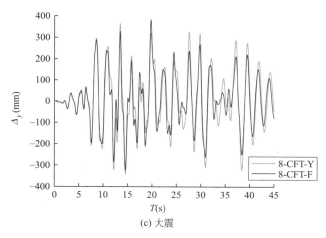

(c) 大震

图 6.4-2　2 号地震动下结构 Δ_y-T 曲线（二）

顶点位移最大值及出现时刻平均值　　　　　　　表 6.4-2

水准	参数	8-CFT-Y	8-CFT-F	误差/差值
小震	$\Delta_{y,maxavg}$（mm）	63.044	66.056	-4.78%
	T_{avg}（s）	29.224	28.96	0.264
中震	$\Delta_{y,maxavg}$（mm）	179.742	188.752	-5.01%
	T_{avg}（s）	29.275	29.168	0.107
大震	$\Delta_{y,maxavg}$（mm）	344.914	363.604	-5.42%
	T_{avg}（s）	29.039	30.391	-1.352

　　综上分析，7 度（0.1g）和 8 度（0.2g）下，两结构的顶点位移随时间的变化趋势均一致，且在小震、中震、大震下 CFT 异形柱框架的顶点位移最大值均比 CFT 柱框架小 5% 左右。不同地震强度下，结构 7-CFT-Y 与 7-CFT-F 的顶点位移最大值出现时刻较为接近；结构 8-CFT-Y 与 8-CFT-F 的顶点位移最大值出现时刻在小震、中震下较为接近，在大震下由于地震强度较大，CFT 异形柱相比于矩形 CFT 柱更易进入塑性，且塑性发展程度更高，因此 8-CFT-Y 结构比 8-CFT-F 结构的顶点位移最大值出现时刻早 1.352s。

　　（2）基底剪力

　　① 7 度（0.1g）

　　结构 7-CFT-Y 与 7-CFT-F 在同一地震动，同一地震水准下的 F_v-T 曲线具有相似的规律及相关关系，故以 2 号地震动为例，结构 Δ_y-T 曲线如图 6.4-3 所示。可见在各地震水准下，两结构 F_v 随时间变化趋势基本一致，波峰波谷幅值有所区别，绝大部分时间内 7-CFT-F 结构的基底剪力更大。

　　提取结构基底剪力最大值并计算出各结构 5 条地震动作用下基底剪力最大值平均值（$F_{v,maxavg}$）以及最大值出现时刻平均值（T_{avg}），见表 6.4-3。7-CFT-Y 结构比 7-CFT-F 结构的 $F_{v,maxavg}$ 在小震时小 8.48%，在中震时小 8.91%，在大震时小 9.22%。7-CFT-Y 结构比 7-CFT-F 结构的 T_{avg} 在小震时晚 0.198s，在中震时晚 0.195s，在大震时晚 0.194s。造成两结构最大基底剪力差别较大的原因是，在结构设计时主要控制了两对比结构在弹性

阶段的动力特性相近，但两结构的质量不能控制得使其相近。

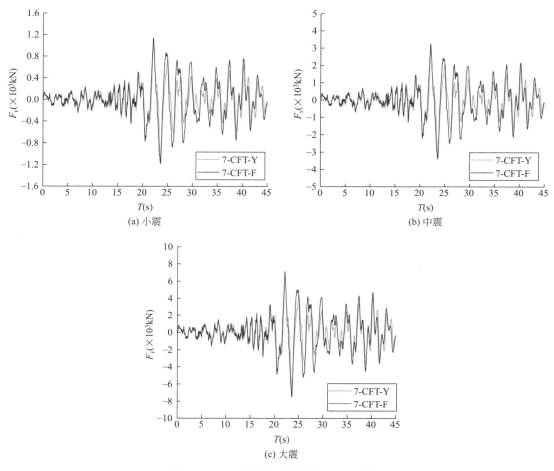

图 6.4-3　2 号地震动下结构 F_v-T 曲线

基底剪力最大值及出现时刻平均值　　　　　　　　　　　　　　表 6.4-3

水准	参数	7-CFT-Y	7-CFT-F	误差/差值
小震	$F_{v,\text{maxavg}}$(kN)	1109.79	1203.94	−8.48%
	T_{avg}(s)	23.144	22.946	0.198
中震	$F_{v,\text{maxavg}}$(kN)	3149.03	3429.63	−8.91%
	T_{avg}(s)	23.145	22.95	0.195
大震	$F_{v,\text{maxavg}}$(kN)	6802.60	7429.87	−9.22%
	T_{avg}(s)	23.154	22.96	0.194

② 8 度（0.2g）

结构 8-CFT-Y 与 8-CFT-F 在同一地震动，同一地震水准下的 F_v-T 曲线具有相似的规律及相关关系，故以 2 号地震动为例，结构 Δ_y-T 曲线如图 6.4-4 所示。可见在各地震水准下，两结构 F_v 随时间变化趋势基本一致，波峰波谷幅值有所区别，绝大部分时间内

8-CFT-F 结构更大。

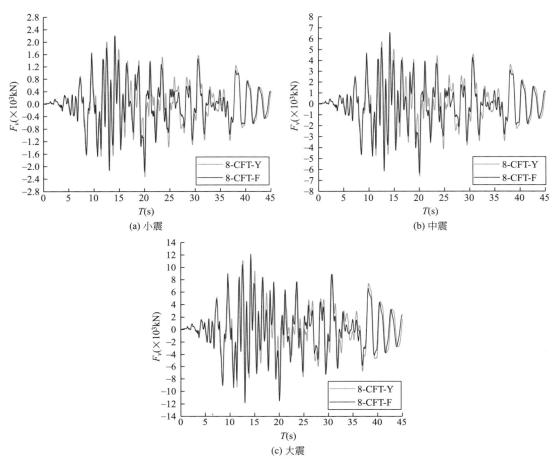

图 6.4-4　2 号地震动下结构 F_v-T 曲线

提取结构基底剪力最大值并计算出各结构 5 条地震动作用下基底剪力最大值平均值（$F_{v,\text{maxavg}}$）以及最大值出现的时刻平均值（T_{avg}），见表 6.4-4。8-CFT-Y 结构比 8-CFT-F 结构的 $F_{v,\text{maxavg}}$ 在小震时小 2.88%，在中震时小 3.31%，在大震时小 4.81%，8-CFT-Y 结构比 8-CFT-F 结构的 T_{avg} 在小震时晚 1.426s，在中震时晚 1.835s，在大震时晚 1.849s。

基底剪力最大值及出现时刻平均值　　　　　　　　　　　表 6.4-4

水准	参数	8-CFT-Y	8-CFT-F	误差/差值
小震	$F_{v,\text{maxavg}}$(kN)	1993.74	2051.18	−2.88%
	T_{avg}(s)	29.831	28.405	1.426
中震	$F_{v,\text{maxavg}}$(kN)	5697.41	5885.80	−3.31%
	T_{avg}(s)	29.837	28.002	1.835
大震	$F_{v,\text{maxavg}}$(kN)	10370.07	10896.00	−4.81%
	T_{avg}(s)	29.880	28.031	1.849

综上所述，无论是 7 度（0.1g）还是 8 度（0.2g）下的对比结构，基底剪力随时间

的变化趋势均一致，且基底剪力最大值在小震、中震、大震下 CFT 异形柱框架比 CFT 柱框架小，7 度（0.1g）时小 10% 以内，8 度（0.2g）时小 5% 以内。不同强度地震作用下顶点位移最大值出现的时刻，7-CFT-Y 结构比 7-CFT-F 结构晚 0.2s 以内；8-CFT-Y 结构比 8-CFT-F 结构晚 2s 以内。

（3）层间位移角

① 7 度（0.1g）

图 6.4-5、图 6.4-6 分别为不同强度下同一结构 S-θ_{maxavg} 对比曲线以及同一强度下不同结构 S-θ_{maxavg} 对比曲线。表 6.4-5 为结构的最大层间位移角均值及出现楼层位置统计。从图和表中可以看出：

• 相同结构在不同地震强度下，S-θ_{maxavg} 曲线趋势完全一致，最大层间位移角随强度的增大而增大，且均满足大震下规范限值 1/50 的要求；最大层间位移角出现的楼层位置相同；各层层间位移角随地震强度增大而表现出更大的差异；

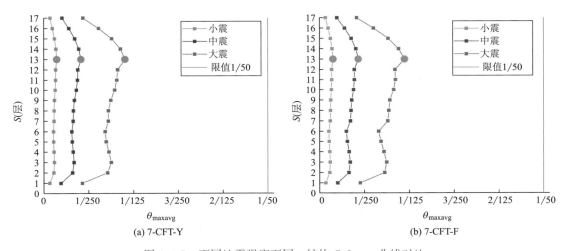

图 6.4-5　不同地震强度下同一结构 S-θ_{maxavg} 曲线对比

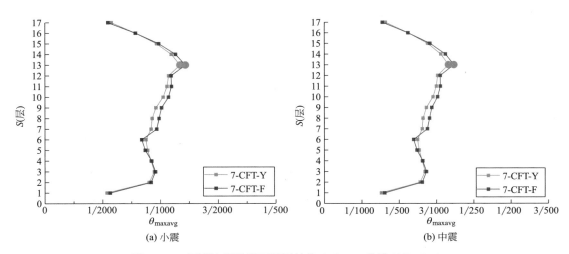

图 6.4-6　相同地震强度下不同结构 S-θ_{maxavg} 曲线对比（一）

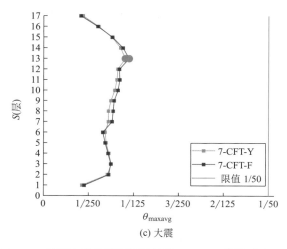

(c) 大震

图 6.4-6　相同地震强度下不同结构 S-θ_{maxavg} 曲线对比（二）

• 不同结构同一地震强度下，结构 S-θ_{maxavg} 曲线变化趋势一致，均在标准层变化亦即柱截面突变处存在转折；7-CFT-Y/F 结构的最大层间位移角小震、中震、大震作用下均出现在第 13 层；

• 7-CFT-Y 结构的 θ_{maxavg} 在小震、中震、大震作用下分别比 7-CFT-F 结构小 3.93%、4.37%、4.67%，相差较小，说明在结构层间位移角方面的地震响应接近。

最大层间位移角均值及楼层位置　　　　　　　　　表 6.4-5

参数	7-CFT-Y			7-CFT-F			误差/差值		
	小震	中震	大震	小震	中震	大震	小震	中震	大震
θ_{maxavg}	1/853	1/300	1/137	1/821	1/287	1/132	3.93%	4.37%	4.67%
S（层）	13	13	13	13	13	13	—	—	—

② 8 度（0.2g）

图 6.4-7、图 6.4-8 分别为不同地震强度下同一结构 S-θ_{maxavg} 对比曲线以及同一地震强

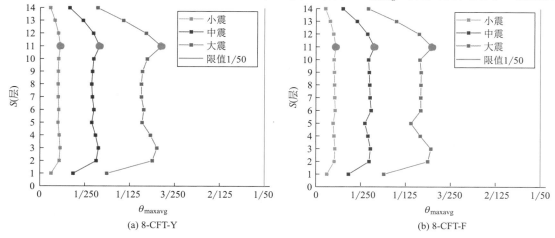

(a) 8-CFT-Y　　　　　　　　　　　　　　　(b) 8-CFT-F

图 6.4-7　不同地震强度下同一结构 S-θ_{maxavg} 曲线对比

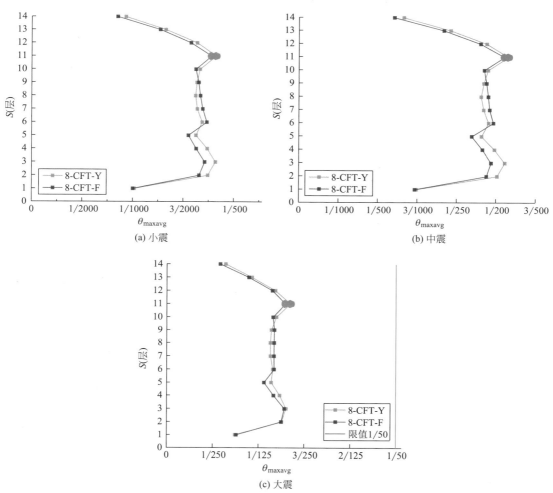

图 6.4-8 相同地震强度下不同结构 S-θ_{maxavg} 曲线对比

度下不同结构 S-θ_{maxavg} 对比曲线；表 6.4-6 为结构的最大层间位移角均值及出现楼层位置统计；从图和表中可以看出：

最大层间位移角及楼层位置平均值　　　　　　　表 6.4-6

参数	8-CFT-Y			8-CFT-F			误差/差值		
	小震	中震	大震	小震	中震	大震	小震	中震	大震
θ_{maxavg}	1/547	1/188	1/92	1/561	1/191	1/97	2.56%	1.88%	4.24%
S（层）	11	11	11	11	11	11	—	—	—

• 同一结构在不同地震强度下，S-θ_{maxavg} 曲线趋势完全一致，最大层间位移角随强度的增大而增大，且均满足大震下规范限值 1/50 的要求；最大层间位移角出现的楼层位置相同；各层层间位移角随地震强度增大而表现出更大的差异；

• 不同结构在小震、中震、大震分别作用下，同一地震强度下结构 S-θ_{maxavg} 曲线变化趋势一致，均在标准层变化亦即柱截面突变处存在转折；8-CFT-Y 结构与 8-CFT-F 结构的最大层间位移角在小震、中震、大震作用下均出现在第 11 层；

• 8-CFT-Y 结构的 θ_{maxavg} 在小震、中震、大震作用下分别比 8-CFT-F 结构大 2.56%、1.88%、4.24%，差别较小，说明结构层间位移角方面地震响应接近。

综上所述，无论是 7 度（0.1g）还是 8 度（0.2g）下，两结构均满足大震下的最大层间位移角限值，且最大层间位移角误差均在 5% 以内。

（4）塑性发展规律

① 7 度（0.1g）

通过前面的计算结果可知，各结构在小震及中震作用下均处于弹性状态，故在此仅分析结构在大震作用下的塑性发展规律，且 7-CFT-Y/F 结构在弹性设计时的最大层间位移角由风荷载控制，因此即使在大震作用下，结构进入塑性的程度也较低。

7-CFT-Y 结构进入塑性程度较低，部分地震动（1、3、4 号）作用下结构响应较小，仅 1、2 层（可能包括 14 层）等少数几层的少部分柱进入塑性；部分地震动（2、5 号）作用下结构响应略大，1~8 及 11~14 层均存在少量柱进入塑性。

7-CFT-F 结构在 1~4 号地震动作用下，均无构件进入塑性。在 5 号地震动作用下，仅 1~4 层少量梁及 11~12 层的少量柱进入塑性。

以 5 号地震动为例，两结构的最终时刻塑性状态如图 6.4-9 所示。

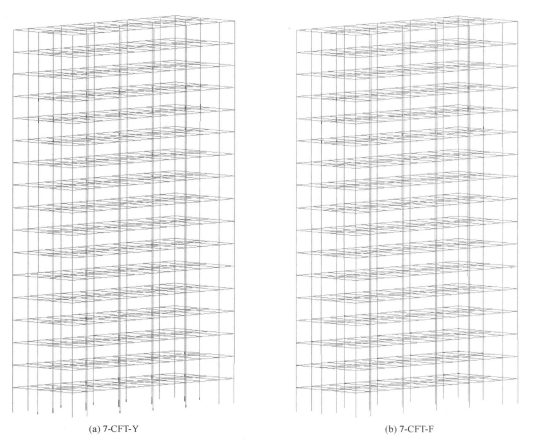

(a) 7-CFT-Y　　　　　　　　　　　　　　　　(b) 7-CFT-F

图 6.4-9　5 号地震动下结构最终时刻塑性状态

可见，7-CFT-Y 结构主要以柱进入塑性为主，且发展范围较广，但发展程度较低。但 7-CFT-F 结构主要以下部几层梁进入塑性为主，同时结构上部有少量柱进入塑性。

综上所述，在 7 度（0.1g）且结构高度略超过规范规定的 60m 限值时，由于结构弹性设计时最大层间位移角由风荷载控制，故在小震及中震作用下结构均无构件进入塑性。即使在大震作用下，7-CFT-Y 结构进入塑性程度也较低，7-CFT-F 结构除 5 号地震动外其余情况均处于弹性状态；7-CFT-Y 结构以柱进入塑性为主，而 7-CFT-F 结构进入塑性程度更低，同时进入塑性的构件以梁构件为主。

② 8 度（0.2g）

通过前面的计算结果可知，小震下两结构均处于弹性状态，中震下 8-CFT-F 结构处于弹性状态，8-CFT-Y 结构也仅在 2、4 号地震动作用下有少量柱端进入塑性。故在此仅对大震作用下结构进入塑性的规律进行分析。

8-CFT-Y 结构中，首先 1～7 层柱逐渐进入塑性，同时伴随中间部分层的梁逐渐进入塑性；然后 8～13 层附近的柱进入塑性，同时伴随中间部分层梁进入塑性。

8-CFT-F 结构中，首先 2～4 层梁进入塑性，然后底层柱进入塑性，最终进入塑性的梁最多发展至第 12 层，进入塑性的柱包括 1、2 层以及 7～10 层的部分柱。

以 4 号地震动为例，两结构最终时刻的塑性状态如图 6.4-10 所示。

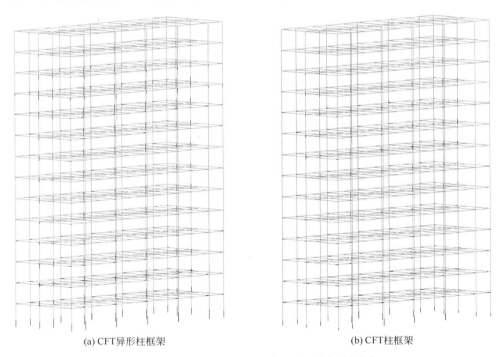

(a) CFT异形柱框架　　　　　　　　　　(b) CFT柱框架

图 6.4-10　4 号地震动下结构最终时刻塑性状态

由图可见，8-CFT-Y 结构存在更多的柱进入塑性，且沿柱高的发展程度较高，进入塑性的柱相比于梁所占比重大。8-CFT-F 结构存在更多的梁进入塑性，进入塑性的梁相比于柱所占比重更大，同时进入塑性的柱沿柱高的塑性发展程度亦比 8-CFT-Y 结构更大。两结构在中上部楼层，均存在较多的柱进入塑性。

综上所述，8度地区略超过极限高度50m的CFT异形柱结构（即8-CFT-Y）进入塑性程度更高且进入塑性的构件以柱为主，而CFT柱结构（即8-CFT-F）进入塑性程度更低且进入塑性的构件以梁为主。因此，在结构设计时，应对CFT异形柱进行适当加强，以使该类框架以梁进入塑性为主。

6.4.2　结构抗地震倒塌能力分析

基于前述结构模型、选波及计算结果，对结构进行IDA分析，得到结构的IDA曲线簇与对应的分位数曲线。基于IDA分析对结构进行地震易损性分析，计算结构的倒塌储备系数，并对结构的抗地震倒塌能力进行评价。

（1）IDA曲线分析

通过IDA分析，得到7-CFT-Y/F结构以及8-CFT-Y/F结构的IDA曲线簇与16%、50%及84%分位数曲线，如图6.4-11所示。不同地震作用下结构的IDA曲线存在着较大的差异，且随着地震强度的增大差异性越发显著。结构的IDA曲线随着地震强度增大而表现出的变化趋势可分为三类：软化型、过渡软化型和硬化型。从结构的IDA曲线簇和分位数曲线可以看出，各结构在地震作用下均存在刚度退化现象，IDA曲线均以软化型

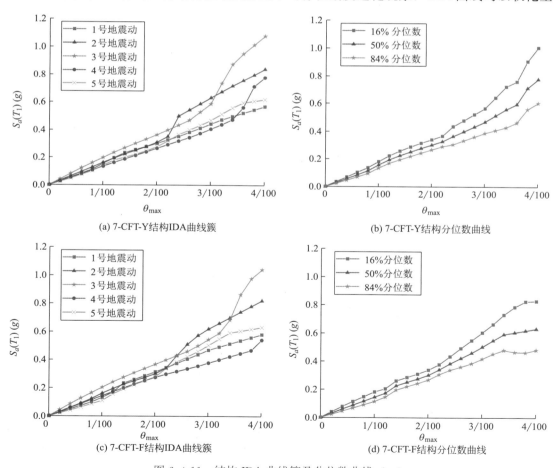

(a) 7-CFT-Y结构IDA曲线簇

(b) 7-CFT-Y结构分位数曲线

(c) 7-CFT-F结构IDA曲线簇

(d) 7-CFT-F结构分位数曲线

图 6.4-11　结构 IDA 曲线簇及分位数曲线（一）

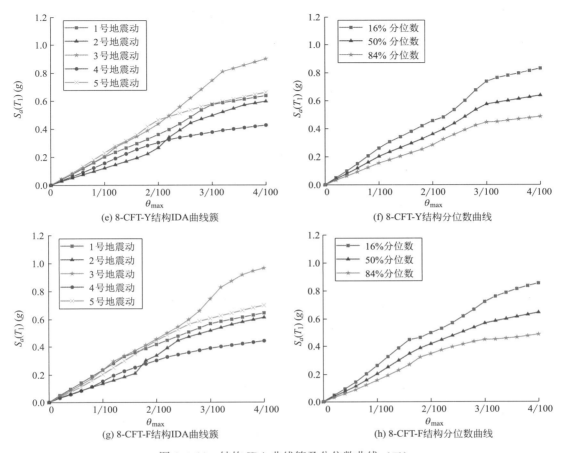

(e) 8-CFT-Y结构IDA曲线簇

(f) 8-CFT-Y结构分位数曲线

(g) 8-CFT-F结构IDA曲线簇

(h) 8-CFT-F结构分位数曲线

图 6.4-11　结构 IDA 曲线簇及分位数曲线（二）

和过渡软化型为主，7-CFT-Y/F 结构刚度退化的出现较为靠后，曲线在最大层间位移角临近 4% 时才开始出现斜率降低的趋势。

将 7 度（0.1g）两结构与 8 度（0.2g）两结构的 50% 分位数曲线分别进行对比，如图 6.4-12 所示，可见两组对比结构的 50% 分位数曲线均较为相似。7-CFT-Y/F 两结构的 50% 分位数曲线在最大层间位移角临近 4% 时出现一定的差异，8-CFT-Y/F 两结构的 50% 分位数曲线在最大层间位移角在 2% 左右时存在一定的差异。根据 50% 分位数曲线对比情况可见，各组对比结构均在地震作用下具有相近的抗震性能。

（2）结构易损性分析

采用解析法对结构进行地震易损性分析。采用传统可靠度法计算结构的超越概率函数，经过拟合后得到结构模型的地震易损性曲线。各结构的地震易损性曲线如图 6.4-13 所示。

各组结构在 3 个性能水准下的地震易损性曲线对比见图 6.4-14、图 6.4-15。可以看出，7-CFT-Y/F 两结构在各性能水准下的易损性曲线基本一致，即两结构对应各性能水准的超越概率基本一致；8-CFT-Y/F 两结构在各性能水准下的易损性曲线亦差别较小，即两结构对应各性能水准的超越概率接近。说明 7 度或者 8 度（0.2g）下高度略超过 50m 或 60m 的 CFT 异形柱框架与 CFT 柱框架在各性能水准下的抗震性能基本相似。

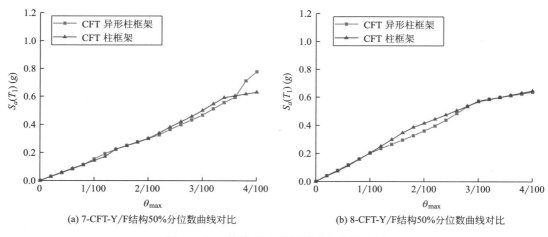

(a) 7-CFT-Y/F结构50%分位数曲线对比　　　(b) 8-CFT-Y/F结构50%分位数曲线对比

图 6.4-12　结构 IDA 曲线簇及分位数曲线

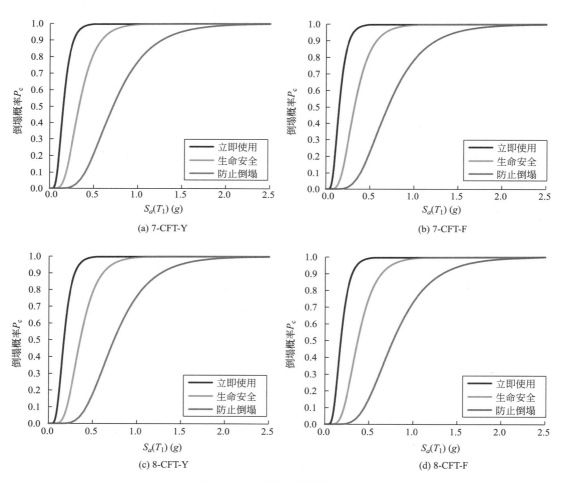

(a) 7-CFT-Y　　　　　　　　　　　(b) 7-CFT-F

(c) 8-CFT-Y　　　　　　　　　　　(d) 8-CFT-F

图 6.4-13　结构地震易损性曲线

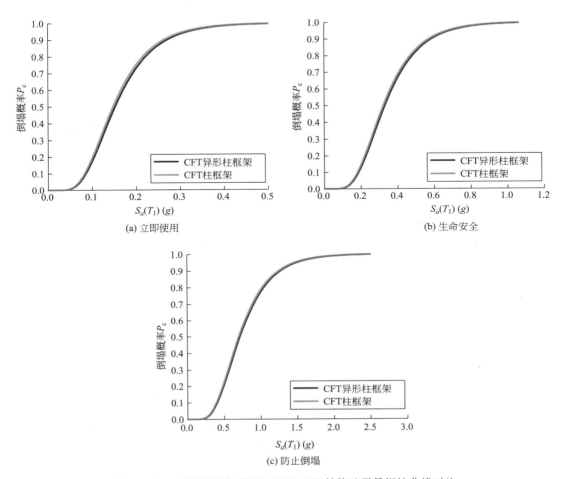

图 6.4-14　不同性能水准下 7-CFT-Y/F 结构地震易损性曲线对比

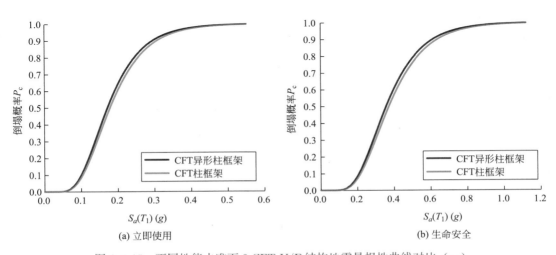

图 6.4-15　不同性能水准下 8-CFT-Y/F 结构地震易损性曲线对比（一）

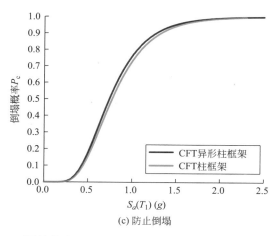

(c) 防止倒塌

图 6.4-15　不同性能水准下 8-CFT-Y/F 结构地震易损性曲线对比（二）

根据以上数据，将各结构在设防烈度 7 度（0.1g）或 8 度（0.2g）下的小震、中震、大震三个地震动水准下对应的 3 个性能水准的超越概率进行统计，得到各结构的易损性矩阵，见表 6.4-7。7-CFT-Y/F 小震时立即使用性能水准超越概率均小于 0.01%，8-CFT-Y/F 结构超越概率分别为 0.01% 和 0.01%，7-CFT-Y/F 中震时生命安全性能水准超越概率均小于 0.01%，8-CFT-Y/F 结构超越概率分别为 0.13% 和 0.10%，7-CFT-Y/F 大震时防止倒塌性能水准超越概率均小于 0.01%，8-CFT-Y/F 结构超越概率分别为 0.14% 和 0.10%。说明 7 度（0.1g）或者 8 度（0.2g）下，高度略超过 50m 或 60m 的 CFT 异形柱框架与 CFT 柱框架均能远远满足我国"小震不坏、中震可修、大震不倒"的抗震设防要求。同时，根据表中数据可知，同一地震强度时，同组对比结构对应各性能水准的超越概率差别较小，抗震性能接近。

结构易损性矩阵　　　　　　　　　　　　　　　　　　　　　　表 6.4-7

结构	地震动水准	$S_a(T_1)(g)$	性能水准		
			立即使用（%）	生命安全（%）	防止倒塌（%）
7-CFT-Y	小震	0.018	0.00	0.00	0.00
	中震	0.05	0.63	0.00	0.00
	大震	0.11	23.31	0.69	0.00
7-CFT-F	小震	0.018	0.00	0.00	0.00
	中震	0.05	0.80	0.00	0.00
	大震	0.11	25.64	0.85	0.00
8-CFT-Y	小震	0.037	0.01	0.00	0.00
	中震	0.10	10.01	0.13	0.00
	大震	0.21	68.38	10.49	0.14
8-CFT-F	小震	0.037	0.01	0.00	0.00
	中震	0.10	8.53	0.10	0.00
	大震	0.21	64.98	8.88	0.10

（3）结构抗倒塌能力分析

为进一步对结构抗倒塌能力进行更为直观的评价，计算出各结构的 CMR，见表 6.4-8。结构 7-CFT-Y 与 7-CFT-F 的 CMR 分别为 3.00/2.91，8-CFT-Y/F 结构 CMR 分别为 1.71/1.76。同组对比结构 CMR 相近，相差均在 3% 左右。故 7 度（0.1g）结构高度略超过 50m 的 CFT 异形柱框架与 CFT 柱框架抗倒塌能力接近，8 度（0.2g）结构高度略超过 60m 的 CFT 异形柱框架与 CFT 柱框架抗倒塌能力也非常接近。

结构倒塌储备系数 表 6.4-8

结构	$S_a(T_1)_{50\%}$	$S_a(T_1)_{罕遇}$	CMR
7-CFT-Y	0.33	0.11	3.00
7-CFT-F	0.32	0.11	2.91
8-CFT-Y	0.36	0.21	1.71
8-CFT-F	0.37	0.21	1.76

为定量评价结构在一致倒塌风险要求下的安全储备，根据 2.4.5 节提到的结构最小安全储备系数（$CMR_{10\%}$）定义以及公式（2.4-13），结合结构易损性曲线，计算得到结构在倒塌概率 10% 所对应的地震动强度指标和相应的 $CMR_{10\%}$ 值，如表 6.4-9 所示。

由表可知，抗震设防烈度 7 度（0.10g）结构 7-CFT-Y 和 7-CFT-F 的 $CMR_{10\%}$ 分别为 3.71 和 3.61，抗震设防烈度 8 度（0.20g）结构 8-CFT-Y 和 8-CFT-F 的 $CMR_{10\%}$ 分别为 2.05 和 2.13，上述结构 $CMR_{10\%}$ 均大于 1.0，满足一致倒塌风险验算标准，同时根据表 6.4-8 可知，8-CFY-F 和 8-CFT-Y 常规安全储备系数 CMR 明显降低，因此在 8 度高烈度区域，不建议钢管混凝土框架结构的高度接近其规范适用高度限值。

结构最小安全储备系数 表 6.4-9

结构	$S_a(T_1)_{10\%}(g)$	$S_a(T_1)_{罕遇}(g)$	$CMR_{10\%}$
7-CFT-Y	0.41	0.11	3.71
7-CFT-F	0.40	0.11	3.61
8-CFT-Y	0.43	0.21	2.05
8-CFT-F	0.45	0.21	2.13

6.5 CFT 异形柱框架-钢筋混凝土剪力墙结构工程实例

针对 CFT 异形柱框架-钢筋混凝土剪力墙混合结构体系的设计，目前主要存在外 RC 剪力墙-内 CFT 异形柱混合结构体系、内 RC 剪力墙-外 CFT 异形柱混合结构体系两种选择。外 RC 剪力墙-内 CFT 异形柱混合结构体系，其剪力墙全部设置在建筑周边，CFT 异形柱全部设置在建筑内部。该结构体系具有以下优点：（1）受力明确，空间灵活；RC 剪力墙作为主要的抗侧力构件，全部设置在外围；组合柱框架设置在内部并主要承担竖向荷载；配合无次梁大跨度楼盖结构，套内空间彻底开放，增强建筑设计的灵活性与美观性。

（2）全现浇外墙不需设置结构缝，施工难度有效降低；防水密封性能更好，成型面更加平整美观。（3）成本可控且适合工业化的建造方式；该混合结构体系用钢量（$50\sim60\mathrm{kg/m^2}$）接近于普通钢筋混凝土剪力墙体系，成本与传统现浇结构接近；异形钢管柱采用冷弯成型工艺加工成标准组件然后进行拼接，焊接量少，工艺简单；采用混合结构的施工方式，内部钢结构先行施工，装配化程度高，施工相对简单快捷。

内 RC 剪力墙-外 CFT 异形柱混合结构体系，其剪力墙全部设置在建筑内部，CFT 异形柱全部设置在建筑周边。RC 剪力墙作为主要的抗侧力构件，外围的 CFT 异形柱框架主要承担竖向荷载，但随着地震强度的不断提高，外围 CFT 异形柱框架也可以提供一定的抗侧力能力，可作为此结构体系抗震的第二道防线。在外围布置异形柱框架除了可为建筑提供灵活的空间布置，也可为建筑使用提供良好的空间视野。同样的，在成本以及施工等方面也具有和外 RC 剪力墙-内 CFT 异形柱混合结构体系相同的特点和优势。

本节将结合工程实例，开展内部 CFT 异形柱框架-外部 RC 剪力墙结构（CFT-IN）和内部 RC 剪力墙-外部 CFT 异形柱框架结构（CFT-EX）的对比，通过动力弹塑性和 IDA 易损性分析方法，比较两类结构的抗震性能和抗地震倒塌能力。

6.5.1　工程概况及对比结构设计

工程项目为某住宅楼（CFT-IN），位于山东省日照市，总建筑面积 $15016.56\mathrm{m^2}$，建筑高度 81.8m，地上 28 层，地下 3 层，标准层层高 2.9m，地下室层高为 3.1m。结构抗震信息见表 6.5-1。装配率 51%，满足山东省装配式建筑最小装配率要求。建筑标准层平面如图 6.5-1 所示。

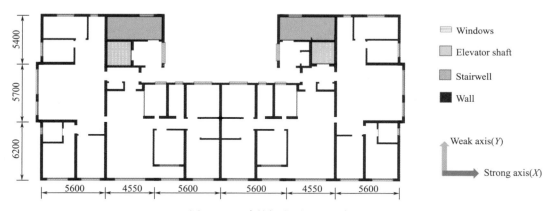

图 6.5-1　建筑标准层平面示意图

结构抗震设计信息　　　　　　　　　　　　　　　　表 6.5-1

结构类别	抗震设防类别	设防烈度区	设计地震分组	场地类别	地面粗糙度
异形柱框架-剪力墙混合结构	丙类	7 度（0.1g）	第三组	Ⅱ类	B 类

（1）对比结构设计

对比模型 CFT-EX 设计为内剪力墙-外组合框架混合结构体系，满足和工程实例 CFT-IN 具有相同的标准层层高，以及相同的结构抗震设计信息。

（2）SATWE 弹性设计

弹性设计采用 SATWE 设计软件进行建模，满足相关规范各项结构设计指标及构件承载力等要求。在对 CFT 异形柱框架设计时，本节参考了《钢管混凝土结构技术规范》GB 50936—2014 中对于矩形 CFT 柱结构体系设计的相关规定。两结构的 SATWE 标准层如图 6.5-2 所示。两结构最终确定结构的截面尺寸见表 6.5-2。各个柱截面的方向及布置见图 6.5-2，柱截面尺寸标注见图 6.1-2；楼板均采用 150mm 厚混凝土板。

(a) CFT-IN

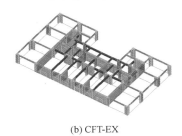
(b) CFT-EX

图 6.5-2　SATWE 标准层轴测图

可提取两个结构在 SATWE 中的基底剪力，计算剪力墙和 CFT 异形柱在弹性阶段的基底剪力百分比，如图 6.5-3 所示。在 CFT-EX 结构中，CFT 异形柱占总的基底剪力达到 7.29%，而在 CFT-IN 结构中，CFT 异形柱仅占总基底剪力的 2.52%。因此可认为，结构 CFT-EX 和 CFT-IN 框架部分的设计剪力均未依据规范调整，两者均可认为是单重抗侧力体系。

构件截面尺寸　　　　　　　　　　　　　　　　　　　表 6.5-2

模型名称	楼层	梁		柱		墙
		截面类型	尺寸(mm) $h \times b \times t_w \times t_f$	截面类型	尺寸(mm) $h \times b \times t/a \times t$	厚度
CFT-IN	1~5	H 形钢梁	$300 \times 200 \times 8 \times 14$	等肢 T 形、L 形	$700 \times 200 \times 8$	250
	6~10				$600 \times 200 \times 8$	250
	11~28				$500 \times 200 \times 8$	200
CFT-EX	1~10	H 形钢梁、矩形混凝土	$300 \times 200 \times 8 \times 14$ 250×400 250×500	等肢 T 形、L 形、矩形	$800 \times 30 \times 8$ $900 \times 300 \times 8$ $1100 \times 300 \times 8$	300
	11~28				450×10.5	250

注：h 为钢梁或 CFT 异形柱截面高度；b 为钢梁翼缘宽度或 CFT 异形柱肢厚；t_w 为钢梁腹板厚度；t_f 为钢梁翼缘厚度；a 为矩形 CFT 柱截面边长；t 为柱截面钢管厚度。

（3）弹塑性分析有限元模型

基于 MSC.Marc 有限元软件建立上述三个结构的有限元模型。如第 2 章所述，通过用户子程序及程序接口来实现纤维模型的建立。材料本构曲线及 CFT 异形柱核心混凝土约束本构关键参数取值见第 3 章。楼板采用平面外刚度较小的弹性壳单元建立，将楼屋面荷载转换为楼板质量方式添加，从而在有限元分析过程中实现楼屋面荷载的传递。由图 6.5-1 可知，X 方向为建筑的强轴方向，Y 轴方向为建筑的弱轴方向，本章主要针对 Y 方向的地

图 6.5-3　两结构在弹性分析的基底剪力百分比

震响应进行研究。结构沿 Y 方向对称，为节约计算成本，提高计算效率，取半结构模型进行有限元建模分析，在对称面的节点处施加对称约束，即约束 X 方向位移和 Y、Z 方向转动，有限元模型如图 6.5-4 所示。在对半结构进行建模时，位于对称轴上的框架梁、柱构件需要将质量密度、刚度、强度等参数减半，而截面面积保持不变，以达到整体变形和受力性能减半的效果。

（4）地震动选取

地震动的选取用双频段选波法。两结构的 T_1 见表 6.5-3；由表可知两结构的 SATWE 模型和 Marc 模型的第一自振周期误差均在 5% 以内。

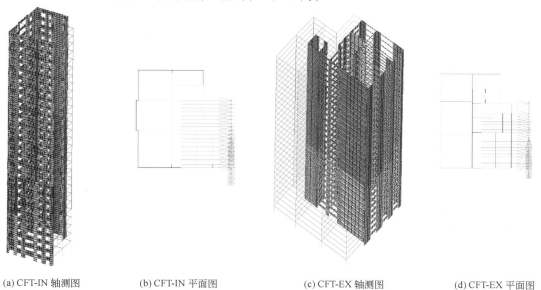

(a) CFT-IN 轴测图　　　(b) CFT-IN 平面图　　　(c) CFT-EX 轴测图　　　(d) CFT-EX 平面图

图 6.5-4　Marc 有限元模型

结构第一周期对比　　　　　　　　　　　　　　　表 6.5-3

	CFT-IN	CFT-EX	误差
SATWE	1.74s	1.73s	0.57%
Marc	1.80s	1.78s	1.11%
误差	3.45%	2.89%	2.30%

两结构的抗震设防烈度相同，且两结构基本周期接近，因此两结构可以采用同一组波。选波参数确定如下：结构 CFT-IN/Y 以 CFT-EX/Y 结构 Marc 有限元模型的第一周期（即 Y 向第一周期）作为 $T_1 =$ 1.80s，场地特征周期 $T_g = 0.5$s，最终选出 5 条地震动（表 6.5-4）。所选出的 5 条地震动经过调幅后，与该结构所在地区的设计反应谱的对比如图 6.5-5 所示。实际地震动反应谱均值曲线与设计反应谱曲线在平台段（频段 Ⅰ）与 T_1 附近区段（频段 Ⅱ）吻合较好，选波合理。

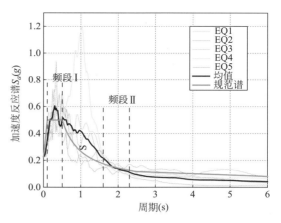

图 6.5-5　实际地震波反应谱与设计反应谱对比图

所选地震动记录　　　　　　　　　　　表 6.5-4

序号	地震动名称	记录点时间间隔（s）	实际记录点数	有效持时（s）	影响系数峰值
EQ1	RSN1149_KOCAELI_ATK000. AT2	0.005	26620	30.38	0.0102
EQ2	RSN1153_KOCAELI_BTS-UP. AT2	0.005	20345	40.25	0.0235
EQ3	RSN1427_CHICHI_TAP035-V. AT2	0.005	17600	30.33	0.2738
EQ4	RSN1609_DUZCE_KMP000. AT2	0.005	14690	34.25	0.0148
EQ5	RSN1775_HECTOR_ORR-UP. AT2	0.005	17195	41.63	0.0165

6.5.2　结构动力弹塑性抗震分析

基于 6.5.1 节所建立的 Marc 有限元模型及选取的地震动，将地震动调幅后加载至结构 Y 向，完成结构在小震、中震以及大震作用下的时程分析。然后对结构顶点位移、基底剪力、层间位移角以及塑性发展规律进行对比分析，并对结构的抗震性能进行初步评价。

（1）顶点位移

选取结构模型的最高点作为参照点，作出结构分别在 5 条地震动的小震、中震、大震作用下的 Y 向顶点位移-时程（Δ_y-Steps）对比曲线。由于不同地震动下，两结构的对比曲线具有相似的规律及相关关系，故以 EQ5 地震动为例，结构 Δ_y-Steps 曲线见图 6.5-6。由图可知在不同地震水准下，两结构的 Δ_y 随时间变化趋势基本一致，CFT-EX 的幅值稍大。

提取结构顶点位移最大值，并计算出各结构在 5 条地震动作用下顶点位移最大值平均值（$\Delta_{y,maxavg}$），见表 6.5-5。两结构在小震作用下 CFT-EX 的 $\Delta_{y,maxavg}$ 比 CFT-IN 大 7.20%，但在中震、大震作用下，CFT-EX 的 $\Delta_{y,maxavg}$ 均小于 CFT-IN，分别为 12.2%、4.78%。这说明两结构地震作用下顶点位移基本接近。

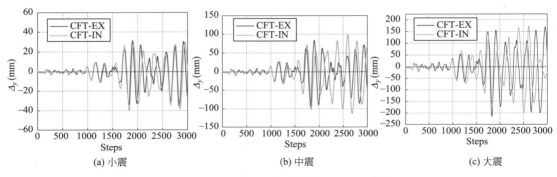

图 6.5-6　EQ5 地震动下结构 Δ_y-Steps 曲线

顶点位移最大值　　　　　　　　　表 6.5-5

水准	参数	CFT-EX	CFT-IN	差值
小震	$\Delta_{y,\mathrm{maxavg}}$(mm)	31.23	28.98	7.20%
中震	$\Delta_{y,\mathrm{maxavg}}$(mm)	87.7	98.43	−12.2%
大震	$\Delta_{y,\mathrm{maxavg}}$(mm)	165.4	173.31	−4.78%

（2）基底剪力

提取任意时刻结构的基底剪力-时程（F_v-T）曲线。由于在不同地震动下，两结构的对比曲线具有相似的规律及相关关系，故以 EQ5 地震动为例进行说明，见图 6.5-7。在地震作用下，各个地震水准下两结构 F_v 随时间变化趋势基本一致。在图 6.5-7（b）中，截取 10s 到 25s 的时间段，对不同地震强度下基底剪力峰值点进行线性拟合。其中，CFT-IN 在小震和中震时拟合直线的交点 y 值接近 0，两直线的斜率分别为 1.01、3.07，两者比值为 3.04，与中震小震的 PGA 比值 100/35＝2.86 较为接近，可证明结构仍处于弹性阶段；但在大震与中震的拟合曲线的比较时不存在这样的比例关系，可以推测此时结构 CFT-IN 已经部分进入塑性。同样对图 6.5-7（d）进行相同方法的拟合，CFT-EX 的小中大震之间均不存在这样的比例关系，由此可以推测 CFT-EX 在中震时已经部分进入塑性。

提取结构基底剪力最大值，并计算出各结构在 5 条地震动作用下基底剪力最大值的平均值（$F_{v,\mathrm{maxavg}}$），见图 6.5-8（a）。同时，计算出最大值中异形柱和剪力墙所占的比例，见图 6.5-8（b）和（c）。随着地震强度的增加，CFT-EX 的基底剪力相比于 CFT-IN 有显著的增大，这是由于 CFT-EX 结构的总质量较 CFT-IN 略大。其中 CFT-EX 在中震时的最大基底剪力已经接近 CFT-IN 在大震的最大基底剪力，说明质量对整体结构的剪力影响较大。CFT-IN 内部异形柱框架承担基底剪力的百分比随地震强度的增加而成倍增加，在小震时为 2% 左右，中震时为 4% 左右，在大震时可达到 8% 左右，三者成两倍的关系增长；CFT-EX 在不同强度的地震作用下，其外围异形柱承担基底剪力均在 4.8% 左右，并没有太大变化。CFT-EX 相较于 CFT-IN 可发现，布置在外围的异形柱在小震作用下承担了较多的基底剪力，然而随着地震强度的提高，外围异形柱并没有分担更多的基底剪力；布置在内部的异形柱则随着地震强度的提高，分担的基底剪力成大约两倍的关系增加。

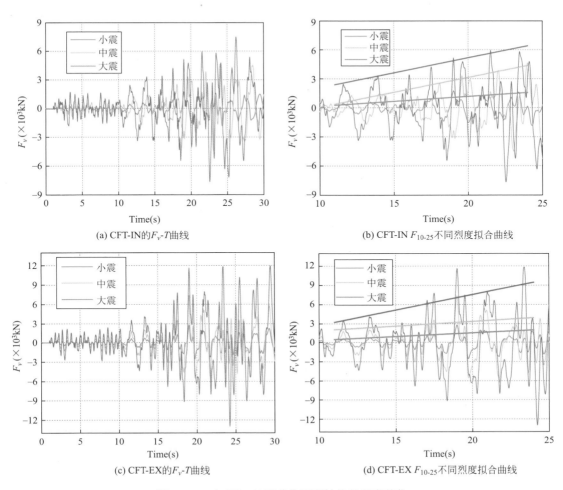

(a) CFT-IN的F_v-T曲线

(b) CFT-IN $F_{10\text{-}25}$不同烈度拟合曲线

(c) CFT-EX的F_v-T曲线

(d) CFT-EX $F_{10\text{-}25}$不同烈度拟合曲线

图 6.5-7　在 EQ5 地震动作用下结构的基底剪力

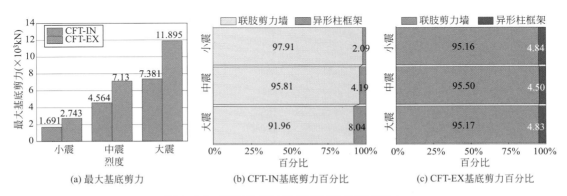

(a) 最大基底剪力

(b) CFT-IN基底剪力百分比

(c) CFT-EX基底剪力百分比

图 6.5-8　EQ5 地震动作用下结构的基底剪力

（3）层间位移角

取在不同水准地震动作用下，得到两结构的弹塑性层间位移角包络曲线，并统计不同地震动作用下的平均值，得到结构层间位移角包络均值（θ_{maxavg}）曲线，如图 6.5-9 所示。

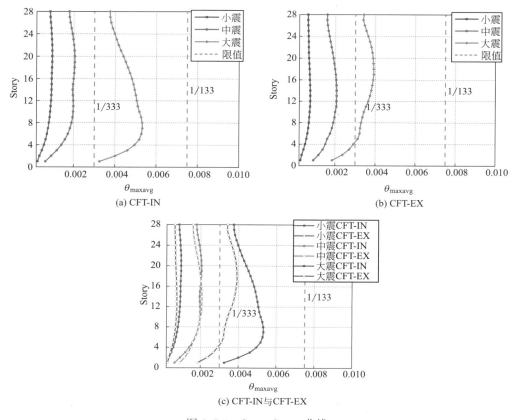

图 6.5-9　Story-θ_{maxavg} 曲线

①　同一结构不同地震水准下的 Story-θ_{maxavg} 曲线趋势一致，最大层间位移角随地震强度的增大而增大，且均满足中震规范限值 1/333 的规范限值、大震 1/133 的限值要求，见图 6.5-9（a）和（b）。其中 CFT-IN 最大层间位移角出现的楼层位置相同，均在 8 层左右。CFT-EX 最大层间位移角出现的楼层在小震和中震时出现位置在 12 层左右，在大震作用下最大层间位移角出现的楼层发生上移，出现在 18 层左右。

②　不同结构的 Story-θ_{maxavg} 曲线在小震和中震时变化趋势一致，见图 6.5-9（c）。在大震作用下，两结构出现了较大的差异。CFT-EX 的最大层间位移角较 CFT-IN 的更小；CFT-EX 的最大层间位移角出现在 12 层左右，CFT-IN 的最大层间位移角出现在第 8 层左右；沿结构高度方向，CFT-EX 结构的层间位移角无显著差异，而 CFT-IN 结构的层间位移角差异较为明显。

综上所述，两结构最大层间位移角在大、中、小震下均满足规范限值要求，但在大震作用下两结构的最大层间位移角出现楼层存在较大的差异。在大震情况下 CFT-EX 的最大层间位移角更小，可能原因是此结构的构件较早地出现了塑性，对地震能量有较大的消耗。

（4）塑性发展规律

构件进入塑性的判定标准为：存在截面纤维网格单元进入塑性，即判定该线单元进入塑性，并在程序中将进入塑性的线单元高亮显示。通过对计算结果的总结，对结构中震、大震作用下进入塑性的规律进行分析，归纳如下：

CFT-IN：在中震作用下，结构未出现塑性。大震情况下构件塑性如图 6.5-10（b）所示，14 层连梁右侧首先出现塑性铰，而后迅速往下发展至第 8 层，且塑性区域在原来位置不断扩大；随后 14～21 层连梁左侧出现塑性，并且往上发展至 26 层，之后往下部发展，同时原有塑性区域在原来位置逐步扩大；最后连梁右侧的部分边缘约束构件出现塑性铰，连梁的塑性区域在原来位置继续扩大，最终状态如图 6.5-10（b）所示，塑性构件轴测图如图 6.5-10（c）所示。

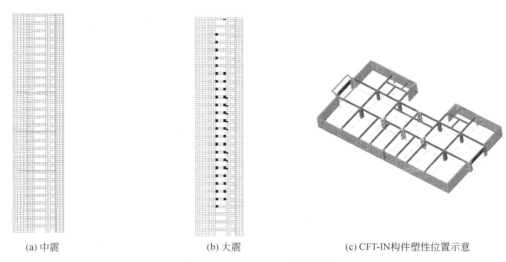

(a) 中震　　　　　　　　　　　(b) 大震　　　　　　　(c) CFT-IN 构件塑性位置示意

图 6.5-10　CFT-IN 塑性发展

CFT-EX：在中震时，结构出现塑性，如图 6.15-11（a）所示，区域 A 的剪力墙出现大面积塑性，与之相连的大部分混凝土梁也出现了塑性；区域 B 有较少的塑性出现（图 6.5-12）。

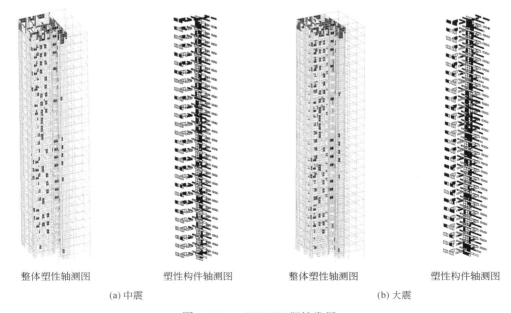

整体塑性轴测图　　　　塑性构件轴测图　　　　整体塑性轴测图　　　　塑性构件轴测图

(a) 中震　　　　　　　　　　　　　　　　　(b) 大震

图 6.5-11　CFT-EX 塑性发展

在进入大震后，区域 A 的剪力墙出现了更大面积的塑性，与之相连的混凝土梁几乎全部出现塑性，区域 B 的连梁大部分出现塑性，如图 6.5-11（b）所示。

6.5.3　结构抗地震倒塌能力分析

基于本节的结构模型、选波及计算结果，对结构进行 IDA 分析，得到结构的 IDA 曲线簇与对应的分位数曲线。基于 IDA 分析结构对结构进行地震易损性分析，计算结构的倒塌储备系数，并对结构的抗地震倒塌能力进行评价。

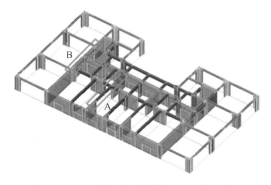

图 6.5-12　CFT-EX 构件塑性位置示意图

（1）IDA 曲线分析

通过 IDA 分析，得到 CFT-IN、CFT-EX 结构的 IDA 曲线簇与 16％、50％及 84％分位数曲线，如图 6.5-13 所示。不同地震动

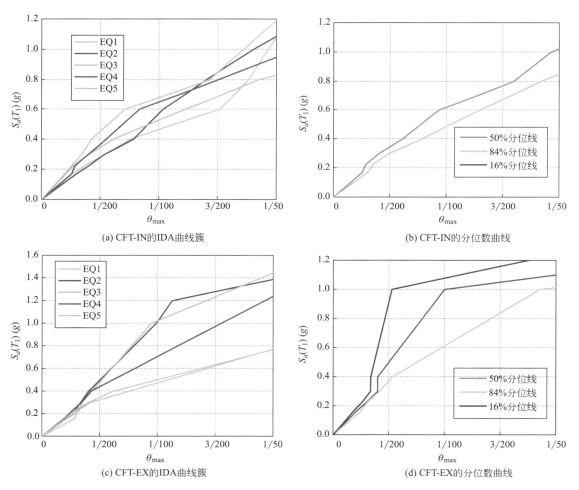

图 6.5-13　各结构 IDA 曲线簇及分位数曲线

作用下结构的 IDA 曲线存在着较大的差异，尤其是 CFT-IN 结构。结构的 IDA 曲线随着地震强度增大而表现出的变化趋势可分为三类：软化型、过渡软化型和硬化型。从各结构的 IDA 曲线簇和分位数曲线可以看出，两种 CFT 布置方式均存在刚度退化现象，IDA 曲线以软化型与过渡软化型为主。

将各结构的 50％分位数曲线进行对比，如图 6.5-14 所示。两结构的 50％分位数曲线存在较为明显的差异。地震强度相同时，在大多数情况下，对于结构的最大层间位移角，CFT-IN 大于 CFT-EX，且两者差距较大。CFT-IN 主要呈现为软化型；CFT-EX 主要呈现为较为明显的过渡软化型曲线，CFT-EX 结构动力切线刚度化速度较慢，可能原因是结构的塑性损伤积累的位置有一定的变化，表现出局部硬化的特征，在前期结构动力切线刚度基本不变，到达中期刚度迅速退化。

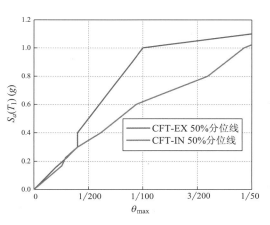

图 6.5-14　50％分位数曲线对比

（2）结构易损性分析

参考第 2 章各规范和相关研究中关于异形柱框架、剪力墙结构以及混合结构的不同性能水准的划分和规定，本节对 CFT 异形柱框架-RC 联肢剪力墙混合结构的地震易损性中的性能水准量化指标划分见表 6.5-6。各结构的地震易损性曲线如图 6.5-15 所示。

CFT 异形柱框架-RC 剪力墙混合结构的性能水准及量化指标　　　　表 6.5-6

性能水准	IO 正常使用	IO$_1$ 基本可使用	IO$_2$ 修复后可使用	LS 生命安全	CP 接近倒塌
层间位移角	1/800	1/400	1/200	1/100	1/50

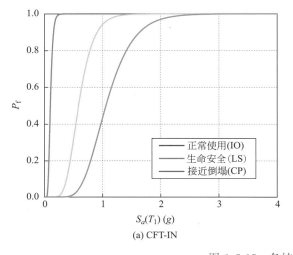

(a) CFT-IN

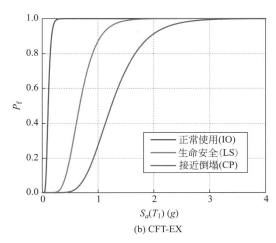

(b) CFT-EX

图 6.5-15　各结构易损性曲线

各结构在三个性能水准下的地震易损性曲线对比图如图 6.5-16 所示，可以看出，两个结构在各性能水准下的易损性曲线有所不同。CFT-EX 结构的超越概率稍小于 CFT-IN 结构的超越概率。随着结构的性能水准的提高，结构 CFT-EX 与 CFT-IN 的超越概率差别逐渐变大；在正常使用水准下，结构 CFT-EX 与 CFT-IN 易损性曲线较为相近，而在生命安全和接近倒塌的水准下，结构 CFT-IN 的超越概率均明显大于 CFT-EX。综上分析，将异形柱布置在 RC 剪力墙的外围，结构在正常使用水准下的对比优势不是很明显，而在生命安全及接近倒塌水准对比中表现出了较为明显的抗震优势。

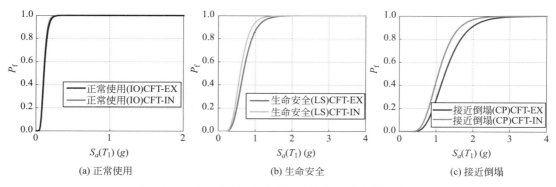

图 6.5-16　不同性能水准下结构地震易损性曲线对比

通过统计两个结构在小震、中震、大震三个地震动水准下对应的 3 个性能水准的超越概率，得到结构的易损性矩阵（表 6.5-7）。由表中可知，在小震时，CFT-EX、CFT-IN 结构正常使用、生命安全、接近倒塌的超越概率几乎为 0；在中震时，生命安全、接近倒塌的超越概率也几乎为 0，正常使用的超越概率 CFT-IN 大于 CFT-EX；在大震时，接近倒塌的超越概率分别几乎为 0，CFT-IN 的正常使用的超越概率大于 CFT-EX。两个结构均能满足"小震不坏、中震可修、大震不倒"的抗震设防要求，且两结构均具有较好的抗地震倒塌性能。

结构易损性矩阵　　　　　　　　　　　　　　　　表 6.5-7

结构	地震动水准	$S_a(T_1)(g)$	性能水准		
			正常使用(%)	生命安全(%)	接近倒塌(%)
CFT-IN	小震	0.025	<0.01	<0.01	<0.01
	中震	0.072	16.50	<0.01	<0.01
	大震	0.158	90.96	<0.01	<0.01
CFT-EX	小震	0.025	<0.01	<0.01	<0.01
	中震	0.072	13.46	<0.01	<0.01
	大震	0.159	87.16	<0.01	<0.01

（3）结构抗倒塌能力分析

为进一步对结构抗倒塌能力进行更为直观的评价，计算出各结构的 CMR（表 6.5-8）。由表可知，CFT-IN、CFT-EX 结构的 CMR 分别为 6.30、7.83，CFT-EX 的倒塌储备系数比 CFT-IN 的高 24.2%，说明内部 RC 剪力墙-外部 CFT 异形柱框架结构具有更为优异的抗地震倒塌能力。

结构倒塌储备系数　　　　　　　　　表 6.5-8

结构	$S_a(T_1)_{50\%}$	$S_a(T_1)_{罕遇}$	CMR
CFT-IN	1.058	0.158	6.69
CFT-EX	1.237	0.159	7.78

为定量评价结构在一致倒塌风险要求下的安全储备，根据 2.4.5 节提到的结构最小安全储备系数（$CMR_{10\%}$）定义以及公式（2.4-13），结合结构易损性曲线，计算得到结构在倒塌概率 10% 所对应的地震动强度指标和相应的 $CMR_{10\%}$ 值，如表 6.5-9 所示。

由表可知，结构 CFT-IN 和 CFT-EX 的结构 $CMR_{10\%}$ 分别为 3.02 和 4.97，CFT-EX 具有较高的结构最小安全储备，但其结构用钢量较高，由此可知，在两结构框架均未进行承载力调整，且都为单重抗侧力体系的情况下，两结构均具有较高的抗震安全性能。

结构最小安全储备系数　　　　　　　　表 6.5-9

结构	$S_a(T_1)_{10\%}(g)$	$S_a(T_1)_{罕遇}(g)$	$CMR_{10\%}$
CFT-IN	0.477	0.158	3.02
CFT-EX	0.790	0.159	4.97

6.6　基于一致倒塌风险的 CFT 异形柱框架结构的抗震设计方法

综合本章分析结果可知，CFT 异形柱框架结构与 CFT 矩形柱框架结构在小震、中震、大震下的地震响应及抗地震倒塌能力接近；将柱肢厚比为 4 的 CFT 异形柱框架结构通过增大肢长将柱肢厚比增大至 5 后，地震作用下结构的抗震性能及抗倒塌能力变化较小，进一步增加结构高度后，结构的地震响应显著放大，抗震性能降低，倒塌安全储备降低不到 10%，且仍满足"小震不坏、中震可修、大震不倒"的抗震设防要求。设防烈度 7 度（0.1g）或 8 度（0.2g）下接近规范最大适用高度 60m 或 50m 的 CFT 异形柱框架结构与 CFT 柱框架结构在小震、中震、大震下的地震响应及结构的抗地震倒塌能力相近。基于上述结论，对 CFT 异形柱框架结构体系的抗震设计提出如下建议：

（1）在进行 CFT 异形柱框架结构体系抗震设计时，可参考《钢管混凝土结构技术规范》GB 50936—2014[1] 中对于矩形 CFT 柱结构体系设计的相关规定。

（2）在进行 CFT 异形柱框架结构体系抗震设计时，可将 CFT 异形柱肢厚比增大至 5，但肢厚比增大后，异形框架柱的抗震构造要求宜适当提高。

（3）CFT 异形柱框架结构体系的最大适用高度可参考《钢管混凝土结构技术规范》GB 50936—2014[1] 中对于矩形 CFT 柱框架结构体系的相关规定，即设防烈度 7 度最大适用高度为 50m，设防烈度 8 度（0.2g）最大适用高度为 60m；CFT 异形柱框架-RC 剪力墙/筒体结构体系的适用高度和抗震设计规定，也可与矩形钢管混凝土框架-RC 剪力墙/筒体相同。

参考文献

［1］ 中华人民共和国住房和城乡建设部. 钢管混凝土结构技术规范：GB 50936—2014 ［S］. 北京：中国建筑工业出版社，2014.

［2］ 中华人民共和国住房和城乡建设部. 建筑抗震设计规范：GB 50011—2010 ［S］. 北京：中国建筑工业出版社，2010.

［3］ 韩林海，冯九斌. 混凝土的本构关系模型及其在钢管混凝土数值分析中的应用 ［J］. 哈尔滨建筑大学学报，1995，28（5）：26-32.

［4］ FEMA 356. Pre-standard and Commentary for the Seismic Rehabilitation of Buildings ［S］. Washington, D. C.：Federal Emergency Management Agency，2000.

［5］ FEMA 695. Quantification of Building Seismic Performance Factors ［S］. Washington, D. C.：Federal Emergency Management Agency，2009.

7 支撑巨型框架-核心筒结构体系抗震性能分析

本章基于已有的工程，提出支撑巨型框架-核心筒结构体系的概念[1]，并建立支撑巨型框架-核心筒结构体系的弹塑性分析模型。首先以传统的巨型框架-核心筒-伸臂桁架结构体系[2]为参照，研究分析了支撑巨型框架-核心筒结构体系的抗震性能；然后通过动力弹塑性时程分析、逐步增量动力分析（IDA）及地震易损性分析方法，明确了不同内外筒刚度、支撑刚度和伸臂桁架对结构体系抗震性能和抗地震倒塌性能的影响，并提出了基于一致倒塌风险的结构体系抗震设计建议。

7.1 原型结构与有限元方法

7.1.1 原型结构概况

（1）深圳平安金融中心

深圳平安金融中心位于深圳市福田中心区域，是一幢以甲级写字楼为主，并包含商业、娱乐会议和贸易等功能的综合性大型超高层建筑[3-4]，如图 7.1-1 所示。总用地面积为 18931.74m²，总建筑面积约为 46 万 m²。深圳平安金融中心设计过程经历多次变更，本书以《大型复杂建筑结构创新与实践》[5]中的结构信息为准，该版设计模型主体结构顶

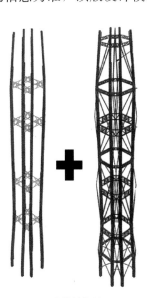

(a) 建筑效果图　　　　　　　　(b) 整体结构图

图 7.1-1　深圳平安金融中心

层楼面高度为 549.1m，主体结构屋盖高度 588m，塔尖高度为 660m，地上 118 层，标准层层高 4.5m，结构基本信息见表 7.1-1。

深圳平安金融中心结构基本信息 表 7.1-1

结构设计参数	参数取值	抗震设计参数	参数取值
结构高度	588m	抗震设防烈度	7(0.10g)
层数	118	设计地震分组	第一组
结构平面尺寸	56.36m×56.36m	特征周期	0.45s
核心筒平面尺寸	30.0m×30.0m	场地类别	Ⅲ类
楼面恒载（活荷）	4.5kN/m²(1.6kN/m²)	水平地震影响系数	0.08
柱轴压比（墙）	0.65(0.50)	结构阻尼比	0.035

深圳平安金融中心塔楼采用了支撑巨型框架-核心筒结构体系[1]（Braced Mega Frame-Core Tube Structure System），除采用钢筋混凝土核心筒、框架梁、巨柱、周边桁架和巨型支撑等结构构件外，还采用了钢外伸臂桁架连接内部核心筒和外部支撑巨型框架增加结构抗侧刚度[6]。该结构主要组成部分及相关信息如下：

1）核心筒系统是边长约为 32m 的正方形结构正中的钢筋混凝土筒体，底部外墙厚度为 1500mm、内墙厚度为 800mm，随着结构高度的增加内部核心筒尺寸逐渐减小，顶部外墙厚度为 500mm、内墙厚度为 400mm，核心筒材料为 C60 混凝土。核心筒连梁从下至上统一为 800mm 高；底部加强区域为组合钢板剪力墙形式，以提高结构内部筒体的抗弯及抗剪承载能力。

2）巨型柱系统是由八根型钢混凝土巨柱组成，位于建筑四角并贯通至结构顶部。底部巨柱尺寸约为 6.525m×3.2m，随着结构高度的增加尺寸逐渐减小，到顶部巨柱尺寸减小为 3.1m×1.4m。巨柱内置型钢在柱内部均匀分布，厚度由 75mm 连续变化为 25mm（含钢量由 8%变为 4%）。巨柱内部填充高强混凝土，强度等级为 C50～C70。

3）巨型支撑系统。结构在相邻周边环带桁架之间设置巨型支撑，形成支撑巨型框架-核心筒结构体系的外围"支撑巨型框架"；支撑连接相邻的两根巨柱，连接位置分别在下部周边桁架上弦杆和上部周边桁架下弦杆，该巨型支撑系统进一步提高了结构抗侧刚度。

4）桁架系统。该结构桁架系统包括周边环带桁架和内部伸臂桁架。结构全高共均匀设置六道周边环带桁架，与外围巨柱相连，形成巨型框架；结构全高设置四道伸臂桁架，连接核心筒与巨柱，增强两者协调变形能力，进而提高结构抗侧刚度。

5）次框架系统由边梁和重力柱组成，此框架和梁柱间为铰接，起到传递重力的作用。此框架和周边环带桁架系统相配合，将区间内楼层荷载转换至角部巨柱系统。

本章第 7.2 节和 7.5 节将基于此原型结构，保持建筑基本布局、抗震设计信息不变，对建筑荷载、构件尺寸进行归并和简化，建立弹塑性分析模型，进行结构体系抗震性能的研究。

（2）天津高银金融 117 大厦

天津高银金融 117 大厦位于天津市中心城区西南部新技术产业园区内，是一幢以甲级写字楼为主，并附有六星级酒店及相关设施的大型超高层建筑[7]，如图 7.1-2（a）所示。总建筑面积约 37 万 m²，建筑高度约为 597m，塔楼地面以上 117 层，地面以下 3 层，为迄今为止国内结构高度最高、世界第二高的建筑[8]。结构平面布局成正方形，其塔楼平面尺寸约为65m×65m，渐变为顶层约为45m×45m，结构高宽比约为9.5，远超过中国抗震规范7.0限值[9]，也是迄今为止国内地震高烈度区最为细柔的建筑，其结构如图7.1-2 (b) 所示。

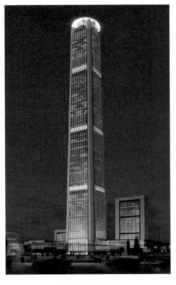

(a) 建筑效果图　　　　　　　(b) 整体结构图

图7.1-2　天津高银金融117大厦

该结构采用了多重结构抗侧力体系，其由钢筋混凝土核心筒、框架梁、巨柱、周边环带桁架和巨型支撑所构成，即"支撑巨型框架-核心筒结构体系"（Braced Mega Frame-Core Tube Structure System)[1]。原型结构基本信息如表7.1-2所示。

天津高银金融117大厦结构基本信息　　　　　　表7.1-2

结构设计参数	参数取值	抗震设计参数	参数取值
结构高度	591.60m	抗震设防烈度	7度(0.15g)
层数	117	设计地震分组	第二组
结构平面尺寸	56.4m×56.4m	特征周期	0.55s
核心筒平面尺寸	27m×27m	场地类别	Ⅲ类
楼面恒载(活荷)	4.5kN/m²(1.6kN/m²)	水平地震影响系数	0.12
柱轴压比(墙)	0.65(0.50)	结构阻尼比	0.035

结构主要组成部分（图7.1-3）及相关信息如下：

① 核心筒系统是一个底部尺寸约27m×27m，位于结构正中的钢筋混凝土筒体，整体结构布置规则、对称。核心筒底部采用内嵌钢板的组合钢板剪力墙，提高了构件抗压、抗剪承载力，并增强了剪力墙延性，有效降低结构自重和质量。底部外翼墙厚度约为1400mm，随着结构高度的增加，核心筒墙厚逐渐减小，到顶部墙厚为400m；核心筒内腹墙厚度由底部的600mm逐步缩进到顶部的300mm，核心筒墙体采用C60混凝土。

273

② 巨型柱系统是由四根钢骨混凝土巨柱组成，位于建筑四角并贯通至结构顶部。底部巨柱面积约为 $45m^2$，其面积随着结构高度的增加而逐渐减小，到顶部巨柱面积减小为 $5.4m^2$。巨柱内部填充混凝土，强度等级为 C50～C70。

③ 巨型支撑系统在 9 个区域设置，且每个区域均布置交叉支撑。由于支撑无约束长度较长，在满足支撑大震不屈曲的设计要求下，稳定性不容易满足要求，并且支撑水平跨度达 44m，承载力及经济性较差，遂结构采用屈曲约束支撑[10]。

④ 周边桁架系统由周边环带桁架组成，每隔 10～15 层设置于避难层及设备层，同时满足防火要求，将结构竖向分为 9 个区段，桁架系统弦杆采用箱形截面钢梁，腹杆采用工字形截面钢梁。

⑤ 次框架系统由边梁和重力柱组成，此框架和梁柱间为铰接，起到传递重力的作用。此框架和周边环带桁架系统相配合，将区间内楼层荷载转换至角部巨柱系统。

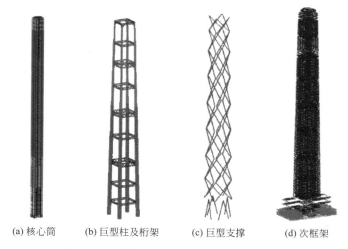

(a) 核心筒　　　(b) 巨型柱及桁架　　　(c) 巨型支撑　　　(d) 次框架

图 7.1-3　天津高银金融 117 大厦结构体系

本章第 7.3 节和 7.4 节将基于此原型结构，保持建筑基本布局、抗震设计信息不变，对建筑荷载、构件尺寸进行归并和简化，建立弹塑性分析模型，进行结构体系抗震性能的研究。

7.1.2　有限元模型建模方法

本节以通用有限元程序 MSC. Marc 为平台，建立支撑巨型框架-核心筒结构体系的有限元分析模型，进行后续的结构动力时程分析和逐步增量动力时程分析。模型中所采用的主要单元类型包括：空间纤维梁单元模拟次框架、桁架；分层壳单元模拟剪力墙、连梁和巨型柱；杆单元模拟连梁纵筋、剪力墙边缘构件纵向钢筋和巨型钢骨混凝土柱中钢骨沿厚度方向的腹板、翼缘和钢筋。各类构件的详细模拟设置具体如下。

核心筒由钢筋混凝土剪力墙和内嵌钢板混凝土剪力墙所组成。在有限元模型中，采用 MSC. Marc 的 75 号单元进行模型，并利用 COMPOSITE 分层特征依据剪力墙内部实际分布钢筋和钢板配置情况，进行分层特征（包括相对厚度和角度）的设置，分层壳前八层如图 7.1-4 所示。研究表明，分层壳具有良好的非线性分析性能，可考虑面内弯曲-剪切耦合作用和面外完全作用，可较为全面地反映 RC 剪力墙的空间力学性能[11-12]。为保证计算精度，在本研究中，壳单元一般设置不少于 11 层，其中包括混凝土层（C60）、横向钢筋层（HRB400）、纵向钢筋层（HRB400）和内嵌钢板层（Q345）。以底部内嵌钢板混凝土剪力墙为例，沿厚度方向共分为 15 层。其中，第 1 层为混凝土保护层，材料为 C60，相对厚度为 2.67%，即 40mm。第 2 层为弥散钢筋层，材料为 HRB400，相对厚度即单侧配筋率为 0.15%，0°代表与材料第一主轴方向平行，表征横向分布钢筋；第 3 层同为弥散钢筋层，材料为 HRB400，相对厚度即单侧配筋率为 0.10%，90°代表与材料第一主轴方向垂直，表征竖向分布钢筋；第 4～7 层为核心混凝土层，第 8 层为内嵌钢板层，材料为 Q345，相对厚度为 6.00%，即

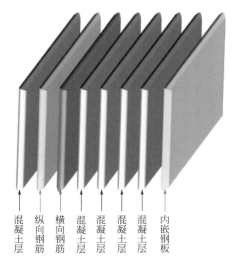

图 7.1-4　分层壳前八层示意图

90mm 内嵌钢板，分层壳前八层材料参数如表 7.1-3 所示。

分层壳前八层材料参数　　　　　　　　　　　表 7.1-3

序号	材料	相对厚度	角度（°）
1	C60	2.67%	0
2	HRB400	0.15%	0
3	HRB400	0.10%	90
4	C60	11.02%	0
5	C60	11.02%	0
6	C60	11.02%	0
7	C60	11.02%	0
8	Q345	6.00%	0

　　超高层结构的巨型柱通常尺寸较大，其中深圳平安金融中心采用型钢混凝土巨柱，最大尺寸约为 6.5m×3.2m；上海中心大厦采用的钢骨混凝土巨柱，最大截面尺寸为 3.7m×5.3m；天津高银金融 117 大厦塔楼底部巨柱面积约为 45m²，巨柱内部含有混凝土、钢筋和巨型钢骨。这类超高层建筑巨柱内部组成较为复杂，且各部分存在多样的作用关系，使得巨型柱的受力行为更为复杂。由于现有实验条件的限制，目前尚未开展相关的巨柱足尺实验，然而相对的缩尺实验又难以掌握巨型柱相对显著的尺寸效应。但巨型柱又是超高层结构的关键构件，因此巨柱的精确模拟影响着整体结构分析模型的准确性。

　　目前对于超高层结构中的巨型柱的弹塑性性能分析，学者们有着不同的处理方式。陆天天通过壳单元和梁单元组合方式模拟上海中心大厦的巨型柱[13]；邹昀对于上海金融中心的巨型柱，下部采用实体单元、中部采用厚壳单元、顶部采用梁单元分别进行模拟[14]；而陆新征通过纤维模型模拟上海中心大厦巨柱[15]，此外，还利用分层壳和杆单元来建立巨型柱简化模型，并以巨型柱精细化模型为参考标准，进行了轴压、单向推覆和不同轴压

比下的双向推覆的模型验证，结果表明基于分层壳单元和杆单元的巨柱简化模型可满足工程和科研要求[16]。考虑到计算效率和计算精度的双重要求，同时兼顾后续倒塌分析的高非线性分析的收敛性要求，本研究采用分层壳和杆单元组合形式来模拟型钢混凝土巨柱，采用基于材料的纤维梁单元模拟巨型钢管混凝土柱[17-18]，分层壳单元模拟巨柱沿厚度方向的混凝土层、钢筋层和型钢层，杆单元模拟型钢层和沿厚度方向的钢筋，如图 7.1-5 所示。

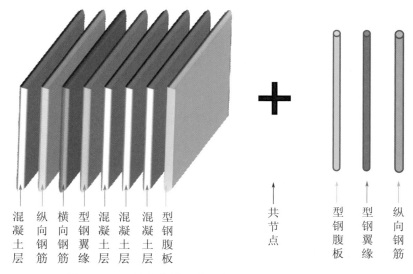

图 7.1-5　巨柱简化模型分层壳前八层和杆单元示意图

　　本研究的桁架和次框架采用工字形钢梁和箱形截面钢构件，在结构弹塑性分析模型中，采用 MSC. Marc 有限元分析程序中 52 号纤维梁单元对其进行模拟。为保证分析计算精度，调整了纤维模型对应的各纤维面积，工字形钢梁截面腹板和翼缘均设置 9 个积分点，截面共设置 27 个积分点；与工字形钢梁截面相比较，箱形截面较大，遂沿腹板和翼缘均设置 15 个积分点，截面共设置 60 个积分点；工字形钢梁和箱形钢梁截面沿板件厚度方向设置 1 个积分点，沿长度方向设置 3 个积分点，单元与截面积分点分布如图 7.1-6 所示。有限元模型中部分桁架及次框架如图 7.1-7 所示。纤维梁模型已广泛应用于结构弹塑性分析中，其计算精度已得到充分验证[17-18]。

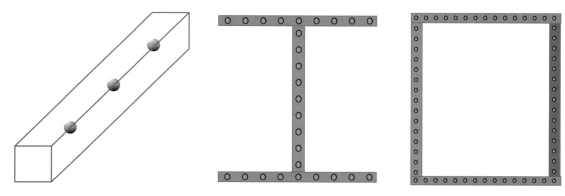

图 7.1-6　纤维梁单元积分点空间及截面分布

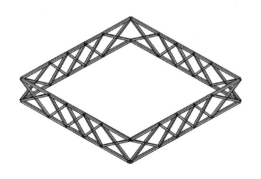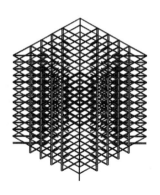

图 7.1-7　部分桁架及次框架

超高层结构中的巨型支撑可以显著提高外部框架的抗侧刚度，减小结构侧向位移和层间变形，在超高层建筑中得到广泛的应用。超高层结构的巨型支撑通常为钢构件，截面形式有工字形、箱形等。现有超高层弹塑性分析用于模拟支撑的单元类型主要包括梁单元和杆单元，包括基于材料和基于构件的模拟方式。在本研究原型结构中，由于支撑跨度和长度均较大，考虑支撑的承载能力和经济性，采用屈曲约束支撑。因此，本研究有限元分析模型屈曲约束支撑采用杆单元进行模拟。

根据上述各构件的建模方式，建立支撑巨型框架-核心筒结构体系弹塑性有限元分析模型，并确定单元尺寸的细分准则。有限元方法中关键步骤之一就是将结构构件离散成有限个单元进行计算，理论上来讲，粗糙的单元划分将导致分析结果的偏差，然而过于精细的单元网格划分也意味着计算成本的显著增加。对于本研究后续的结构倒塌模拟，过于精细的网格划分所带来的"负担"尤为严重，因此，确定适用于本研究且兼顾准确性和高效性的单元细化准则十分必要。针对剪力墙和连梁，本研究以结构设计模型的基本周期计算结果为依据，明确各构件单元划分情况对结构整体动力特性的影响，确定了如下的剪力墙和连梁的单元细分原则：剪力墙每个单元尺寸不超过 3m，每个连梁沿高度分为 2 个单元，同时保证每个单元尺寸不超过 1∶2，确保有限元分析模型与结构设计模型计算的结构基本周期的误差控制在 5% 以内；针对纤维梁单元的细化准则，参考陆新征和林旭川等所开展的尺寸划分研究，该研究以试验数据为依据，将不同划分尺寸下单元模拟滞回曲线和试验值进行对比，确定了如下纤维梁单元划分准则：将梁柱单元分为 6～10 个单元，不宜少于 3 个，对应的数值模拟误差控制在 5%～10% 以内。结构空间有限元模型如图 7.1-8 所示。

阻尼是表征结构在振动过程中能量耗散的重要参数，是影响结构动力响应的关键因素。动力时程分析将采用经典的瑞利阻尼体系，同时考虑质量阻尼和刚度阻尼。根据《高层建筑钢-混凝土混合结构设计规程》CECS 230：2008[19] 中弹塑性分析阻尼比的规定，阻尼比 ξ 取为 5%，考虑结构前 10 阶模态的影响，根据式（7.1-1）分别计算质量阻尼系数 α 和刚度阻尼系数 β。

$$\begin{Bmatrix} \alpha \\ \beta \end{Bmatrix} = \frac{2 \times \xi}{\omega_i + \omega_j} \times \begin{Bmatrix} \omega_i \times \omega_j \\ 1 \end{Bmatrix} \tag{7.1-1}$$

根据《建筑抗震设计规范》GB 50011—2010[9] 对输入地震加速度时程曲线的有效持

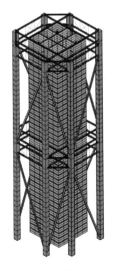 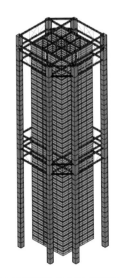

(a) 支撑巨型框架-核心筒
结构体系(模型A-分区1)

(b) 巨型框架-核心筒-伸臂桁架
结构体系(模型B-分区1)

图 7.1-8 结构空间有限元模型

续时间作出规定，有效持续时间一般为结构基本周期的 5～10 倍，且不少于 15s，即满足结构顶点位移可按照结构基本周期往复 5～10 次。其中，有效持续时间为从首次达到时程曲线 PGA 的 10% 开始算起，到最后一点达到 PGA 的 10% 结束为止所经历的时间，对于有效持续时间不满足要求的地震动，以零补齐，以此来保证结构在地震作用过程可充分振动。

根据《高层建筑混凝土结构技术规程》JGJ 3—2010[20] 和《建筑抗震设计规范》GB 50011—2010[9] 规定，弹塑性分析宜采用双向或三向地震动输入。但由后续结构体系的基本动力特性分析结果可知，分析结构的 X 和 Y 两方向的平动周期基本相同，且结构具有较好的抗扭刚度，扭转效应较小，遂结构动力弹塑性时程分析采用了单向输入。

7.1.3 地震动选用原则

（1）目标反应谱

该方法以规范规定的目标反应谱为依据，选用记录的峰值、持时和频谱特征与其相接近的地震动作为输入条件。本部分在第 2 章已经介绍，在此不再赘述，以下结合本章结构体系特点，介绍我国相关规范的规定。

本章主要研究的支撑巨型框架-核心筒结构通常用于 500m 及以上高度的超高层建筑，然而超高层建筑结构均具有自振周期长的特点。我国《建筑抗震设计规范》GB 50011—2010 中仅规定了 0～6.0s 自振周期的结构抗震设计反应谱，缺少本书结构所对应的长周期设计反应谱，现有设计通常采用 $5T_g$～6.0s 的反应谱延伸段作为参考依据；我国部分省份对长周期结构的抗震设计反应谱进行了研究，规定了 6.0～10.0s 的反应谱，如上海市《建筑抗震设计规程》DGJ 08—9—2013[21] 和广东省《高层建筑混凝土结构技术规程》DBJ 15—92—2020（征求意见稿）。本书中将以上三种设计反应谱进行对比，并开展部分规范设计反应谱差异对结构响应影响的研究。

（2）经典地震动集合

为提高结构体系抗震性能的典型性和可比较性，动力弹塑性时程分析选取了科研常用的 4 条天然地震动集合（El Centro 1940，Taft 1952，Hachinohe 1968，Tohoku 1978），其地震动基本信息如表 7.1-4 所示，其地震记录加速度时程及 5%阻尼比弹性反应谱如图 7.1-9 所示。

地震动基本信息　　　　　　　　　表 7.1-4

地震动名称	地震时间	位置	震级	峰值加速度(cm/s²)	持续时间(s)
El Centro	1940.5.18	Imperial Valley	6.4	341.7	53.76
Taft	1952.7.21	Kern County	7.7	152.7	54.38
Hachinohe	1968.5.16	日本北海道	7.8	229.65	51
Tohoku	1978.6.12	日本宫城	7.4	258.1	40.96

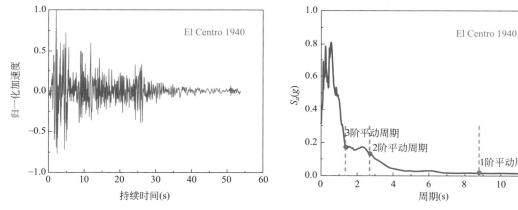

(a) El Centro 1940地震波归一化加速度时程及5%阻尼比弹性反应谱

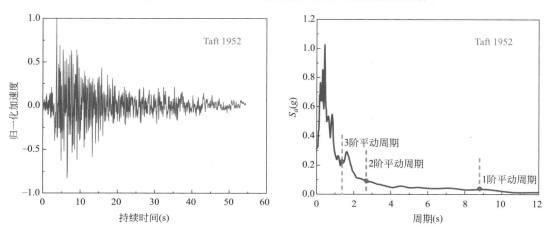

(b) Taft 1952地震波归一化加速度时程及5%阻尼比弹性反应谱

图 7.1-9　不同地震记录加速度时程及 5%阻尼比弹性反应谱（一）

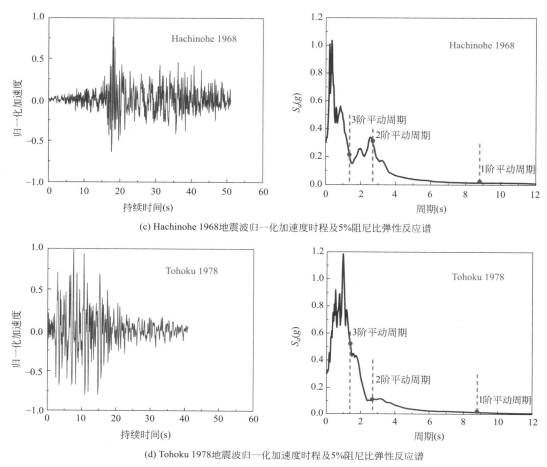

(c) Hachinohe 1968地震波归一化加速度时程及5%阻尼比弹性反应谱

(d) Tohoku 1978地震波归一化加速度时程及5%阻尼比弹性反应谱

图 7.1-9　不同地震记录加速度时程及 5%阻尼比弹性反应谱（二）

（3）推荐地震动集合

由于地震动具有很大的离散性，不同地震动作用在结构时，频率相近的频谱成分引起两者共振，造成结构较大的响应，因此，结构的地震响应的离散性除材料的离散性外，绝大多数源自地震作用的离散性。合理选用地震动集合，是准确评估结构抗震性能和抗地震倒塌性能的先决条件。

本章以 FEMA P695[22] 推荐的 22 条远场地震动记录为基础，开展支撑巨型框架-核心筒结构体系的抗震性能及抗地震倒塌性能研究。根据上文分析，结构的 X 和 Y 两方向平动周期基本相同，扭转效应较小，结构动力弹塑性时程分析仅从结构基底处单向输入。出于安全考虑并为了充分验证结构体系的抗震性能，本章将 22 条远场地震动集合中水平分量中峰值加速度（PGA）较大的分量提出作为备选集合。

结合超高层建筑结构具有自振周期长的特点，本章对 22 条地震动对应的较大水平分量进行频谱特性分析，选用具有超长周期频谱成分的地震动进行逐步增量动力分析（IDA）和易损性分析。采用地震动 Fourier 谱平均周期 T_m 对地震动集合进行频谱特征分析，研究表明，Fourier 谱平均周期 T_m 能够较好地表征地震动主要频率范围内的频谱特征，因此可根据 T_m 对地震动长周期分量的贡献率进行鉴别[23]。

$$T_{m}=\frac{\sum\limits_{i}C_{i}^{2}\cdot\left(\dfrac{1}{f_{i}}\right)}{\sum\limits_{i}C_{i}^{2}}, \qquad 0.25\mathrm{Hz}\leqslant f_{i}\leqslant20\mathrm{Hz} \tag{7.1-2}$$

其中，C_i 是 Fourier 谱的幅值；f_i 是 0.25Hz 到 20Hz 之间的离散频率值。根据上式计算，22 条地震动集合较大水平分量对应的 Fourier 谱平均周期 T_m 如表 7.1-5 所示，表中地震动命名规则为地名_收集站台名-方向。由表可知，地震动集合频谱特征差异显著。地震动 KOCAELL_DZC180 对应的 Fourier 谱平均周期 T_m 最大，为 1.309s；地震动 MANJIL_ABBAR-L 对应的 Fourier 谱平均周期 T_m 最小，为 0.338s。结合超高层结构长周期特征，遂本章选用 5 条具有较大 T_m 的地震动进行结构体系的逐步增量动力分析，即 LANDERS_YER270（序号 10）、NORTHR_MUL009（序号 11）、KOBE_SHI000（序号 14）、KOCAELI_DZC180（序号 16）和 CHICHI_CHY101-E（序号 17）。

FEMA P 695 推荐的 22 条远场地震动对应的 Fourier 谱平均周期 T_m 表 7.1-5

序号	地震动名称	T_m(s)	序号	地震动名称	T_m(s)
1	SFERN_PEL090	0.594	12	NORTHR_LOS000	0.598
2	FRIULI_A-TM000	0.403	13	KOBE_NIS000	0.497
3	IMPVALL_H-DLT262	0.690	14	KOBE_SHI000	0.769
4	IMPVALL_H-E11140	0.459	15	KOCAELI_ARC000	0.397
5	SUPERST_B-ICC000	0.720	16	KOCAELI_DZC180	1.309
6	SUPERST_B-POE270	0.488	17	CHICHI_CHY101-E	1.176
7	LOMAP_CAP000	0.493	18	DUZCE_BOL000	0.571
8	LOMAP_G0300	0.378	19	HECTOR_HEC000	0.656
9	CAPEMEND_RIO270	0.561	20	CHICHI_TCU045-E	0.620
10	LANDERS_YER270	1.161	21	LANDERS_CLW-LN	0.466
11	NORTHR_MUL009	0.747	22	MANJIL_ABBAR-L	0.338

研究表明，地震动记录长周期成分会引起超高层结构的共振，结构地震响应增大。为进一步反映所选用地震动集合的频谱特征，将所选地震动进行反应谱分析，所选用的 5 条地震动相关信息如表 7.1-5 所示，其地震记录加速度时程及 5%阻尼比弹性反应谱如图 7.1-10 所示

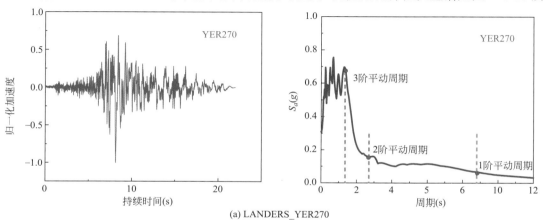

(a) LANDERS_YER270

图 7.1-10 IDA 分析采用地震动加速度时程及 5%阻尼比弹性反应谱（一）

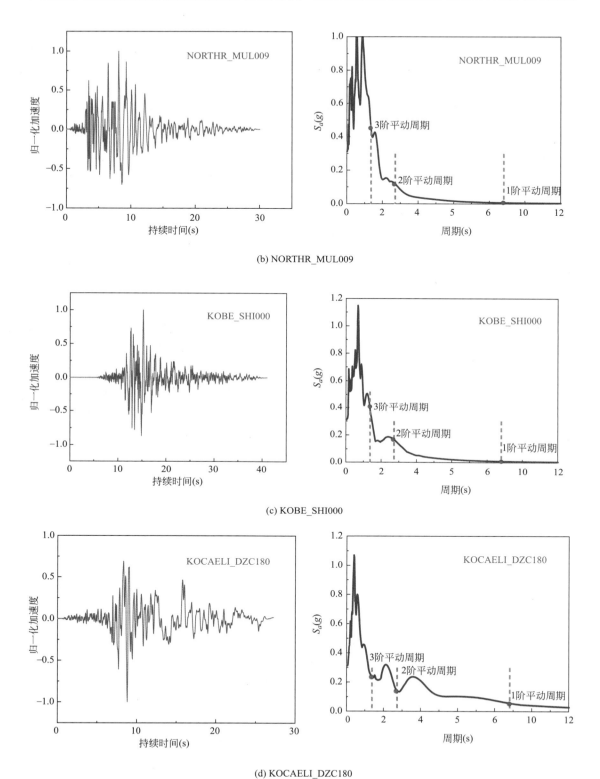

(b) NORTHR_MUL009

(c) KOBE_SHI000

(d) KOCAELI_DZC180

图 7.1-10　IDA 分析采用地震动加速度时程及 5％阻尼比弹性反应谱（二）

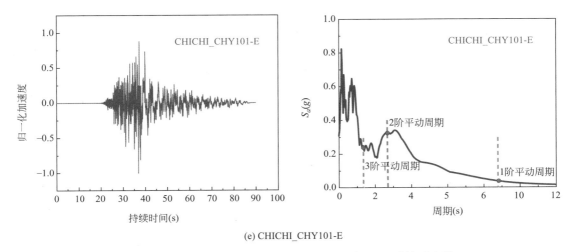

图 7.1-10 IDA 分析采用地震动加速度时程及 5％阻尼比弹性反应谱（三）

示。图中同时标出，本章所选用的原型结构前三阶平动周期所对应的反应谱。由图可以看出，选用 5 条地震动在前三阶平动周期处，均具有较大的 S_a 值，也高于周期规范反应谱。

7.2 结构抗震性能对比分析

7.2.1 算例结构

为比较支撑巨型框架-核心筒结构体系和传统的巨型框架-核心筒-伸臂桁架结构体系的抗震性能，以深圳平安金融中心为原型结构（图 7.2-1），分别建立两个不同的结构体系进行抗震性能对比分析。两种结构分别为支撑巨型框架-核心筒结构体系（模型 A）和巨型框架-核心筒-伸臂桁架结构体系（模型 B）。需要说明的是，伸臂桁架对于保证内外筒的连接、提高结构整体刚度起到重要作用，所以结构模型 A 同样包含伸臂桁架。对两个模型施加统一荷载，除考虑结构楼板、梁、柱、墙质量外，楼面恒荷载取值为 1.6kN/m²，活荷载取值为 4.5kN/m²，外墙为超高层结构常用玻璃幕墙，附加恒荷载取 1.5kN/m²。根据截面变化，将结构划为三个分区，每个分区截面尺寸一致，如图 7.2-2 所示。

两种结构体系核心筒分区 1 均采用钢板剪力墙（含钢率 3.0％），分区 2～3 均采用钢筋混凝土剪力墙（图 7.2-2）；巨柱采用钢管混凝土柱，梁采用 H 形钢梁。除上述结构构件采用相同布置外，两模型建筑布局与荷载分布亦相同，通过调整模型 A 中支撑和模型 B 中伸臂/腰桁架，使两种结构具有相近的侧向刚度，即前两阶自振周期相近。模型 A 和 B 的构件详细参数见表 7.2-1。两种结构体系的材料用量主要差异在于伸臂桁架和支撑，在两种结构体系抗侧刚度相近的工况下，支撑巨型框架-核心筒结构体系可节省用钢量 5431.78t。

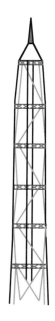

图 7.2-1　深圳平安金融中心示意图

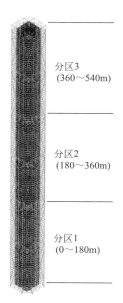

图 7.2-2　有限元模型

结构构件截面参数　　　　　　　　　　　　　　　表 7.2-1

结构类别		支撑巨型框架-核心筒结构体系 （模型 A）	巨型框架-核心筒-伸臂桁架结构体系 （模型 B）
巨柱	1 区 （0～180m）	方形钢管混凝土 3500mm/钢管壁厚 120mm	
	2 区 （180～360m）	方形钢管混凝土 3000mm/钢管壁厚 70mm	
	3 区 （360～540m）	方形钢管混凝土 2000mm/钢管壁厚 40mm	
核心筒	1 区 （0～180m）	外部钢板剪力墙厚度 1500mm（含钢率 3.0%） 内部钢板剪力墙厚度 800mm（含钢率 3.0%）	
	2 区 （180～360m）	外部 RC 剪力墙厚度 1100mm 内部 RC 剪力墙厚度 800mm	
	3 区 （360～540m）	外部 RC 剪力墙厚度 600mm 内部 RC 剪力墙厚度 400mm	
梁（mm）		900×300×20×20	
伸臂桁架 /腰桁架（mm）		弦杆□800×800×100×100 腹杆 H800×500×80×80	弦杆□800×800×100×100 腹杆 H1500×1000×120×120
巨型支撑		□800×800×80×80	无支撑

注：表中钢材：Q345；混凝土：墙为 C60，柱为 C70。

针对超高层建筑结构的长自振周期设计反应谱，将上文所提到的三种规范的长周期范围设计反应谱进行对比（如图 7.2-3 所示），即《建筑抗震设计规范》GB 50011—2010[9]、上海市《建筑抗震设计规程》DGJ 08—9—2013[21] 和广东省《高层建筑混凝土结构技术规程》DBJ 15—92—2020（征求意见稿），出于安全考虑，采用上海市《建筑抗震设计规程》DGJ 08—9—2013，即拉平反应谱选波，并根据结构基本周期对应的谱加速度 $S_a(T_1)$ 进行多遇地震（小震）、设防地震（中震）和罕遇地震（大震）设计反应谱地震动调幅，并开展结构抗震性能分析，选波结果如图 7.2-4 所示。

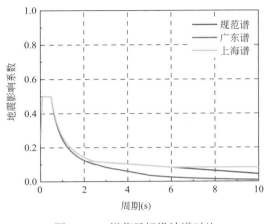

图 7.2-3　规范目标设计谱对比

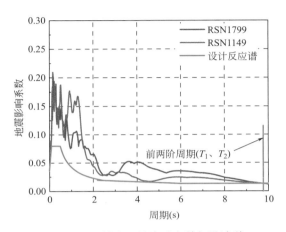

图 7.2-4　所选地震波反应谱与设计谱

采用的地震动均选自 PEER 地震数据库，其中 RSN1799 为土耳其 Atakoy 台站记录的 Kochaeli Turkey 地震，RSN1149 为美国 LA-Obregon Park90 台站记录的 Hector Mine 地震。采用两条所选地震动（RSN1799 和 RSN1149）计算所得的结构底部剪力分别为振型分解反应谱法所得计算结果的 94.7%、133.4%（模型 A）和 101.2%、123.5%（模型 B），对于每条地震动，计算所得结构底部剪力介于振型分解反应谱法计算结果的 65%～135% 之间，满足规范要求[9]。

7.2.2　结构基本动力特性

对两种结构体系的有限元模型进行动力弹塑性时程分析，分别对结构模态、基底剪力、倾覆力矩、结构变形和结构损伤进行对比研究。由于篇幅所限，在倾覆力矩和结构损伤部分，仅将部分结果列出。

模型 A 和模型 B 的自振周期在表 7.2-2 中列出。由表可知，两模型的前两阶周期相对误差均在 0.2% 以内，由此可见，两模型在 X 方向和 Y 方向具有相近的抗侧刚度。

模型 A 和模型 B 的振型结果见图 7.2-5。由图可知，两模型具有相同的模态特征，模型的 1、4 阶模态是为 Y 方向的平动；2、5 阶模型为 X 方向的平动；3、6 阶模态为结构的整体转动。由此可见，两个模型具有相似的动力特性。

有限元模型动力特征　　表 7.2-2

振型阶数	支撑巨型框架-核心筒结构体系 （模型 A）	巨型框架-核心筒-伸臂桁架结构体系 （模型 B）	相对误差 （%）
T_1	9.7091s	9.6913s	0.184

振型阶数	支撑巨型框架-核心筒结构体系 （模型 A）	巨型框架-核心筒-伸臂桁架结构体系 （模型 B）	相对误差 （%）
T_2	9.6626s	9.6451s	0.181
T_3	3.3465s	3.6084s	7.258
T_4	2.6740s	2.6749s	0.034
T_5	2.6620s	2.6545s	0.282
T_6	1.8368s	2.0921s	12.203

(a) 1阶模态，Y向平动　　　　　(b) 2阶模态，X向平动　　　　　(c) 3阶模态，整体扭转

(d) 4阶模态，Y向平动　　　　　(e) 5阶模态，X向平动　　　　　(f) 6阶模态，整体扭转

图 7.2-5　结构前 6 阶模态

7.2.3 结构抗震性能

（1）基底剪力

在不同地震动作用下，两个模型最大基底剪力结果如表 7.2-3 所示。由表可知，结构在不同地震动作用下，最大基底剪力差异较大；在相同地震动作用下，不同结构的最大基底剪力差异较小。为比较在不同强度地震作用下的结构最大基底剪力增长，可定义结构最大基底剪力增长比进行对比分析，其中大震作用下结构最大基底剪力与小震作用下最大基底剪力的比值为大震基底剪力增长比（S_L）；中震作用下最大基底剪力与小震作用下最大基底剪力的比值为中震基底剪力增长比（S_M）。结果表明：两模型的 S_M 较为稳定，但 S_L 差异较大。此外，依据抗震规范设计反应谱进行地震动调幅，调幅后的谱加速度 $S_a(T_1)$ 为上海谱调幅 $S_a(T_1)$ 的 57.3%。经小、中和大震的动力弹塑性分析，得到结构最大基底剪力和相应的剪力增长比，结果如下，在规范谱调幅的地震动 RSN1149 作用下，模型 A 和 B 对应的剪力增长比 S_L 分别为 5.80 和 5.53，与表中 S_L（3.26 和 3.91）比较可知，结构在较高强度的地震作用下，基底剪力增长比显著下降，这是由于结构的塑性损伤较大，结构最大基底剪力增幅减小。而在规范谱调幅的地震动 RSN1799 作用下，模型 A、B 对应的 S_L 分别为 5.74 和 5.63，与表比值 S_L 无较大差别，这是由于与 RSN1799 地震作用相比较，RSN1149 地震作用下结构损伤较大，两条地震动的频谱成分有差异，特定的频谱成分可激发结构共振，增大了结构塑性损伤程度，降低结构刚度，导致结构基底剪力降低。

结构最大基底剪力 表 7.2-3

结构类型	地震动记录	小震	中震	中震/小震（S_M）	大震	大震/小震（S_L）
模型 A	RSN1799	73.2	237	3.24	431	5.88
模型 B		78.2	231	2.95	445	5.69
模型 A	RSN1149	107	242	2.26	349	3.26
模型 B		95.4	229	2.40	373	3.91

为了分析在地震作用下，结构外框和内筒两部分分担剪力的差异，将损伤较重的地震动 RSN1149 作用下结构剪力分担比时程曲线列于图 7.2-6。图中包含了两个模型在地震动 RSN1149（小、中和大震）作用下的框架、剪力墙分担剪力比例。需说明：个别点两者比例和大于 100%，这是由于框架和剪力墙产生反向剪力引起的。由图可知，模型 A 框架部分对剪力的分担在 10% 以上呈现波动趋势，而模型 B 框架部分对剪力的分担普遍低于 10%，这表明与模型 B 相比较，支撑巨型框架-核心筒结构模型 A 在地震作用下，外框部分分担的剪力比例明显较高。在地震作用下，巨型框架部分更好地发挥了抗侧力作用，使内外抗侧力体系更加均衡。

（2）倾覆力矩

框架和剪力墙分担倾覆力矩的结果列于图 7.2-7。由图可知，与剪力分担比例不同的是框架部分与剪力墙部分承担倾覆力矩比例差异较小，两者近乎各分担 50%。地震作用下，两个模型的倾覆力矩表现出相似特征，但在 12s 之后，两模型分担倾覆力矩出现差

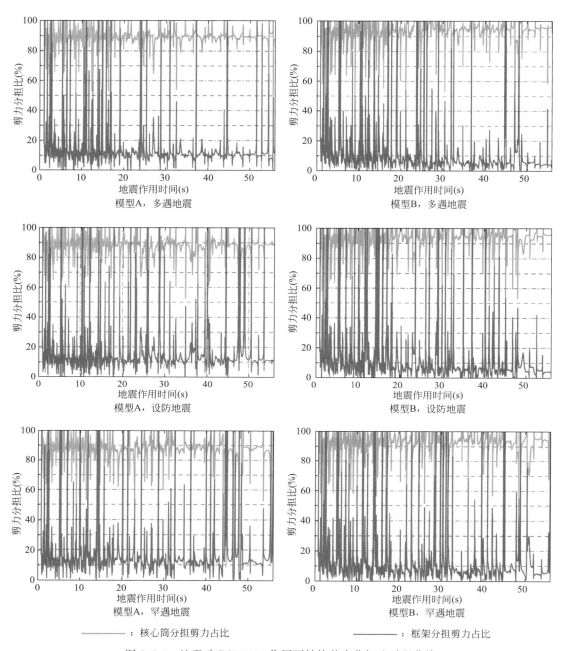

图 7.2-6 地震动 RSN1149 作用下结构剪力分担比时程曲线

异，这是由于模型 A 和 B 剪力墙、巨柱等重要抗侧力构件损伤的程度不同引起。在地震作用的 23～27s 处差异较大，可知在结构响应较大处，两者差异增加，在随后的响应较小处，两者差异减小。在两者差异最大处（图中红圈），无支撑模型 B 的倾覆力矩（5.81kN·m）比有支撑模型 A 的倾覆力矩（4.21kN·m）高 38%。这种现象可能由两结构周期差异所引起，与模型 A 相比，模型 B 平动周期较小，对应地震影响系数较大。在地震作用过程中，损伤不断累积叠加，导致模型 B 的倾覆力矩显著高于模型 A，此时模型 A 和 B 中框架部分承担倾覆力矩分别为 2.24kN・m 和 3.15kN・m，剪力墙部分承担倾覆力矩分别为 1.97kN・m 和 2.66kN・m，可知结构整体抗倾覆力矩的增大，引起核心筒及框架引起的分担增幅相近。

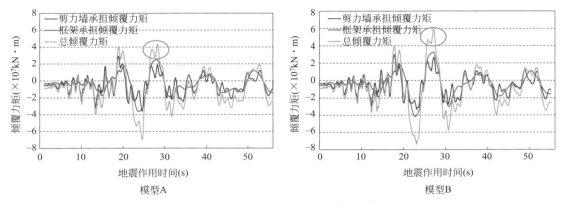

图 7.2-7 倾覆力矩时程曲线

（3）结构变形

在不同地震动作用下，结构最大顶点位移的结果见表 7.2-4。由表可知，在相同地震工况下，模型 A 和 B 的最大顶点位移无明显差异。两个模型在中震、大震作用下结构最大顶点位移值与小震作用下最大顶点位移值的比值（D_M 和 D_L）受地震动影响较大，而受结构体系影响较小。

结构最大顶点位移   表 7.2-4

结构类别	地震动	小震	中震	中震/小震 (D_M)	大震	大震/小震 (D_L)
模型 A	RSN1799	0.422	1.15	2.73	2.55	6.04
模型 B		0.412	1.14	2.77	2.65	6.43
模型 A	RSN1149	0.496	1.50	3.02	3.34	6.73
模型 B		0.51	1.54	3.02	3.43	6.73

结构层间位移角计算结果如图 7.2-8 所示。由图可知，对于两种地震作用，有支撑的模型 A 在小、中和大震作用下结构层间位移角均满足规范要求。而在 RSN1149 地震作用，无支撑模型 B 在中震和大震作用下结构层间位移角均不满足规范要求。

在小震作用下，两种结构的层间位移角结果相近。随着地震强度的增加，两模型的层间位移角差异显著增大。其中，模型 A 和 B 最大层间位移角分别为 1/615 和 1/603，均满足抗震规范对于多遇地震下结构层间位移角的限值要求。在中震作用下，模型 B 的层间位移角在 80～100 层表现出快速增大的趋势，其中在 RSN1149 地震作用下增幅尤为显著，最大层间位移为 1/186，超过了规范对于设防地震层间位移角的限值要求；模型 A 在设防地震作用下最大层间位移角为 1/209，满足规范要求。两模型在大震作用下，结构层间位移角差异进一步增大，模型 A 和 B 的最大层角位移角分别为 1/105 和 1/90，差异主要发生在结构上半部（60～120 层）。由此可知，与无支撑模型 B 相比较，支撑可以更好地限

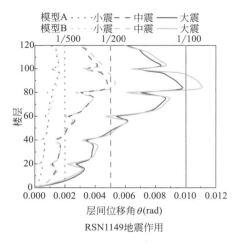

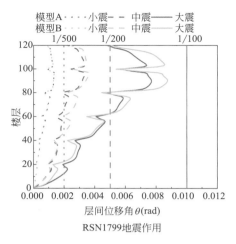

图 7.2-8　层间位移角

制模型 A 的层间位移角，保证结构竖向刚度分布更均匀，减小因设置伸臂桁架加强层所引起的层间变形突变效应。

（4）结构损伤

对模型 A 和 B 的结构损伤进行对比分析，仅给出结构在地震 RSN1149（罕遇地震）作用下的弹塑性分析结果。

1）巨柱

模型 A 和 B 巨柱损伤演化过程相似，但无支撑模型 B 巨柱损伤更为严重。随着地震的持续作用，钢管混凝土巨柱的管壁逐渐进入塑性状态，进入塑性的顺序为：结构顶部 114～118 层→25～36 层→1～18 层→42～58 层和 62～78 层。当地震作用结束时，结构底部（1～18 层）和顶部（114～118 层）巨柱损伤较为严重。模型 A 和模型 B 的损伤范围相近，但损伤程度有所差别，具体差异：模型 A 巨柱钢管最大累积塑性应变为 0.00345，而模型 B 为 0.00421，损伤更为严重。

2）核心筒

罕遇地震作用下，与模型 B 相比，模型 A 损伤情况呈现范围小和程度轻的特点。在地震作用到 14.5s 时，两个模型核心筒在 43～79 层、87～117 层处逐渐出现损伤。无支撑模型 B 连梁处最大混凝土塑性应变为 0.00283，已接近混凝土压溃应变，而此时模型 A 连梁混凝土最大塑性应变仅为 0.00154，如图 7.2-9 所示。当地震作用到 16.3s 时，模型 A 仅在 68 层连梁处出现首个压溃构件，模型 B 在 67～76 层和 86～97 层处连梁混凝土全部发生压溃现象。

模型A此处混凝土应变为0.00154
模型B此处混凝土应变为0.00283

图 7.2-9　100～120 层核心筒混凝土应变分布

对于混凝土剪力墙钢筋，模型A和模型B进入塑性的时间相近，均在地震作用6.2～6.5s之间，但塑性损伤程度存在显著差异。地震作用结束时，模型A和模型B剪力墙钢筋层累积塑性应变分别为0.114和0.172，模型A核心筒钢筋层累积塑性应变降低52%。

对于结构损伤范围，模型B在5～36层、43～79层和87～117层均出现较为严重的损伤。在增加支撑后，模型A有效减轻了结构中下部（23～36层）和顶部（109～118层）的损伤。由此可知，具有支撑的模型A可有效减轻内部核心筒在地震作用下的损伤范围和程度。

另需说明，本书未采用局部加强措施解决模型B的中上部的损伤与变形集中问题。首先，分析过程保证两模型核心筒、巨柱等部分布置相同，遂未采用常用的局部加强措施来解决局部集中破坏问题。其次，从结构构件层次出发，模型A中支撑的设置具备高效性，与局部加强措施相比较，其更大程度发挥了材料的性能，有效降低了用钢量。最后，从结构体系层次出发，局部加强措施可使结构性能指标满足相应要求，但具有支撑的模型A不仅解决了局部超限问题，而且还提升了结构的整体性能，可见结构体系的变换更具普遍性和高效性。

3）支撑

地震作用下，模型A的支撑首先在结构底部（0～20层）发生屈服，随后40～60层和80～100层支撑进入屈服状态。当地震作用结束时，支撑屈服最严重位置发生在60～80层，结构底部0～20层损伤程度次之，支撑最大累积塑性应变为0.000163。地震作用下，模型A的支撑损伤较轻，支撑损伤分布如图7.2-10所示。

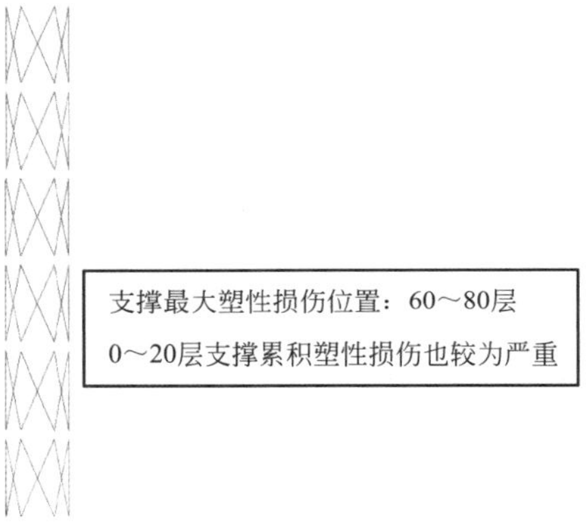

支撑最大塑性损伤位置：60～80层
0～20层支撑累积塑性损伤也较为严重

图7.2-10 支撑损伤分布

4）伸臂桁架/腰桁架

地震作用下，两种结构体系的腰桁架均未发生屈服。伸臂桁架仅在埋入剪力墙伸臂桁架处发生屈服，如图7.2-11所示。模型A与模型B伸臂桁架/腰桁架损伤范围相似，均呈现中上部损伤最严重，下部次之，顶部最轻的特点。对比两模型的损伤程度，模型A伸臂桁架最大累积塑性应变为0.0114，模型B为0.0109，模型B桁架用量显著高于模型A，不便直接比较，可认为两者累积损伤程度相当。

在两种地震持续作用下，支撑巨型框架-核心筒结构体系逐步屈服，且屈服路径皆为核心筒→巨柱→支撑→伸臂桁架。

综上所述，本节以深圳平安金融中心为原型结构，提出支撑巨型框架-核心筒结构体系的概念，并以目前超高层常用的巨型框架-核心筒-伸臂桁架结构体系作为参照，开展了结构体系的抗震性能对比研究。结果表明，在两种结构体系抗侧刚度相近的工况下，支撑巨型框架-核心筒结构体系的用钢量显著降低。罕遇地震作用下，该结构体系的典型屈服路径为核心筒→巨柱→支撑→伸臂桁架。该结构体系显著增强了外框的抗侧刚度，提高了外框的剪力分担比例，使得内筒和外框的抗侧能力更加均衡，同时内筒和外框之间的竖向剪力连接需求降低，既减轻了核心筒损伤，又可降低伸臂桁架的刚度和杆件截面面积，并

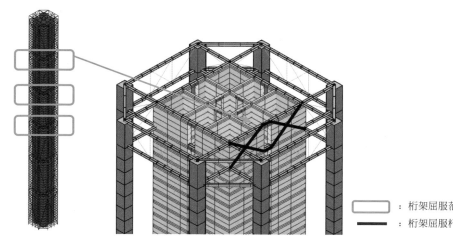

图 7.2-11　伸臂桁架/腰桁架损伤

使伸臂桁架加强层与相邻上下层之间的层间刚度突变效应显著降低。因此，支撑巨型框架-核心筒结构体系是一种抗震性能优越的混合结构体系，适用于 500 m 左右及以上高度的超高层结构。

7.3　内外筒刚度对结构抗震性能影响

本节针对支撑巨型框架-核心筒结构体系，设计不同内外筒刚度的算例模型，分别建立有限元分析模型，通过动力弹塑性分析、逐步增量动力分析（IDA）及地震易损性分析，研究内外筒刚度比例对结构体系的抗震性能和抗倒塌性能的影响。

7.3.1　算例结构

根据原型结构——天津高银金融 117 大厦，通过调整结构内外筒刚度比例，分别建立三种结构设计模型，进行不同内外筒刚度对结构抗震性能和抗地震倒塌性能的影响研究。各算例模型的抗震设计信息保持一致，如表 7.1-2 所示。各结构主要构件设计轴压比基本一致，其中底层巨柱轴压比为 0.6，底层钢板剪力墙的轴压比为 0.5。结构共 117 层，层高 5.1m，总高 596.7m。结构全高共设置四个区域，分别为 0~30层，31~60 层，61~90 层和 91~117 层。各分区底部（即 31 层、61 层和 91 层）剪力墙和巨柱轴压比与结构底层一致。结构底层框架承担剪力比例分别为 43.0%、36.6% 和 33.1%；结构 M1 典型楼层巨柱、核心筒和支撑的剪力分担比分别为4.7%、28.9% 和 66.4%；结构 M2 典型楼层巨柱、核心筒和支撑的剪力分担比分别为 2.9%、30.0% 和 67.1%；结构 M3 典型楼层巨柱、核心筒和支撑的剪力分担比分别为 2.5%、33.1% 和 64.4%。各结构小震弹性设计对应的最大层间位移角分别为1/593、1/599 和 1/585。结构平面布置如图 7.3-1（a）所示，空间模型如图 7.3-1（b）所示，依据各结构建立的有限元空间模型如图 7.3-1（c）和（d）所示。

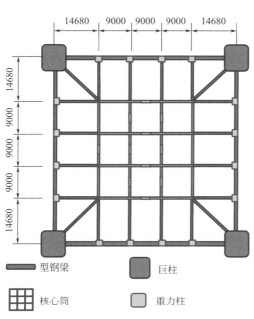

14680 9000 9000 9000 14680

14680 9000 9000 14680

型钢梁　　　巨柱

核心筒　　　重力柱

(a) 标准层结构平面布置图

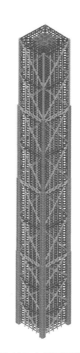

(b) 结构空间三维模型

(c) 有限元模型

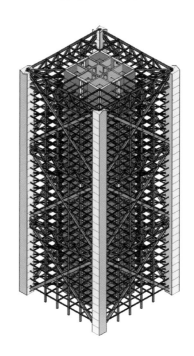

(d) 结构底部有限元模型

图 7.3-1　结构有限元模型

算例结构核心筒尺寸与原型结构一致，尺寸为 27m×27m。核心筒部分采用的混凝土强度等级为 C30～C100，保证各部分核心筒轴压比基本一致，钢筋采用 HRB400，钢板混凝土剪力墙中内嵌钢板采用 Q345 钢材，各算例核心筒的具体信息见表 7.3-1。

结构核心筒信息　　　　　　　　　　　　表 7.3-1

楼层	位置	M1-核心筒		M2-核心筒		M3-核心筒	
		厚度（mm）	钢板（mm）	厚度（mm）	钢板（mm）	厚度（mm）	钢板（mm）
1～30	外部	750	60	1050	65	1500	90
	内部	305	25	450	25	600	35
31～60	外部	550	30	850	30	1100	40
	内部	300	10	420	10	600	10
61～90	外部	350	10	550	10	700	10
	内部	250	0	400	0	500	0
91～117	外部	200	0	300	0	400	0
	内部	150	0	250	0	300	0

各算例的外部巨型框架主要分为巨型框架柱和巨型支撑两部分，构件形式与原型结构一致，其中巨柱采用型钢混凝土巨柱，支撑采用屈曲约束支撑，各算例结构的外部框架信息见表 7.3-2。

外部框架信息　　　　　　　　　　　　表 7.3-2

结构	构件	楼层	巨柱(mm)	型钢尺寸(mm)
M1	巨柱	1～30	6850	5600×4600×155×105
		31～60	5800	4800×3600×100×50
		61～90	4600	3000×2000×80×50
		91～117	2450	1500×1000×80×50
	支撑	1～117	□1600×800×100×50	
M2	巨柱	1～30	6750	5500×4550×155×100
		31～60	5750	4750×3650×100×50
		61～90	4500	3000×2000×80×50
		91～117	2400	1500×1000×80×50
	支撑	1～117	□1750×850×100×50	
M3	巨柱	1～30	6700	5500×4500×150×100
		31～60	5700	4700×3600×100×50
		61～90	4500	3000×2000×80×50
		91～117	2400	1500×1000×80×50
	支撑	1～117	□1800×900×120×50	

在设计结构整体及内外筒的刚度比时，参考有限元中"生死单元"技术，进行各结构

组成部分的弹性等效抗侧刚度计算。与现有平面等效计算抗侧刚度方法相比较，该方法可全面地考虑结构空间效应。结构抗侧刚度与荷载添加模式密切相关，与现有通过比较风荷载（均布荷载）产生的顶点位移差异计算结构抗侧刚度变化相比较[5]，该方法可考虑地震作用下的结构抗侧刚度，与弹塑性分析和 IDA 分析结构提供的抗侧刚度更为接近。该方法并非完全将结构构件去除（这将引起结构刚度矩阵奇异等问题），而是将局部结构构件的质量和刚度调整为较小值，这样做并不影响整体结构计算，且已"杀死"的结构构件对整体的刚度和质量贡献非常小，可忽略不计，进而可准确计算三维空间模型在地震作用下的结构抗侧刚度。各设计算例结构的等效抗侧刚度计算结果见表 7.3-3。

各设计算例结构的等效抗侧刚度计算结果   表 7.3-3

算例模型	各结构部件	等效抗侧刚度 ($\times 10^9 kN \cdot m^2$)	内外筒刚度比	无支撑结构刚度降低率
模型 1 (M1)	整体模型	4278.71	1：10.3	45.6%
	巨型框架	3450.87		
	核心筒	335.33		
	无支撑整体结构	2327.62		
模型 2 (M2)	整体模型	4646.39	1：7.8	47.1%
	巨型框架	3579.13		
	核心筒	460.68		
	无支撑整体结构	2456.62		
模型 3 (M3)	整体模型	5023.561	1：4.2	46.7%
	巨型框架	3579.87		
	核心筒	855.33		
	无支撑整体结构	2677.56		

7.3.2 结构基本动力特性

各算例设计模型结构动力特性见表 7.3-4。由表可知，结构基本周期为 8.7432～8.8179 s，远远高于《建筑抗震设计规范》GB 50011—2010[9] 中规范设计反应谱的范围。结构的 X 和 Y 两方向的平动周期基本相同。结构 M3 的第一平动和第一转动周期分别为 8.8179s 和 3.7698s，两者之比为 3.7698/8.8179＝0.427，明显低于《高层建筑混凝土结构技术规程》JGJ 3—2010[20] 3.4.5 条中 0.85 的限值要求，由此可知，该结构具有较好的抗扭刚度，扭转效应较小。

模型模态对比   表 7.3-4

结构模态	M1	M2	M3
T_1	8.7432	8.7676	8.8179
T_2	8.7312	8.7473	8.7982
T_3	4.1540	3.8503	3.7698
T_4	2.7653	2.6856	2.6966

续表

结构模态	M1	M2	M3
T_5	2.7646	2.637	2.6947
T_6	1.5837	1.4584	1.4375
T_7	1.4736	1.4137	1.4117
T_8	1.4725	1.4051	1.3995
T_9	0.9957	0.9188	0.9127

根据 Block Lanczons 方法对结构体系有限元分析模型进行模态分析，得到结构的前30 阶模态，其中前 6 阶的模态特征列于表 7.3-5，并将结构设计模型 SATWE 计算结果列出进行比较。由表可知，结构设计模型 SATWE 计算周期和有限元模型 Marc 计算周期相差较小。模型的第 1、4 阶模态为 Y 方向的一阶平动；模型的第 2、5 阶模态为 X 方向的一阶平动；模型的第 3、6 阶模态为结构的整体转动。由上述分析可知，该弹塑性分析模型的模态特征与设计模型一致，较为可靠。

结构 M3 模态分析结果　　　　　　　　　　表 7.3-5

振型阶数	自振周期 $T(s)$		相对误差（%）
	Marc	SATWE	
1	9.0756	8.8179	2.92
2	9.0525	8.7982	2.89
3	4.0959	3.7698	8.65
4	2.8476	2.6966	5.60
5	2.8526	2.6947	5.86
6	1.6176	1.4375	12.53

模型质量由各结构构件的密度控制，其中厚壳单元利用其分层特征依据钢筋、钢板和混凝土的相对厚度和密度分别添加，其中钢筋（HRB400）和钢板密度取 $7800kg/m^3$，混凝土材料（C30~C100）密度取 $2500kg/m^3$，楼板荷载通过膜单元密度添加，根据《建筑抗震设计规范》GB 50011—2010[9] 规定重力荷载代表值取结构和结构配件自重标准值和可变荷载组合值之和，即 1.0 恒荷载＋0.5 活荷载。Marc 中结构弹塑性分析模型质量和 SATWE 中设计模型质量对比如表 7.3-6 所示。由表可知，两模型结构总质量相对偏差 $[\Delta=(m_{弹塑性}-m_{设计})/m_{设计}]$ 为 2.59%，可认为本弹塑性分析模型总质量与设计模型总质量基本一致，较为可靠。

模型质量信息　　　　　　　　　　表 7.3-6

模型类别	重力荷载代表值等效质量(t)			误差
Marc 有限元模型	634744.8			
SATWE 设计模型	质量(t)			2.57%
	恒载	活载	1.0 恒载+0.5 活载	
	581738.76	74227.72	618852.62	

7.3.3 结构动力弹塑性分析

（1）地震动信息

结构动力弹塑性分析部分采用经典地震动集合，即 El Centro、Hachinohe、Taft 和 Tohoku 地震动，对结构进行多遇地震（小震，$PGA=55\text{gal}$）、设防地震（中震，$PGA=150\text{gal}$）和罕遇地震（大震，$PGA=310\text{gal}$）作用下的弹塑性动力时程分析。而现有的超高层建筑作为超级城市和区域中心城市的地标性建筑，承担商业中心和金融中心等重要功能，通常具有较高的抗震性能目标并较好地满足设计规范对其的抗震需求。原型结构所处地区抗震设防烈度为 7 度（$0.15g$），为充分地分析结构体系的抗震性能，在进行动力时程分析时，除进行结构在小、中和大震作用下的地震响应，还可将地震动水准提高一度进行弹塑性计算，对结构抗震性能进行充分验证。

另一方面，地震机制较为复杂，考虑现有科技水平还无法预测可遭遇的实际地震强度，而我国也发生过超越地震区划罕遇地震水平的地震，如 1966 年邢台地震，地震烈度为 10 度的地震发生在 7 度设防区域；1975 年海城地震，地震烈度为 9~11 度的地震发生在 8 度设防区域；1976 年唐山大地震，地震烈度为 10~11 度的地震发生在 8 度设防区域；2008 年汶川地震，地震烈度为 11 度的地震发生在 8 度设防区域，等。我国科技支撑计划项目 2009BAJ28B01 也提出验证结构在"提高一度罕遇地震"作用下的结构抗震性能，遂在提高地震水准的结构性能验证过程，对地震动进行"提高一度罕遇地震"调幅，即将地震峰值加速度 PGA 提高至 510gal，进行结构弹塑性性能的研究。

（2）位移响应

针对具有不同内外筒刚度比例的结构体系，通过地震作用下结构的楼层位移响应进行比较和分析，明确内外筒刚度比例对结构体系的楼层位移响应的影响。

四条地震动作用下，三个算例结构的最大楼层位移响应包络如图 7.3-2 所示，该处仅将"提高一度罕遇地震"作用下结构响应结果列出。由图可知，地震动特性对结构楼层位移响应存在显著影响。楼层位移响应规律如下：Taft 波对应的结构楼层位移最大，Hachinohe 和 Tohoku 次之，El Centro 最小。此响应规律与结构基本周期对应的 5% 阻尼比反应谱规律基本相似（Taft：0.03301、Hachinohe：0.01395、El Centro：0.01383、Tohoku：0.01317），但 El Centro 和 Tohoku 地震作用的楼层最大位移出现"反转"现象，这是由于算例结构的楼层最大位移响应由结构一阶振型主要控制，遂楼层位移差异规律与一阶反应谱一致；而 Tohoku 三阶周期对应的反应谱大于 El Centro，结构高阶振型参与显著，增大结构楼层位移响应，遂 El Centro 作用下结构楼层位移响应最小。

在 Hachinohe 地震作用下，算例结构 400~500m 处均出现楼层位移包络显著减小，这是由于 Hachinohe 地震动存在与结构高阶平动频率相近的成分，该对应的地震动成分与结构高阶平动振型形成共振，使结构呈现高阶平动形态。

在相同地震动作用下，算例结构间楼层位移响应结果如图 7.3-3 所示。由图可知，在相同地震动作用下，不同结构楼层最大位移沿楼层高度方向的变化趋势基本相似。在 El Centro 作用下，结构间楼层位移包络差异主要出现在结构 285~600m；在 Hachinohe 作用下，结构间楼层位移包络差异主要发生在 400~500m；在 Taft 作用下，结构间楼层位移包络差异在 400~600m；在 Tohoku 作用下，结构间层间位移包络差异发生在 300~

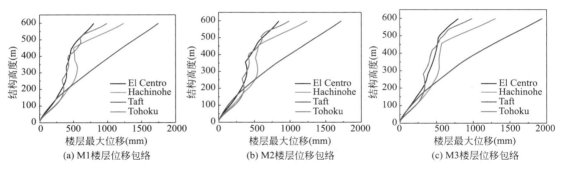

图 7.3-2　结构在不同地震作用下楼层位移包络

500m。由结构楼层最大位移包络形态可知，Taft 作用下，包络形态与一阶振型相似，在其他三种地震动作用下，包络形态与结构高阶振型较为相似。

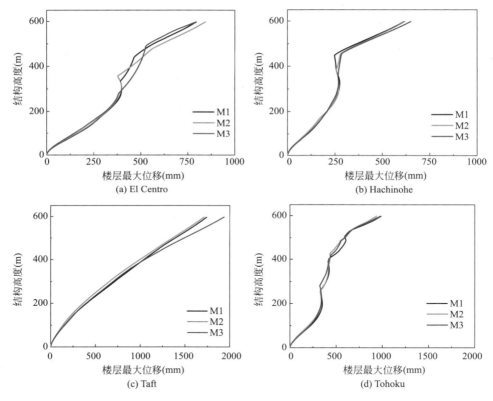

图 7.3-3　同一地震作用下不同结构的楼层位移响应包络

三个结构在四条地震动作用下的顶点位移时程曲线如图 7.3-4 所示，该处仅将"提高一度罕遇地震"作用下结构响应结果列出。由图可知，在相同地震作用下，结构的顶点位移时程曲线变化趋势基本一致，数值存在差异。由表 7.3-4 可知，三个算例结构的一阶自振周期（T_1）处于 8.74～8.82s 区间；结构在地震动 El Centro、Taft 和 Tohoku 作用下，顶点位移各极值点出现显著的周期摆动特征，摆动周期介于 7.5～9.7s，与结构第一自振周期相关性较好，然而各结构在地震动 Hachinohe 作用下，结构顶点位移周期性较差，这是由于地震波 Hachinohe 所包含的频谱成分与结构二阶平动频率产生共振，二阶振型显著影响结构位移响应，结构呈现地震作用下二阶摆动状态。

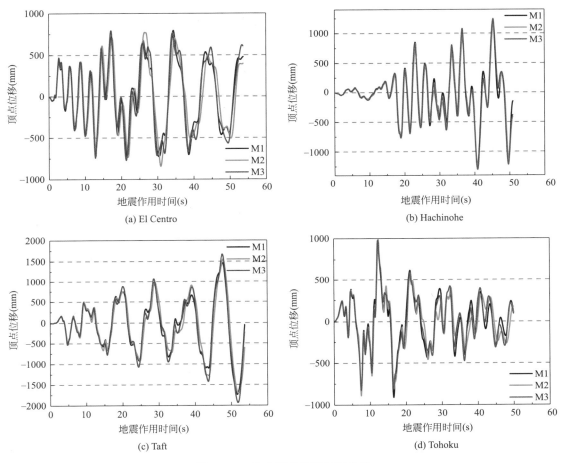

图 7.3-4　结构顶点位移时程曲线

在不同地震动作用下的结构顶点位移最大值及其平均值如表 7.3-7 所示。由表可知，在不同地震作用下结构最大顶点位移值差异较大，说明结构顶点位移受地震动特性影响显著。结构最大和最小顶点位移均产生于结构 M3，其在 El Centro 作用下结构最大顶点位移最小，为 793.26mm（约为结构高度的 1/750）；在 Taft 作用下结构最大顶点位移最大，为 1932.6mm（约为结构高度的 1/310）。结构最大顶点位移在不同地震作用下的平均值较为接近，其中平均值最小的是内外筒刚度比 7.8 的结构 M2，其平均值为 1181.03mm；平均值最大的是内外筒刚度比为 4.2 的结构 M3，其平均值为 1252.01mm。

结构顶点位移最大值（mm）　　　　　　　　　　　　　　　表 7.3-7

结构	El Centro	Hachinohe	Taft	Tohoku	平均值
M1	794.48	1228.00	1740.5	984.88	1186.97
M2	842.46	1236.3	1709.5	935.84	1181.03
M3	793.26	1302.7	1932.6	979.48	1252.01

（3）构件损伤

在地震作用下结构的构件塑性状态和应力发展水平是衡量结构抗震性能和损伤状态的重要标志。本部分仅将结构 M1、M2 和 M3 在 El Centro 地震动"提高一度罕遇地震"（$PGA=510gal$）水准的结构构件损伤状态列出并开展讨论。

图 7.3-5 为各算例结构核心筒损伤分布情况，其中图（a）（b）和（c）分别为结构 M1、M2 和 M3 在地震作用下核心筒塑性分布情况，且塑性判定标准为核心筒纵向钢筋层发生塑性变形，图（d）（e）和（f）分别为核心筒钢板剪力墙中塑性变形发展状态。由图可知，在地震作用下，结构 M1 仅顶部 90~110 层连梁出现塑性，而结构 M3 的连梁塑性发生进一步扩大，除顶部外，结构 70~84、33~47 层连梁亦出现塑性，而结构 M2 损伤范围最大，结构同样在上述楼层连梁处出现塑性，除此之外，结构塑性范围扩大到结构底部 7~30 层，且部分楼层连梁旁的边缘构件也出现塑性。为进一步对比核心筒损伤发展，提取核心筒钢板剪力墙钢板层的累计塑性变形如图（d）（e）和（f）所示，由图可知，结构 M3、M4 和 M5 钢板的最大累计塑性变形分别为 0.00005583、0.0002207 和 0.0004229。由此可见，随着外框架相对刚度的减小，内部核心筒损伤逐渐严重，这是由于当外框架相对刚度减小时，外框架对内部核心筒提供保护作用减小，核心筒分担的地震作用相对增大，导致内部核心筒的塑性范围和损伤程度不断增加。

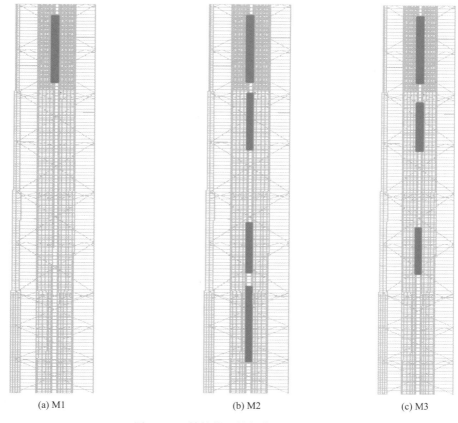

(a) M1   (b) M2   (c) M3

图 7.3-5　结构核心筒损伤分布（一）

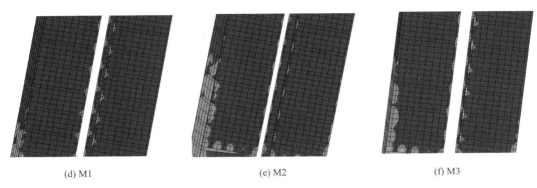

(d) M1　　　　　　　(e) M2　　　　　　　(f) M3

图 7.3-5　结构核心筒损伤分布（二）

地震作用过程中，结构巨型支撑均处于弹性状态，未发生塑性变形。巨柱根据纵向钢筋层发生塑性变形的判定标准，地震作用下结构巨型柱均未发生塑性，且巨柱型钢翼缘层和型钢腹板层亦均未发生屈服，由此可见，巨柱处于较低的损伤状态。比较各结构巨柱中混凝土损伤状态，如图 7.3-6 所示。在地震作用过程，结构 M1、M2 和 M3 应力分别为 40.79MPa、35.22MPa 和 36.37MPa，结构 M1 应力水平最高，而结构 M2 和 M3 较为接近。当外框架相对刚度为 10.1 时，外框架损伤最严重，而相对刚度为 7.8 和 4.2 时，巨型损伤程度度处于较低水平。

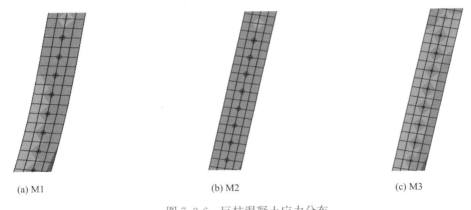

(a) M1　　　　　　　(b) M2　　　　　　　(c) M3

图 7.3-6　巨柱混凝土应力分布

（4）名义层间位移角

现行规范中对层间位移角的定义为上下两层的层间位移差与楼层层高的比值。而层间位移主要可以分别两部分：一部分是本层构件自身变形所引起的，会在构件内部产生内力而引起破坏，称之为有害位移；另一部分是由于下部楼层刚体转动而引起的层间位移，称之为无害位移，该位移不会在构件内部产生内力而引起结构破坏。通过有害位移计算所得的层间位移角称之为有害层间位移角；仅通过层间位移差计算所得的层间位移角，包含有害位移和无害位移两部分，称之为名义层间位移角。本部分对结构名义层间位移角进行计算，明确结构在不同地震工况下的名义层间位移角分布规律，在该部分所提及层间位移角均为名义层间位移角。

　　针对不同强度的地震作用下各结构的最大层间位移角进行了统计，得到楼层-层间位移角的包络曲线，如图 7.3-7～图 7.3-10 所示，并将各结构在不同地震工况下的结构最大层间位移角数值及分布位置进行了统计，如表 7.3-8～表 7.3-11 所示。

　　多遇地震作用下结构最大层间位移角包络如图 7.3-7 所示，最大层间位移统计数值如表 7.3-8 所示。由图可知，在地震动 El Centro 作用下，结构最大层间位移角均出现在 105～107 层，对于位移角数值，结构 M3 最小，结构 M1 最大，分别为 0.000486 和 0.000529；在地震动 Hachinohe 作用下，结构 M1 和 M2 最大层间位移角产生于 105～106 层，结构 M3 最大层间位移角对应位置下移至 90 层，对于位移角数值，结构 M2 最小，结构 M3 最大，分别为 0.000902 和 0.001198；在地震动 Taft 作用下，结构 M1、M2 和 M3 最大层间位移角对应楼层分别为 79、105 和 96 层，对于位移角数值，结构 M1 最小，结构 M3 最大，分别为 0.000496 和 0.000655，且结构 M2 与 M1 数值相近；在地震动 Tohoku 作用下，结构最大层间位移角均产生于结构 106 层，就层间位移角数值而言，结构 M3 最小，结构 M1 最大，分别为 0.000737 和 0.00088。

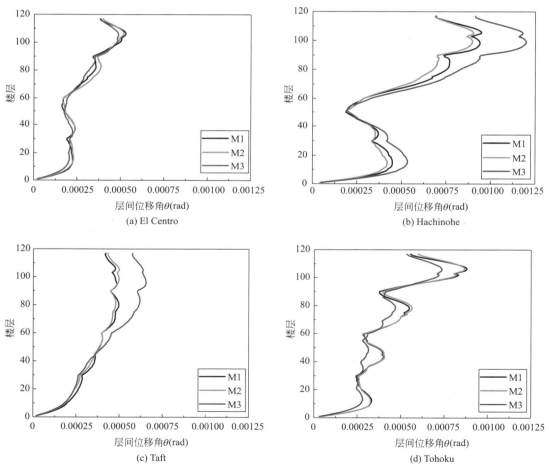

图 7.3-7　多遇地震作用下结构层间位移角包络

多遇地震作用下结构最大层间位移角　　　　　　　表 7.3-8

结构	El Centro	Hachinohe	Taft	Tohoku	平均值
M1	0.000529	0.000947	0.000496	0.00088	0.000713
M2	0.000516	0.000902	0.000498	0.000867	0.000696
M3	0.000486	0.001198	0.000655	0.000737	0.000769

多遇地震作用下，各结构的平均最大层间位移角对比结果为 M2＜M1＜M3。结构 M1 在地震动 Hachinohe 作用下，结构对应的层角位移角最大，为 0.000947；结构 M3 在地震动 El Centro 作用下，结构对应层间位移角最小，为 0.000486；各结构在不同工况地震作用下，结构弹塑性层间位移角均满足规范限值要求（1/500）。

设防地震作用下结构最大层间位移角包络如图 7.3-8 所示，及其统计数值如表 7.3-9 所示。由图可知，在地震动 El Centro 作用下，结构最大层间位移角均出现在 105~106 层，对于位移角数值，结构 M3 最小，结构 M1 最大，分别为 0.001351 和 0.001424；在地震动 Hachinohe 作用下，结构 M1 和 M2 最大层间位移角产生于 105~106 层，结构 M3 最大层间位移角对应位置下移至 99 层，对于位移角数值，结构 M2 最小，结构 M3 最大，分别为 0.002212 和 0.003025；在地震动 Taft 作用下，结构 M1、M2 和 M3 最大层间位移角对应楼层分别为 80、105 和 97 层，对于位移角数值，结构 M1 最小，结构 M3 最大，分别为 0.001284 和 0.001724；在地震动 Tohoku 作用下，结构最大层间位移角均产生于结构 106 层，就层间位移角数值，结构 M3 最小，结构 M1 最大，分别为 0.002125 和 0.002298。

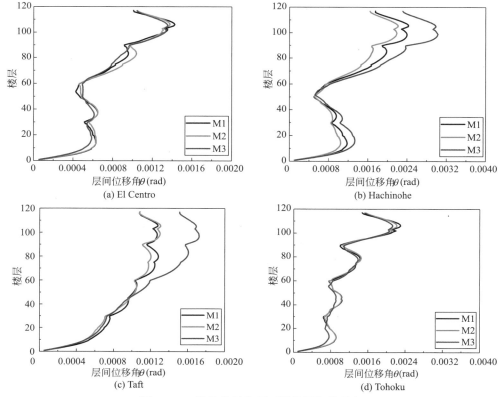

图 7.3-8　设防地震作用下结构层间位移角

设防地震作用下结构最大层间位移角　　　　　　　　　　　　表 7.3-9

结构	El Centro	Hachinohe	Taft	Tohoku	平均值
M1	0.001424	0.002427	0.001284	0.002298	0.001858
M2	0.001373	0.002212	0.001306	0.002212	0.001776
M3	0.001351	0.003025	0.001724	0.002125	0.002056

设防地震作用下，各结构的平均最大层间位移角对比结果为 M2＜M1＜M3。结构 M3 在地震动 Hachinohe 作用下，结构对应的层角位移角最大，为 0.003025；结构 M2 在地震动 Taft 作用下，结构对应层间位移角最小，为 0.001306；各结构在不同工况地震作用下，结构弹塑性层间位移角均满足规范限值要求。

罕遇地震作用下结构最大层间位移角包络如图 7.3-9 所示，及其统计数值如表 7.3-10 所示。由图可知，在地震动 El Centro 作用下，结构最大层间位移角均出现在 106～107 层，对于位移角数值，结构 M2 最小，结构 M1 最大，分别为 0.002682 和 0.002835；在地震动 Hachinohe 作用下，各结构最大层间位移角均产生于 105～106 层，对于位移角数值，结构 M2 最小，结构 M3 最大，分别为 0.004692 和 0.005665；在地震动 Taft 作用下，结构 M1、M2 和 M3 最大层间位移角对应楼层分别为 106、105 和 97 层，对于位移角数值，结构 M1 最小，结构 M3 最大，分别为 0.002475 和 0.003276；在地震动 Tohoku 作用下，结构 M2 和 M3 最大层间位移角均产生于结构 106 层，结构 M1 产生于 108 层，就层间位移角数值，结构 M2 最小，结构 M1 最大，分别为 0.004227 和 0.004633。

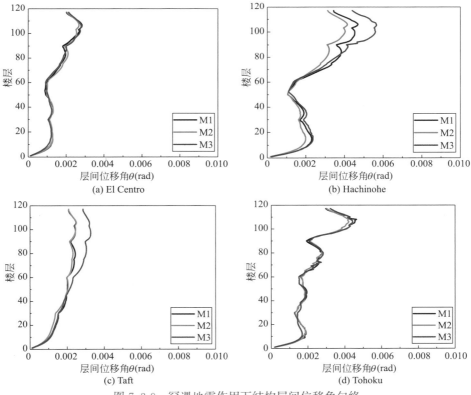

图 7.3-9　罕遇地震作用下结构层间位移角包络

罕遇地震作用下结构最大层间位移角 表 7.3-10

结构	El Centro	Hachinohe	Taft	Tohoku	平均值
M1	0.002835	0.004692	0.002475	0.004633	0.003659
M2	0.002682	0.004151	0.002494	0.004227	0.003389
M3	0.002796	0.005665	0.003276	0.004429	0.004042

　　罕遇地震作用下，各结构的平均最大层间位移角对比结果为 M2＜M1＜M3。结构 M1 在地震动 Hachinohe 作用下，结构对应的层角位移角最大，为 0.004692；结构 M1 在地震动 Taft 作用下，结构对应层间位移角最小，为 0.002475；各结构在不同工况地震作用下，结构弹塑性层间位移角均满足规范限值要求（1/100）。

　　为充分验证结构抗震性能，除多遇地震、设防地震和罕遇地震作用外，进行了 $PGA =$ 510gal（提高一度大震水准）结构响应计算，计算结果如图 7.3-10 和表 7.3-11 所示。四种地震动作用下，结构最大层间位移角仍满足规范弹塑性层间位移角限值（1/100）。对于结构最大层间位移角而言，结构 M2 在地震动 Taft 工况的层间位移角最小，为 0.003886（1/258）；结构 M3 在地震动 Hachinohe 工况的层间位移角最大，为 0.006806（1/147）。对于结构最大层间位移角的平均值而言，外筒相对刚度为 7.5 的结构 M2 最大层间位移角均值最小，为 0.00492（1/203）；外筒相对刚度为 4.2 的结构 M3 最大层间位移角均值最大，为 0.005813（1/172）。

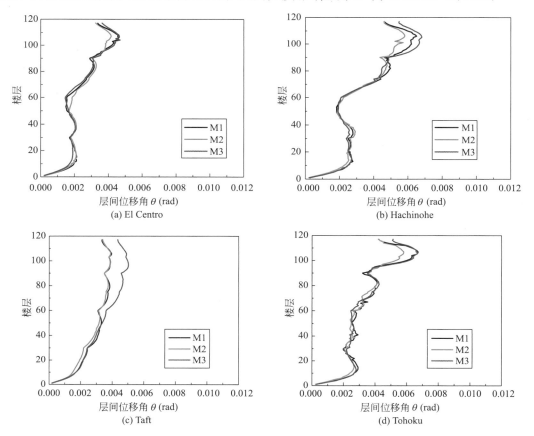

(a) El Centro

(b) Hachinohe

(c) Taft

(d) Tohoku

图 7.3-10　层间位移角包络

结构最大层间位移角   表 7.3-11

结构	El Centro	Hachinohe	Taft	Tohoku	平均值
M1	0.004596	0.006504	0.003951	0.006720	0.005443
M2	0.004163	0.005816	0.003886	0.005814	0.004920
M3	0.004698	0.006806	0.005029	0.006720	0.005813

相同结构在不同地震作用下的最大层间位移角包络值对比结果，如图 7.3-11 所示。由图可知，结构最大层间位移角沿结构高度方向变化趋势差异较大，说明结构最大层间位移角响应受地震动影响较大。除 Taft 外，三个算例结构 40～60 层最大位移角均较小，这是由于地震动 Taft 所对应的结构二、三阶反应谱均较小，这使得 Taft 结构最大层间位移角分布趋势与结构弹性设计层间位移角分布形态最为相似。在 Hachinohe 和 Tohoku 作用下，结构上部最大层间位移角快速增大，与下部包络值产生显著差异，这是由 Hachinohe 二阶平动周期和 Tohoku 三阶平动周期所对应的较高反应谱所引起。

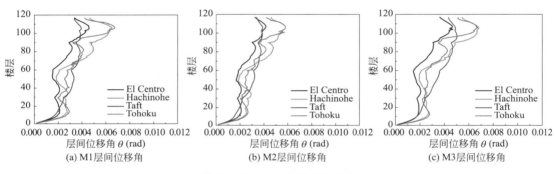

(a) M1层间位移角   (b) M2层间位移角   (c) M3层间位移角

图 7.3-11　层间位移角包络值

（5）有害层间位移角

通常对于超高层建筑而言，其变形形式主要是弯曲型，最大名义层间位移角一般出现在结构中部和上部，这些楼层中无害位移占比较高，并随结构高度的增加快速增长[2]。上述现象就会导致抗侧力构件面积和用量增大，不仅造成浪费，还会增大地震作用，遂明确结构名义层间位移角和有害层间位移角的相对关系，避免过于严格的层间位移控制指标，对于该结构体系在超高层建筑的应用是十分必要的。

结构有害层间位移角计算结果如图 7.3-12 所示，与名义层间位移角相对关系如表 7.3-12 所示，该处仅将"提高一度罕遇地震"作用下结构响应结果列出。由图表可知，三算例结构在四种地震作用下，有害层间位移角与名义层间位移角差值变化区间为 0.18%～1.47%。可见，结构下部楼层产生的刚体转动较小，而由此产生的无害层间位移也较小，可以控制在 2% 以内。由表可知，与名义层间位移角相比较，结构 M1、M2 和 M3 的有害层间位移的降低率分别为 0.30%、0.35% 和 0.74%，由此可知，随着外部框架相对刚度的减小，结构名义层间位移角与有害层间位移角两者差异不断增加。这是由于支撑巨型框架-核心筒结构体系的外部巨型框架柱具有较大的轴向刚度，且巨柱间设置了环带桁架，有效减少了结构楼面整体转动，而外部巨型框架的支撑进一步增大巨柱轴向刚度，减小楼面整体转动，进而降低了名义层间位移角与有害层间位移角之间的差异。

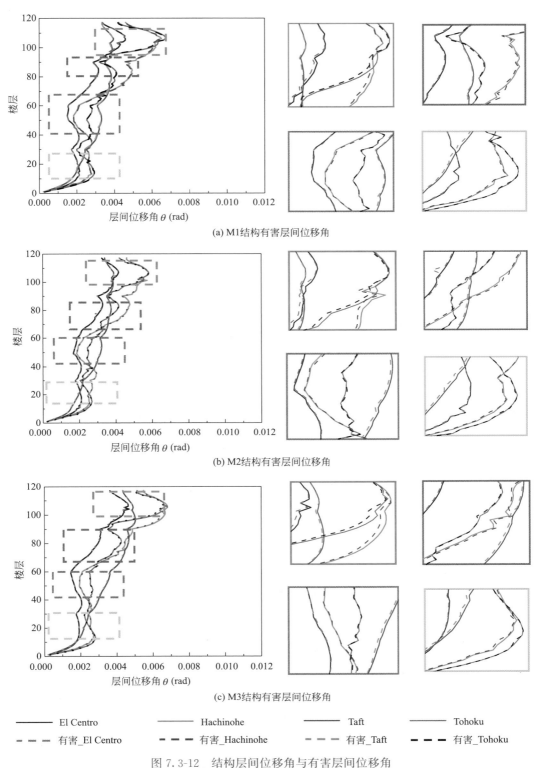

(a) M1结构有害层间位移角

(b) M2结构有害层间位移角

(c) M3结构有害层间位移角

El Centro	Hachinohe	Taft	Tohoku
有害_El Centro	有害_Hachinohe	有害_Taft	有害_Tohoku

图 7.3-12　结构层间位移角与有害层间位移角

结构最大有害层间位移角　　　　　　　　　表 7.3-12

结构	El Centro	Hachinohe	Taft	Tohoku	平均值
M1	0.004578	0.006489	0.003944	0.006692	0.005426
降低率	0.39%	0.23%	0.18%	0.42%	0.30%
M2	0.004144	0.005796	0.003879	0.00579	0.004902
降低率	0.46%	0.34%	0.18%	0.41%	0.35%
M3	0.004629	0.006794	0.004992	0.00668	0.005774
降低率	1.47%	0.18%	0.74%	0.60%	0.74%

（6）结构基底剪力分担比

四种地震作用下，结构最大基底剪力及其分担比例如表 7.3-13 所示，该处仅将"提高一度罕遇地震"作用下结构响应结果列出。由表可知，算例结构在地震作用下，结构框架剪力分担比例介于 45%～60%，说明该结构体系外部巨型框架具有较大刚度，在地震作用下承担较多的剪力。地震动特性不仅对结构基底总剪力影响显著，同时对外部框架剪力分担比存在影响。在四种地震作用下，地震动 Taft 作用下结构对应的框架剪力分担比最小，较各结构的分担比均值分别降低了 2.11%、2.01% 和 4.14%；地震动 Hachinohe 对应的结构框架分担比均为最大，较各结构的分担比均值分别提升了 2.67%、3.75% 和 4.28%，由此可见，结构高阶振型参与程度影响剪力分担比例，较高的高阶振型反应谱可增加外框架部分分担比。

由上述分析可知，地震动特性会引起的结构框架剪力分担比例的差异，而纵向比较表 7.3-13 可知，这种差异受内外筒刚度比例影响较小。四种地震作用下，结构 M1、M2 和 M3 对应的框架剪力分担比例极差分别为 5.51%、5.76% 和 5.87%，差异较小。由此可见，地震动特性会引起内外筒剪力分担比例的差异，但内外筒的刚度比例并不会使该差异放大或缩小。

结构基底剪力（MN）及其分担比　　　　　　表 7.3-13

结构		El Centro	Hachinohe	Taft	Tohoku	平均值
M1	总剪力	221.53	247.551	197.47	248.53	228.77
	核心筒剪力	97.94	99.511	88.82	104.63	97.73
	框架剪力	123.59	148.04	108.65	143.9	131.05
	框架占比	55.79%	59.8%	55.02%	57.90%	57.13%
M2	总剪力	235.83	237.610	212.980	242.7	232.28
	核心筒剪力	116.91	108.49	109.51	123.77	114.67
	框架剪力	118.92	129.12	103.47	118.93	117.61
	框架占比	50.43%	54.34%	48.58%	49.00%	50.59%
M3	总剪力	279.40	305.52	240.69	374.26	299.97
	核心筒剪力	149.05	142.8	133.87	186.36	153.02
	框架剪力	130.35	159.72	106.82	187.9	146.20
	框架占比	46.67%	52.8%	44.38%	50.21%	48.52%

随着外框架相对刚度的减小，框架剪力分担比不断减小。当外框架筒相对刚度为 10.1

（结构 M1）时，结构框架剪力分担比平均值为 57.29%，外框架筒相对刚度为 7.5（结构 M2）时，结构框架剪力百分比减少 5.83，为 51.46%；外框架筒相对刚度为 4.2（结构 M3）时，结构框架分担剪力百分比减少 3.9，为 47.56%。

（7）震后动力特性

结构在地震作用后的结构动力特性也是结构抗震性能的重要标志[16]。本部分对在地震作用后的结构动力特性进行考察，为得到结构震后结构响应，在进行结构弹塑性时程分析时，在原有地震动记录的基础上，采用补零的方式增加地震动的持续时间，并对结构在加长地震动作用下的结构顶点位移进行记录和分析，得到结构充分自由振动状态的结构响应，该处仅将在 El Centro 地震动"提高一度罕遇地震"水准下结构响应结果列出。

图 7.3-13 为加长后地震波和结构 M1 的顶点位移时程曲线。由图可知，结构在有效地震动作用后，结构产生损失，导致结构自振周期延长，且结构在补零段地震作用时间内，发生自由振动，结构处于自由摆动状态，顶点位移成周期性衰减，且该种顶点位移周期性衰减趋势同样出现在其他结构。

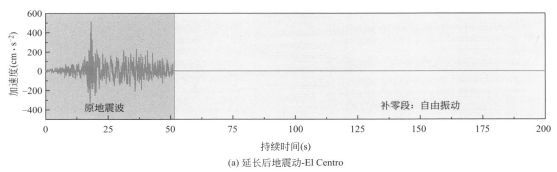

(a) 延长后地震动-El Centro

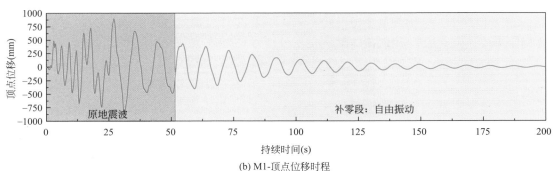

(b) M1-顶点位移时程

图 7.3-13　结构自由振动顶点位移时程

为研究地震作用后，结构自由振动周期特性，对 65～200s 顶点位移时程曲线衰减周期进行统计，统计结果如表 7.3-14 所示。由表可知，在不同地震作用下，结构基本周期变化率有所不同，地震动特性引起差异高于结构特性引起的差异。在 El Centro 作用下，结构摆动周期变化率排序为 M1<M2<M3，其中 M3 变化最大，为 1.735%；在 Hachinohe 作用下，结构摆动周期变化率排序为 M2<M3<M1，其中 M1 变化最大，为 26.654%；在 Taft 作用下，结构摆动周期变化率排序为 M2<M1<M3，其中 M3 变化最大，为 1.654%；在 Tohoku 作用下，结构摆动周期变化率排序为 M1<M2<M3，其中

M3 变化最大，为 11.665%。

结构自由振动周期　　　　　　　　　表 7.3-14

结构	原周期	El Centro	Hachinohe	Taft	Tohoku	平均值
M1	8.9686	8.9939	11.3591	9.0017	9.1680	9.6307
变化率	—	0.283%	26.654%	0.369%	2.223%	7.382%
M2	9.0355	9.0673	9.7173	9.0576	9.8606	9.4257
变化率	—	0.352%	7.545%	0.244%	9.131%	4.3181%
M3	9.0756	9.2331	10.7117	9.2257	10.1343	9.8262
变化率	—	1.735%	18.027%	1.654%	11.665%	8.271%

对于各结构在不同地震动作用的摆动周期变化率平均值而言，结构 M2＜M1＜M3，分别为 4.5181%、7.382% 和 8.271%。由此可见，在四种地震动（$PGA=510$gal）作用下，结构 M3 损伤较为严重，M1 次之，而 M2 损伤最轻。在各结构及其对应工况下，结构 M1 在 Hachinohe 地震动作用下，结构自由振动周期变化率最高，为 26.654%。而同样的是，结构 M2 在 Taft 地震动作用下，结构自由振动周期变化率最低，为 0.244%。

7.3.4　结构地震耗能

对于地震能量的吸收能力是建筑结构必备的条件。地震输入建筑结构能量分配问题，直接影响结构由弹性状态进入弹塑性状态的结构性能，因此结构能量耗能特征是结构性能的重要表现[24]。针对地震作用下结构能量耗散分布问题，将算例结构地震作用下的能量耗散分布进行时程计算（图 7.3-14～图 7.3-17），该处仅将"提高一度罕遇地震"作用下结构响应结果列出。

地震动 El Centro 作用下结构能量分布时程如图 7.3-14 所示。由图可知，在地震动 El Centro 作用下，结构能量分布趋势相近，但各部分分担比例数值和比例存在差异。结构 M1、M2 和 M3 地震作用结构总输入能量分别为 15.19×10^6kN·m、16.17×10^6kN·m 和 19.94×10^6kN·m，其中结构阻尼耗能分别为 11.65×10^6kN·m、11.27×10^6kN·m 和 14.22×10^6kN·m，分别占地震总输入能量的 76.69%、69.69% 和 71.31%；结构塑性变形耗能分别为 2.45×10^6kN·m、3.89×10^6kN·m 和 4.41×10^6kN·m，分别占地震总输入能量的 16.13%、24.06% 和 22.12%。

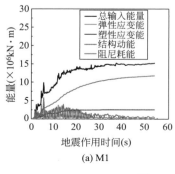

(a) M1

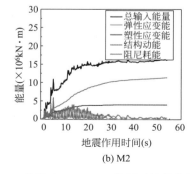

(b) M2

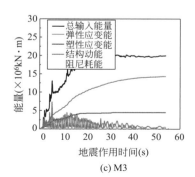

(c) M3

图 7.3-14　地震动 El Centro 作用下结构能量分布时程

地震动 Hachinohe 作用下结构能量分布时程如图 7.3-15 所示。由图可知，在地震动 Hachinohe 作用下，结构 M1、M2 和 M3 地震作用结构总输入能量分别为 $39.26×10^6$ kN・m、$38.13×10^6$ kN・m 和 $49.14×10^6$ kN・m，其中结构阻尼耗能分别为 $25.28×10^6$ kN・m、$21.92×10^6$ kN・m 和 $27.16×10^6$ kN・m，分别占地震总输入能量的 64.23%、57.49% 和 55.27%；结构塑性变形耗能分别为 $8.33×10^6$ kN・m、$11.82×10^6$ kN・m 和 $16.11×10^6$ kN・m，分别占地震总输入能量的 21.16%、30.10% 和 32.78%。

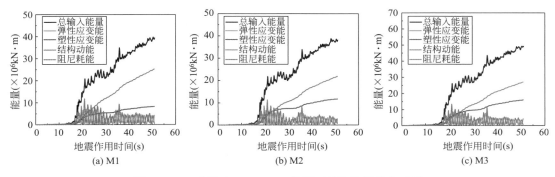

图 7.3-15　地震动 Hachinohe 作用下结构能量分布时程

地震动 Taft 作用下结构能量分布时程如图 7.3-16 所示。由图可知，在地震动 Taft 作用下，结构 M1、M2 和 M3 地震作用结构总输入能量分别为 $23.03×10^6$ kN・m、$23.77×10^6$ kN・m 和 $30.5×10^6$ kN・m。结构阻尼耗能分别为 $12.9×10^6$ kN・m、$12.73×10^6$ kN・m 和 $15.76×10^6$ kN・m，分别占地震总输入能量的 56.01%、53.56% 和 51.67%；结构塑性变形耗能分别为 $3.75×10^6$ kN・m、$4.71×10^6$ kN・m 和 $6.52×10^6$ kN・m，分别占地震总输入能量的 16.28%、19.81% 和 21.38%。

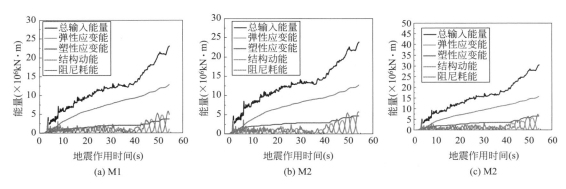

图 7.3-16　地震动 Taft 作用下结构能量分布时程

地震动 Tohoku 作用下结构能量分布时程如图 7.3-17 所示。由图可知，在地震动 Tohoku 作用下，结构 M1、M2 和 M3 地震作用结构总输入能量分别为 $29.84×10^6$ kN・m、$32.94×10^6$ kN・m 和 $45.12×10^6$ kN・m。结构阻尼耗能分别为 $23.1×10^6$ kN・m、$22.87×10^6$ kN・m 和 $32.0×10^6$ kN・m，分别占地震总输入能量的 77.41%、69.43% 和 70.92%；结构塑性变形耗能分别为 $5.74×10^6$ kN・m、$9.15×10^6$ kN・m 和 $11.74×10^6$ kN・m，分别占地震总输入能量的 19.23%、27.78% 和 26.02%。

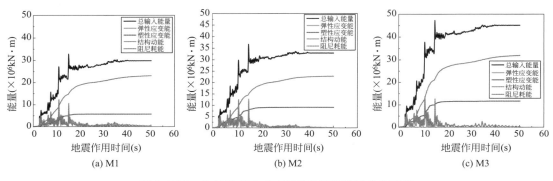

(a) M1　　　　　　　　(b) M2　　　　　　　　(c) M3

图 7.3-17　地震动 Tohoku 作用下结构能量分布时程

综上所述，结构地震总输入能量受地震动特性和结构质量存在较大影响。由于原型结构与算例结构抗震设计水平较高，结构在地震作用过程中，地震能量主要由结构阻尼耗散。在四种地震动（$PGA=510gal$）作用下，算例结构阻尼耗能平均占比最高为结构 M1，平均值为 68.59%，各结构塑性变形耗能平均占比最高的结构为 M2，平均值为 25.66%。

7.3.5　结构抗地震倒塌能力

（1）IDA 曲线

对结构 IDA 曲线簇和分位数曲线进行统计，IDA 曲线簇如图 7.3-18（a）（c）和（e）所示，并将 IDA 曲线簇以 16%、50% 和 84% 分位数曲线形式进行统计，以降低结果的离散性，结果如图 7.3-18（b）（d）和（f）所示。IDA 曲线簇和分位数曲线对应的横坐标为结构损伤指标（DM），选取结构最大层间位移角 θ_{max}；曲线纵坐标为地震动强度指标（IM），选取地震波峰值强度 PGA。

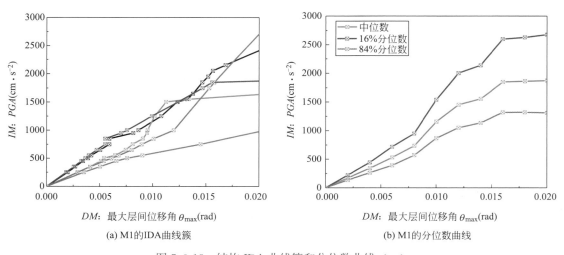

(a) M1的IDA曲线簇　　　　　　　　　(b) M1的分位数曲线

图 7.3-18　结构 IDA 曲线簇和分位数曲线（一）

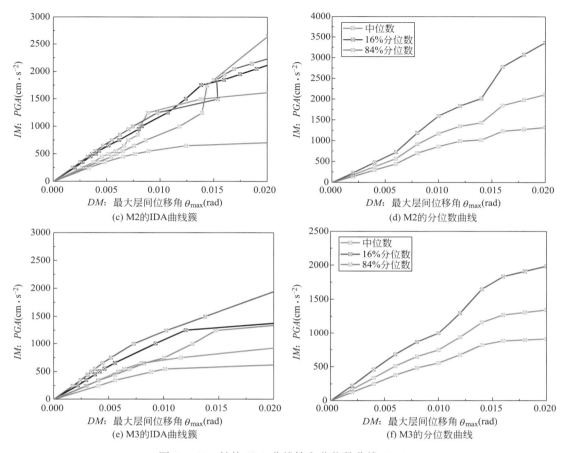

图 7.3-18　结构 IDA 曲线簇和分位数曲线（二）

由图可知，各结构对应的 IDA 曲线呈现相似的整体发展趋势。由于结构具备较好的抗震性能水平，所有算例在 IDA 曲线初始部分均呈线性增长，说明结构未出现明显损伤，整体仍处于线弹性阶段；随后各结构出现结构硬化现象，即随着层间位移角的增大，峰值加速度 PGA 的增长速率不断增大，且硬化现象逐渐明显；在曲线末尾部分，结构呈现迅速软化现象，峰值加速度 PGA 随着层间位移角的增大其增长速率趋于平缓。随着 PGA 的增大，部分 IDA 曲线的部分层间位移角出现减小，出现"复活"现象，可能是地震动的非平稳特性所造成，地震动的不同能量密度导致结构在 PGA 较高时，结构初期即发生较大损伤，结构整体动力特征发生较大变化，与地震动的高能量密度频率范围未产生耦合共振作用，结构产生的层间位移角反而较小[25-26]。

各结构的 50% 分位数曲线如图 7.3-19 所示。由图可知，在峰值加速度 PGA＝510gal［7 度（0.15g）罕遇地震对应峰值加速度的 1.65 倍］之前，结构变形响应随着地震动强度的增大呈现线性增长趋势；随后，结构 M1 和 M2 出现明显硬化现象，且硬化程度相似，而结构 M3 同样出现硬化现象，但硬化程度低于其余两结构；当 PGA 达到 1851gal［7 度（0.15g）罕遇地震对应峰值加速度的 5.97 倍］，结构 M1 和结构 M2 出现软化，软化程度 M2＞M1，而 M3 结构软化初始点对应的 PGA 为 1273gal，为 7 度（0.15g）罕遇地震对应峰值加速度的 4.11 倍。由上述分析可见，虽然结构 M3 抗震性能低于 M1 和 M2，但仍具有较高的抗震水平。

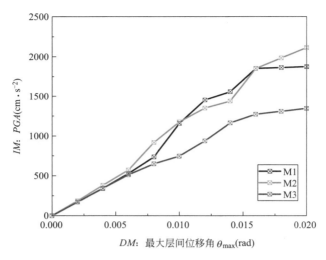

图 7.3-19 结构的 50％分位数曲线

（2）地震易损性

在进行地震易损性分析时，首先对 IDA 分析中得到的数据进行平均统计，IDA 曲线的 *IM* 数据和 *DM* 数据进行对数取值并进行线性回归，建立结构易损性模型并计算各结构在不同性能水准状态下的超越概率。

对各算例结构的 IDA 数据线性回归后，代入结构易损性模型，并根据结构不同性能水准所对应的性能点，便可得到各结构对应正常使用、基本可用、修复可用、生命安全和接近倒塌性能水准状态的结构失效概率 P_f 表达式分别为：

$$P_f\big|_{M1}(DM \geqslant dm_i \,|\, IM = im) = \Phi\left[\frac{-11.007 + 0.9194 \times \ln(PGA) - \ln(\theta_{dm_i})}{0.5}\right]$$

$$P_f\big|_{M2}(DM \geqslant dm_i \,|\, IM = im) = \Phi\left[\frac{-11.079 + 0.9331 \times \ln(PGA) - \ln(\theta_{dm_i})}{0.5}\right]$$

$$P_f\big|_{M3}(DM \geqslant dm_i \,|\, IM = im) = \Phi\left[\frac{-12.59 + 1.1888 \times \ln(PGA) - \ln(\theta_{dm_i})}{0.5}\right]$$

其中 θ_{dm_i} 为不同性能水准状态对应的结构需求参数。依据我国《建筑抗震设计规范》GB 50011—2010 和相关性能水准状态的研究，将正常使用、基本可用、修复可用、生命安全和接近倒塌性能水准状态对应的结构需求参数 θ_{dm_i} 分别设置为 1/800、1/400、1/200、1/100 和 1/50，计算各算例结构相应的不同性能水准状态下的结构易损性模型，并绘制易损性曲线，如图 7.3-20 所示。

图 7.3-21 为各算例结构易损性模型在不同性能水准状态下的易损性曲线对比。其中图（a）为正常使用水准状态的易损性曲线，由图可知，结构 M1 和 M2 易损性曲线较为接近，且明显高于 M3，即在相同地震动峰值加速度 *PGA* 作用下，结构 M1 和 M2 在正常使用性能水准下具有更高的失效概率；图（b）为基本可用水准状态的易损性曲线，由图可知，当 *PGA* 低于 35.5gal 时，结构 M1 和 M2 的易损性曲线位于结构 M3 易损性曲线的上方，具有较高的失效概率，当 *PGA* 超过 35.5gal 后，结构 M3 的失效概率超过结构 M1 和 M2；图（c）修复可用水准状态的易损性曲线，由图可知，当 *PGA* 低于 36gal 时，三算例结构易损性曲线

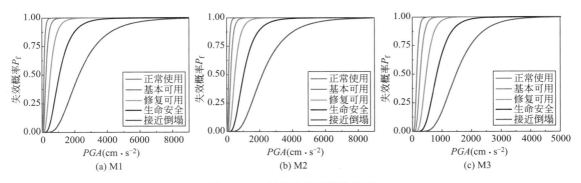

图 7.3-20 结构地震易损性曲线

差距较小，当 PGA 超过 36gal 时，结构 M1 和结构 M2 同样表现出较小的差距，而结构 M3 出现快速增长趋势，失效概率明显高于结构 M1 和 M2；图（d）和图（e）分别为生命安全和接近倒塌性能水准状态的易损性曲线，由两图可知，在 PGA 相同的地震动作用下，结构 M3 的失效概率明显高于 M1 和 M2，此时，结构 M1 和 M2 同样差距较小，且随着性能状态的提升，曲线差距增大，说明结构 M3 在接近倒塌的性能水准下表现出明显的结构软化现象。

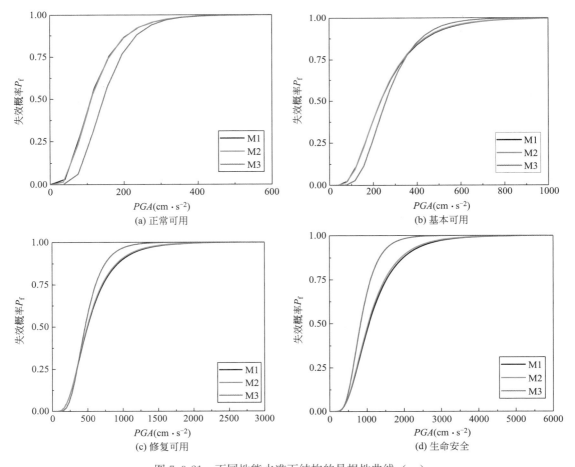

图 7.3-21 不同性能水准下结构的易损性曲线（一）

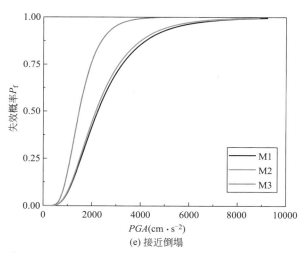

(e) 接近倒塌

图 7.3-21　不同性能水准下结构的易损性曲线（二）

为进一步确定结构在我国相应设防区域的结构抗震性能表现，依据各结构易损性模型，计算不同性能水准的超越概率，并提高一度大震水准进行充分验证，得到算例结构对应我国规范多遇、设防、罕遇和"提高一度罕遇地震"作用下各个性能水性的概率，如表 7.3-15 所示。多遇和设防地震下，结构 M3 的失效概率低于 M1 和 M2；在罕遇地震作用下，结构 M1 和 M2 分别有 1.21％和 1.25％进入生命安全状态，结构 M3 有 0.99％进入生命安全状态，且三算例结构均有 0.01％进入接近倒塌状态；在"提高一度罕遇地震"作用下，各结构进入临近倒塌性能水准的超越概率排序为：M3（0.57％）＞M2（0.35％）＞M1（0.32％），其中结构 M1 和 M2 超越概率相近。

结构性能水准超越概率（％）　　　　　　　　　　　　　表 7.3-15

地震动水准	PGA(gal)	结构	性能水准				
			LS1	LS2	LS3	LS4	LS5
多遇地震	55	M1	10.10	0.39	0	0	0
		M2	9.50	0.35	0	0	0
		M3	1.12	0.01	0	0	0
设防地震	150	M1	71.52	20.68	1.38	0.02	0
		M2	71.30	20.49	1.35	0.02	0
		M3	54.08	9.96	0.38	0	0
罕遇地震	310	M1	97.15	69.75	19.24	1.21	0.01
		M2	97.24	70.21	19.61	1.25	0.01
		M3	99.63	67.08	17.26	0.99	0.01
提高一度（罕遇地震）	510	M1	99.76	92.40	51.85	9.02	0.32
		M2	99.78	92.78	52.92	9.46	0.35
		M3	99.87	94.80	59.47	12.57	0.57

ATC-63 报告的建议为，在罕遇地震下，结构倒塌概率小于 10％即可认为结构达到了大震性能水平的要求[27]。我国国家科技支撑计划项目 2009BAJ28B01 考虑到目前科技水平还无法准确预测将来可能遭遇的实际地震动强度，且我国以往发生的破坏性地震中存在多

次超越地震区划罕遇地震水平，遂制定目标，分别以"罕遇地震"和"提高一度罕遇地震"作用下的倒塌概率来综合评价结构的抗地震倒塌能力。有研究建议罕遇地震下，结构的倒塌概率小于1%或2%，超越设防大震或特大地震作用下倒塌概率小于10%。综上所述，各算例结构在罕遇地震作用下，结构倒塌概率均为0.01%，远小于要求的1%；在超越设防大震作用下，各算例结构倒塌概率分别为0.32%，0.35%和0.57%，同样远小于建议值10%，结构具有优异的抗地震倒塌性能。

（3）抗地震倒塌能力

为定量衡量结构抗地震倒塌能力，本部分采用结构抗地震倒塌安全储备系数（Collapse Margin Ratio，CMR）体现各结构的抗地震倒塌能力[22]。该系数定义为结构的倒塌概率为50%时对应的地震强度 $PGA_{\text{LS5}|P_f=50\%}$ 与我国抗震规范中规定的抗震设防水准下对应的地震强度 PGA 的比值：

$$CMR = \frac{PGA_{\text{LS5}|P_f=50\%}}{PGA_{\text{罕遇}}}$$

结构抗地震倒塌安全储备如表7.3-16所示。由表可知，结构抗地震倒塌安全储备系数排列顺序为 M1＞M2＞M3。当结构外筒相对刚度由4.2提升至7.7时，结构抗地震倒塌安全储备系数（CMR）由4.77提升至6.99，提高46.5%；外筒相对刚度从7.7提升至10.3时，结构抗地震倒塌安全储备系数（CMR）由6.99提升至7.25，提高3.71%，提升效果降低。结构M3抗地震倒塌安全储备为4.77，也明显高于前文计算所得CMR值。

结构抗地震倒塌安全储备 表 7.3-16

结构	$PGA_{\text{LS5}|P_f=50\%}$(gal)	$PGA_{\text{罕遇}}$(gal)	CMR
M1	2246.4	310	7.25
M2	2166.5	310	6.99
M3	1479.9	310	4.77

为定量评价结构在一致倒塌风险要求下的安全储备，根据2.4.5节提到的结构最小安全储备系数（$CMR_{10\%}$）定义以及公式（2.4-13），结合结构易损性曲线，计算得到结构在倒塌概率10%所对应的地震动强度指标和相应的 $CMR_{10\%}$ 值，如表7.3-17所示。

结构最小安全储备系数 表 7.3-17

结构	$PGA_{10\%}$(gal)	$PGA_{\text{罕遇}}$(gal)	$CMR_{10\%}$
M1	1127	310	3.64
M2	1091	310	3.52
M3	864	310	2.79

由表可知，结构 M1、M2 和 M3 的最小安全储备系数 $CMR_{10\%}$ 分别为3.64、3.52 和2.79，随着外筒相对刚度降低，结构最小安全储备系数 $CMR_{10\%}$ 出现下降趋势。但三个结构最小安全储备系数均大于1.0，具有较高的结构抗震安全储备。

7.4 支撑刚度占比对结构抗震性能影响

针对支撑巨型框架-核心筒结构体系，设计不同支撑刚度占比的算例模型，分别建立有限元分析模型，通过动力弹塑性分析、逐步增量动力分析（IDA）及地震易损性分析，研究不同支撑刚度占比对结构体系的抗震性能和抗倒塌性能的影响。

7.4.1 算例结构

根据原型结构——天津高银金融 117 大厦为依据，通过调整支撑刚度比例，分别建立三种结构设计模型，进行不同支撑刚度占比对结构抗震性能和抗地震倒塌性能的影响分析。各算例模型的抗震设计信息保持一致，见表 7.1-2。各结构主要构件设计轴压比基本一致，其中底层巨柱轴压比为 0.6，底层钢板剪力墙的轴压比为 0.5；各分区底部（即 31 层、61 层和 91 层）剪力墙和巨柱轴压比与结构底层一致。各结构小震弹性设计对应的最大层间位移角分别为 1/585、1/572 和 1/575。结构 M3 典型楼层巨柱、核心筒和支撑的剪力分担比分别为 2.5%、33.1%和 64.4%；结构 M4 典型楼层巨柱、核心筒和支撑的剪力分担比分别为 2.7%、36.5%和 61.4%；结构 M5 典型楼层巨柱、核心筒和支撑的剪力分担比分别为 3.1%、35.9%和 61.0%。

算例结构的平面布置与原型结构相同，如图 7.3-1（a）所示。各算例核心筒与原型结构一致，尺寸为 27 m×27 m。各算例结构核心筒采用的混凝土强度等级为 C30～C60，钢筋采用 HRB400，钢板混凝土剪力墙中钢板钢材采用 Q345，各算例核心筒的具体信息见表 7.4-1。

结构核心筒信息　　　　　　　　　　　　　　　　　　表 7.4-1

楼层	位置	M3-核心筒		M4-核心筒		M5-核心筒	
		厚度（mm）	钢板（mm）	厚度（mm）	钢板（mm）	厚度（mm）	钢板（mm）
1～30	外部	1500	90	1750	150	1850	205
	内部	600	35	750	70	950	80
31～60	外部	1100	40	1200	90	1250	135
	内部	600	10	650	30	700	55
61～90	外部	700	10	800	25	900	35
	内部	500	0	500	0	650	0
91～117	外部	400	0	400	0	500	0
	内部	300	0	300	0	400	0

各算例结构外部框架主要分为巨型柱和巨型支撑两部分，构件形式与原型结构一致，其中巨柱采用型钢混凝土巨柱，支撑采用屈曲约束支撑，各算例结构外部框架信息见表 7.4-2。

外部框架信息　　　　　　　　　　　　　　　　　　　表 7.4-2

结构	构件	楼层	巨柱（mm）	型钢尺寸（mm）
M3	巨柱	1～30	6700	5500×4500×150×100
		31～60	5700	4700×3600×100×50
		61～90	4500	3000×2000×80×50
		91～117	2400	1500×1000×80×50
	支撑	1～117	□1800×900×120×50	

结构	构件	楼层	巨柱(mm)	型钢尺寸(mm)
M4	巨柱	1～30	6900	5700×4600×155×100
		31～60	5900	4850×3750×110×70
		61～90	4700	3000×2000×80×50
		91～117	2400	1500×1000×80×50
	支撑	1～117	□1800×900×120×50	
M5	巨柱	1～30	7250	6600×5600×170×110
		31～60	6150	5500×3900×150×60
		61～90	4900	3400×2100×110×60
		91～117	2500	1600×1050×85×55
	支撑	1～117	□1600×850×100×50	

在设计结构整体及巨型支撑的刚度比例时,参考有限元中"生死单元"技术,进行各结构组成部分弹性等效抗侧刚度计算。各设计算例结构的抗侧刚度计算结果见表 7.4-3。

各设计算例结构的抗侧刚度计算结果　　　　　　　　　　　　　表 7.4-3

算例模型	各结构部件	等效抗侧刚度 ($\times 10^9 kN \cdot m^2$)	内外筒刚度比	无支撑结构刚度降低率
M3	整体模型	5023.56	1:4.2	46.7%
	巨型框架	3579.87		
	核心筒	855.33		
	无支撑整体结构	2149.23		
M4	整体模型	5229.99	1:4.4	36.1%
	巨型框架	3579.13		
	核心筒	811.11		
	无支撑整体结构	3337.94		
M5	整体模型	5835.28	1:4.15	24.7%
	巨型框架	4104.38		
	核心筒	988.55		
	无支撑整体结构	4393.97		

7.4.2 结构基本动力特性

各设计模型结构动力特性见表 7.4-4。由表可知,结构基本周期为 8.8179～9.3064s,远远高于《建筑抗震设计规范》GB 50011—2010[9] 中规范设计反应谱的范围。结构的 X 和 Y 两方向的平动周期基本相同;结构第一转动周期和第一平动周期比例,显著低于《高层建筑混凝土结构技术规程》JGJ 3—2010[20] 3.4.5 条中 0.85 的限值要求,由此可知,该结构具有较好的抗扭刚度,扭转效应较小。

模型模态对比　　　　　　　　　　　　表 7.4-4

结构模态	M3	M4	M5
T_1	8.8179	8.8832	9.3064
T_2	8.7982	8.8740	9.2839
T_3	3.7698	3.7243	3.7022
T_4	2.6966	2.6999	2.7614
T_5	2.6947	2.6981	2.7593
T_6	1.4375	1.4330	1.4401
T_7	1.4117	1.4220	1.4342
T_8	1.3995	1.3948	1.4261
T_9	0.9127	0.9122	0.8615

根据 Block Lanczons 方法对结构体系有限元分析模型进行模态分析，得到结构的前 30 阶模态，其中 M4 前 6 阶的模态特征列于表 7.4-5，并将结构设计模型 SATWE 计算结果列出。由表可知，设计模型 SATWE 的结构周期和有限元模型 Marc 的结构周期相差较小。模型的第 1、4 阶模态为 Y 方向的一阶平动；模型的第 2、5 阶模态为 X 方向的一阶平动；模型的第 3、6 阶模态为结构的整体转动。由上述分析可知，该弹塑性分析模型的模态特征与设计模型基本一致，较为可靠。

结构模态分析结果　　　　　　　　　表 7.4-5

振型阶数	自振周期 T(s)		相对误差（%）
	Marc	SATWE	
1	9.5908	9.3064	3.06
2	9.5614	9.2839	2.99
3	3.9854	3.7022	7.65
4	2.8898	2.7614	4.65
5	2.8967	2.7593	4.98
6	1.6354	1.4401	13.56

模型质量由各结构构件的密度控制，其中厚壳单元利用其分层特征依据钢筋、钢板和混凝土的相对厚度和密度分别添加，其中钢筋（HRB400）和钢板密度取 7800kg/m³，混凝土材料密度取 2500kg/m³，楼板通过膜单元密度添加，根据《建筑抗震设计规范》GB 50011—2010 规定，重力荷载代表值取结构和结构配件自重标准值和可变荷载组合值之和，即 1.0 恒荷载＋0.5 活荷载。Marc 中结构弹塑性分析模型质量和 SATWE 中设计模型质量对比如表 7.4-6 所示。由表可知，两模型结构总质量相对偏差 $[\Delta = (m_{弹塑性} - m_{设计})/m_{设计}]$ 为 3.16%，可认为本弹塑性分析模型总质量与设计模型总质量基本一致，较为可靠。

模型质量信息　　　　　　　　　　　表 7.4-6

模型类别	重力荷载代表值等效质量(kg)			误差
Marc 有限元模型	886748.85			3.16%
SATWE 设计模型	质量(kg)			
	恒载	活载	1.0 恒载＋0.5 活载	
	827037.79	65129.62	859602.60	

7.4.3 结构动力弹塑性分析

（1）位移响应

在四条地震动作用下，算例结构的楼层位移包络如图 7.4-1 所示，该处仅将"提高一度罕遇地震"作用下结构响应结果列出。由图可知，结构楼层位移响应受地震动特性影响显著，在地震动 Taft 作用下，结构楼层位移包络基本与结构一阶振型相一致，而在地震动 El Centro、Hachinohe 和 Tohoku 作用下，结构楼层位移包络与结构高阶振型相似。

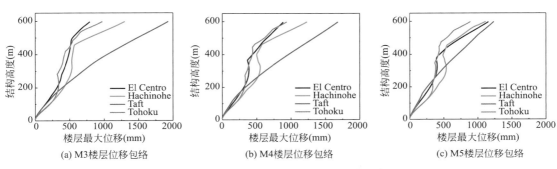

图 7.4-1　地震作用下结构楼层位移包络

在相同地震动作用下，算例结构的楼层位移响应结果如图 7.4-2 所示。由图可知，不同结构楼层位移包络沿结构高度方向的变化趋势基本相似，但数值存在差异。在地震动 El Centro 作用下，结构的楼层位移包络差异主要出现在结构 285～600m；在 Hachinohe 作用下，结构间楼层位移包络差异主要发生在 500～600m；在 Taft 作用下，结构间楼层位移包络差异遍布结构全高；在 Tohoku 作用下，结构间层间位移包络差异主要出现在 200～600m。对于差异程度而言，在地震动 El Centro 和 Taft 作用下，结构楼层位移包络差异较大，且在差异范围内，随结构高度的增加，差异程度不断增大；在地震动 Hachinohe 作用下，结构楼层位移包络差异较小，且在结构差异范围内，差异程度随结构高度的增加而不断增大，最大差异发生在结构顶部；在地震动 Tohoku 作用下，结构的楼层最大位移差异无明显趋势。

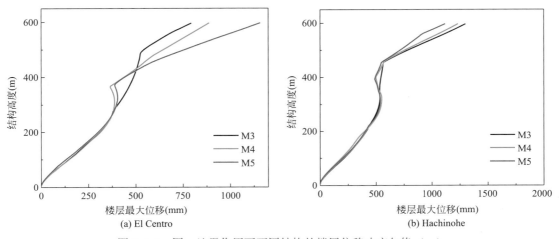

图 7.4-2　同一地震作用下不同结构的楼层位移响应包络（一）

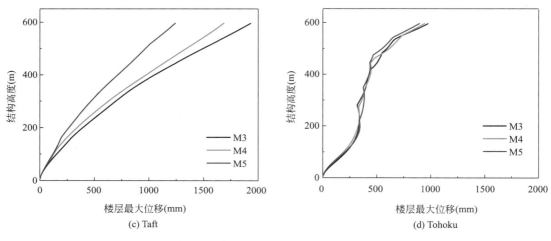

(c) Taft　　　　　　　　　　　　　　　　(d) Tohoku

图 7.4-2　同一地震作用下不同结构的楼层位移响应包络（二）

在四条经典地震动作用下，结构的顶点位移时程曲线如图 7.4-3 所示，该处仅将"提高一度罕遇地震"作用下结构响应结果列出。由图可知，在地震作用下，结构顶点位移时程曲线出现明显的相位差异。在地震作用下，结构顶点位移最大值统计结果如表 7.4-7 所示。由表可知，结构顶点位移受地震动特性影响显著。结构最大和最小顶点位移均产生于结构 M3，其在 El Centro 作用下结构最大顶点位移数值最小，为 793.26mm（约为结构高度的 1/750）；在 Taft 作用下结构最大顶点位移数值最大，为 1932.6mm（约为结构高度的 1/310）。结构最大顶点位移在不同地震动作用下的平均值存在差异，结构 M3、M4 和 M5 对应的结构顶点最大位移平均值分别为 1252.01mm、1188.51mm 和 1103.41mm。可知，随着支撑刚度占比的降低，结构顶点位移同样呈现不断降低趋势。

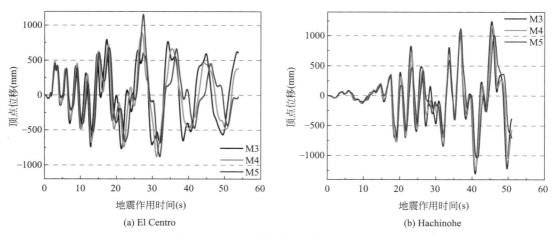

(a) El Centro　　　　　　　　　　　　　　(b) Hachinohe

图 7.4-3　结构顶点位移时程曲线（一）

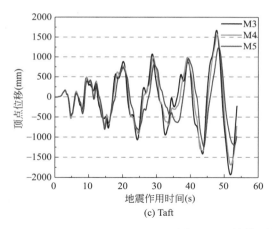

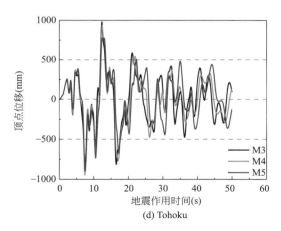

图 7.4-3　结构顶点位移时程曲线（二）

结构顶点位移最大值（mm）　　　　　　　　　　　　　表 7.4-7

结构	El Centro	Hachinohe	Taft	Tohoku	平均值
M3	793.26	1302.7	1932.6	979.48	1252.01
M4	887.84	1236.3	1685.3	944.58	1188.51
M5	1157.7	1121.0	1239.7	895.22	1103.41

（2）构件损伤

在地震作用下结构的构件塑性状态和应力发展水平是衡量结构抗震性能和损伤状态的重要标志。针对结构构件的损伤状态开展分析，本部分仅将结构 M3、M4 和 M5 在 El Centro 地震动"提高一度罕遇地震"（$PGA=510\text{gal}$）水准下结构构件的损伤状态列出并开展讨论。

图 7.4-4 为各结构核心筒损伤分布情况，其中图 7.4-4（a）（b）和（c）分别为结构 M3、M4 和 M5 在地震作用下核心筒塑性分布情况，且塑性判定标准为核心筒纵向钢筋层发生塑性变形，图 7.4-4（d）（e）和（f）分别为核心筒钢板剪力墙中内嵌钢板塑性变形发展状态。由图可知，在地震作用下，结构 M3 的 33~47、70~84 和 90~110 层连梁出现塑性，而结构 M4 在地震作用下，连梁塑性产生范围扩大，结构 6~50 和 67~110 层连梁均出现塑性，结构 M5 连梁产生塑性的部位近乎遍布全楼。为进一步对比核心筒塑性，提取钢板剪力墙中钢板层的累计塑性变形如图 7.4-4（d）（e）和（f）所示，由图可知，结构 M3、M4 和 M5 的钢板累计塑性变形分别为 0.0004229、0.0001642 和 0.0001282。由此可见，随着支撑刚度占比的降低，内部核心筒损伤范围不断扩大，而损伤程度并无明显规律。且三种算例结构在 El Centro（$PGA=510\text{gal}$）作用下，结构核心筒仅连梁及其边缘构件出现部分损伤，而其余核心筒均处于较轻的损伤状态。

根据纵向钢筋层产生塑性变形的判定标准，地震作用下结构巨型柱均未产生塑性变形，巨柱型钢翼缘层和型钢腹板层亦未屈服，巨柱处于较低的损伤状态。地震作用过程中，结构巨型支撑均处于弹性状态，未产生塑性变形。比较各结构巨柱中混凝土损伤状态，如图 7.4-5 所示。在地震作用过程，结构 M3、M4 和 M5 应力分别为 36.37MPa、30.91MPa 和 20.51MPa，结构 M3 应力水平最高，结构 M4 次之，结构 M5 应力水平最

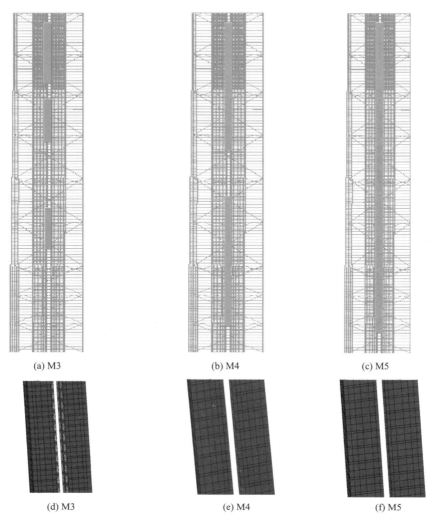

(a) M3　　　　　　　　　　(b) M4　　　　　　　　　　(c) M5

(d) M3　　　　　　　　　　(e) M4　　　　　　　　　　(f) M5

图 7.4-4　结构核心筒损伤分布

低。由此可知，随着支撑刚度占比的降低，结构巨型柱的损伤也随着降低。

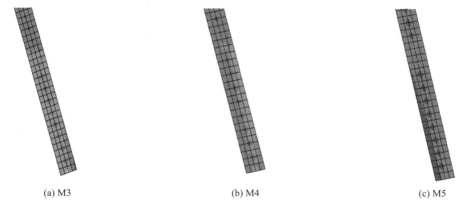

(a) M3　　　　　　　　　　(b) M4　　　　　　　　　　(c) M5

图 7.4-5　结构巨型柱损伤分布

（3）名义层间位移角

针对不同水准地震动作用下结构最大层间位移角进行了统计，得到楼层-层间位移角的包络曲线，并将各结构在不同地震工况下的结构最大层间位移角数值及分布位置进行了统计。

多遇地震作用下结构最大层间位移角包络如图 7.4-6 所示。由图可知，在地震动 El Centro 作用下，结构最大层间位移角均出现在 105～107 层，对于位移角数值，结构 M3 和 M5 均较小，结构 M4 最大，分别为 0.000486 和 0.000512；在地震动 Hachinohe 作用下，各结构最大层间位移角产生于 99～100 层，对于位移角数值，结构 M5 最小，结构 M3 最大，分别为 0.00071 和 0.001198；在地震动 Taft 作用下，结构 M3、M4 和 M5 最大层间位移角对应楼层分别为 96、105 和 102 层，对于位移角数值，结构 M5 最小，结构 M3 最大，分别为 0.000445 和 0.000655；在地震动 Tohoku 作用下，结构最大层间位移角均产生于 106～107 层，就层间位移角数值而言，结构 M4 最大，为 0.000869，结构 M3 和 M5 较为接近，为 0.000737。

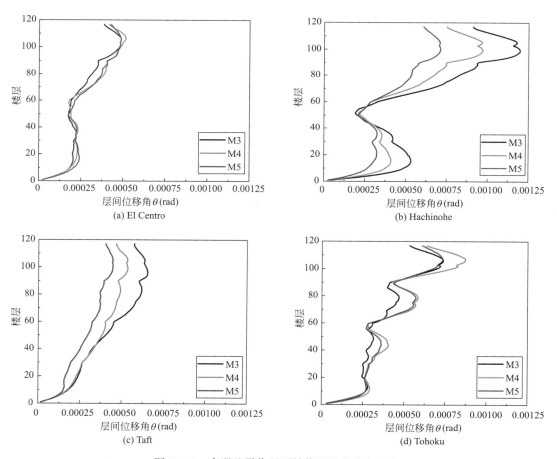

图 7.4-6　多遇地震作用下结构层间位移角包络

多遇地震作用下，各结构的平均最大层间位移角对比结果为 M5＜M4＜M3。结构 M3 在地震动 Hachinohe 作用下，结构对应的层角位移角最大，为 0.001198；结构 M5 在地震动 Taft 作用下，结构对应层间位移角最小，为 0.000445；各结构在不同工况地震作用下，结构弹塑性层间位移角均满足规范限值要求（1/500）。

　　设防地震作用下结构层间位移角包络如图 7.4-7 所示。由图可知，在地震动 El Centro 作用下，结构 M3 和 M4 最大层间位移角出现在 105～107 层，对于位移角数值，结构 M5 最小，结构 M4 最大，分别为 0.001222 和 0.001408；在地震动 Hachinohe 作用下，结构 M3 最大层间位移角产生于 99 层，结构 M4 和 M5 最大层间位移角上移至 105 层，对于位移角数值，结构 M5 最小，结构 M3 最大，分别为 0.001731 和 0.003025；在地震动 Taft 作用下，结构 M3 最大层间位移角产生于 97 层，结构 M4 和 M5 最大层间位移角上移至 105 层，对于位移角数值，结构 M5 最小，结构 M3 最大，分别为 0.001253 和 0.001724；在地震动 Tohoku 作用下，结构最大层间位移角均产生于结构 105 层，就层间位移角数值而言，结构 M5 最小，结构 M4 最大，分别为 0.001949 和 0.002282。

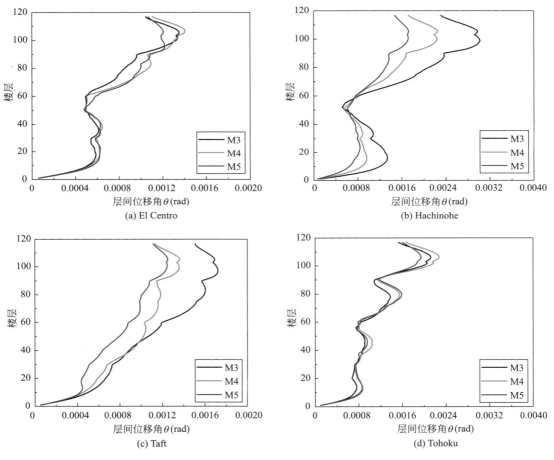

图 7.4-7　设防地震作用下结构层间位移角包络

　　设防地震作用下，各结构的平均最大层间位移角对比结果为 M5＜M4＜M3。结构 M3 在地震动 Hachinohe 作用下，结构对应的层角位移角最大，为 0.003025；结构 M5 在地震动 El Centro 作用下，结构对应层间位移角最小，为 0.001222；各结构在不同工况地震作用下，结构弹塑性层间位移角均满足规范限值要求。

　　罕遇地震作用下结构层间位移角包络如图 7.4-8 所示。由图可知，在地震动 El Centro 作用下，结构最大层间位移角均出现在 106～107 层，对于位移角数值，结构 M5＜M4＜M3，分别为 0.002522、0.002729 和 0.002796；在地震动 Hachinohe 作用下，各结构最大层间位移角均产生于 105 层，对于位移角数值，结构 M5＜M4＜M3，分别为 0.003561、0.004255 和 0.005665；在地震动 Taft 作用下，结构 M3 最大层间位移角对应楼层为 97 层，结构 M4 和 M5 最大层间位移角产生位置上升至 105～106 层，对于位移角数值，结构 M5＜M4＜M3，分别为 0.002494、0.002569 和 0.003276；在地震动 Tohoku 作用下，各结构最大层间位移角均产生于结构 105～106 层，就层间位移角数值而言，结构 M5＜M4＜M3，分别为 0.003363、0.004235 和 0.004429。

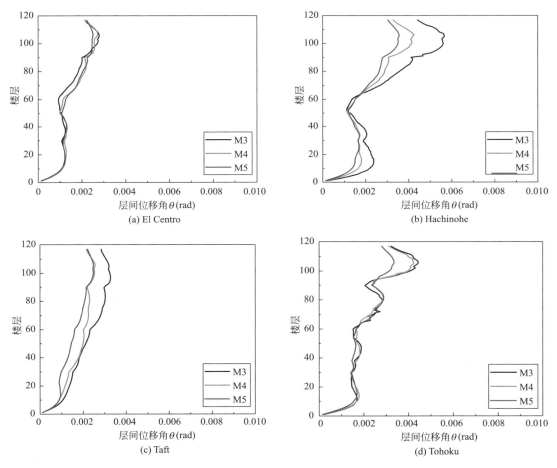

图 7.4-8　罕遇地震作用下结构层间位移角包络

　　罕遇地震作用下，各结构的平均最大层间位移角对比结果为 M5＜M4＜M3，分别为 0.002522、0.002729 和 0.002796。结构 M3 在地震动 Hachinohe 作用下，结构对应的层角位移角最大，为 0.005665；结构 M3 在地震动 Taft 作用下，结构对应层间位移角最小，为 0.002494；各结构在不同工况地震作用下，结构弹塑性层间位移角均满足规范限值要求

（1/100）。

　　为充分验证结构的抗震性能，除多遇地震、设防地震和罕遇地震作用外，进行了 $PGA=510$ gal（提高一度罕遇）地震作用下结构响应计算，层间位移角包络如图 7.4-9 所示，最大层间位移角统计结果如表 7.4-8 所示。四种地震动作用下，结构最大层间位移角仍满足规范弹塑性层间位移角限值（1/100）。对于结构最大层间位移角而言（表 7.4-8），结构 M3 在地震动 Hachinohe 工况的层间位移角最大，为 0.006806（1/147）；结构 M5 在地震动 Taft 工况的层间位移角最小，为 0.003949（1/254）。对于结构最大层间位移角的平均值而言，在提高一度罕遇地震作用下，随着支撑刚度占比的降低，结构弹塑性最大层间位移角平均值不断降低。

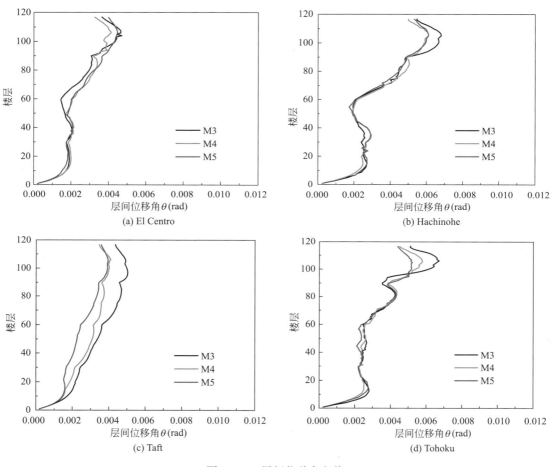

图 7.4-9　层间位移角包络

结构最大层间位移角　　　　　　　　　　　　　　　　　　　　　　表 7.4-8

结构	El Centro	Hachinohe	Taft	Tohoku	平均值
M3	0.004698	0.006806	0.005029	0.006720	0.005813
位置（层号）	104	105	97	106	—

续表

结构	El Centro	Hachinohe	Taft	Tohoku	平均值
M4	0.004122	0.006106	0.004084	0.005784	0.005024
位置(层号)	106	106	106	106	—
M5	0.004476	0.006106	0.003949	0.005224	0.004939
位置(层号)	106	106	106	105	—

相同结构在不同地震作用下的最大层间位移角包络值对比结果，如图 7.4-10 所示。由图可知，结构最大层间位移角沿结构高度方向变化趋势差异较大，说明结构最大层间位移角响应受地震动影响较大。除 Taft 外，三个算例结构 40～60 层最大位移角均较小，这是由于地震动 Taft 所对应的结构二、三阶反应谱均较小，这使得 Taft 结构最大层间位移角分布趋势与结构一阶振型分布形态最为相似。在 Hachinohe 和 Tohoku 作用下，结构上部最大层间位移角快速增大，与下部包络值产生显著差异，这是由 Hachinohe 对应二阶平动和 Taft 对应三阶平动的较高反应谱所引起。

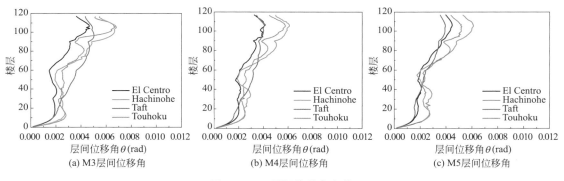

(a) M3层间位移角　　(b) M4层间位移角　　(c) M5层间位移角

图 7.4-10　层间位移角包络

（4）有害层间位移角

结构有害层间位移角计算结果如图 7.4-11 所示，与名义层间位移角相对关系如表 7.4-9 所示，该处仅将"提高一度罕遇地震"作用下结构响应结果列出。由图表可知，算例结构在四种地震动作用下，有害层间位移角与名义层间位移角差值变化区间为 0.18%～1.47%。可见，结构下部楼层产生的刚体转动较小，而由此产生的无害层间位移也较小，亦可以控制在 2% 以内。由表 7.4-9 可知，与名义层间位移角相比较，结构 M3、M4 和 M5 的有害层间位移角的降低率分别为 0.74%、0.38% 和 0.28%，由此可知，随着支撑刚度占比的减小，结构名义层间位移角与有害层间位移角两者差异不断减小。这是由于该结构外框架中巨框架柱和巨型支撑具有较大的轴向刚度，有效减少了结构楼面整体转动，使得两者差异较小。随着巨型支撑刚度占比的减小，有害层间位移角降低率不断减小，这是由于与巨柱相比，巨型支撑同时提高结构抗侧刚度和巨柱轴向刚度，当支撑刚度占比降低时，需增加巨柱刚度弥补，而层间无害位移受巨型框架柱轴向刚度影响显著，进而降低了名义层间位移角与有害层间位移角之间的差异。

329

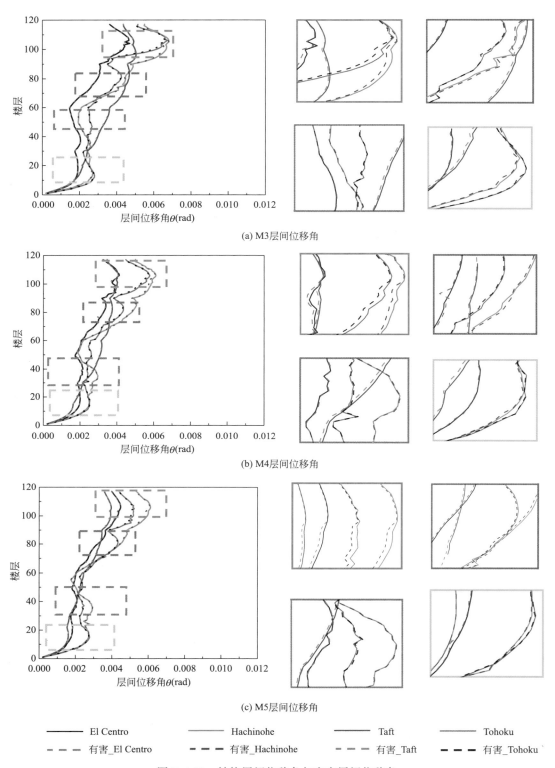

(a) M3层间位移角

(b) M4层间位移角

(c) M5层间位移角

| ── El Centro | ── Hachinohe | ── Taft | ── Tohoku |
| ─ ─ 有害_El Centro | ─ ─ 有害_Hachinohe | ─ ─ 有害_Taft | ─ ─ 有害_Tohoku |

图 7.4-11　结构层间位移角与有害层间位移角

结构最大有害层间位移角 　　　　　　　　　　表 7.4-9

结构	El Centro	Hachinohe	Taft	Tohoku	平均值
M3	0.004629	0.006794	0.004992	0.00668	0.005774
降低率	1.47%	0.18%	0.74%	0.60%	0.74%
M4	0.004102	0.006089	0.004073	0.005756	0.004925
降低率	0.49%	0.28%	0.27%	0.48%	0.38%
M5	0.004462	0.006088	0.00394	0.00521	0.004223
降低率	0.31%	0.29%	0.23%	0.27%	0.28%

（5）基底剪力分担比

四种地震动作用下，结构最大基底剪力及其分担比例如表 7.4-10 所示，该处仅将"提高一度罕遇地震"作用下结构响应结果列出。由表可知，各算例结构在地震作用下，结构外部框架剪力分担比例介于 35%～55%，说明该结构体系外部巨型框架具有较大刚度，在地震作用下承担了较大比例的剪力，且地震动特性不仅对结构基底总剪力影响显著，同时对外部框架剪力分担比存在影响。

结构基底剪力（kN）及其分担比 　　　　　　　　表 7.4-10

结构		El Centro	Hachinohe	Taft	Tohoku	平均值
M3	总剪力	279.40	305.52	240.69	374.26	299.97
	核心筒剪力	149.05	142.8	133.87	186.36	153.02
	框架剪力	130.35	159.72	106.82	187.9	146.20
	框架占比	46.67%	52.8%	44.38%	50.21%	48.52%
M4	总剪力	306.06	299.77	269.77	307.69	295.82
	核心筒剪力	185.25	169.06	169.04	192.16	178.88
	框架剪力	120.81	130.71	100.73	115.53	116.95
	框架占比	39.47%	43.6%	37.34%	37.55%	39.49%
M5	总剪力	319.88	349.41	304.38	342.84	329.13
	核心筒剪力	200.62	200.23	195.66	218.73	203.81
	框架剪力	119.26	149.18	108.72	124.11	125.32
	框架占比	37.28%	42.69%	35.72%	36.2%	37.97%

随着支撑刚度比例的降低，外部框架剪力分担比不断降低，由于结构 M3、M4 和 M5 的内外筒刚度比例相近，其支撑刚度占比不断降低；在四种地震动作用下，各结构的外部框架剪力分担比平均值分别为 48.52%、39.49% 和 37.97%，呈现不断下降的趋势。由此可见，结构内外筒剪力分担比例，不仅受内外筒刚度比例影响，同时支撑刚度占比对其产生显著影响，具体影响规律为随着支撑刚度比例的降低，外部框架剪力分担比不断降低。

（6）震后动力特性

结构在地震作用后的结构动力特性也是结构抗震性能的重要标志。对结构在地震作用（$PGA = 510$gal）后的结构性能进行考察，为得到结构震后结构响应，在进行结构弹塑性时程分析时，在原有地震动记录的基础上，采用补零的方式增加地震动的持续时间，得到结构充分自由振动状态的结构响应。

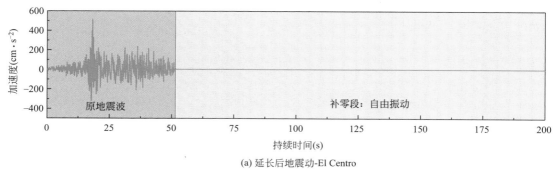

(a) 延长后地震动-El Centro

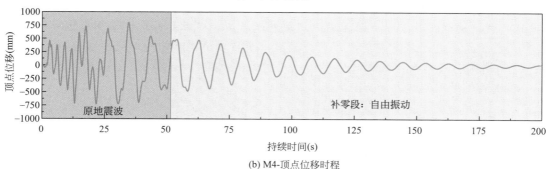

(b) M4-顶点位移时程

图 7.4-12　结构自由振动顶点位移时程

图 7.4-12 为延长后 El Centro 地震动和结构 M4 的顶点位移时程曲线。由图可知，在有效地震动作用后，结构在补零段地震动作用时间内发生自由振动，处于自由摆动状态，顶点位移成周期性衰减，其他结构出现同样的顶点位移周期性衰减规律。为研究地震动作用后结构的自由振动周期特性，对 65～200s 顶点位移时程曲线周期进行统计，统计结果如表 7.4-11 所示。由表可知，在不同地震动作用下，结构基本周期变化率有所不同，地震动特性引起差异高于结构特性引起的差异。在 El Centro 作用下，结构摆动周期变化率排序为 M4＜M5＜M3，其中 M3 变化最大，为 1.735%；在 Hachinohe 作用下，结构摆动周期变化率排序为 M5＜M4＜M3，其中 M3 变化最大，为 18.027%；在 Taft 作用下，结构摆动周期变化率排序为 M4＜M5＜M3，其中 M3 变化最大，为 1.654%；在 Tohoku 作用下，结构摆动周期变化率排序为 M5＜M4＜M3，其中 M3 变化最大，为 11.665%。

结构自由振动周期（s）　　　　　　　　　　　　　　　　表 7.4-11

结构	原周期	El Centro	Hachinohe	Taft	Tohoku	平均
M3	9.0756	9.2331	10.7117	9.2257	10.1343	9.8262
变化率	—	1.735%	18.027%	1.654%	11.665%	8.271%
M4	9.2228	9.2462	9.9060	9.2296	10.0718	9.6134
变化率	—	0.254%	7.417%	0.074%	9.205%	4.235%
M5	9.6403	9.7545	10.2594	9.6498	10.0403	9.9260
变化率	—	1.185%	6.422%	0.098%	4.149%	2.964%

对于各结构在不同地震动作用的摆动周期变化率平均值而言，结构 M5＜M4＜M3，分别为 2.964％、4.235％ 和 8.271％。由此可见，在四种地震动（$PGA=510$gal）作用下，结构 M3 损伤较为严重，M4 次之，而 M5 损伤最轻。在各结构及其对应工况下，结构 M3 在 Hachinohe 地震动作用下，结构自由振动周期变化率最高，为 26.654％。而同样的是，结构 M4 在 Taft 地震动作用下，结构自由振动周期变化率最低，为 0.074％。

7.4.4　结构地震耗能

针对地震作用下结构能量耗散分布问题，将算例结构地震作用下的能量耗散分布进行时程计算（图 7.4-13～图 7.4-16），该处仅将"提高一度罕遇地震"作用下结构响应结果列出。地震动 El Centro 作用下结构能量分布时程如图 7.4-13 所示。由图可知，在地震动 El Centro 作用下，结构能量分布趋势相近，但各部分分担比例数值和比例存在差异。结构 M3、M4 和 M5 地震作用结构总输入能量分别为 19.94×10^{6}kN·m、19.44×10^{6}kN·m 和 22.90×10^{6}kN·m，其中结构阻尼耗能分别为 14.22×10^{6}kN·m、13.27×10^{6}kN·m 和 14.89×10^{6}kN·m，分别占结构地震总输入能量的 71.31％、68.26％ 和 65.02％；结构塑性应变耗能分别为 4.41×10^{6}kN·m、5.07×10^{6}kN·m 和 7.06×10^{6}kN·m，分别占结构地震总输入能量的 22.12％、26.08％ 和 30.83％。

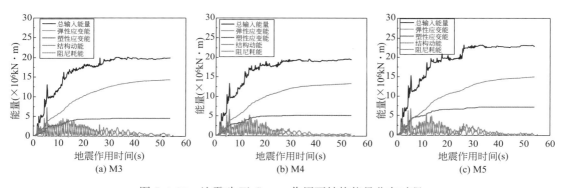

图 7.4-13　地震动 El Centro 作用下结构能量分布时程

地震动 Hachinohe 作用下结构能量分布时程如图 7.4-14 所示。由图可知，在地震动 Hachinohe 作用下，结构 M3、M4 和 M5 地震作用结构总输入能量分别为 49.14×10^{6}kN·m、51.08×10^{6}kN·m 和 38.13×10^{6}kN·m，其中结构阻尼耗能分别为 25.28×10^{6}kN·m、21.92×10^{6}kN·m 和 27.16×10^{6}kN·m，分别占结构地震总输入能量的 55.27％、48.04％ 和 53.60％；结构塑性变形耗能分别为 16.11×10^{6}kN·m、15.03×10^{6}kN·m 和 11.82×10^{6}kN·m，分别占结构地震总输入能量的 32.78％、29.42％ 和 30.99％。

地震动 Taft 作用下结构能量分布时程如图 7.4-15 所示。由图可知，在地震动 Taft 作用下，结构 M3、M4 和 M5 地震作用结构总输入能量分别为 30.51×10^{6}kN·m、27.59×10^{6}kN·m 和 27.13×10^{6}kN·m。结构阻尼耗能分别为 15.76×10^{6}kN·m、15.11×10^{6}kN·m 和 15.46×10^{6}kN·m，分别占结构地震总输入能量的 51.67％、54.77％ 和 56.98％；结构塑性变形耗能分别为 7.01×10^{6}kN·m、6.01×10^{6}kN·m 和 7.12×10^{6}kN·m，

分别占结构地震总输入能量的 26.01%、30.84% 和 37.06%。

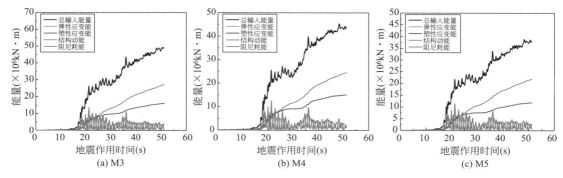

图 7.4-14　地震动 Hachinohe 作用下结构能量分布时程

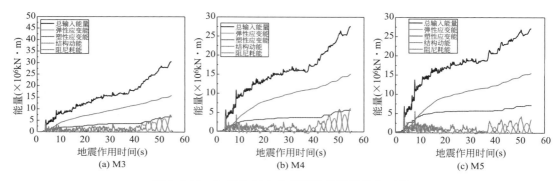

图 7.4-15　地震动 Taft 作用下结构能量分布时程

地震动 Tohoku 作用下结构能量分布时程如图 7.4-16 所示。由图可知，在地震动 Tohoku 作用下，结构 M3、M4 和 M5 地震作用结构总输入能量分别为 $45.12 \times 10^6 \mathrm{kN \cdot m}$、$41.41 \times 10^6 \mathrm{kN \cdot m}$ 和 $50.54 \times 10^6 \mathrm{kN \cdot m}$。结构阻尼耗能分别为 $32.0 \times 10^6 \mathrm{kN \cdot m}$、$27.32 \times 10^6 \mathrm{kN \cdot m}$ 和 $30.17 \times 10^6 \mathrm{kN \cdot m}$，分别占结构地震总输入能量的 70.92%、65.97% 和 65.53%；结构塑性应变耗能分别为 $11.74 \times 10^6 \mathrm{kN \cdot m}$、$12.77 \times 10^6 \mathrm{kN \cdot m}$ 和 $18.73 \times 10^6 \mathrm{kN \cdot m}$，分别占结构地震总输入能量的 26.02%、18.73% 和 31.30%。

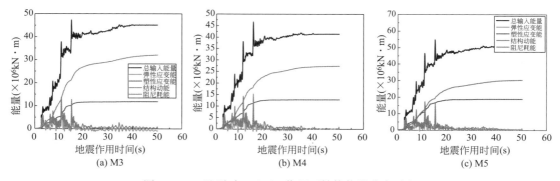

图 7.4-16　地震动 Tohoku 作用下结构能量分布时程

　　综上所述，结构地震总输入能量受地震动特性和结构质量存在较大影响。由于原型结构与算例结构抗震设计水平较高，结构在地震作用过程中，地震能量主要由结构阻尼耗散。在四种地震动（$PGA=510\text{gal}$）作用下，算例结构阻尼耗能平均占比最高为结构 M3，平均值为 62.30%；结构 M3、M4 和 M5 的塑性变形耗能占比分别为 25.97%、27.03% 和 31.28%，可知，随着支撑刚度占比的降低，结构塑性变形耗能占比不断增加，这是由于支撑刚度占比较低时，整体结构通过其他构件耗能来弥补，而巨柱和核心筒部分自身轴压比较高，更易发展塑性变形，导致塑性耗能占比升高。

7.4.5 支撑耗能分布

对地震作用过程中各算例结构进行支撑耗能计算，得到结构巨型支撑耗能分布，如图 7.4-17 所示，图（a）为地震作用过程结构巨型支撑耗能平均值，图（b）为地震作用过程结构巨型支撑耗能最大值。由图（a）可知，结构支撑平均耗能受地震动特性影响显著。各结构在地震动 El Centro、Hachinohe、Taft 和 Tohoku 作用下巨型支撑平均耗能分别为 $4.81\times10^3\text{kN}\cdot\text{m}$、$8.18\times10^3\text{kN}\cdot\text{m}$、$4.92\times10^3\text{kN}\cdot\text{m}$ 和 $5.71\times10^3\text{kN}\cdot\text{m}$。由此可见，当结构高阶振型参与较为明显时，支撑耗能显著增加。在地震作用过程巨型支撑耗能与支撑刚度占比无明显关系，如在地震动 Tohoku 作用下，刚度占比较低的 M5 对应的支撑耗能平均值明显多于结构 M3 和 M4。

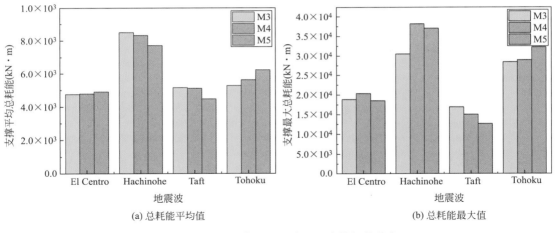

(a) 总耗能平均值　　　　　　　　　(b) 总耗能最大值

图 7.4-17　地震作用过程中巨型支撑耗能分布

算例结构的支撑平均耗能与最大耗能分布如图 7.4-18 所示。由图可知，各结构在四种地震动作用下，地震动 Hachinohe 对应的各分段区间支撑平均耗能显著高于其余三种地震波，这是由于 Hachinohe 对应的高阶反应谱较高，导致该地震动作用下结构损伤较为严重，支撑平均耗能也处于较高水平。地震动 Taft 对应的各分段区间支撑平均耗能最低，这是由于 Taft 对应的结构一阶周期反应谱较高而高阶周期反应谱较低。

相同结构在不同地震动作用下，支撑耗能空间分布存在显著差异。在 Hachinohe 地震动作用下，结构 M3 的 11~45 层和 76~103 层平均耗能较高（图 7.4-18a），且对应区段支撑的最大瞬时耗能也较高（图 7.4-18b），结构顶部（104~117 层）耗能最少；其余两结构平均耗能空间分布规律基本相似，且均为结构顶部（104~117 层）平均耗能水平最低。在其余三种地震动作用下，结构耗能分布的规律呈现出相似规律：结构顶部 104~117 层耗能最少；11~45 层和 61~75 层平均耗能水平较高；而差异之处为：46~60 层和 61~

75 层耗能水平提高，且部分高于 76～90 层，结构主要耗能区段下移。结构最大瞬时耗能离散性极大且分布规律并不统一。

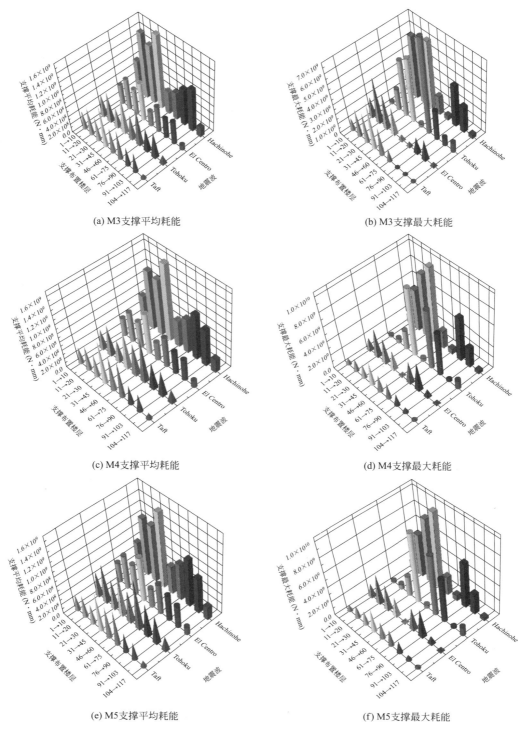

图 7.4-18　支撑耗能分布对比

综合地震动特性比较不同结构的支撑耗能特性，将结构在四种地震动作用的平均耗能和最大耗能的平均值进行统计，结果如图 7.4-19（a）和（b）所示。由图可知，不同结构在四种地震动作用下支撑平均耗能空间分布基本相似，而彼此大小关系略有不同。空间分布相似关系为结构 11～20、21～30、31～45 和 61～75 楼层部位支撑均处于较高的水平，结构 104～117 楼层部位支撑耗能水平最低；彼此大小关系无明显规律：61～75 楼层和76～90 楼层部位支撑耗能而言，结构 M3 的 76～90 楼层部位支撑耗能水平略高于 61～75 楼层部位，这种情况在结构 M4 和结构 M5 出现相反现象。

针对结构支撑的最大耗能平均值而言，104～117 楼层部位支撑最大耗能最少，说明在地震作用过程，结构顶部支撑耗能一直维持在较低水平；同时，46～60 楼层部位支撑耗能水平较低，且显著低于图 7.4-19（a）中该部位平均耗能平均值，由此可见，该部位支撑耗能状态稳定，且均值较高。这种现象同时出现在 31～45 楼层，亦说明该部位支撑耗能较为稳定且水平较高。

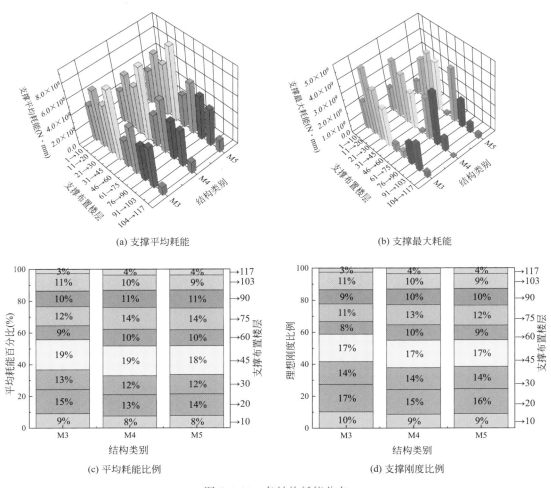

(a) 支撑平均耗能   (b) 支撑最大耗能

(c) 平均耗能比例   (d) 支撑刚度比例

图 7.4-19 各结构耗能分布

根据支撑平均耗能空间分布，计算各部位支撑耗能百分比，如图 7.4-19（c）所示，并依据耗能百分比和支撑对应长度计算支撑理想刚度比例，如图 7.4-19（d）所示。由

图 7.4-19（c）可知，随着支撑刚度比例的下降，结构楼层 1～10、21～30、31～45 和 91～103 部位支撑耗能不断减小（结构中下部居多），而结构楼层 46～60、61～75、76～90 和 104～117 部位支撑耗能不断增大（结构中上部居多），结构 11～20 和 91～103 部位呈现波动状态。图 7.4-19（d）为计算所得支撑理想刚度比例，由图可知，在不同结构间，支撑理想刚度比例差异较小。结构下部 11～45 楼层和 60～75 楼层布置支撑刚度比例较高，全楼高度范围内，结构顶部 104～117 楼层部位布置支撑高度比例最低。

7.4.6 结构抗地震倒塌能力

（1）IDA 曲线

对结构 IDA 曲线簇和分位数曲线进行统计，IDA 曲线簇如图 7.4-20（a）（c）和（e）所示，结构对应分位数曲线如图 7.4-20（b）（d）和（f）所示，曲线纵坐标为地震动强度指标（IM），选取地震峰值强度 PGA；曲线横坐标为结构损伤指标（DM），选取结构最大层间位移角 θ_{max}。

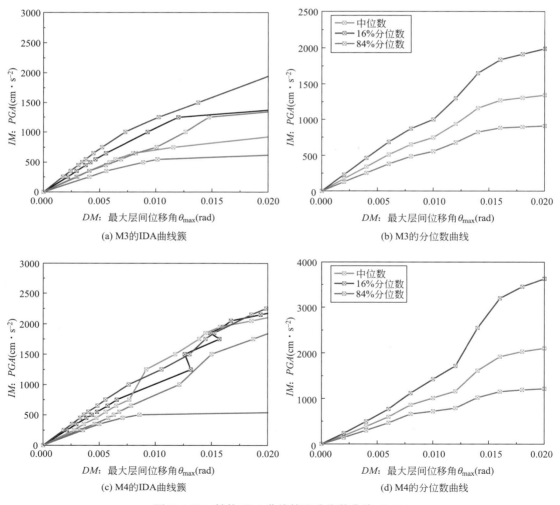

图 7.4-20　结构 IDA 曲线簇和分位数曲线（一）

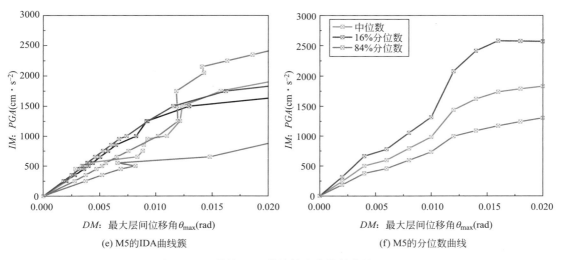

(e) M5的IDA曲线簇   (f) M5的分位数曲线

图 7.4-20 结构 IDA 曲线簇和分位数曲线 （二）

由图可知，各结构对应的 IDA 曲线呈现相似的整体发展趋势。由于结构具备较好水平的抗震性能，各结构在 IDA 曲线初始部分均呈线性增长，说明结构未出现明显损伤，整体仍处于线弹性阶段；随后各结构出现硬化现象，即随着层间位移角的增大，地震动强度指标 PGA 的增长速率不断增大，且硬化现象较为明显；在曲线末尾部分，结构呈现逐步软化现象。部分 IDA 曲线的层间位移角随着 PGA 的增大而减小，出现"复活"现象，可能是地震动的非平稳特性所造成的。

各结构的 50% 分位数曲线如图 7.4-21 所示。由图可知，结构 M3、M4 和 M5 分别在在峰值加速度 PGA=500gal、858gal 和 650gal［7 度（0.15g）罕遇地震对应峰值加速度的 1.61 倍、2.77 倍和 2.10 倍］之前，结构变形响应随着地震强度的增大呈现线性增长趋势；随后各结构分位数曲线呈现近线性波动状态，结构 M4 和 M5 曲线相近，且始终位于结构 M3 分位数曲线的上方；当 PGA 达到 1164gal［7 度（0.15g）罕遇地震对应峰值加速度的 3.75 倍］，结构 M3 出现软化现象，而结构 M4 和 M5 的结构软化初始点分别为1620gal 和 1437gal［7 度（0.15g）罕遇地震对应峰值加速度的 5.23 倍和 4.64 倍］，各结构表现出相似的软化程度，即软化后分位数曲线斜率相近。

（2）地震易损性

在进行地震易损性分析时，首先对 IDA 分析中得到的数据进行平均统计，IDA 曲线的 IM 数据和 DM 数据进行对数取值并进行线性回归，建立结构易损性模型并计算各结构在不同性能水准状态下的超越概率。

对各结构的 IDA 数据线性回归后，代入结构易损性模型，并根据结构不同破坏性能水准所对应的性能点，可得到各结构对应正常使用、基本可用、修复可用、生命安全和接近倒塌性能水准状态的结构失效概率 P_f 表达式分别为：

$$P_f\big|_{M3}(DM \geqslant dm_i \,|\, IM=im) = \Phi\left[\frac{-12.59 + 1.1888 \times \ln(PGA) - \ln(\theta_{dm_i})}{0.5}\right]$$

(7.4-1)

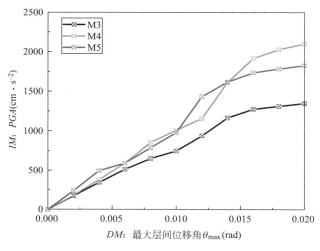

图 7.4-21　结构的 50％分位数曲线

$$P_f\big|_{M4}(DM \geqslant dm_i \,|\, IM = im) = \Phi\left[\frac{-10.577 + 0.8622 \times \ln(PGA) - \ln(\theta_{dm_i})}{0.5}\right]$$
$$(7.4\text{-}2)$$

$$P_f\big|_{M5}(DM \geqslant dm_i \,|\, IM = im) = \Phi\left[\frac{-11.259 + 0.9478 \times \ln(PGA) - \ln(\theta_{dm_i})}{0.5}\right]$$
$$(7.4\text{-}3)$$

其中 θ_{dm_i} 为不同性能水准状态对应的结构需求参数。依据我国《建筑抗震设计规范》GB 50011—2010 和相关性能水准状态的研究，将正常使用、基本可用、修复可用、生命安全和接近倒塌性能水准状态对应的结构需求参数 θ_{dm_i} 分别设置为 1/800、1/400、1/200、1/100 和 1/50，计算结构对应的不同性能水准状态下的结构易损性模型，并绘制易损性曲线，如图 7.4-22 所示。

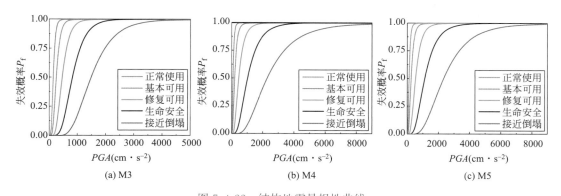

图 7.4-22　结构地震易损性曲线

图 7.4-23 为各结构易损性模型在不同性能水准状态下的易损性曲线对比。其中图（a）为正常使用水准状态的易损性曲线，由图可知，各结构在正常使用水准状态易损性曲

线 M5 高于 M4 和 M3，且 M4 易损性曲线高于 M3，但差距较小，即在相同地震峰值加速度 *PGA* 作用下，结构进入正常使用性能水准状态的概率排序为 M5＞M4＞M3；图（b）为基本可用水准状态的易损性曲线，由图可知，M3 曲线快速增加，与 M4 和 M5 曲线出现多次交叉现象，当 *PGA* 小于 27gal 时，结构对应基本可用性能水准状态的失效概率排序为 M4＞M5＞M3，当 *PGA* 介于 27gal 与 48gal 区间时，结构 M3 失效概率超过 M5，失效概率排序为 M4＞M3＞M5，当 *PGA* 大于 48gal 时，结构 M3 失效概率超过 M4，M3＞M4＞M5；图（c）为修复可用水准状态的易损性曲线，由图可知，当 *PGA* 小于 48gal 时，结构失效概率排序为 M4＞M3＞M5，随着 *PGA* 的增加，M3 失效概率快速上升，在 *PGA* 为 48gal 时，M3 失效概率超越 M4，失效概率排序变为 M3＞M4＞M5；图（d）和图（e）分别为生命安全和接近倒塌性能水准状态的易损性曲线，由两图可知，在 *PGA* 相同的地震波作用下，结构 M3 的失效概率明显高于 M4 和 M5，此时，结构 M4 和 M5 差距较小，且随着性能水准状态的提升，曲线差距增大，可见结构 M3 在接近倒塌的性能水准状态下表现出明显的结构软化现象。

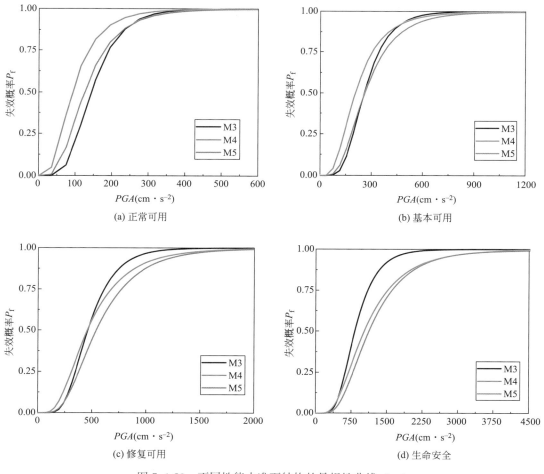

图 7.4-23　不同性能水准下结构的易损性曲线（一）

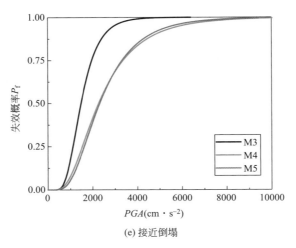

(e) 接近倒塌

图 7.4-23　不同性能水准下结构的易损性曲线（二）

为进一步确定结构在我国相应设防区域的结构抗震性能表现，依据各结构易损性模型，计算不同性能水准的超越概率，并提高一度罕遇地震进行充分验证，得到算例结构对应我国规范多遇、设防、罕遇和"提高一度罕遇地震"作用下各性能水准状态的超越概率，见表 7.4-12。多遇和设防地震下，结构 M3 和 M5 的失效概率低于 M4；在罕遇地震作用下，结构 M3 和 M5 分别有 0.99％和 0.75％进入生命安全状态，结构 M4 有 2.01％进入生命安全状态，且三算例结构均有 0.01％～0.03％进入临近倒塌状态；在"提高一度罕遇地震"作用下，各结构进入接近倒塌性能水准的超越概率排序为：M3（0.57％）＞M4（0.49％）＞M5（0.20％），由此可知，随着支撑刚度占比的降低，结构在"提高一度罕遇地震"作用下，进入接近倒塌性能水准状态的概率不断减小。

结构性能水准超越概率（％）　　　　　　　　　　　表 7.4-12

地震动水准	PGA（gal）	结构	性能水准				
			LS1	LS2	LS3	LS4	LS5
多遇地震	55	M3	1.12	0.01	0	0	0
		M4	19.09	1.19	0.01	0	0
		M5	6.03	0.16	0	0	0
设防地震	150	M3	54.08	9.96	0.38	0	0
		M4	80.39	29.78	2.76	0.05	0
		M5	63.66	14.99	0.77	0.01	0
罕遇地震	310	M3	99.63	67.08	17.26	0.99	0.01
		M4	98.25	76.46	25.30	2.01	0.03
		M5	95.78	63.28	14.75	0.75	0.01
提高一度罕遇地震	510	M3	99.87	94.80	59.47	12.57	0.57
		M4	99.85	94.29	57.66	11.64	0.49
		M5	99.62	90.02	45.88	6.82	0.20

根据研究建议罕遇地震下，结构的倒塌概率小于1％或2％，超越设防大震或特大地震作用下倒塌概率小于10％的要求。综上所述，在罕遇地震作用下，结构倒塌概率均为0.01％～

0.03%，远小于要求的 1%；在超越设防大震作用下，结构 M3、M4 和 M5 倒塌概率分别为 0.57%，0.49% 和 0.20%，同样远小于建议值 10%，结构具有优异的抗地震倒塌性能。

（3）抗地震倒塌能力

为定量衡量结构抗地震倒塌能力，本部分采用结构抗地震倒塌安全储备系数（Collapse Margin Ratio，CMR）体现各结构的抗地震倒塌能力。结构抗地震倒塌安全储备的计算结果见表 7.4-13。由表可知，结构抗地震倒塌安全储备系数排列顺序为 M5＞M4＞M3。当支撑刚度占比由 46.7% 降低至 36.1% 时，结构抗地震倒塌安全储备系数（CMR）由 4.77 提升至 7.34，提高 53.9%；结构支撑刚度占比从 36.1% 降低至 24.7% 时，结构抗地震倒塌安全储备系数（CMR）由 7.34 提升至 7.50，提高 2.18%，提升效果降低。其中，结构 M3 抗地震倒塌安全储备为 4.77，也明显高于前文计算所得 CMR 值。

结构抗地震倒塌安全储备　　　　　　表 7.4-13

结构	$PGA_{LS5|P_f=50\%}$(gal)	$PGA_{罕遇}$(gal)	CMR
M3	1479.9	310	4.77
M4	2276.1	310	7.34
M5	2325.4	310	7.50

为定量评价结构在一致倒塌风险要求下的安全储备，根据 2.4.5 节提到的结构最小安全储备系数（$CMR_{10\%}$）定义以及公式（2.4-13），结合结构易损性曲线，计算得到结构在倒塌概率 10% 所对应的地震动强度指标和相应的 $CMR_{10\%}$ 值，如表 7.4-14 所示。

结构最小安全储备系数　　　　　　表 7.4-14

结构	$PGA_{10\%}$(gal)	$PGA_{罕遇}$(gal)	$CMR_{10\%}$
M3	864	310	2.79
M4	1070	310	3.45
M5	1183	310	3.82

由表可知，结构 M3、M4 和 M5 的最小安全储备系数 $CMR_{10\%}$ 分别为 2.79、3.45 和 3.82，随着支撑刚度占比的降低，结构最小安全储备系数 $CMR_{10\%}$ 出现上述趋势。但三个结构最小安全储备系数均大于 1.0，具有较高的结构抗震安全储备。

7.5　伸臂桁架对结构抗震性能影响

针对支撑巨型框架-核心筒结构体系，设计配置伸臂桁架和未配置伸臂桁架的算例结构，分别建立有限元分析模型，通过动力弹塑性分析、逐步增量动力分析（IDA）及地震易损性分析，研究配置伸臂桁架对结构体系的抗震性能和抗倒塌性能的影响。

7.5.1　算例结构

根据原型结构——深圳平安金融中心，通过调整伸臂桁架，分别建立对比结构设计模型，进行伸臂桁架对结构抗震性能和抗地震倒塌性能的影响分析（图 7.5-1），其中包括带伸臂桁架的支撑巨型框架-核心筒结构（M7）和支撑巨型框架-核心筒结构（M8）。各算例模型的抗震设计信息保持一致，见表 7.2-1。各结构主要构件设计轴压比基本一致，其中底层巨柱轴压比为 0.6，底层钢板剪力墙的轴压比为 0.5，各分区底部（即 41 层和 81 层）剪力墙和巨柱轴压比与结构底层一致；结构在小震弹性设计条件下，结构最大层间位移角分别为 1/655 和 1/662。

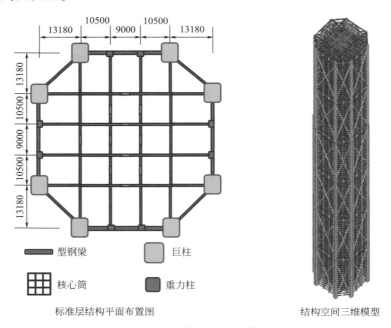

型钢梁　　巨柱

核心筒　　重力柱

标准层结构平面布置图　　　　　　结构空间三维模型

图 7.5-1　结构有限元模型

　　算例结构核心筒尺寸与原型结构一致，尺寸为 27 m×27 m。各算例结构核心筒采用的混凝土等级为 C60，钢筋采用 HRB400，钢板混凝土剪力墙中钢板钢材采用 Q345，算例结构的核心筒采用相同的截面，具体信息见表 7.5-1。

结构核心筒信息　　　　　　　　　　表 7.5-1

楼层	位置	厚度(mm)	钢板(mm)	位置	厚度(mm)	钢板(mm)
1~40	外部	1500	75	内部	800	35
41~80	外部	1100	15	内部	800	0
81~120	外部	600	0	内部	400	0

　　各算例结构外部框架主要分为巨型柱和巨型支撑两部分，构件形式与原型结构一致，其中巨柱采用钢管混凝土柱，算例结构的外部巨型框架信息，如表 7.5-2 所示。

外部框架信息　　　　　　　　　　表 7.5-2

结构	构件	楼层	巨柱(mm)	钢管厚度(mm)
M7	巨柱	1~40	3500	120
		41~80	3000	70
		81~120	2000	40
	支撑	1~120	□800×800×80×80	

续表

结构	构件	楼层	巨柱(mm)	钢管厚度(mm)
M8	巨柱	1～40	4000	130
		41～80	3200	75
		81～120	2300	50
	支撑	1～120	□850×850×90×90	

7.5.2 结构基本动力特性

结构动力特性如表 7.5-3 所示。由表可知，结构基本周期约为 9.7s，远远高于《建筑抗震设计规范》GB 50011—2010 中规范设计反应谱的范围。结构的 X 和 Y 两方向的平动周期基本相同；结构 M7 的第一平动和第一转动周期分别为 9.7091s 和 3.3465s，两者之比为 $3.3465/9.7091=0.3447$，显著低于《高层建筑混凝土结构技术规程》JGJ 3—2010[20] 3.4.5 条中 0.85 的限值要求，由此可知，该结构具有较好的抗扭刚度，扭转效应较小。

模型模态对比表 7.5-3

结构模态	M7	M8
T_1	9.7091	9.7240
T_2	9.6626	9.7204
T_3	3.3465	3.7127
T_4	2.674	2.7759
T_5	2.662	2.7756
T_6	1.8368	1.9932
T_7	1.2685	1.3731
T_8	1.2759	1.3730
T_9	0.8256	0.9992

根据 Block Lanczons 方法对结构体系有限元分析模型进行模态分析，得到结构的前 30 阶模态，其中前 6 阶的模态特征列于表 7.5-4，并将结构设计模型 SATWE 计算结果列出，由表可知，结构设计模型 SATWE 计算周期和有限元模型 Marc 计算周期相差较小。模型的第 1、4 阶模态为 Y 方向的一阶平动，模型的第 2、5 阶模态为 X 方向的一阶平动，模型的第 3、6 阶模态为结构的整体转动。由上述分析可知，该弹塑性分析模型的模态特征与设计模型一致，较为可靠。

结构模态分析结果表 7.5-4

振型阶数	自振周期 T(s)		相对误差(%)
	Marc	SATWE	
1	9.9054	9.7240	1.87
2	9.8996	9.7204	1.84
3	6.1441	3.7127	6.55
4	2.8960	2.7759	4.33
5	2.8953	2.7756	4.31

振型阶数	自振周期 T(s)		相对误差(%)
	Marc	SATWE	
6	2.3057	1.9932	15.68

模型质量由各结构构件的密度控制。厚壳单元利用其分层特征依据钢筋、钢板和混凝土的相对厚度和密度分别添加，其中钢筋（HRB400）和钢板密度取 $7800 kg/m^3$，混凝土材料（C50～C70）密度取 $2500 kg/m^3$。楼板通过膜单元密度添加，根据《建筑抗震设计规范》GB 50011—2010 规定取结构和结构配件自重标准值和可变荷载组合值之和，即 1.0 恒荷载＋0.5 活荷载。Marc 中结构弹塑性分析模型质量和 SATWE 中设计模型质量对比如表 7.5-5 所示。由表可知，两模型结构总质量相对偏差 $[\Delta＝(m_{弹塑性}－m_{设计})/m_{设计}]$ 为 4.06%，可认为本弹塑性分析模型总质量与设计模型总质量基本一致，较为可靠。

模型质量信息　　表 7.5-5

模型类别	重力荷载代表值等效质量(kg)			误差(%)
Marc 有限元模型	666567.28			4.06
SATWE 设计模型	质量(kg)			
	恒载	活载	1.0 恒载+0.5 活载	
	603397.42	74227.72	640511.28	

7.5.3　结构动力弹塑性分析

（1）位移响应

在四条地震动作用下，对比算例结构的最大楼层位移响应包络如图 7.5-2 所示，该处仅将"提高一度罕遇地震"作用下结构响应结果列出。由图可知，结构楼层位移响应受地震动特性影响显著，在地震动 Taft 作用下，结构楼层位移包络基本与结构一阶振型相一致，而在地震动 El Centro、Hachinohe 和 Tohoku 作用下，结构楼层位移包络与结构高阶振型相似。

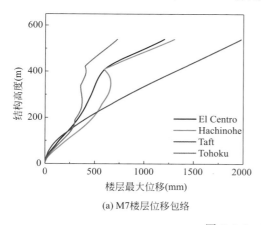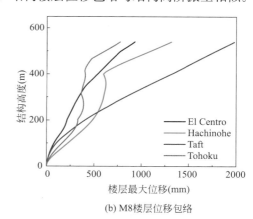

(a) M7楼层位移包络　　　　(b) M8楼层位移包络

图 7.5-2　楼层位移包络

在相同地震动作用下，算例结构的楼层位移响应结果如图 7.5-3 所示。由图可知，在相同地震动作用下，不同结构楼层位移包络沿结构高度方向的变化趋势基本相似，但具体数值存在差异。在地震动 El Centro 作用下，结构间楼层位移包络差异较大，且遍布结构全高；在 Hachinohe 作用下，结构间楼层位移包络差异主要发生在 250～400 m；在 Taft 作用下，结构间楼层位移包络差异主要发生在 100～300 m，且彼此差距较小；在 Tohoku 作用下，在结构的 130m 至顶部，层间位移包络均出现差异。对于差异程度而言，在地震动 El Centro 作用下，结构楼层位移包络差异显著，且在楼层中下部和顶部差异最大；在地震动 Hachinohe 和 Taft 作用下，结构楼层差异较小，差异产生位置亦不同；在地震动 Tohoku 作用下，两结构相对关系并不统一，最大差异位置发生在结构顶部。

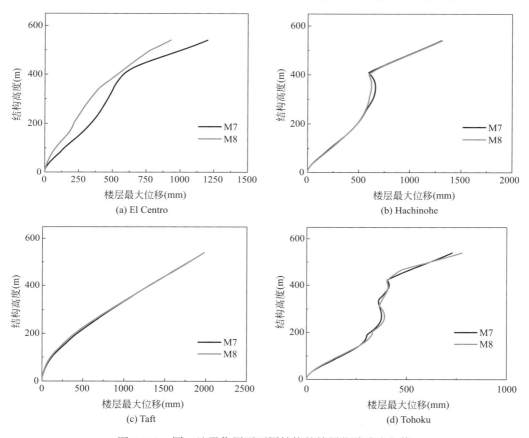

图 7.5-3　同一地震作用下不同结构的楼层位移响应包络

在四条经典地震动作用下，结构顶点位移时程曲线如图 7.5-4 所示，该处仅将"提高一度罕遇地震"作用下结构响应结果列出。由图可知，在地震作用下，结构顶点位移时程曲线出现明显的相位差异。在地震动 El Centro 作用下，具有伸臂桁架的结构 M7 的顶点位移时程曲线出现"滞后"现象越明显，该现象可能由于具备伸臂桁架的结构 M7 在地震作用过程中损伤较为严重，在 10～30s 作用时间内顶点位移明显大于无伸臂桁架结构 M8，导致结构周期发生较大变化，结构振动周期增大，顶点位移周期性也显著增加，出现明显的"滞后"现象。

在地震作用下，结构顶点位移最大值统计结果如表 7.5-6 所示。由表可知，结构顶点位移受地震动特性影响显著。结构最大和最小顶点位移分别产生于结构 M7，其在 Tohoku

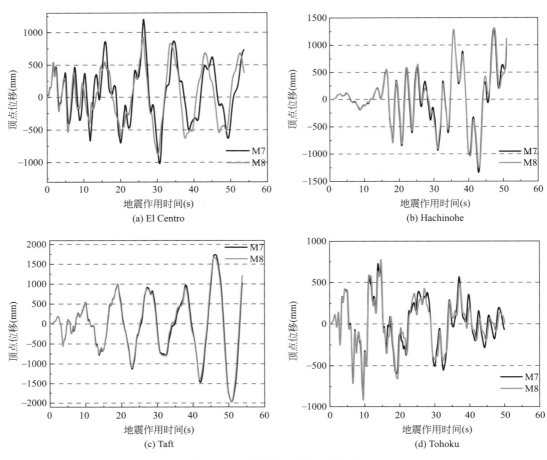

图 7.5-4　结构顶点位移时程曲线

作用下结构最大顶点位移最小，为 874.93mm（结构高度的 1/617）；在 Taft 作用下结构最大顶点位移最大，为 1978.9mm（结构高度的 1/273）。结构最大顶点位移在不同地震动作用下的平均值存在差异，结构 M7 和 M8 对应的结构顶点最大位移分别为 1348.31mm 和 1286.51mm。可知，设置伸臂桁架的模型 M7 的结构最大顶点位移增大。

结构顶点位移最大值（mm）　　　　　　　　　　　　　　　表 7.5-6

结构	El Centro	Hachinohe	Taft	Tohoku	平均值
M7	1202.1	1339.3	1976.9	874.93	1348.31
M8	930.4	1315.2	1978.9	921.52	1286.51

（2）构件损伤

针对在地震作用下结构的构件损伤状态进行比较和分析，本部分仅将结构 M7 和 M8 在 El Centro 地震动"提高一度罕遇地震"（$PGA=400$gal）水准下，结构的构件损伤状态进行讨论。

图 7.5-5 为各算例结构核心筒损伤分布情况，其中图 7.5-5（a）和（b）分别为结构 M7 和 M8 在地震作用下核心筒塑性分布情况，且塑性判定标准为核心筒纵向钢筋层发生

塑性变形。由图可知，核心筒剪力墙除连梁部位出现塑性，其墙身均未出现塑性。在地震动作用下，结构 M7 的 4～51 层和 64～118 层出现塑性，而结构 M8 连梁塑性范围则较小，仅在 7～38 层和 70～118 层出现塑性状态。

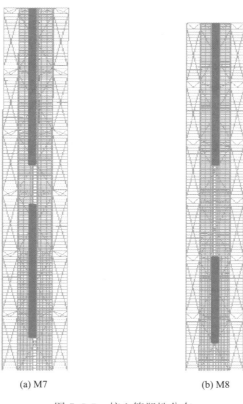

(a) M7　　　　　　　　　　　　　　　(b) M8

图 7.5-5　核心筒塑性分布

结构核心筒钢板剪力墙中塑性变形如图 7.5-6 所示。由图可知，结构 M7 和 M8 的钢板的最大累计塑性变形分别为 0.001003 和 0.0006087，结构 M7 塑性变形发展大于结构 M8。而两结构的钢管混凝土巨柱均未出现塑性，同时地震作用过程中，结构巨型支撑均处于弹性状态，未发生塑性变形。

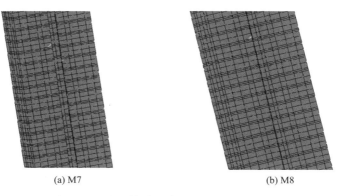

(a) M7　　　　　　　　　　　　　　　(b) M8

图 7.5-6　核心筒剪力墙中钢板累计塑性变形

综上所述，与无伸臂桁架的结构 M8 相比较，结构 M7 核心筒损伤呈现损伤范围大且程度高的特点。这是由于结构 M7 设置伸臂桁架，协调外框架和内部核心筒的变形，而巨柱变形通过伸臂桁架刚度传递至内部核心筒，导致核心筒出现更为严重的损伤。

（3）名义层间位移角

针对不同地震动水准作用下结构最大层间位移角进行了统计，得到层间位移角包络曲线，并将各结构在不同地震工况下的结构最大层间位移角数值及分布位置进行了统计分析。

多遇地震作用下结构最大层间位移角包络如图 7.5-7 所示。由图可知，在地震动 El Centro 作用下，结构最大层间位移角均出现在 $109 \sim 110$ 层，对于位移角数值，结构 M7 ＜ M8，分别为 0.000258 和 0.000276；在地震动 Hachinohe 作用下，结构最大层间位移角均产生于 $28 \sim 29$ 层，对于位移角数值，结构 M7 ＜ M8，分别为 0.000427 和 0.000447；在地震动 Taft 作用下，结构 M7 最大层间位移角产生于 $90 \sim 94$ 层，而结构 M8 最大层间位移角下移至 $87 \sim 92$ 层，对于位移角数值，M8 ＜ M7，分别为 0.000396 和 0.000398，且数值相近；在地震动 Tohoku 作用下，结构最大层间位移角均产生于结构 $110 \sim 112$ 层，就层间位移角数值而言，结构 M7 ＜ M8，分别为 0.000478 和 0.00048。

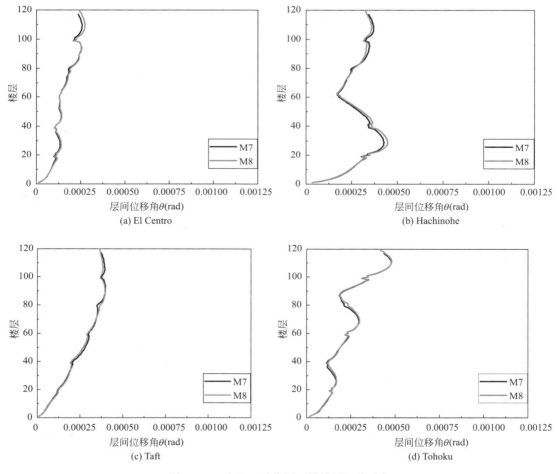

图 7.5-7　多遇地震作用下结构层间位移角

多遇地震作用下，各结构的平均最大层间位移角对比结果为 M7＜M8，分别为 0.00039 和 0.00040，相差较小。结构 M7 在地震动 El Centro 作用下，结构对应的层角位移角最小，为 0.000258；结构 M8 在地震动 Tohoku 作用下，结构对应的层间位移角最大，为 0.00048；各结构在不同多遇地震工况作用下，结构弹塑性层间位移角均满足规范限值要求（1/500）。

设防地震作用下结构最大层间位移角包络如图 7.5-8 所示。由图可知，在地震动 El Centro 作用下，结构最大层间位移角均出现在 109～110 层，对于位移角数值，结构 M7＜M8，分别为 0.000789 和 0.000833；在地震动 Hachinohe 作用下，结构最大层间位移角均产生于 28～29 层，对于位移角数值，结构 M7＜M8，分别为 0.001238 和 0.001276；在地震动 Taft 作用下，结构 M7 最大层间位移角产生于 93 层，而结构 M8 最大层间位移角下移至 91 层，对于位移角数值，M8＜M7，分别为 0.001144 和 0.001149，相差较小；在地震动 Tohoku 作用下，结构最大层间位移角均产生于结构 110～112 层，就层间位移角数值而言，结构 M7＜M8，分别为 0.001269 和 0.001278。

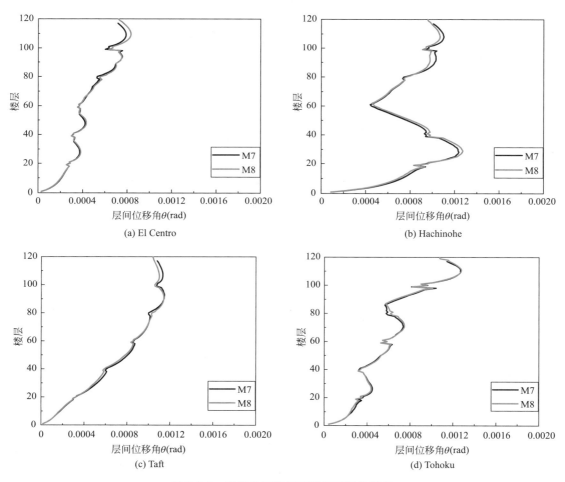

图 7.5-8　设防地震作用下结构层间位移角

　　设防地震作用下，各结构的平均最大层间位移角对比结果为 M7＜M8。结构 M7 在地震动 El Centro 作用下，结构对应的层角位移角最小，为 0.000789；结构 M8 在地震动 Tohoku 作用下，结构对应的层间位移角最大，为 0.001278；各结构在不同设防地震工况下，结构最大层间位移角均满足规范限值要求。

　　罕遇地震作用下结构最大层间位移角包络如图 7.5-9 所示。由图可知，在地震动 El Centro 作用下，结构最大层间位移角均出现在 109～111 层，对于位移角数值，结构 M7＜M8，分别为 0.001942 和 0.002042；在地震动 Hachinohe 作用下，结构 M7 最大层间位移角产生于 108 层，而结构 M8 最大层间位移角下移至 29 层，对于位移角数值，结构 M7＜M8，分别为 0.002762 和 0.002802；在地震动 Taft 作用下，结构最大层间位移角均产生于结构 92 层，对于位移角数值，M7＜M8，分别为 0.002596 和 0.002598，两数值相近；在地震动 Tohoku 作用下，结构最大层间位移角均产生于结构 108～109 层，就层间位移角数值而言，结构 M7＜M8，分别为 0.003044 和 0.003047，两数值相近。

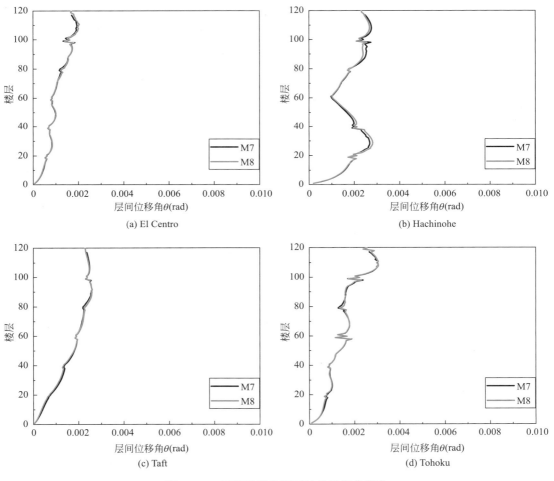

图 7.5-9　罕遇地震作用下结构层间位移角

　　罕遇地震作用下，各结构的平均最大层间位移角对比结果为 M7＜M8，分别为

0.002586 和 0.002622。结构 M7 在地震动 El Centro 作用下，结构对应的层角位移角最小，为 0.001942；结构 M8 在地震动 Tohoku 作用下，结构对应层间位移角最大，为 0.003047；各结构在不同地震动大震水准作用下，结构弹塑性层间位移角均满足规范限值要求（1/100）。

为充分验证结构抗震性能，除多遇地震、设防地震和罕遇地震作用外，进行了 $PGA=400\text{gal}$（提高一度大震水准）作用下结构响应计算，计算结果如图 7.5-10 所示。四种地震动作用下，结构最大层间位移角仍满足规范弹塑性层间位移角限值（1/100）。对于结构最大层间位移角（表 7.5-7）而言，结构 M8 在地震动 El Centro 工况的层间位移角最小，为 0.004684（1/214）；结构 M7 在地震动 Hachinohe 工况的层间位移角最大，为 0.008024（1/125）。在 $PGA=400\text{gal}$（提高一度大震水准）作用下，对于结构最大层间位移角的平均值而言，具有伸臂桁架的结构 M7 大于无伸臂桁架的结构 M8，数值分别为 0.006165 和 0.005914。

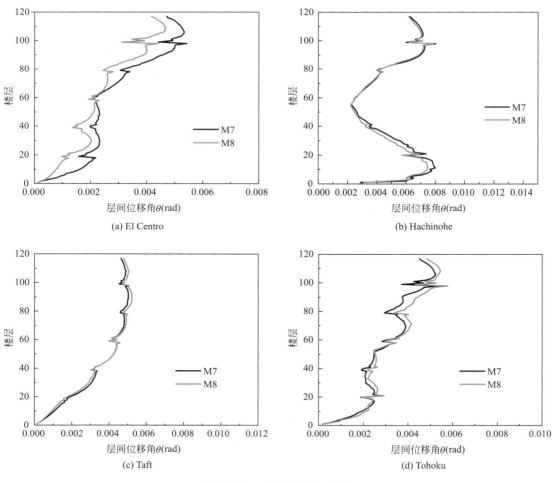

图 7.5-10　层间位移角包络

结构最大层间位移角（rad）　　　　　　　表 7.5-7

结构	El Centro	Hachinohe	Taft	Tohoku	平均值
M7	0.005429	0.008024	0.005042	0.005491	0.006165
位置（层号）	98	98	98	98	—
M8	0.004684	0.007853	0.005204	0.005764	0.005914
位置（层号）	109	98	88	88	—

　　相同结构在不同地震作用下的最大层间位移角包络值对比结果，如图 7.5-11 所示。由图可知，结构最大层间位移角沿结构高度方向变化趋势差异较大，说明结构最大层间位移角受地震动特性影响显著。地震动 Taft 对应的结构一阶周期对应的反应谱较大，与结构一阶振型耦合作用明显，结构层间位移角包络与结构一阶振型形态相似。而地震动 Hachinohe 和 Tohoku 对应的结构二阶、三阶周期对应的反应谱较大，与结构高阶振型耦合作用明显，结构层间位移角包络与结构高阶振型形态相近。

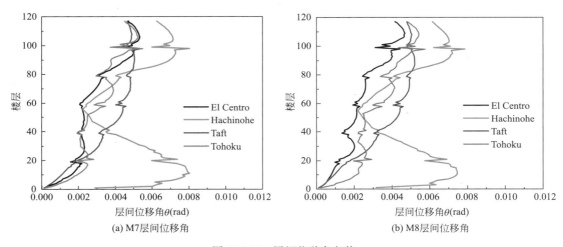

(a) M7层间位移角　　　　　　　　　　(b) M8层间位移角

图 7.5-11　层间位移角包络

（4）有害层间位移角

　　结构有害层间位移角计算结果如图 7.5-12 所示，与名义层间位移角相对关系如表 7.5-8 所示，该处仅将"提高一度罕遇地震"作用下结构响应结果列出。由图表可知，在四种地震动作用下，结构有害层间位移角与名义层间位移角差值变化区间为 0.32%～1.37%。可见结构发生的刚体转动较小，由此转动引起的无害层间位移也较小，可以控制在 2% 以内。

　　由表 7.5-8 可知，与名义层间位移角相比较，结构 M7 和 M8 的有害层间位移角的降低率分别为 1.05% 和 0.67%，由此可知，结构设置伸臂桁架时，结构名义层间位移角与有害层间位移角两者差异增大。这是由于该结构体系外框架巨柱和巨型支撑使得外部框架具有较大的轴向刚度，有效地减少了结构楼面整体转动，因此两种层间位移角差异较小。当结构外框架和内核心筒未设置伸臂桁架时，结构 M8 通过增加支撑和巨柱截面方式增加结构抗侧刚度，与伸臂桁架提供的抗弯刚度和抗剪刚度相比较，结构 M8 的支撑和巨柱的轴向刚度更有效地控制结构整体转动，因此，名义层间位移角与有害层间位移角之间的差异降低。

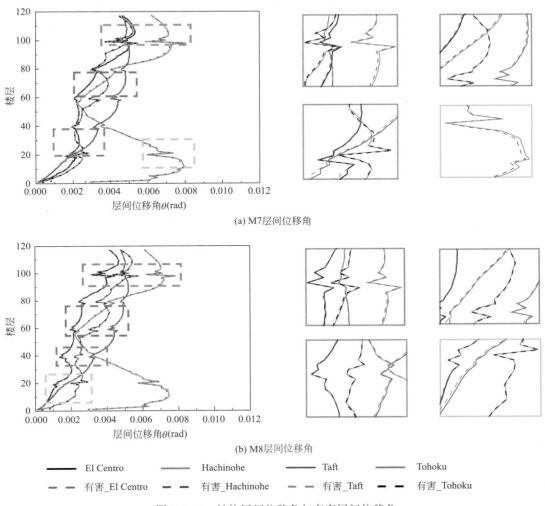

(a) M7层间位移角

(b) M8层间位移角

—— El Centro　　—— Hachinohe　　—— Taft　　—— Tohoku
- - - 有害_El Centro　- - - 有害_Hachinohe　- - - 有害_Taft　- - - 有害_Tohoku

图 7.5-12　结构层间位移角与有害层间位移角

结构最大有害层间位移角　　　　　　　　　　　　　　　　　表 7.5-8

结构	El Centro	Hachinohe	Taft	Tohoku	平均值
M7	0.005371	0.007935	0.005009	0.005416	0.005933
降低率	1.07%	1.11%	0.65%	1.37%	1.05%
M8	0.004669	0.007787	0.005174	0.005709	0.005835
降低率	0.32%	0.84%	0.58%	0.95%	0.67%

（5）基底剪力分担比

四种地震动作用下，结构最大基底剪力及其分担比例如表 7.5-9 所示，该处仅将"提高一度罕遇地震"作用下结构响应结果列出。由表可知，各算例结构在地震作用下，具有伸臂桁架结构 M7 的外部框架剪力分担比例介于 9.30%～13.80%，而无伸臂桁架的结构 M8 的外部框架剪力分担比例介于 22.90%～32.12%，显著高于结构 M7，由此可见，当该结构未设置伸臂桁架时，结构体系需要通过增加外框架和核心筒的刚度来满足结构抗侧力需求，就改变了地震作用下结构内外筒基底剪力分担比例。地震动特性不仅对结构基底总剪力影响显著，同时对外部框架剪力分担比存在影响。

结构基底剪力（kN）及其分担比   表 7.5-9

结构		El Centro	Hachinohe	Taft	Tohoku	平均值
M7	总剪力	318.95	300.71	294.12	276.17	297.49
	核心筒剪力	274.93	267.03	263.74	250.49	264.05
	框架剪力	44.02	33.68	30.38	25.68	33.44
	框架占比	13.80%	11.20%	10.33%	9.30%	11.16%
M8	总剪力	329.10	318.33	300.71	291.26	309.85
	核心筒剪力	223.39	216.37	227.85	224.56	223.04
	框架剪力	105.71	101.96	72.86	66.70	86.81
	框架占比	32.12%	32.03%	24.23%	22.90%	27.82%

7.5.4　结构地震耗能

对于地震能量的吸收能力是建筑结构必备条件。地震输入建筑结构能量分配问题，直接影响结构由弹性状态进入弹塑性状态的结构性能，因此结构能量耗能特征是结构性能的重要表现。针对地震作用下结构能量耗散分布问题，将算例结构地震作用下的能量耗散分布进行时程计算，该处仅将"提高一度罕遇地震"作用下结构响应结果列出。

在地震动 El Centro 作用下，结构能量分布趋势相近，但各部分分担比例数值和比例存在差异。结构 M7 和 M8 地震作用结构总输入能量分别为 $18.03 \times 10^6 \mathrm{kN \cdot m}$ 和 $19.70 \times 10^6 \mathrm{kN \cdot m}$，其中结构阻尼耗能分别为 $13.04 \times 10^6 \mathrm{kN \cdot m}$ 和 $3.11 \times 10^6 \mathrm{kN \cdot m}$，分别占结构地震总输入能量的 72.32% 和 73.10%；结构塑性应变耗能分别为 $2.79 \times 10^6 \mathrm{kN \cdot m}$ 和 $3.11 \times 10^6 \mathrm{kN \cdot m}$，分别占结构地震总输入能量的 21.40% 和 21.60%（图 7.5-13）。

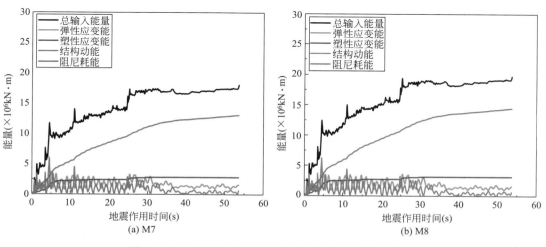

图 7.5-13　地震动 El Centro 作用下结构能量分布时程

在地震动 Hachinohe 作用下，结构 M7 和 M8 地震作用结构总输入能量分别为 $40.59 \times 10^6 \mathrm{kN \cdot m}$ 和 $35.72 \times 10^6 \mathrm{kN \cdot m}$，其中结构阻尼耗能分别为 $23.23 \times 10^6 \mathrm{kN \cdot m}$ 和 $22.21 \times 10^6 \mathrm{kN \cdot m}$，分别占结构地震总输入能量的 57.23% 和 62.18%；结构塑性变形耗能分别为 $12.22 \times 10^6 \mathrm{kN \cdot m}$ 和 $9.49 \times 10^6 \mathrm{kN \cdot m}$，分别占结构地震总输入能量的 30.11% 和 26.57%（图 7.5-14）。

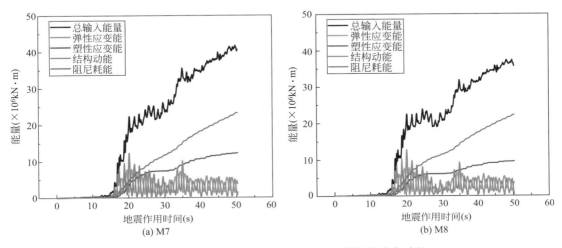

图 7.5-14　地震动 Hachinohe 作用下结构能量分布时程

在地震动 Taft 作用下，结构 M7 和 M8 地震作用结构总输入能量分别为 $21.22 \times 10^6 \mathrm{kN \cdot m}$ 和 $23.18 \times 10^6 \mathrm{kN \cdot m}$，其中结构阻尼耗能分别为 $14.06 \times 10^6 \mathrm{kN \cdot m}$ 和 $15.62 \times 10^6 \mathrm{kN \cdot m}$，分别占结构地震总输入能量的 66.26% 和 67.39%；结构塑性变形耗能分别为 $2.80 \times 10^6 \mathrm{kN \cdot m}$ 和 $3.62 \times 10^6 \mathrm{kN \cdot m}$，分别占结构地震总输入能量的 13.20% 和 15.62%（图 7.5-15）。

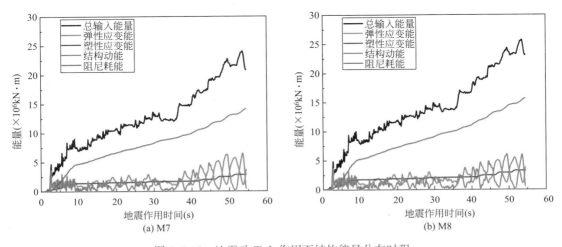

图 7.5-15　地震动 Taft 作用下结构能量分布时程

在地震动 Tohoku 作用下，结构 M7 和 M8 地震作用结构总输入能量分别为 $30.03 \times$

$10^6 kN \cdot m$ 和 $33.30 \times 10^6 kN \cdot m$，其中结构阻尼耗能分别为 $23.21 \times 10^6 kN \cdot m$ 和 $26.08 \times 10^6 kN \cdot$ m，分别占结构地震总输入能量的 77.29% 和 78.32%；结构塑性变形耗能分别为 $5.49 \times 10^6 kN \cdot m$ 和 $5.96 \times 10^6 kN \cdot m$，分别占结构地震总输入能量的 18.28% 和 17.90%（图 7.5-16）。

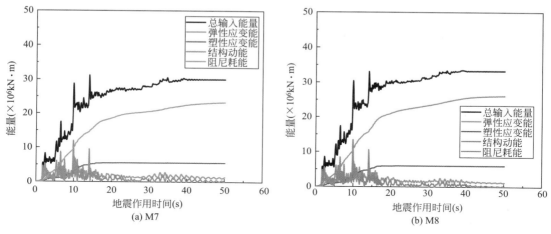

图 7.5-16　地震动 Tohoku 作用下结构能量分布时程

综上所述，结构地震总输入能量受地震动特性和结构质量的影响较大。由于原型结构与算例结构抗震设计水平较高，结构在地震作用过程中，地震能量主要由结构阻尼耗散。在四种地震波（$PGA = 400gal$）作用下，算例结构阻尼耗能占比分别为 El Centro（72.71%）、Hachinohe（59.70%）、Taft（66.82%）和 Tohoku（77.80%），由此可知，当结构高阶周期对应结构反应谱较高时，结构阻尼耗能明显降低；而塑性变形耗能占比分别为 El Centro（21.50%）、Hachinohe（28.34%）、Taft（14.41%）和 Tohoku（18.10%），所以当结构高阶周期对应结构反应谱较高时，结构塑性变形耗能明显上升。

在四种地震动（$PGA = 400gal$、提高一度罕遇地震）作用下，结构 M7 和 M8 的阻尼耗能平均占比为 68.28% 和 70.24%，结构塑性变形耗能占比为 20.74% 和 20.12%。当设置伸臂桁架时，地震作用下结构阻尼耗能占比略有上升，而塑性变形耗能占比有所下降，变化幅度均较低。

7.5.5　结构抗地震倒塌能力

（1）IDA 曲线

对结构 IDA 曲线簇和分位数曲线进行统计，IDA 曲线簇如图 7.5-17（a）（c）和（e）所示，结构对应分位数曲线如图 7.5-17（b）（d）和（f）所示，曲线横坐标为结构损伤指标（DM），选取结构最大层间位移角 θ_{max}；曲线纵坐标为地震动强度指标（IM），选取地震峰值强度 PGA。

由图可知，各结构对应的 IDA 曲线呈现相似的整体发展趋势。由于结构具备较高水平的抗震性能，结构在 IDA 曲线初始部分均呈线性增长，说明结构未出现明显损伤，整体仍处于线弹性阶段；随后结构 M7 出现明显的软化现象，随着层间位移角的增大，峰值加速度 PGA 的增长速率不断减小，而相反的是，结构 M8 在线性阶段之后出现了结构硬化现象，在相同层间位移角增量需求的情况下，对应地震动强度指标 PGA 增量不断增加；

在曲线末尾部分，结构 M7 和 M8 又出现相反的变化趋势，M7 的 IDA 分位数曲线动力切线刚度出现大于初始阶段动力切线刚度的现象，但此时结构已接近倒塌状态，而在结构 M8 的分位数曲线中，结构 IDA 曲线软化现象继续加剧。

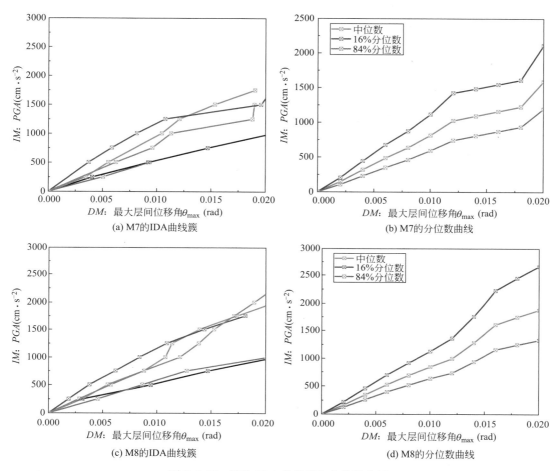

图 7.5-17　结构 IDA 曲线簇和分位数曲线

各结构的 50％分位数曲线如图 7.5-18 所示。由图可知，在峰值加速度 $PGA=915\mathrm{gal}$〔7（0.15g）罕遇地震对应峰值加速度的 2.95 倍〕之前，结构变形响应随着地震波强度的增大呈现线性增长趋势，结构动力切线刚度近乎一致。在线性增长阶段，结构 M8 的 IDA 分位数曲线始终位于结构 M7 上方，即在相同结构层间位移角需求的情况下，结构 M8 的地震动强度需求更高，抗震性能更为优异；随后，结构 M7 和 M8 分别出现明显软化和硬化现象，结构 IDA 分位数曲线差距增大；在达到结构倒塌的结构损伤指标之前，结构 M7 的 IDA 分位数曲线始终位于结构 M8 分位数曲线上方。

（2）地震易损性

在进行地震易损性分析时，首先对 IDA 分析中得到的数据进行平均统计，IDA 曲线的 IM 数据和 DM 数据进行对数取值并进行线性回归，建立结构易损性模型并计算各结构在不同性能水准状态下的超越概率。

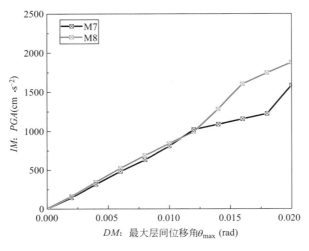

图 7.5-18　结构的 50％分位数曲线

对各算例结构的 IDA 数据线性回归后，代入结构易损性模型，并根据结构不同破坏性能水准所对应的性能点，便可得到各结构对应正常使用、基本可用、修复可用、生命安全和接近倒塌性能水准状态的结构失效概率 P_f 表达式分别为：

$$P_f\big|_{M7}(DM \geqslant dm_i \mid IM=im) = \Phi\left[\frac{-10.647 + 0.9105 \times \ln(PGA) - \ln(\theta_{dm_i})}{0.5}\right]$$

$$P_f\big|_{M8}(DM \geqslant dm_i \mid IM=im) = \Phi\left[\frac{-10.714 + 0.9034 \times \ln(PGA) - \ln(\theta_{dm_i})}{0.5}\right]$$

其中 θ_{dm_i} 为不同性能水准对应的结构需求参数。依据我国《建筑抗震设计规范》GB 50011—2010 和相关性能水准状态的研究，将正常使用、基本可用、修复可用、生命安全和接近倒塌性能水准状态对应的结构需求参数 θ_{dm_i} 分别设置为 1/800、1/400、1/200、1/100 和 1/50，计算结构 M7 和 M8 相应的不同性能水准状态下的结构易损性模型，并绘制易损性曲线，如图 7.5-19 所示。

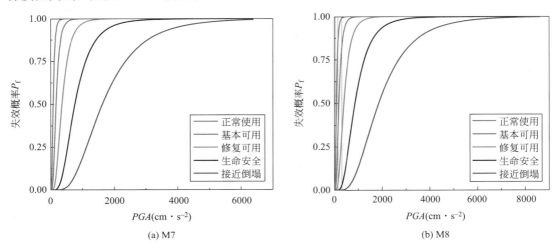

图 7.5-19　结构地震易损性曲线

图 7.5-20 为算例结构易损性模型在不同性能水准状态下的易损性曲线对比。由图可知，对于不同性能水准，具有伸臂桁架的结构 M7 始终位于无伸臂桁架的结构 M8 的上方，即在具有相同峰值加速度 PGA 的地震波作用下，结构 M7 的结构的失效概率始终大于结构 M8，即结构 M7 具有更大概率进入生命安全、接近倒塌等性能水准。

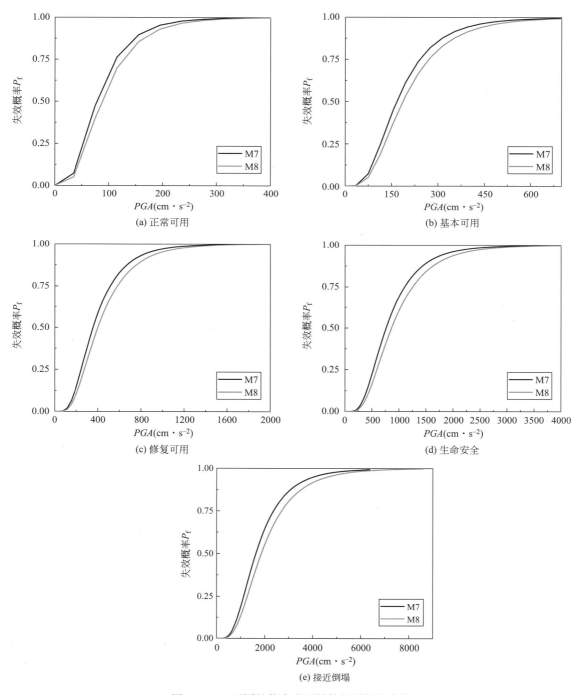

图 7.5-20 不同性能水准下结构的易损性曲线

为进一步确定结构在我国相应设防区域的结构抗震性能表现，依据各结构易损性模型，计算不同性能水准的超越概率，并提高一度罕遇地震水准进行充分验证，得到算例结构对应我国规范多遇、设防、罕遇和"提高一度罕遇地震"作用下各个性能水准的超越概率，见表 7.5-10。在多遇、设防、罕遇和"提高一度罕遇"地震作用下，结构 M8 对应各性能水准的超越概率始终低于结构 M7。在罕遇地震作用下，结构 M7 和 M8 分别有 5.08％和 3.20％进入生命安全性能水准，另存在 0.12％和 0.06％进入接近倒塌性能水准；在"提高一度罕遇地震"作用下，结构 M7 和 M8 分别有 23.25％和 17.02％进入生命安全性能水准，存在 1.71％和 0.97％进入接近倒塌性能水准。

结构性能水准超越概率（％）　　　　　　　　　　表 7.5-10

地震动水准	PGA（gal）	结构	性能水准（％）				
			LS1	LS2	LS3	LS4	LS5
多遇地震	35	M7	26.52	2.20	0.03	0	0
		M8	20.66	1.37	0.02	0	0
设防地震	100	M7	88.49	42.59	5.79	0.15	0
		M8	84.00	34.76	3.77	0.08	0
罕遇地震	220	M7	99.42	87.19	40.09	5.08	0.12
		M8	98.94	82.12	32.04	3.20	0.06
提高一度罕遇地震	400	M7	99.97	97.94	74.39	23.25	1.71
		M8	99.93	96.56	66.75	17.02	0.97

罕遇地震下，结构的倒塌概率小于 1％或 2％，超越设防大震或特大地震作用下倒塌概率小于 10％。综上所述，结构 M7 和 M8 在罕遇地震作用下，结构倒塌概率均为 0.12％和 0.06％，远小于要求的 1％；在超越设防大震作用下，结构 M7 和 M8 倒塌概率分别为 1.71％和 0.97％，同样远小于建议值 10％，结构具有优异的抗地震倒塌性能。

（3）抗地震倒塌能力

为定量衡量结构抗地震倒塌能力，本部分采用结构抗地震倒塌安全储备系数（Collapse Margin Ratio，CMR）体现各结构的抗地震倒塌能力。结构 M7 和 M8 的抗地震倒塌安全储备计算结果见表 7.5-11。

结构抗地震倒塌安全储备　　　　　　　　　　表 7.5-11

结构	$PGA_{LS5|P_f=50\%}$（gal）	PGA	CMR
M7	1631.1	220	7.41
M8	1861.9	220	8.46

由表可知，结构 M7 和 M8 的抗地震倒塌安全储备系数分别为 7.41 和 8.46。当结构设置伸臂桁架时，结构 M8 的抗地震倒塌安全储备由 8.46 降至 7.41，降低 12.41％。与前文抗倒塌安全储备系数相比，结构均具有较高的安全储备，由此可见，该结构具有优异的抗地震倒塌性能。

为定量评价结构在一致倒塌风险要求下的安全储备，根据 2.4.5 节提到的结构最小安全储备系数（$CMR_{10\%}$）定义以及公式（2.4-13），结合结构易损性曲线，计算得到结构在倒塌概率10%所对应的地震动强度指标和相应的$CMR_{10\%}$值，如表7.5-12所示。

结构最小安全储备系数 表 7.5-12

结构	$PGA_{10\%}$ (gal)	$PGA_{罕遇}$ (gal)	$CMR_{10\%}$
M7	900	220	4.09
M8	1021	220	4.64

由表可知，结构M7和M8的最小安全储备系数$CMR_{10\%}$分别为4.09和4.64，当支撑巨型框架-核心筒结构体系设置伸臂桁架时，结构最小安全储备系数$CMR_{10\%}$降低。但两个结构最小安全储备系数均大于1.0，具有较高的结构抗震安全储备。

7.6 基于一致倒塌风险的支撑巨型框架-核心筒结构抗震设计方法

综合7.2～7.5节对抗震性能和抗倒塌能力的分析结果可见，在满足小震弹性指标的条件下，支撑巨型框架-结构体系具有优越的抗地震倒塌性能，罕遇地震下的倒塌概率极低。因此在进行支撑巨型框架-结构的抗震设计中，可以将结构的倒塌风险控制作为唯一的罕遇地震设计要求。对于支撑巨型框架-核心筒结构体系，其基于一致倒塌风险的抗震建议方法如下：

（1）结构设计中宜考虑多重抗侧力体系之间的刚度匹配以发挥刚度组合效应。当结构未设置伸臂桁架时，结构由巨柱、支撑和核心筒组成三重抗侧力体系，设计刚度匹配时，可将巨柱和支撑作为整体巨型框架，并参考框架-核心筒结构的刚度匹配原则；当结构设置伸臂桁架时，结构由巨柱、支撑、核心筒和伸臂桁架组成四重抗侧力体系，布置伸臂桁架和支撑时，宜以抗侧刚度最大化为目标，分散布置结构伸臂桁架和支撑。

（2）计算各抗侧力体系的刚度时，宜充分考虑支撑巨型框架和核心筒的空间效应。计算方法可采取以下形式：①考虑结构发生弯曲型或弯剪型变形，通过在风荷载作用下结构顶点位移计算结构刚度比例关系；②参考弹性计算"生死单元"原理，通过改变局部构件或结构的刚度和质量矩阵计算结构刚度比例关系。

计算各抗侧力体系的刚度时，宜充分考虑支撑巨型框架和核心筒的空间效应，计算方法可采取以下形式：①将部分抗侧力构件删除，通过风荷载作用下剩余结构顶点位移计算各抗侧力体系的刚度比例，即将结构视为侧向均布力作用下的竖向受弯悬臂梁，通过自由端挠度计算结构的抗侧刚度；②参考"生死单元"原理，将部分抗侧力构件质量和刚度赋予结构中可忽略的极小值，通过倒三角形分布荷载作用下结构刚重比计算结构弹性等效侧向刚度。

（3）当支撑巨型框架-核心筒结构需设置巨型支撑时，应以满足结构抗侧刚度基本需求为宜，不宜使结构具备过高的整体结构抗侧刚度。

（4）支撑巨型框架-核心筒结构体系中可不设伸臂桁架，当结构中需设置伸臂桁架时，应以满足结构抗侧刚度基本需求为宜，不宜使结构具备过高的整体抗侧刚度，且宜将核心筒进行加强，使核心筒承担本层全部层间剪力；巨柱与伸臂桁架连接部位应加强；与伸臂桁架层相邻的上下层，其核心筒抗震等级宜提高一级，已经为特级时不再提高。

参考文献

[1] 周绪红，单文臣，刘界鹏，等. 支撑巨型框架-核心筒结构体系抗震性能研究 [J]. 建筑结构学报，2021，42（01）：75-83.

[2] 周建龙，包联进，钱鹏. 超高层结构设计的经济性及相关问题的研究 [J]. 工程力学，2015，32（9）：9-15.

[3] 杨先桥，傅学怡，黄用军. 深圳平安金融中心塔楼动力弹塑性分析 [J]. 建筑结构学报，2011，32（7）：40-49.

[4] 傅学怡，吴国勤，黄用军，等. 平安金融中心结构设计研究综述 [J]. 建筑结构，2012（04）：21-27.

[5] 傅学怡. 大型复杂建筑结构创新与实践 [M]. 北京：中国建筑工业出版社，2015.

[6] 黄忠海，廖耘，王远利，等. 深圳平安国际金融中心的罕遇地震弹塑性时程分析 [J]. 建筑结构，2011（S1）：47-52.

[7] 包联进，汪大绥，周建龙，等. 天津高银 117 大厦巨型支撑设计与思考 [J]. 建筑钢结构进展，2014（2）：43-48.

[8] Wiki 百科：117 大厦 [EB/OL]. [2020-06-24]. https：//zh. wikipedia. org/wiki/％E9％AB％98％E9％93％B6％ E9％87％91％E8％9E％8D117.

[9] 中华人民共和国住房和城乡建设部. 建筑抗震设计规范：GB 50011—2010 [S]. 北京：中国建筑工业出版社，2016.

[10] 张宏，田春雨，肖从真，等. 天津高银 117 大厦巨型支撑框架-核心筒结构模型振动台试验研究 [J]. 建筑结构，2015，45（22）：1-6.

[11] 林旭川，陆新征，缪志伟，等. 基于分层壳单元的 RC 核心筒结构有限元分析和工程应用 [J]. 土木工程学报，2009（3）：49-54.

[12] 缪志伟，吴耀辉，马千里，等. 框架-核心筒高层混合结构的三维空间弹塑性抗震分析 [J]. 建筑结构学报，2009，30（04）：119-129.

[13] 陆天天，赵昕，丁洁民，等. 上海中心大厦结构整体稳定性分析及巨型柱计算长度研究 [J]. 建筑结构学报，2011，32（7）：8-14.

[14] 邹昀，吕西林. 超高层巨型结构振动特性研究 [J]. 世界地震工程，2007，23（2）：125-130.

[15] 张万开. 某超高层巨型支撑框架-核心筒结构地震倒塌研究 [D]. 北京：清华大学，2013.

[16] 卢啸. 超高巨柱-核心筒-伸臂结构地震灾变及抗震性能研究 [D]. 北京：清华大学，2013.

[17] SPACONE E, FILIPPOU F C, TAUCER F F. Fiber Beam-Column Model for Non-Linear Analysis of R/C Frames：Part I. Formulation [J]. Earthquake Engineering & Structural Dynamics，1996，25（7）：711-725.

[18] SPACONE E, FILIPPOU F C, TAUCER F F. Fibre Beam-Column Model for Non - Linear Analysis of R/C Frames：part II. Applications [J]. Earthquake Engineering & Structural Dynamics，1996，25（7）：727-742.

[19] 中国建筑标准设计研究院. 高层建筑钢-混凝土混合结构设计规程：CECS 230：2008 [S]. 北京：中国计划出版社，2008.

[20] 中华人民共和国住房和城乡建设部. 高层建筑混凝土结构技术规程：JGJ 3—2010 [S]. 北京：中国建筑工业出版社，2010.

[21] 上海市城乡建设与交通委员会. 建筑抗震设计规程：DGJ 08—9—2013 [S]. 上海：同济大学出版社，2013.

［22］ FEMA 695. Quantification of Building Seismic Performance Factors. Washington，D. C.：Federal Emergency Management Agency，2009.

［23］ RATHJE E M，ABRAHAMSON N A，BRAY J D. Simplified Frequency Content Estimates of Earthquake Ground Motions ［J］. Journal of Geotechnical and Geoenvironmental Engineering，1998，124（2）：150-159.

［24］ 秋山宏. 基于能量平衡的建筑结构抗震设计 ［M］. 北京：清华大学出版社，2010.

［25］ VAMVATSIKOS D，CORNELL C A. Incremental Dynamic Analysis ［J］. Earthquake Engineering & Structural Dynamics，2002，31（3）：491-514.

［26］ 施炜. RC 框架结构基于一致倒塌风险的抗震设计方法研究 ［D］. 北京：清华大学，2014.

［27］ ATC-63. Quantification of Building Seismic Performance Factor ［M］. ATC-63 Project Report，2009.